スッキリわかる 複素関数論
―誤答例・評価基準つき―

皆本 晃弥 著

近代科学社

- 本書の複製権・翻訳権・譲渡権は株式会社近代科学社が保有します．
- [JCOPY] 〈(社)出版者著作権管理機構 委託出版物〉
本書の無断複写は著作権法上での例外を除き禁じられています．
複写される場合は，そのつど事前に(社)出版者著作権管理機構
(https://www.jcopy.or.jp, e-mail: info@jcopy.or.jp)の許諾を
得てください．

はじめに

　理工系の学生や技術者は，微分積分と線形代数に続くものとして，微分方程式，ベクトル解析，複素関数論，フーリエ解析といった内容を勉強するのが一般的です．本書は，これらのうち複素関数論について解説した入門書で，複素平面を習っていない新課程の学生も意識して執筆しています．なぜ複素関数論を学ぶのか，どのように学んだらよいのか，どのように本書を読んだらいいのか，といった点については第0章で述べているので，ここでは，本書の特徴についてのみ説明しましょう．

　本書は，他の入門書に比べてページ数は多いのですが，そんなに多くの内容を含んでいる訳ではありません．ページ数が多いのは，

- 新しい概念が登場する度に，例を用意し，ていねいに解説している
- ほとんどの定理には，ていねいな証明をつけている

からで，**本書は教科書というよりは「教科書＋演習書」**と考えてもらえばいいと思います．2冊分を1冊に収めた結果，ページ数が増えた訳です．一般に，入門書では面倒な証明はつけないものですが，独習書としても使える本にするためには，すべてにおいて丁寧な解説が欠かせないと思います．例えば，「詳しくは○○を参照」と書いて読者を切り捨てることは簡単なのですが，今どきの(特に成績の悪い)学生がそれを参照してくれるとは思えませんし，本当に見てもらいたいのなら，あらかじめ書いておくべきです．また，本のスタイルは，「定義・定理・証明・例題」となっています．最近では，やかましい議論をさけて読み物風になっている教科書も出版されて

いるのですが，後で参照するときには，「定義・定理・証明・例題」の方が便利だという判断です．

上記以外にもいくつかの特徴がありますので，以下に列挙しましょう．

- 本書の内容をまとめた「あらすじ」を用意しています．これを読むと本書の全体像が把握でき，各章がどのように関連しているかが分かるため，精神的にやや余裕をもって本書を読み進めることができるでしょう．そのため，いきなり，第1章から読むのではなく，まずは，「あらすじ」を読んでください．
- 重要な概念や定理のポイントや初学者が間違いやすい点を注意として整理しています．
- 例や定理を色付きで枠囲みをしています．例の方が目立つようにしていますが，これは学生が復習する際には例を中心に行うという実情を考慮したものです．
- 各節には演習問題を用意しました．ただし，詳細な解答を用意すると，分からないとき，すぐに解答に頼る学生が多いので，あえて略解のみを記載しています．その代わりに誤答例や評価基準を記していますので，読者の皆さんは，これらを足掛かりとして，自ら，あるいは友人らといっしょに問題を解いてください．社会では，解答のある問題に取り組むということは，まずありませんから，独力で，あるいはグループで問題を解決するという経験が，将来の皆さんを救ってくれることでしょう．
- 人名が登場したときには，なるべく脚注に略歴を載せることにしました．というのも，まれに，この概念はいつごろ考えられたものなのか？という質問を受けるからです．「それくらい自分で調べろ」というのも最近の学生にとっては酷なようなので，あらかじめその質問に答えておこうというものです．

複素数の世界は，ただ単純に実数の世界を拡張したもので，$i^2=-1$ を知っていればなんとかなる，といった程度の認識しかもっていない学生が多いようですが，本書を読めば，実に様々な性質があることが分かるでしょう．また，画像・信号処理で広く使われている FFT(高速フーリエ変換) に代表されるように，実数の世界ではなく，複素数の世界で考えてはじめて開発できる理論や方法も数多くあります．そのため，既存のさまざまな理論や方法を理解し，新たな理論や方法を提案するには複素関数論の知識が欠かせないことが多いのです．これが，高専や理工系学部・学科から複素関数論を扱う講義がなくならない 1 つの理由でしょう．読者の皆さんは，このことを認識し，あわてずにしっかりと本書を読んで複素関数論の勉強をしてもらいたいと思います．

2007 年 8 月
皆本 晃弥

本書の位置付け

　本書の位置付けを明確にするために (やや強引ではありますが)，理工系学部で学ぶ主要な数学科目をまとめてみると次の図のようになります．

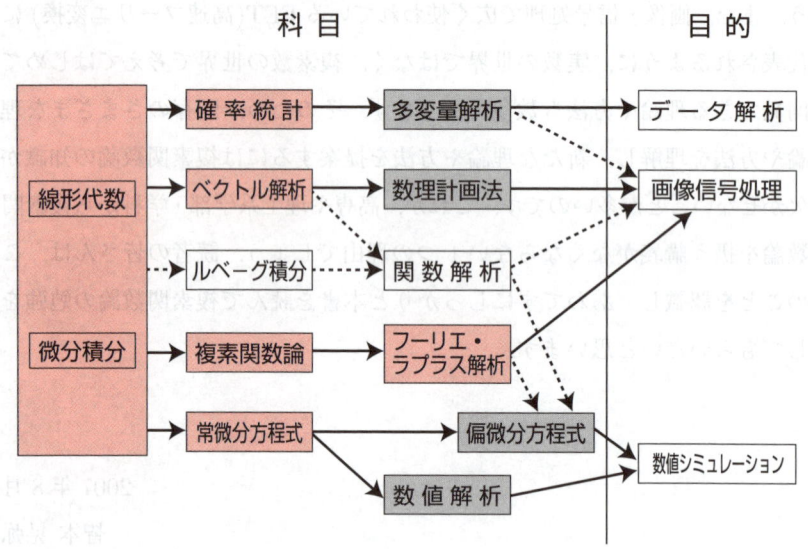

　この図のうち，「複素関数論」と「フーリエ・ラプラス解析」の部分が本書で扱っている内容です．ここで，矢印は科目の学習順序を示しており，破線の部分は必ずしも必要ではありませんが，学んでおいた方がよいものを示しています．この図を見ると，特に「線形代数」と「微分積分」の重要性が分かると思います．なお，本書では「フーリエ・ラプラス解析」については，そのほんの一部（フーリエ解析の入口程度）しか扱っていません．「フーリエ・ラプラス解析」を学ぶときは，偏微分方程式や画像信号処理など，その目的に合わせて学んだ方が効果的なので，本書ではここで述べる以上のことを書かないことにしました．

　また，この図にある科目は3つに分類されます．

必修科目　多くの大学で必修科目になっているもの

「線形代数」,「微分積分」,「確率統計」,「ベクトル解析」,「複素関数論」,「常微分方程式」,「フーリエ・ラプラス解析」

選択科目 多くの大学で選択科目になっているもの

「多変量解析」,「数理計画法」,「偏微分方程式」,「数値解析」

理系選択科目 理系では選択科目として開講されることもあるが,工学系では科目自体が用意されていないことが多いもの

「ルベーグ積分」,「関数解析」

この図によれば,例えば,自然現象や社会現象をコンピュータ上でシミュレーションしたい場合には,「数値シミュレーション」の矢印を逆にたどり,「偏微分方程式」,「数値解析」,「常微分方程式」,「線形代数」,「微分積分」を学んでおく必要があることが分かります.可能ならば,「フーリエ・ラプラス解析」,「複素関数論」,「関数解析」,「ルベーグ積分」を学んでおいた方がよいでしょう.なお,その際に,解析したい現象の専門知識が必要なのは言うまでもありません.

目 次

第 0 章　本書のあらすじと読み方　　1
- 0.1　複素関数論の目的と本書のあらすじ　　1
- 0.2　本書の読み方と数学の勉強法　　8

第 1 章　複素数とその性質　　11
- 1.1　複素数　　12
- 1.2　複素数の極形式　　19
- 1.3　複素数の図示*　　29
  - 1.3.1　和と差の図示*　　29
  - 1.3.2　積と商の図示*　　30
  - 1.3.3　共役複素数の図示*　　32
  - 1.3.4　逆数 $\dfrac{1}{z}$ の図示*　　33
- 1.4　複素数と図形　　34
  - 1.4.1　距離と図形　　34
  - 1.4.2　円と直線の方程式*　　37
  - 1.4.3　三角形の相似条件*　　38
- 1.5　n 乗根　　40
- 1.6　ハミルトンによる複素数の導入*　　45

第 2 章　複素関数　　47
- 2.1　複素数列*　　47

2.2	リーマン球面*	50
2.3	複素級数*	52
2.4	複素関数	56
2.5	領域*	59
2.6	複素関数の収束	64
2.7	連続関数	68

第3章 正則関数   **73**

3.1	正則関数	74
3.2	コーシー・リーマンの方程式	80
3.3	正則関数の基本的な性質*	86
3.4	調和関数*	91
3.5	正則関数の幾何学的な意味*	92
3.6	等角写像*	93

第4章 整級数と初等関数   **97**

4.1	整級数*		97
	4.1.1	整級数と収束半径*	98
	4.1.2	収束半径の求め方*	100
	4.1.3	極限の順序交換*	105
	4.1.4	一様収束*	106
	4.1.5	整級数の一様収束性*	110
	4.1.6	整級数の微分可能性*	111
	4.1.7	高階導関数の存在と整級数の一意性*	114
	4.1.8	整級数の一次結合と積*	116
4.2	初等関数		121
	4.2.1	指数関数	121

4.2.2 $w = e^z$ による対応* 127
4.2.3 オイラーの公式は美しい？* 129
4.2.4 三角関数 130
4.2.5 双曲線関数* 135
4.2.6 対数関数 137
4.2.7 べき乗関数* 148
4.2.8 リーマン面* 150

第5章 複素積分 153
5.1 曲線* 153
5.2 複素積分 158
5.3 リーマン和による複素積分の定義* 168
5.4 不定積分 170
5.5 グリーンの公式* 177
5.6 コーシーの積分定理 182
5.7 コーシーの積分定理の証明* 193
5.8 コーシーの積分公式 199
5.9 コーシーの積分公式に関連する諸結果* 211
5.9.1 モレラの定理* 212
5.9.2 リュービルの定理* 212
5.9.3 代数学の基本定理* 213
5.9.4 正則関数列と項別微分* 215

第6章 関数の整級数展開 219
6.1 テイラー展開 219
6.2 ローラン展開 225
6.3 孤立特異点 232

	6.3.1 除去可能な特異点 232
	6.3.2 極 236
	6.3.3 真性特異点 239
6.4	無限遠点におけるローラン展開* 243
6.5	一致の定理* 245
6.6	解析接続* 248
6.7	最大値の原理* 249

第 7 章 留数と実積分への応用   253

7.1	留数 253
7.2	実積分の計算 259
	7.2.1 留数定理を利用した実積分の計算 260
	7.2.2 コーシーの積分定理を利用した実積分の計算 271
	7.2.3 コーシーの主値積分* 273

第 8 章 フーリエ解析*   277

8.1	フーリエ級数* 277
8.2	フーリエ級数の収束性* 284
8.3	正弦・余弦級数* 287
8.4	一般の周期関数に対するフーリエ級数* 291
8.5	複素フーリエ級数* 294
8.6	フーリエ解析の意義* 296
8.7	フーリエ変換* 297
8.8	留数によるフーリエ変換の計算* 300

演習問題の解答   303

索 引   329

本書のルール

- 特に断らない限り，曲線といえば区分的に滑らかな曲線を表す (155 ページの注意 5.2). したがって，単一閉曲線も区分的に滑らかな単一閉曲線を表すが，読者が混乱する恐れがあると思われるところには「区分的に滑らかな単一閉曲線」と明記している.
- 集合を表記する場合，$A = \{z \in \mathbb{C} \mid |z| < 1\}$ や $B = \{x + yi \in \mathbb{C} \mid x \in \mathbb{R}, y \in \mathbb{R}, x \geq 0, y \geq 0\}$ のように要素が属する数の集合 ($\mathbb{N}, \mathbb{Z}, \mathbb{Q}, \mathbb{R}, \mathbb{C}$) を明記することもあるが，特に誤解を与える恐れがない (と思われる) ときは，$A = \{z \mid |z| < 1\}$ や $B = \{x + yi \mid x \geq 0, y \geq 0\}$ のように数の集合を省略することがある.
- $A \overset{\text{iff}}{\iff} B, A \iff B : A$ が B であるための必要十分条件
- $A \overset{\text{def}}{\iff} B : A$ を B で定義する
- $A := B : B$ を A に代入する，または A を B で定義する.
- ∂D：集合 D の境界
- $\ln x$：実数の意味の対数関数
- $\log z$：複素数の意味の対数関数
- $\forall z$：すべての z, 任意の z
- $\exists z$：ある z, z が存在
- $A \backslash B : A$ から B を除いた集合，つまり，$A \backslash B = \{x \mid x \in A, x \notin B\}$
- $A \approx B : A$ と B は近似的に等しい
- $\geqq, \leqq$：それぞれ $\geqslant, \leqslant$ と同じ
- $\mathbb{N}$：自然数全体の集合
- $\mathbb{Z}$：整数全体の集合
- $\mathbb{Q}$：有理数全体の集合
- $\mathbb{R}$：実数全体の集合
- $\mathbb{C}$：複素数全体の集合

- $\sqrt[n]{x}$：実数 x の n 乗根
- $z^{\frac{1}{n}}$：複素数 z の n 乗根
- $\begin{pmatrix} n \\ r \end{pmatrix}$, ${}_n\mathrm{C}_r$：n 個から r 個をとる組み合わせ

$$\begin{pmatrix} n \\ r \end{pmatrix} = {}_n\mathrm{C}_r = \frac{n!}{r!(n-r)!}$$

第0章
本書のあらすじと読み方

　数学を勉強するときは，どうしても細かい部分を気にしてしまい，「何を何のために勉強しているのか？」，という一番大切な部分を見失いがちである．そこで，本章では，この本で学ぶ内容とその理由について大雑把に述べておく．本書を読んでいて，**何のためにこれを学んでいるの？と疑問に思ったら，常に本章を読んで確認**してもらいたい．

　数学書は，小説とは異なり，事前に学ぶべき内容のあらすじを知っていた方が，精神的に楽に読めるものである．ただし，**本章の説明は，筆者の主観に基づくもの**であり，研究上の歴史的な順序や純粋数学としての複素関数論の立場などを考慮していないことを申し添えておく．

Section 0.1
複素関数論の目的と本書のあらすじ

　複素関数とは，その名の通り，複素数を変数とし複素数に値をとる関数のことである．これと対比させて，微分積分学で登場する関数，つまり，実数を変数とし実数に値をとる関数を**実関数**と呼ぶ．複素関数の中で最も重要なものは，**正則関数**である．正則関数とは微分可能な関数のことであるが，実関数とは異なり，1回でも微分可能ならば，何回でも微分可能であることが，**第5章**で学ぶ**コーシーの積分公式**より分かる．実は，これ以

外にも，正則関数というのは，様々な都合の良い，あるいは美しい性質を持っている．そういう意味では，複素関数の中で特に重要なものが正則関数であり，**複素関数論**といえば，もっぱら正則関数の理論のことを指すようになった．本書では，**第1章**で複素数の基本的な性質について述べた後，**第2章**で複素関数の，**第3章**で正則関数の基本的な性質について述べる．ちなみに，正則関数と実関数を結びつける重要な関係式が**コーシー・リーマンの方程式**であり，**第3章の目玉**である．コーシー・リーマンの方程式は，複素関数の正則性を判定する際に活躍する．

それでは，正則関数の美しい理論を学ぶのが，複素関数論を学ぶ目的なのだろうか？　数学科ならば，それでもいいのだろうが，それ以外の学科の学生や研究者にとっては，そうではないだろう．

誤解を恐れずに言うならば，**複素関数論を学ぶ主目的は**，意外と思われるかもしれないが，実関数の**定積分** $\int_a^b f(x)dx$ **を求めること**である．それでは，「複素関数論なんて勉強しなくてもいいじゃないか」，と思われるかもしれないが，例えば，

$$\int_{-1}^{1} \frac{1}{1+x^4}dx, \quad \int_{-\infty}^{\infty} \frac{\sin x}{x}dx, \quad \int_{-\infty}^{\infty} \frac{x\sin \pi x}{x^2+2x+5}dx$$

を考えてもらいたい[1]．読者がもっている微分積分の教科書を見てもらえれば分かるが，多くの本ではこれらの積分の計算方法については触れられていないであろう．実質的に，実数の範囲ではこれらの積分計算は難しいのである．例えば，数式処理ソフト Mathematica で，最初の積分を計算すると

$$\int_{-1}^{1} \frac{1}{1+x^4}dx$$

---

[1] 残念ながら，これらの積分のうち本書では $\int_{-1}^{1} \frac{1}{1+x^4}dx$ を扱わない．あくまで例として考えてもらいたい．

$$= \frac{1}{2\sqrt{2}}\Bigl(-\log(2-\sqrt{2}) + i\Bigl(\log((1+i)-i\sqrt{2}) - \log((1-i)+i\sqrt{2})$$
$$- \log((1+i)+i\sqrt{2}) + \log(-i((1+i)+\sqrt{2})) - i\log(2+\sqrt{2})\Bigr)\Bigr)$$

となり，何だか大変な計算になりそうだ，ということが分かる．大変な計算はあまりしたくないから，もう少し楽な計算方法はないのだろうか？と考えるのは自然なことであろう．

さて，もう一度，$\int_{-1}^{1} \frac{1}{1+x^4} dx$ の計算結果を見てみよう．もともと実関数の積分計算なので，その計算結果は実数になるはずである．しかし，その結果に虚数単位 i が現われている．計算機の結果を無反省に受け入れるのはよくないことだが，このことからも，実関数の積分を計算するのに複素数が重要な役割を果たすと感じられるのではなかろうか．

そこで，複素関数に対する積分を**複素積分**と呼び，実関数に対する積分を**実積分**と呼んで，これらの関係について述べていこう．結論から言えば，実は，**第 7 章**で学ぶように，実積分を計算するのに，複素積分が利用できるのである．それでは，どのように利用するのだろうか？

そのために，まず，**第 5 章**で見るように，複素積分は複素平面上の曲線(これを**積分路**と呼ぶ)における積分であることに注意する．実積分を求めるのが目的なのだから，複素積分を考える際には，図 1 のように**必ず積分路が実軸の上を通るようにする**．

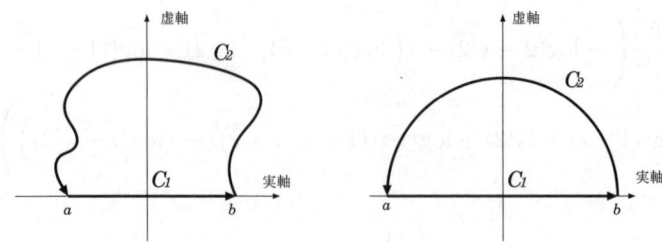

図 1 実軸を通る積分路の例

図 1 において，C_1 と C_2 をつなげた積分路を $C = C_1 + C_2$ と表し，$z = x + yi$ とすれば，実は，

$$\int_C f(z)dz = \int_{C_1} f(z)dz + \int_{C_2} f(z)dz$$

$$\int_{C_1} f(z)dz = \int_a^b f(x)dx$$

が成り立つ．ということは，

(1) $\int_C f(z)dz$ の値が求まり

(2) $\int_{C_2} f(z)dz = 0$ となってくれれば，

(3) $\int_a^b f(x)dx$ が求まる

のである．実は，こういう都合のいいことが起こるのが，複素積分のよいところである．以下では，この (1)〜(3) について述べるが，(1) と (2) について分かれば，(3) は自動的に分かることだから，(1) と (2) について述べればいいであろう．しかし，(2) については，現段階では，複素関数 $f(z)$ の性質によっては，$\int_{C_2} f(z)dz = 0$ となる場合がある，としかいえない．どのようなときに $\int_{C_2} f(z)dz = 0$ となるのか，という点については，**第7**

章で詳しく述べることにし，ここでは，(1) についてのみ考えることにしよう．

　もともと，実積分が難しい状況を考えるのが主目的なので，簡単に積分できそうな $f(z) = z^3$ や $f(z) = e^z$ を考えても面白くない．扱う複素関数としては，冒頭で登場したような

$$f_1(z) = \frac{1}{1+z^4}, \qquad f_2(z) = \frac{\sin z}{z}, \qquad f_3(z) = \frac{z \sin \pi z}{z^2 + 2z + 5}$$

を考えるべきであろう．そうすると，これらに共通することを探してみたくなる．そのために，とりあえず，これらの分母を $g_1(z) = 1+z^4$, $g_2(z) = z$, $g_3(z) = z^2 + 2z + 5$ としよう．すると，$g_1(z) = 0$, $g_2(z) = 0$, $g_3(z) = 0$ となる点が存在するので，それらを z_1, z_2, z_3 とすると

$$\frac{1}{g_1(z_1)} = \infty, \qquad \frac{1}{g_2(z_2)} = \infty, \qquad \frac{1}{g_3(z_3)} = \infty$$

である．このような点を**特異点**という．もちろん，この特異点は，1 点とは限らない．例えば，$g_3(z) = 0$ を満たす点は $z = -1 \pm 2i$ である．これで，少し $f_1(z), f_2(z), f_3(z)$ の共通点が見えてきた．$f_1(z), f_2(z), f_3(z)$ は特異点 (の候補) をもつ関数といえるのである．実は，これらの複素積分 $\int_C f_k(z)\,dz$ $(k = 1, 2, 3)$ は特異点の情報だけで決ってしまう，という強力な定理がある．それが，**留数定理**と呼ばれる定理で，これについては**第7章**で学ぶ．**留数定理**が，**複素積分の応用上の価値を高めている**といっても過言ではないだろう．

　複素積分を計算するために特異点の情報が必要だと分かると，今度はどのようにしてその情報を得るのか？　という話になる．その手がかりとなるのが，実関数の性質を調べる上で強力な道具となる**テイラー展開**である．これは，点 $x = a$ を中心として，関数を

$$f(x) = c_0 + c_1(x-a) + c_2(x-a)^2 + c_3(x-a)^3 + \cdots$$

と表示するもので，その複素数版は

$$f(z) = c_0 + c_1(z-a) + c_2(z-a)^2 + c_3(z-a)^3 + \cdots$$

である．しかし，このままでは，特異点 $z=a$ を扱いたくても，$f(a) = c_0$ となってしまい，とても扱えそうにない．ならばと，

$$f(z) = \cdots + \frac{c_{-2}}{(z-a)^2} + \frac{c_{-1}}{z-a} + c_0 + c_1(z-a) + c_2(z-a)^2 + \cdots$$

と負のべき乗部分を付け加えてみる．そうすると，$f(a) = \infty$ になり，特異点の性質を調べられそうである．この展開を**ローラン展開**といい，これについては，**第 6 章**で学ぶ．実際，ローラン展開を使うと，特異点の情報を集められるのである．

　また，ローラン展開の存在や一意性を示すのに**コーシーの積分公式**を利用し，コーシーの積分公式を示すのに**コーシーの積分定理**を利用する．そのため，本書では，**第 5 章**において，複素積分を導入した後，コーシーの積分定理，コーシーの積分公式の順で説明している．なお，コーシーの積分定理とコーシーの積分公式は名前は似ているが，その内容は大きく異なることを注意しておく．コーシーの積分定理は「正則関数 $f(z)$ を多角形とか楕円とか閉じた曲線 C 上で積分した値が 0 になる，つまり，$\int_C f(z)dz = 0$ となることを主張」し，コーシーの積分公式は「正則関数 $f(z)$ が $f(z) = \frac{1}{2\pi i}\int_C \frac{f(\zeta)}{\zeta - z}d\zeta$ と表示できることを主張」する．そして，**これらの定理の根底にあるものが正則性**であることも注意しておこう．特異点上では，微分できないから正則ではない．それ以外，つまり，正則な部分ではコーシーの積分定理より複素積分の値は 0 になるのだから，このことからも，複素積分の計算で特異点が重要な役割を果たすのでは？と予感させる．

　以上が本書の複素関数論の概略であるが，複素積分を考えるにあたり，$\sin x$ や $\cos x$ といった三角関数や指数関数 e^x なども複素数上で扱える

ようにしておかなければならない．そうしないと，冒頭に登場した積分 $\int_{-\infty}^{\infty} \frac{\sin x}{x} dx$ の複素積分版 $\int_{-\infty}^{\infty} \frac{\sin z}{z} dz$ を考えることができなくなる．そのため，**第4章**で初等関数の複素数版について述べている．初等関数の複素関数版を考える上で大きな役割を果たすのが実関数に対するマクローリン展開である．例えば，指数関数 e^x は，マクローリン展開により

$$e^x = 1 + x + \frac{1}{2!}x^2 + \cdots + \frac{1}{n!}x^n + \cdots$$

と表すことができる．これを使って，指数関数の複素数版を e^z を

$$e^z = 1 + z + \frac{1}{2!}z^2 + \cdots + \frac{1}{n!}z^n + \cdots$$

と定義するのである．他の初等関数も同様に考えて，

$$f(z) = c_0 + c_1 z + c_2 z^2 + \cdots + c_n z^n + \cdots$$

の形で定義するのである．この右辺を**整級数**という．定義するからには，右辺の値が発散するようでは困ってしまう．そこで，整級数の収束性とその性質について議論する必要があるのである．ややこしい議論なので，「理論はともかく，計算がしたい！」という人は適当に読み飛ばしてもらいたい．なお，特に，そこで登場する**オイラーの公式**は，さまざまな式変形において非常に強力な武器になることを強調しておこう．

第8章で，複素数がうまく使われている例としてフーリエ解析を取り上げている．あくまで例なので，必ずしも読む必要はないが，フーリエ解析は偏微分方程式や画像信号処理などの分野では非常に役に立つ道具として利用されているので，理工系の学生や技術者が知っていて損はないであろう．なぜ，利用されているのか？　それは，フーリエ解析のアイディアにある．フーリエ解析の基本的なアイディアは，関数を三角関数で表現し，それを通じて関数の性質を調べようというものである．第4章で見るように，指数関数と三角関数との間には密接な関係があるから，複素関数論の

立場でフーリエ解析を考えると,「フーリエ解析とは,関数を指数関数で表現し,それを通じて関数の性質を調べること」になる.指数関数は十分にその性質が分かっているから,結局,関数の性質を浮き彫りにできるのである.

Section 0.2
本書の読み方と数学の勉強法

　本書は教科書という立場上,複素関数論に関する基本事項を一通り丁寧に記述している.その記述は,実積分を計算するという主目的に専念したい人にとっては,やかましい部分も多い.そこで,「複素積分とその実積分への応用」という観点から見た場合,**省略してよいと思われる部分にアスタリスクをつけ,文字サイズも小さくしている**ので,適宜読み飛ばしてもらいたい.また,初読の際は,定理の証明も丁寧に読む必要はないであろう.例題が豊富にあるので,定理の証明を読まなくても,それらを解くだけで一通りの知識は身に付くはずだ.定理の証明は,必要に迫られたときに,じっくりと読んでもらえればよい.

　ただし,例題(特に計算問題)を解くときは,**スラスラ解けるまで反復練習**をして欲しい.「何となく分かっているんだけど,定期試験で問題が解けない」というのは,スラスラ解けるまで練習をしていないからである.

　そうはいっても,具体的にどのように勉強したらいいのだろうか？独学で勉強した経験のない人のために簡単に説明しよう.たいていの場合,数学の問題が解けるようになるまでには,次の過程を踏むことになる.

(1) 解答を何とか理解できる
(2) 解答をほとんど参照せずに解ける
(3) 解答を見なくても解ける

(4) 解答を見なくてもスラスラ解ける

「定期試験で問題が解けない」，と言っている学生のほとんどは「勉強した＝(1)」と思っているのである．「勉強した＝(4)」にならなければ，安心して定期試験には望めないし，近いうちに学んだことすら忘れてしまうだろう．身についていない知識はどこにも使えないので，「勉強した＝(1)」というのは，結局，何も学んでいないのと同じである．これは，実にもったいない話である．

　読者の中には，一所懸命に勉強しても，(1) にもたどり着けない場合はどうしたらいいのか？　と思う人もいるであろう．実際，全く理解できない例題があるかもしれない．そのような場合は，とりあえず**最低 5 回は，問題，解答，それに必要な定義と定理などを書き写しながら考えて**もらいたい．ただ写すのではない，**写しながら考える**ということを特に強調しておこう．一般に，新しい本を読む場合，目を動かすスピードの方が，頭の処理スピードより速いものである．これが，「読んでも分からない」という現象を引き起こす．書き写すことで，この目を動かすスピードを調整できるのである．その際には，自分にだけ分かればいいので，きれいに書く必要は全くない．最後に，まとめるときにだけきれいに書けばよいのである．とにかく，騙されたと思って，**書き写しながら考える**という作業を行ってもらいたい．5 回くらい書き写すと何となく分かった気になってくるものである．筆者の場合は，分からないところは最低 10 回は書き写すようにしている．

　それでも分からない場合は，いったん，その例題を飛ばして先に進み，他のところを勉強した後に，もう一度，取り組んでもらいたい．他のところを学んだ後で，分からなかったところが分かるようになる場合がある．

　いずれにせよ，勉強で大切なのはあきらめないこと，人間の能力には不公平があることを認めることである．他人と同じように勉強したからといっ

て，同じように勉強できるとは限らないし，スポーツや芸術においても他人と同じように練習しても，同じようにできるとは限らないのである．自動車免許だって，補習なく取れる人もいれば，何時間も補習が必要な人がいるではないか？

　もし，数学の能力が他人より劣っていると認めるのならば，人よりも時間をかけて勉強するしかない．そこで，「いくら勉強しても分からない」と言って投げ出さないことである．そう言った瞬間，人は考えるのを止めてしまう．**「自分はバカだからできない」と言うのは，その場から逃げ出す最も簡単な方法**である．そういう人たちは，単にグズなだけ，という場合が多い．「自分はバカだからできない」とか「いくら勉強しても分からない」などと言う暇があったら，書き写しながら考える，という作業を行うべきである．

第1章
複素数とその性質

例えば，2次方程式 $x^2+1=0$ や $x^2+x+1=0$ は実数の範囲では解くことができない．そこで，$i^2=-1$ となる記号 i を導入し，2つの実数の対 (a,b) を使って $a+bi$ と表されるものを考え，今ではこれを**複素数**と呼んでいる．複素数を導入すると，すべての2次方程式が複素数の範囲で解けることになる[1]．なお，この複素数 (complex number) という名前は，2つの実数の組からなる複合的な数という意味であり，ガウス[2]によって名付けられた．

複素数は2つの実数の対なので，2つの要素を1つにまとめた方が都合がいいとき，例えば，座標平面上の点を1つの組 (x,y) で考える，波を考えるときは振幅と位相を1つの組として考える，といったときには威力を発揮する．

本章では，複素数を導入し，その基本的な性質について解説する．

---

[1] 歴史的には，2次方程式ではなく，3次方程式の解の公式を記述するためにカルダノ (Cardano: 1501-1576, イタリアの数学者) が複素数を使った．なお，3次方程式の解の公式を最初に発見したのはタルタリア (Tartaglia: 1506?-1557) といわれている．カルダノは，タルタリアに教えてもらった公式を自身の著書「アルス・マグナ (Ars magna, 1545)」で公開し，その中で初めて複素数を使用した．ちなみに，タルタリアより前にスキピオネ・デル・フェロ (Scipione del Ferro: 1463?-1526) が3次方程式の解の公式を発見したともいわれているので，タルタリアが公式を最初に発見したかどうかは定かではない．

[2] Gauss, Carl Friedrich(1777-1855), ドイツの数学者，物理学者．

Section 1.1
複素数

--- 虚数単位 ---

定義 1.1． $i^2 = -1$ を満たす数 i を **虚数単位** という[3]．なお，虚数単位を

$$i = \sqrt{-1}$$

と表すこともある．

注意 1.1． $i = \sqrt{-1}$ は実数の世界において存在しない数なので，実数のように正負の符号や大小関係を考えることはできない．

注意1.1にあるように，負の虚数単位 $-i$ というものを考えることができない．しかし，このままでは2次方程式 $x^2 = -1$ の解が1つしか存在しないことになってしまう[4]．そこで，$-i$ に対応するものを次のように定義することにする．

--- $-i$ の定義 ---

定義 1.2． 方程式 $x^2 = -1$ の解の一方を i とするとき，他方を $-i$ と書く．

このように $-i$ を導入すると，正の実数 a に対して方程式 $x^2 = -a$ の解を $x = \pm\sqrt{a}i$ と表すことができる．

例えば，$x^2 = -5$ の解は $x = \pm\sqrt{5}i$ である．なぜならば，$x = \pm\sqrt{5}i$ の両辺を2乗すると $x^2 = 5i^2 = -5$ となるからである．

---

[3] 虚数単位は英語で <u>imaginary unit</u> なので，虚数単位を先頭文字 i によって表す．
[4] 2次方程式の解は重解も含めて2つ存在するべきである．

1.1 複素数

― 複素数 ―

定義 1.3. 2つの実数 a と b に対して

$$\alpha = a + bi \quad (\text{あるいは } \alpha = a + ib)$$

の形をした数を**複素数**という．このとき，a を α の**実部**，b を α の**虚部**といい，それぞれ，

$$a = \operatorname{Re}(\alpha), \quad b = \operatorname{Im}(\alpha)$$

と表す[5]．

したがって，

$$\boxed{\alpha = \operatorname{Re}(\alpha) + \operatorname{Im}(\alpha)i}$$

と表すことができ，$\operatorname{Im}(\alpha) = 0$ ならば α は実数である．また，$\operatorname{Im}(\alpha) \neq 0$ のとき α を**虚数**といい，$\operatorname{Re}(\alpha) = 0$ かつ $\operatorname{Im}(\alpha) \neq 0$ のとき α を**純虚数**という．例えば，$2 + 3i$ や $2i$ は虚数であり，$2i$ や $3i$ は純虚数である．

― 複素数の零 ―

定義 1.4. 複素数 α に対して

$$\alpha = 0 \overset{\text{def}}{\iff} \operatorname{Re}(\alpha) = 0 \text{ かつ } \operatorname{Im}(\alpha) = 0$$

と定義する．

この定義より，$\alpha \neq 0$ ということは $\operatorname{Re}(\alpha) \neq 0$ または $\operatorname{Im}(\alpha) \neq 0$ ということなので，「$\alpha \neq 0 \iff \operatorname{Re}^2(\alpha) + \operatorname{Im}^2(\alpha) \neq 0$」となる．

---

[5] 英語では実部を <u>Re</u>al part といい，虚部を <u>Im</u>aginary part というので，それぞれを最初の 2 文字 Re と Im を使って表す．また，虚数を bi と書くか ib 書くかは，その分かりやすさによる．例えば，$b = 5$ のときは，$i5$ と書くより $5i$ と書いたほうが分かりやすいだろう．これに対し，$b = \sin x$ のときは，$\sin x\,i$ より $i \sin x$ の方が分かりやすい．前者だと，$\sin(xi)$ なのか $(\sin x)i$ なのか区別がつきにくい．$b = v(x,y)$ のときは，$b = v(x,y)\,i$ としても $b = iv(x,y)$ としても分かりやすさは変わらないので，どちらを使ってもいいだろう．

───── 複素数の相等 ─────

定義 1.5． 2つの複素数を $\alpha = a+bi, \beta = c+di$ とする．このとき，
$$\alpha = \beta \overset{\text{def}}{\iff} a = c \text{ かつ } b = d$$
と定義する．

注意 1.2． 複素数に相等関係はあるが，注意 1.1 でも指摘したように，複素数の間に大小関係はない．たとえば，$2 < 5$ だからといって，$2i < 5i$ が成り立つわけではない．

───── 複素数の四則演算 ─────

定義 1.6． 複素数を実係数をもつ i の一次式とみなし（つまり，$a+bi$ を i の式と考える），$i^2 = -1$ として実数の四則演算を適用する．

つまり，$\alpha = a+bi, \beta = c+di$ とするとき，四則演算を次のように定義する．

(1) $\alpha + \beta = (a+c) + (b+d)i$
(2) $\alpha - \beta = (a-c) + (b-d)i$
(3) $\alpha\beta = (ac-bd) + (ad+bc)i$
(4) $\dfrac{\alpha}{\beta} = \dfrac{ac+bd}{c^2+d^2} + \dfrac{bc-ad}{c^2+d^2}i, \quad \beta \neq 0$

(3) と (4) は覚えにくいが，$i^2 = -1$ を使って，次のように計算すればよい．

(3) $\alpha\beta = (a+bi)(c+di) = ac + (ad+bc)i + bdi^2 = (ac-bd) + (ad+bc)i$

(4) $\dfrac{\alpha}{\beta} = \dfrac{a+bi}{c+di} = \dfrac{(a+bi)(c-di)}{(c+di)(c-di)} = \dfrac{(ac+bd) + (bc-ad)i}{c^2+d^2}$

ここで，$\beta \neq 0$ は $c^2 + d^2 \neq 0$ と同値であることに注意せよ．

注意 1.3． このように書くと複素数の四則演算は，$i^2 = -1$ から導かれる性質のように見えるが，あくまで定義である[6]．

---

[6] もともと b と i との積 bi やこれと a との和 $a+bi$ が定義されていないことに注意せよ．したがって，厳密には上記のような計算をしてもよい，という根拠がないのである．た

また，実数の演算法則より，次が成り立つ．

複素数の演算法則

定理 1.1. 任意の複素数 α, β, γ に対して次が成り立つ．

可換法則 $\quad \alpha + \beta = \beta + \alpha, \quad \alpha\beta = \beta\alpha$

結合法則 $\quad (\alpha + \beta) + \gamma = \alpha + (\beta + \gamma), \quad (\alpha\beta)\gamma = \alpha(\beta\gamma)$

分配法則 $\quad \alpha(\beta + \gamma) = \alpha\beta + \alpha\gamma$

和に関する単位元 $\quad 0 + \alpha = \alpha + 0 = \alpha$

和に関する逆元 $\quad \alpha + (-\alpha) = (-\alpha) + \alpha = 0$

積に関する単位元 $\quad \alpha 1 = 1\alpha = \alpha$

積に関する逆元 $\quad \dfrac{1}{\alpha}\alpha = \alpha\dfrac{1}{\alpha} = 1$

ただし，$\alpha = a + bi$ に対して $-\alpha = -a - bi, \dfrac{1}{\alpha} = \dfrac{a}{a^2 + b^2} - \dfrac{b}{a^2 + b^2}i$ である[7]．

また，実数の場合と同様に，自然数 n に対して，n 乗を

$$\alpha^0 = 1, \quad \alpha^1 = \alpha, \quad \alpha^2 = \alpha\alpha, \quad \ldots, \quad \alpha^n = \underbrace{\alpha\alpha\cdots\alpha}_{n\,\text{個}}, \quad \alpha^{-n} = \frac{1}{\alpha^n}$$

と書く．

だ，このような点に拘っていては複素数の理解が進まない可能性があるので，本書では形式的に計算を行うことにする．このようにしてもよいという根拠は第 1.6 節で説明する．
[7] 例えば，定義 1.6(2) において $\alpha = 0, \beta = \alpha = a + bi$ とすれば $-\alpha = 0 - \alpha = (0 - a) + (0 - b)i = -a - bi$ が得られる．$\dfrac{1}{\alpha}$ の場合も同様である．また，注意 1.1 でも指摘したが，複素数に正負の符号はない．ここで $-\alpha$ とあるのは複素数 α が与えられたとき，実部と虚部の符号 (この部分は実数なので符号を考えることができる) がちょうど反対になるものを $-\alpha$ と書いているだけである．したがって，ある 1 つの複素数だけを見せられて，例えば，いきなり「$-1 + i$ の符号は？」と聞かれても何も答えられないのである．

複素数の性質

例 1.1. $\alpha = a+bi, \beta = c+di$ とする.このとき,次を示せ.
$$\alpha\beta = 0 \overset{\text{iff}}{\Longleftrightarrow} \alpha = 0 \text{ または } \beta = 0$$

(解答)
($\Longleftarrow$) $\alpha = 0$ のとき $a = b = 0$ なので,
$$\alpha\beta = (ac-bd) + (ad+bc)i = 0 + 0i = 0$$
である.また,$\beta = 0$ のとき,$c = d = 0$ なので,同様に $\alpha\beta = 0$ である.
($\Longrightarrow$) α と β が共に実数のときは実数の性質より定理の主張が成り立つので,β を任意の複素数とし,$b \neq 0$ と $b = 0$ の場合を考えればよい.
まず,$\alpha\beta = 0$ ならば $ac - bd = 0$ かつ $ad + bc = 0$ であることに注意する.
(1) $b = 0$ のとき
$$\begin{cases} ac - bd = 0 \\ \text{かつ} \\ ad + bc = 0 \end{cases} \Longrightarrow \begin{cases} ac = 0 \\ \text{かつ} \\ ad = 0 \end{cases} \Longrightarrow \begin{cases} a = 0 \text{ または } c = 0 \\ \text{かつ} \\ a = 0 \text{ または } d = 0 \end{cases}$$
$$\Longrightarrow \begin{cases} a = 0 \\ \text{または} \\ c = 0 \text{ かつ } d = 0 \end{cases} \Longrightarrow \begin{cases} \alpha = 0 \\ \text{または} \\ \beta = 0 \end{cases}$$

ここで,論理演算の分配法則 $P \vee (Q \wedge R) = (P \vee Q) \wedge (P \vee R)$ を使っていることに注意せよ.
(2) $b \neq 0$ のとき,$ac - bd = 0$ より $d = \dfrac{ac}{b}$ なので,これを $ad + bc = 0$ に代入すると
$$a\left(\frac{ac}{b}\right) + bc = 0 \Longrightarrow \frac{c(a^2+b^2)}{b} = 0$$
である.ここで,$b \neq 0$ なので $a^2 + b^2 \neq 0$ に注意すると $c = 0$ を得る.そして,$c = 0$ を $ac - bd = 0$ に代入すれば $b \neq 0$ より $d = 0$ を得る.よって,$\beta = 0$ である. ∎

複素数の計算

例 1.2. 次の複素数を $a + bi$ の形に書け.

(1) $(4-3i) + (9+4i)$ (2) $(-3+5i) - (7-3i)$

(3) $(7-3i)(4+5i)$ (4) $\dfrac{12+2i}{1+i}$

(解答)
(1) $(4-3i) + (9+4i) = (4+9) + (-3+4)i = 13 + i$
(2) $(-3+5i) - (7-3i) = (-3-7) + (5+3)i = -10 + 8i$
(3) $(7-3i)(4+5i) = (28+15) + (35-12)i = 43 + 23i$
(4) $\dfrac{12+2i}{1+i} = \dfrac{2(6+i)(1-i)}{(1+i)(1-i)} = \dfrac{2(6+i)(1-i)}{1+1}$
$\phantom{(4)\ \dfrac{12+2i}{1+i}} = (6+i)(1-i) = (6+1) + (1-6)i = 7 - 5i$ ∎

━━ 複素数と等式 ━━

例 1.3 . 3つの複素数 α, β, γ に対して

$$(\alpha-\beta)^2 + (\beta-\gamma)^2 = 0 \tag{1.1}$$

が成り立っているとき，つねに $\alpha = \beta$ および $\beta = \gamma$ が成り立つか？

(解答)
つねに，成り立つとは限らない．実際，$\alpha = 2-i, \beta = 1+i, \gamma = 3+2i$ とすると，$\alpha \neq \beta$, $\beta \neq \gamma$ だが，

$$\begin{aligned}(\alpha-\beta)^2 + (\beta-\gamma)^2 &= (1-2i)^2 + (-2-i)^2 \\ &= 1-4i-4+4+4i-1 = 0\end{aligned}$$

となる．∎

注意 1.4 . (1.1) は

$$\{(\alpha-\beta)+(\beta-\gamma)i\}\{(\alpha-\beta)-(\beta-\gamma)i\} = 0$$

と書けるので，(1.1) は $\alpha - \beta = (\beta-\gamma)i$ または $\alpha - \beta = -(\beta-\gamma)i$ を意味しているにすぎない．

━━ 共役複素数 ━━

定義 1.7 . 複素数 $\alpha = a+bi$ に対して

$$\bar{\alpha} = a - bi$$

を α の**共役複素数**という．

定義より $\boxed{\bar{\bar{\alpha}} = \overline{a-bi} = a+bi = \alpha}$ が成り立つ．

━━ 複素数とその共役 ━━

例 1.4 . α を任意の複素数とする．このとき，$\mathrm{Re}(\alpha) = \dfrac{\alpha + \bar{\alpha}}{2}$ および $\mathrm{Im}(\alpha) = \dfrac{\alpha - \bar{\alpha}}{2i}$ が成り立つことを示せ．

(解答)
$\alpha = a+bi$ とすると $\overline{\alpha} = a-bi$ であり，$\overline{\alpha}+\alpha = 2a$ なので，$a = \dfrac{\overline{\alpha}+\alpha}{2}$ である．また，$\alpha - \overline{\alpha} = 2bi$ なので，$b = \dfrac{\alpha - \overline{\alpha}}{2i}$ である．

注意 1.5． $\alpha = a+bi$ としたとき，a と b は共に実数だが，共役複素数を導入すれば (例 1.4 のように)，これらを複素数の関係として表すことができる．

―― **共役複素数の性質** ――

定理 1.2． 2 つの複素数 α, β について，次が成り立つ．

(1) $\overline{\alpha + \beta} = \bar{\alpha} + \bar{\beta}$ (2) $\overline{\alpha - \beta} = \bar{\alpha} - \bar{\beta}$

(3) $\overline{\alpha\beta} = \bar{\alpha}\bar{\beta}$ (4) $\overline{\left(\dfrac{\alpha}{\beta}\right)} = \dfrac{\bar{\alpha}}{\bar{\beta}}$

また，

$$\alpha \text{ が実数} \overset{\text{iff}}{\iff} \bar{\alpha} = \alpha, \qquad \alpha \text{ が純虚数} \overset{\text{iff}}{\iff} \bar{\alpha} = -\alpha$$

が成り立つ．

(証明)
(4) と後半を示す．
(4) $\alpha = a+bi,\ \beta = c+di$ とすると，

$$\overline{\left(\dfrac{\alpha}{\beta}\right)} = \dfrac{ac+bd}{c^2+d^2} - \dfrac{bc-ad}{c^2+d^2}i$$

である．一方，

$$\dfrac{\bar{\alpha}}{\bar{\beta}} = \dfrac{a-bi}{c-di} = \dfrac{(a-bi)(c+di)}{c^2+d^2} = \dfrac{(ac+bd)-(bc-ad)i}{c^2+d^2}$$

なので (4) が成立する．
また，

$$\alpha \text{ が実数} \iff \text{Im}(\alpha) = \dfrac{\alpha - \bar{\alpha}}{2i} = 0 \iff \alpha - \bar{\alpha} = 0$$

$$\alpha \text{ が純虚数} \iff \text{Re}(\alpha) = \dfrac{\alpha + \bar{\alpha}}{2} = 0 \iff \alpha + \bar{\alpha} = 0$$

なので，後半も成立する．

■■■ 演習問題 ■■■■■■■■■■■■■■■■■■■■■■■■

演習問題 1.1 次の複素数を $a+bi$ の形に書け．

(1) $\dfrac{20}{2+i}$ (2) $\dfrac{2i^5}{1+i^3}$ (3) $\dfrac{5-i}{2+i}$

演習問題 1.2 z と w を任意の複素数とするとき，次を示せ．

$$\mathrm{Re}(z\pm w)=\mathrm{Re}(z)\pm\mathrm{Re}(w),\qquad \mathrm{Im}(z\pm w)=\mathrm{Im}(z)\pm\mathrm{Im}(w)$$

演習問題 1.3 複素数 α と β について，$\alpha\bar{\beta}-\bar{\alpha}\beta$ は純虚数であることを示せ．

演習問題 1.4 次の主張が正しければそれを証明し，間違っていれば反例を挙げよ．
(1) 任意の複素数 α と β に対して，$\alpha^2+\beta^2=0$ ならば $\alpha=0$ かつ $\beta=0$ である．
(2) 任意の複素数 α に対して，「$\alpha\neq 0 \overset{\text{iff}}{\Longleftrightarrow} \mathrm{Re}^2(\alpha)+\mathrm{Im}^2(\alpha)\neq 0$」が成り立つ．

Section 1.2
複素数の極形式

――― 複素平面 ―――

定義 1.8． 複素数 $\alpha=a+bi$ は2つの実数の組 (a,b) を与えれば一意に定まる．したがって，平面上に直交座標系 $O-xy$ をとり，複素数 $z=x+yi$ に対して $O-xy$ 上の点 $P(x,y)$ を対応させれば，この対応は1対1である．つまり，平面上の点 $P(x,y)$ で複素数 $z=x+yi$ を表すことができる．このように，複素数を表示するための平面を **複素平面** あるいは **ガウス平面** という．

なお，複素平面上において複素数 z は点なので，z を複素平面上の点 z と呼ぶことがある．

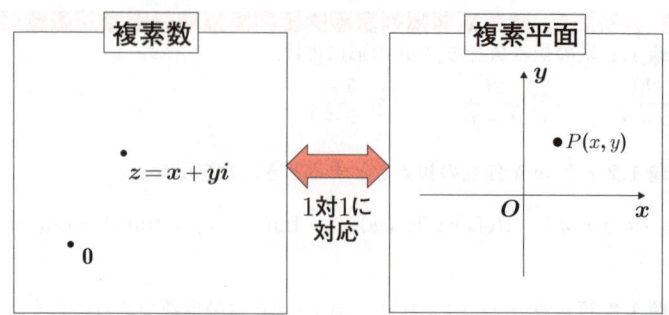

---- 実軸・虚軸 ----

定義 1.9． 複素数 $z = x + yi$ において，実部は x で虚部は y である．そこで，複素平面の x 軸を **実軸** といい，y 軸を **虚軸** という．特に，複素数 $0 = 0 + 0i$ は原点 $O(0,0)$ で表されるので，原点を点 0 ということもある．

---- 極形式 ----

定義 1.10． 複素平面上の点 $P(x,y)$ に対してベクトル $\overrightarrow{OP}$ と実軸の正の向きとが作る角 (実軸の正の部分から線分 $\overline{OP}$ まで反時計回りに測った角) を θ とする．このとき，原点 O から点 P までの距離を r とすると
$$x = r\cos\theta, \quad y = r\sin\theta$$
なので
$$z = x + yi = r(\cos\theta + i\sin\theta) \tag{1.2}$$
である．(1.2) の右辺を複素数 z の **極形式** という．

2 つの複素数 $z = r(\cos\theta + i\sin\theta)$, $w = \rho(\cos\varphi + i\sin\varphi)$ について

$$\boxed{z = w \overset{\text{iff}}{\iff} r = \rho \text{ かつ } \varphi = \theta + 2n\pi \ (n \text{ は整数})} \tag{1.3}$$

が成り立つ.

> **注意 1.6.** $\cos\theta = \cos(\theta - 2\pi)$, $\sin\theta = \sin(\theta - 2\pi)$ なので, $\theta - 2\pi$ を偏角としてもよい. たとえば, $z = -1 - i$ の偏角を $\theta = \dfrac{5}{4}\pi$ としてもよいし, $\theta - 2\pi = -\dfrac{3}{4}\pi$ としてもよい.

―― 絶対値・偏角 ――

> **定義 1.11.** (1.2)における r を複素数 z の**絶対値**と呼んで $|z|$ と表し, θ を z の**偏角**とよんで $\arg z$ と表す[8]. これらを x, y で表せば
> $$|z| = r = \sqrt{x^2 + y^2}$$
> $$\arg z = \theta = \tan^{-1}\frac{y}{x} \tag{1.4}$$
> となる. ただし, $x \neq 0$ のとき, θ は $\cos\theta$ が x と同符号になる角をとるものとする. また, $x = 0$ のとき, $y > 0$ ならば $\theta = \dfrac{\pi}{2}$, $y < 0$ ならば $\theta = -\dfrac{\pi}{2}$ とする.

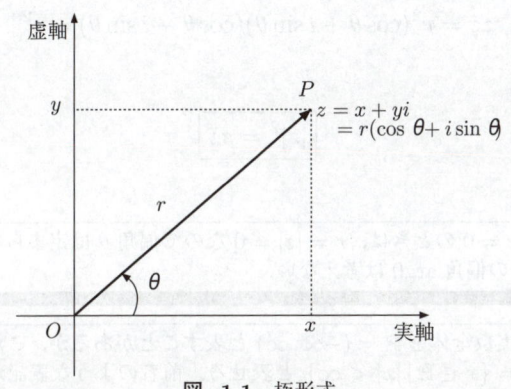

図 1.1 極形式

---

[8] 偏角は英語で <u>arg</u>ument なので, 最初の 3 文字を使ってこれを表す.

$z = x + yi$ のとき

$$|z| = 0 \iff \sqrt{x^2 + y^2} = 0 \iff x = 0 \text{ かつ } y = 0$$

なので，

$$|z| \neq 0 \iff x \neq 0 \text{ または } y \neq 0 \iff z \neq 0$$

である．また，$-z = -x - yi$ なので

$$\boxed{|-z| = \sqrt{(-x)^2 + (-y)^2} = \sqrt{x^2 + y^2} = |z|} \tag{1.5}$$

である．

一方，$z = r(\cos\theta + i\sin\theta)$ のとき

$$\bar{z} = r(\cos\theta - i\sin\theta) = r(\cos(-\theta) + i\sin(-\theta))$$

なので，

$$\boxed{|z| = |\bar{z}|, \qquad \arg\bar{z} = -\arg z} \tag{1.6}$$

であり，

$$z\bar{z} = r^2(\cos\theta + i\sin\theta)(\cos\theta - i\sin\theta) = r^2$$

なので

$$\boxed{|z|^2 = z\bar{z}} \tag{1.7}$$

である．

注意 1.7．$z = 0$ のときは，$r = |z| = 0$ なので偏角 θ は定まらない．そのため，$z = 0$ の偏角 $\arg 0$ は考えない．

注意 1.8．実数全体を $\mathbb{R} = (-\infty, \infty)$ と表すことがあるが，これは絶対値を使って $\mathbb{R} = \{x \in \mathbb{R} \mid |x| < \infty\}$ と表せる．前者のような表記が可能なのは，実数に大小関係があるからである．複素数には大小関係がないので，前者のような表記はできない．そこで，後者の表記を使って，複素数全体を $\mathbb{C} = \{z \in \mathbb{C} \mid |z| < \infty\}$ と表すことがある．

偏角の主値

定義 1.12. z の偏角の1つを θ_0 とすれば

$$\theta_0 + 2n\pi \quad (n = 0, \pm 1, \pm 2, \cdots)$$

も z の偏角となり，偏角は1つに定まらない．そこで，偏角 θ を1つに定めるために，これを $-\pi < \theta \leq \pi$ に限定することがある[9]．このときの θ を z の偏角の**主値**といい，Arg$z$ と表す．つまり，

$$-\pi < \text{Arg}z \leq \pi$$

である．

偏角の主値を使うと，z の偏角は

$$\arg z = \text{Arg}z + 2n\pi \quad (n = 0, \pm 1, \pm 2, \cdots)$$

と表される．

極形式表示

例 1.5. 次の複素数の極形式を求めよ．ただし，偏角には必ずその主値を用いること．

$$(1) \ 3 + 3\sqrt{3}i \quad (2) \ \sqrt{3} - i \quad (3) \ \frac{2}{i}$$

(解答)

(1) $|3 + 3\sqrt{3}i| = \sqrt{9 + 27} = 6$, $\tan^{-1}\dfrac{3\sqrt{3}}{3} = \dfrac{\pi}{3}$ なので，
$$3 + 3\sqrt{3}i = 6\left(\cos\frac{\pi}{3} + i\sin\frac{\pi}{3}\right)$$
である．

---

[9] 定義 1.10 では，偏角 θ を複素数と定軸の正の向きとが作る角として定義しているが，注意 1.6 で述べたように，$\theta - 2\pi$ を偏角としてよい．したがって，偏角 θ が $\pi < \theta < 2\pi$ を満たすときは，$-\pi < \theta - 2\pi < 0$ なので，その偏角が π から 2π の間にある点は，$-\pi$ から 0 の間にある点と同一視できる．

(2) $|\sqrt{3}-i| = \sqrt{3+1} = 2$, $\tan^{-1}\dfrac{-1}{\sqrt{3}} = -\dfrac{\pi}{6}$ なので,
$$\sqrt{3}-i = 2\left(\cos\left(-\dfrac{\pi}{6}\right) + i\sin\left(-\dfrac{\pi}{6}\right)\right)$$
である.

(3) $\dfrac{2}{i} = -2i$ であり, $r = |-2i| = \sqrt{4} = 2$, $\theta = -\dfrac{\pi}{2}$ なので
$$\dfrac{2}{i} = 2\left(\cos\left(-\dfrac{\pi}{2}\right) + i\sin\left(-\dfrac{\pi}{2}\right)\right)$$
である.

注意 1.9. 例 1.5(1) において,$\tan^{-1}\dfrac{3\sqrt{3}}{3}$ を $\tan^{-1}\sqrt{3}$ と書くと $\tan^{-1}\dfrac{-3\sqrt{3}}{-3}$ と区別がつかなくなるので,約分しない方がよい.なお,偏角を求める際には,逆正接関数 ($\tan^{-1}$) を使うよりも,図 1.1 のような図を描くほうが間違いにくい.

―― **偏角と絶対値の性質** ――

定理 1.3. 2つの複素数 $z = r(\cos\theta + i\sin\theta)$, $w = \rho(\cos\varphi + i\sin\varphi)$ に対して次が成り立つ.

(1) $|zw| = |z||w|$

(2) $\arg(zw) = \arg z + \arg w$

(3) $\left|\dfrac{z}{w}\right| = \dfrac{|z|}{|w|}$ $\quad (w \neq 0)$

(4) $\arg\left(\dfrac{z}{w}\right) = \arg z - \arg w$

(5) $(\cos\theta + i\sin\theta)(\cos\varphi + i\sin\varphi) = \cos(\theta+\varphi) + i\sin(\theta+\varphi)$

(6) $||z|-|w|| \leq |z \pm w| \leq |z| + |w|$

なお,(6) を **三角不等式** という.

(証明)
(1) と (2) の証明
$$\begin{aligned}zw &= r(\cos\theta + i\sin\theta)\rho(\cos\varphi + i\sin\varphi)\\&= r\rho\{(\cos\theta\cos\varphi - \sin\theta\sin\varphi) + i(\sin\theta\cos\varphi + \cos\theta\sin\varphi)\}\\&= r\rho\{\cos(\theta+\varphi) + i\sin(\theta+\varphi)\}\end{aligned}$$

なので，
$$|zw| = r\rho = |z||w|, \qquad \arg(zw) = \theta + \varphi = \arg z + \arg w$$

(3) (1) より $|z| = \left|\dfrac{z}{w}w\right| = \left|\dfrac{z}{w}\right||w|$ なので，$\left|\dfrac{z}{w}\right| = \dfrac{|z|}{|w|}$ である．

(4) (2) より $\arg z = \arg\left(\dfrac{z}{w}w\right) = \arg\left(\dfrac{z}{w}\right) + \arg w$ なので，$\arg\left(\dfrac{z}{w}\right) = \arg z - \arg w$ である．

(5) (1) の証明より明らか．これは，三角関数の加法定理に対応している．

(6) まず，右側の不等式を示す．
$z = x + yi, w = u + vi$ とすると
$$|z+w|^2 = (z+w)\overline{(z+w)} = (z+w)(\bar{z}+\bar{w}) = z\bar{z} + z\bar{w} + w\bar{z} + w\bar{w}$$
$$= |z|^2 + |w|^2 + 2\mathrm{Re}(z\bar{w})$$

である．ここで，
$$\mathrm{Re}(z\bar{w}) = \mathrm{Re}((x+yi)(u-vi)) = \mathrm{Re}(xu+yv+(yu-xv)i)$$
$$= xu + yv$$

であり，
$$(x^2+y^2)(u^2+v^2) - (xu+yv)^2 = (xv-yu)^2 \geq 0 \tag{1.8}$$

なので
$$|\mathrm{Re}(z\bar{w})| \leq \sqrt{(x^2+y^2)(u^2+v^2)} = |z||w|$$

である．よって，
$$|z+w|^2 \leq |z|^2 + |w|^2 + 2|z||w| = (|z|+|w|)^2$$

なので
$$|z+w| \leq |z| + |w| \tag{1.9}$$

である．
次に左側の不等式を示す．(1.9) より
$$|w| = |z+w-z| \leq |z+w| + |z|$$

なので
$$-|z+w| \leq |z| - |w|$$

である．同様に考えると，$|z| - |w| \leq |z+w|$ を得るので
$$||z| - |w|| \leq |z+w|$$

が成り立つ．さらに，この不等式と (1.9) において w を $-w$ とすれば，$||z|-|w|| \leq |z-w| \leq |z|+|w|$ を得る． ∎

注意 1.10 . 定理 1.3 は，2 つの複素数の積や商の関係を示している．第 1.3.2 項で説明するように，これらの関係を使えば複素数の積や商までもが図示できる．極形式を導入したメリットがここにある．$a+bi$ の形だけを考えるだけでなく，極形式も考えることで，複素数の応用が広がるのである．

注意 1.11． 定理 1.3 (2) より，$\arg(iz) = \arg i + \arg z = \dfrac{\pi}{2} + \arg z$ である．したがって，ある複素数 z に i を掛ける操作は，複素平面上で z を反時計回りに $\dfrac{\pi}{2}$ だけ回転させることを意味する．特に $i^2 = 1 \times i \times i$ と考えれば，i^2 は 1 を反時計回りに 2 回連続して $\dfrac{\pi}{2}$ 回転させたものなので，i^2 は 1 を反時計回りに π だけ回転させたものである．このことからも，$i^2 = -1$ と分かる．同時にこのことは，-1 は 1 を反時計回りに π 回転させたもの，つまり，マイナス $(-)$ は反時計回りに π 回転させる操作であることを意味する．したがって，$-(-1)$ は 1 を 2 回連続して π 回転させたものだから，$-(-1) = 1$ となる．このように考えれば，中学校で学んだ「マイナス $\times$ マイナス $=$ プラス」の意味がはっきりするであろう．

三角不等式の等号成立*

例 1.6． 定理 1.3 の三角不等式 (6) の等号が成り立つのはどのような場合か？

(解答)
まず，偏角として主値のみを考えても一般性を失わないことに注意する．
定理 1.3(6) の証明において $\mathrm{Re}(z\bar{w}) = xu + yv \geq 0$ かつ $\mathrm{Im}(z\bar{w}) = yu - xv = 0$ のとき三角不等式 (6) の右側の等式が成り立つ[10]．
そこで，$x = r\cos\theta$, $y = r\sin\theta$, $u = \rho\cos\varphi$, $v = \rho\sin\varphi$ とすると
$$yu - xv = r\sin\theta\rho\cos\varphi - r\cos\theta\rho\sin\varphi = r\rho(\sin\theta\cos\varphi - \cos\theta\sin\varphi)$$
$$= r\rho\sin(\theta - \varphi) = 0$$
より，$\mathrm{Im}(z\bar{w}) = 0$ となるには $\theta - \varphi = 0$ または $\theta - \varphi = \pi$ であればよい．
また，
$$xu + yv = r\cos\theta\rho\cos\varphi + r\sin\theta\rho\sin\varphi = r\rho(\cos\theta\cos\varphi + \sin\theta\sin\varphi)$$
$$= r\rho\cos(\theta - \varphi)$$
なので，$\mathrm{Re}(z\bar{w}) \geq 0$ となるには，$-\dfrac{\pi}{2} \leq \theta - \varphi \leq \dfrac{\pi}{2}$ であればよい．以上のことより，三角不等式 (6) の右側の等式が成り立つのは $\theta - \varphi = 0$，つまり，$\arg w = \arg z$ となるときである．
次に三角不等式 (6) の左側の等式が成り立つ場合を考える．$|z| = r$, $|w| = \rho$ であり，
$$z + w = r(\cos\theta + i\sin\theta) + \rho(\cos\varphi + i\sin\varphi)$$
$$= r\cos\theta + \rho\cos\varphi + i(r\sin\theta + \rho\sin\varphi)$$

---

[10] $|z+w|^2 = |z|^2 + |w|^2 + 2\mathrm{Re}(z\bar{w})$ に注意すると，$\mathrm{Re}(z\bar{w}) < 0$ ならば $|z+w|^2 < |z|^2 + |w|^2 \leqslant (|z|+|w|)^2$ となってしまうので，右側の等号が成り立つには，$\mathrm{Re}(z\bar{w}) \geq 0$ でなければならない．また，右側の等号が成り立つときには，$|z+w|^2 = (|z|+|w|)^2$ なので，$\mathrm{Re}(z\bar{w}) = |z||w|$，つまり，$|z|^2|w|^2 - \mathrm{Re}^2(z\bar{w}) = 0$ である．これが成り立つのは (1.8) より $xv - yu = 0$ のとき，つまり，$\mathrm{Im}(z\bar{w}) = yu - xv = 0$ のときである．

より
$$|z+w| = \sqrt{(r\cos\theta + \rho\cos\varphi)^2 + (r\sin\theta + \rho\sin\varphi)^2}$$
$$= \sqrt{r^2 + \rho^2 + 2r\rho(\cos\theta\cos\varphi + \sin\theta\sin\varphi)}$$
$$= \sqrt{r^2 + \rho^2 + 2r\rho\cos(\theta - \varphi)}$$
である．よって，等号が成り立つためには
$$\cos(\theta - \varphi) = -1,$$
つまり，$\theta - \varphi = \pi$ であればよい．これは，$\arg w = -\arg z$ であることを意味する．
なお，三角不等式 (6) の両方の等式が成立するのは z もしくは w のいずれかが 0 となるときである．　■

ド・モアブルの公式

定理 1.4． 複素数 $z = \cos\theta + i\sin\theta$ に対して

$$(\cos\theta + i\sin\theta)^n = \cos n\theta + i\sin n\theta \qquad (n \text{ は整数}) \tag{1.10}$$

が成り立つ．これを**ド・モアブルの公式** (de Moivre [11]) という．

(証明)
$n = 0, 1$ のときは明らか．
$n = k$ で (1.10) が成り立つとすると，
$$(\cos\theta + i\sin\theta)^{k+1} = (\cos\theta + i\sin\theta)^k(\cos\theta + i\sin\theta)$$
$$= (\cos k\theta + i\sin k\theta)(\cos\theta + i\sin\theta)$$
$$= \cos k\theta\cos\theta - \sin k\theta\sin\theta + i(\sin k\theta\cos\theta + \cos k\theta\sin\theta)$$
$$= \cos((k+1)\theta) + i\sin((k+1)\theta)$$
なので，$n = k+1$ のときも (1.10) が成り立つ．よって，$n \geq 0$ のとき (1.10) が成り立つ．
$n = -m\,(m > 0)$ のとき，
$$(\cos\theta + i\sin\theta)^n = (\cos\theta + i\sin\theta)^{-m} = \frac{1}{(\cos\theta + i\sin\theta)^m}$$
$$= \frac{1}{\cos m\theta + i\sin m\theta} = \frac{\cos m\theta - i\sin m\theta}{\cos^2 m\theta + \sin^2 m\theta} = \cos m\theta - i\sin m\theta$$
$$= \cos(-m\theta) + i\sin(-m\theta) = \cos n\theta + i\sin n\theta$$
となり，$n < 0$ のときも (1.10) が成り立つ．　■

注意 1.12． (1.10) において，n が自然数ではなく，整数であることに注意せよ．例えば，$n > 0$ とすると $(\cos\theta + i\sin\theta)^{-n} = \cos(-n\theta) + i\sin(-n\theta)$ が成り立つ．

---

[11] de Moivre Abraham(1667-1754)，フランス生まれの数学者で，後にイギリスに移住した．

定理 1.4 より, $z = r(\cos\theta + i\sin\theta)$ の n 乗は, $z^n = r^n(\cos n\theta + i\sin n\theta)$ であることが分かる.

ド・モアブルの公式

例 1.7. ド・モアブルの公式を使って, 次の複素数を $a + bi$ の形で表せ.

(1) $\left(\cos\dfrac{\pi}{12} + i\sin\dfrac{\pi}{12}\right)^4$ 　　(2) $\dfrac{1}{(1-\sqrt{3}i)^5}$

(解答)
(1) $\left(\cos\dfrac{\pi}{12} + i\sin\dfrac{\pi}{12}\right)^4 = \cos\dfrac{4\pi}{12} + i\sin\dfrac{4\pi}{12} = \cos\dfrac{\pi}{3} + i\sin\dfrac{\pi}{3} = \dfrac{1}{2} + \dfrac{\sqrt{3}}{2}i$

(2)
$$\dfrac{1}{(1-\sqrt{3}i)^5} = \dfrac{1}{\left\{2\left(\cos\left(-\dfrac{\pi}{3}\right) + i\sin\left(-\dfrac{\pi}{3}\right)\right)\right\}^5} = \dfrac{1}{32}\left(\cos\left(-\dfrac{\pi}{3}\right) + i\sin\left(-\dfrac{\pi}{3}\right)\right)^{-5}$$

$$= \dfrac{1}{32}\left(\cos\left(-\dfrac{-5\pi}{3}\right) + i\sin\left(-\dfrac{-5\pi}{3}\right)\right) = \dfrac{1}{32}\left(\cos\dfrac{5}{3}\pi + i\sin\dfrac{5}{3}\pi\right)$$

$$= \dfrac{1}{32}\left(\dfrac{1}{2} - \dfrac{\sqrt{3}}{2}i\right) = \dfrac{1}{64}(1-\sqrt{3}i)$$

注意 1.13. 三角関数の倍角や 3 倍角の公式を忘れていたとしても, ド・モアブルの公式さえ覚えていれば, これらを容易に導くことができる. 例えば, (1.10) において $n=2$ とすると, $(\cos\theta + i\sin\theta)^2 = \cos 2\theta + i\sin 2\theta$ なので, $(\cos^2\theta - \sin^2\theta) + i(2\sin\theta\cos\theta) = \cos 2\theta + i\sin 2\theta$ となり, 実部と虚部を比較して $\cos 2\theta = \cos^2\theta - \sin^2\theta$, $\sin 2\theta = 2\sin\theta\cos\theta$ を得る.

■■■ **演習問題** ■■■■■■■■■■■■■■■■■■■■■■■

演習問題 1.5 任意の複素数 α に対して次を示せ.

$$|\mathrm{Re}(\alpha)| \leq |\alpha|, \quad |\mathrm{Im}(\alpha)| \leq |\alpha|$$

演習問題 1.6 複素数 $-1-i$ の極形式を求めよ. ただし, 偏角には必ずその主値を用いること.

演習問題 1.7 2 つの 0 でない複素数 z_1 と z_2 に対し, $\arg z_1 = \arg z_2$ ならば $\dfrac{z_1}{z_2}$ は実数であることを示せ.

演習問題 1.8 2つの複素数 z と w に対して次の問に答えよ.
 (1) 三角不等式 $|z+w| \leq |z| + |w|$ を使って $|z| - |w| \leq |z+w|$ を示せ.
 (2) $|z+w| = |z| + |w|$ が成り立つのは,「$z=w$ となる場合」,「z と w のいずれかが 0 になる場合」であるが,それ以外にどのような場合が考えられるか？

演習問題 1.9 ド・モアブルの公式を使って,$\dfrac{1}{(1-i)^5}$ を $a+bi$ の形で表せ.

演習問題 1.10 ド・モアブルの公式を使って $(-1+\sqrt{3}i)^{10}$ を $a+bi$ の形で表せ.

演習問題 1.11 任意の複素数 z に対して $z^{m+n} = z^n z^m$ が成り立つことを示せ.ただし,n, m は整数とする.

Section 1.3
複素数の図示*

1.3.1 和と差の図示*

2つの複素数 $z = x+yi$, $w = u+vi$ の和 $z+w = (x+u) + (y+v)i$ は複素平面上では z と w を 1 辺とする平行四辺形の対角線として与えられる.

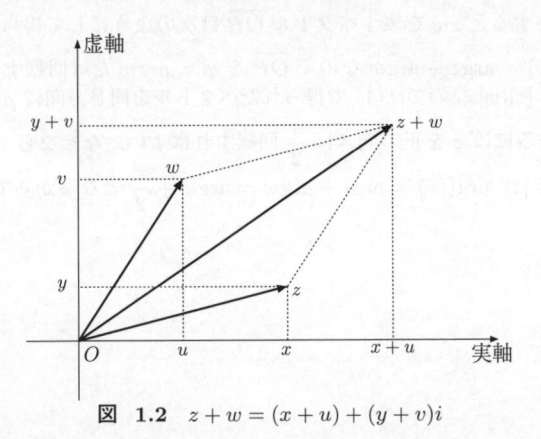

図 **1.2** $z+w = (x+u) + (y+v)i$

2つの複素数 $z = x + yi$, $w = u + vi$ の差 $z - w = (x - u) + (y - v)i$ は複素平面上では z と $-w$ を1辺とする平行四辺形の対角線として与えられる.

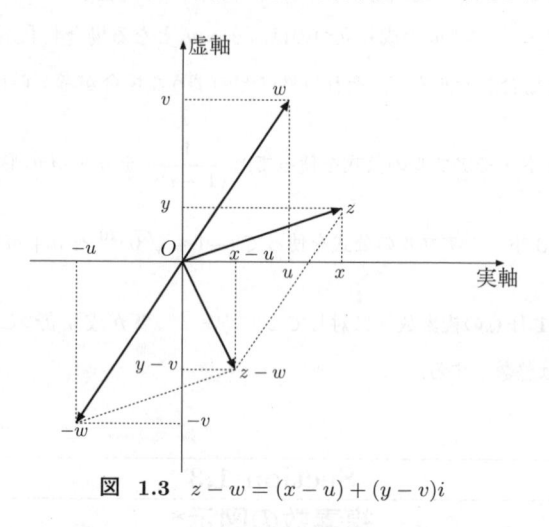

図 1.3 $z - w = (x - u) + (y - v)i$

これらは平面における位置ベクトルの和や差と同じである.

1.3.2 積と商の図示*

$z = r(\cos\theta + i\sin\theta)$ を表すベクトルを $\overrightarrow{OP}$, $w = \rho(\cos\varphi + i\sin\varphi)$ を表すベクトルを $\overrightarrow{OQ}$ とすると zw を表すベクトル $\overrightarrow{OR}$ は次のようにして得られる.

(1) $\arg(zw) = \arg z + \arg w$ なので $\overrightarrow{OP}$ を $\varphi = \arg w$ だけ回転する.
(2) $|zw| = |z||w|$ なので, (1) で得られたベクトルを同じ方向に $\rho = |w|$ 倍する.

特に, iz を作るには z を正の向きに $\dfrac{\pi}{2}$ 回転すればよい. なぜなら, 定理1.3より $|iz| = |i||z| = |z|$, $\arg(iz) = \arg i + \arg w = \arg w + \dfrac{\pi}{2}$ となるからである.

1.3 複素数の図示*

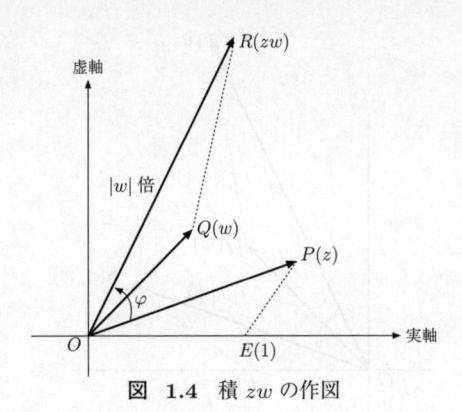

図 1.4 積 zw の作図

手順 (1)(2) によって得られるベクトル $\overrightarrow{OR}$ は次のようにしても求めることができる．
(1) 実軸上で 1 を表す点を E とし三角形 OEP を考える．
(2) OE が OQ に対応するようにして，これと相似な三角形 OQR を作る．

このようにすると，$OR : OP = OQ : OE$ なので $OR = OP \cdot OQ$，つまり，$|zw| = |z||w|$ となっていることが分かる．また，図 1.4 より $\arg(zw) = \arg z + \arg w$ となっていることも分かる．

商 $\dfrac{z}{w}$ を表すベクトル $\overrightarrow{OS}$ の作図は

$$\left|\frac{z}{w}\right| = \frac{|z|}{|w|}, \qquad \arg\left(\frac{z}{w}\right) = \arg z - \arg w$$

より，乗法のときの作図を逆に行えばよい．つまり，
(1) $\overrightarrow{OP}$ を $\dfrac{1}{|w|}$ 倍する．
(2) (1) で得られたベクトルを $-\varphi = -\arg w$ だけ回転する．

とすればよい．また，この手順は
(1) 三角形 OQP を考える．
(2) OQ が OE に対応するようにして，これと相似な三角形 OES を作る．

とすることに対応している．

図 1.5 商 z/w の作図

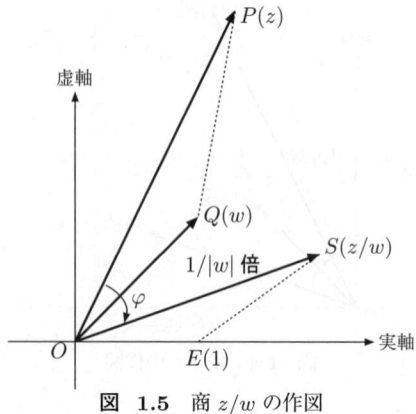

このように，和や差だけでなく，積や商までもが作図できるという点が複素数と実数の大きな違いである．

1.3.3 共役複素数の図示*

複素数 $z = x + yi$ の共役複素数 $\bar{z} = x - yi$ は複素平面上では実軸に関して z と対称な点となっている．

なお，図 1.6 では例 1.4 の関係

$$x = \mathrm{Re}(z) = \frac{z + \bar{z}}{2}, \quad y = \mathrm{Im}(z) = \frac{z - \bar{z}}{2i}$$

も図示している．

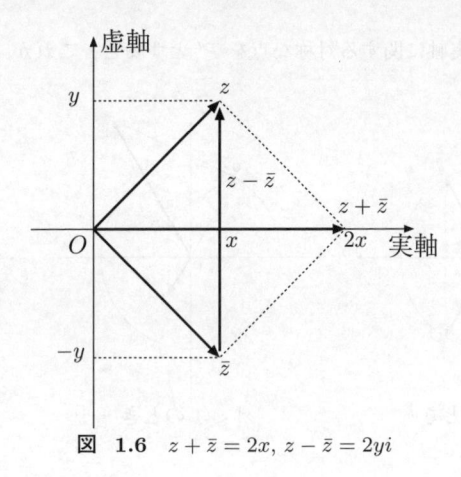

図 1.6　$z+\bar{z}=2x,\ z-\bar{z}=2yi$

1.3.4　逆数 $\dfrac{1}{z}$ の図示*

定理 1.3 より，
$$\left|\frac{1}{z}\right|=\frac{1}{|z|},\quad \arg\left(\frac{1}{z}\right)=\arg 1-\arg z=-\arg z$$

なので，$z=r(\cos\theta+i\sin\theta)$ の作図は次のようにすればよい．ただし，z に対応する複素平面上の点を P とする．

$|z|=1$ の場合　単位円周上の点 P の実軸に関して対称な点 P' が $\dfrac{1}{z}$ である．

$|z|<1$ の場合　単位円を描いた後，次のようにする．
(1) 点 P からこの単位円に接線 PQ を引く．
(2) 接点 Q から線分 OP に垂線を引き，その足を R とする．
このとき，$\triangle ORQ$ と $\triangle OQP$ は相似なので $\overline{OR}:\overline{OQ}=\overline{OQ}:\overline{OP}$ が成り立ち，$\overline{OP}\cdot\overline{OR}=\overline{OQ}^2$，つまり，$\overline{OR}=\dfrac{1}{r}$ となることに注意する．
(3) R の実軸に関する対称な点を P' とすると，これが $\dfrac{1}{z}$ である．

$|z|>1$ の場合　単位円を描いた後，次のようにする．
(1) 点 P において線分 OP に垂線を引いて単位円との交点 Q をとる．
(2) 点 Q で単位円に接線を引いて，O と P を通る直線との交点を R とする．こうすると，$\triangle OPQ$ と $\triangle OQR$ は相似となるので，$\overline{OR}:\overline{OQ}=\overline{OQ}:\overline{OP}$ より，$\overline{OR}\cdot\overline{OP}=\overline{OQ}^2$，つまり，$\overline{OR}=\dfrac{1}{r}$ となることに注意する．

(3) R の実軸に関する対称な点を P' とすると，これが $\dfrac{1}{z}$ である．

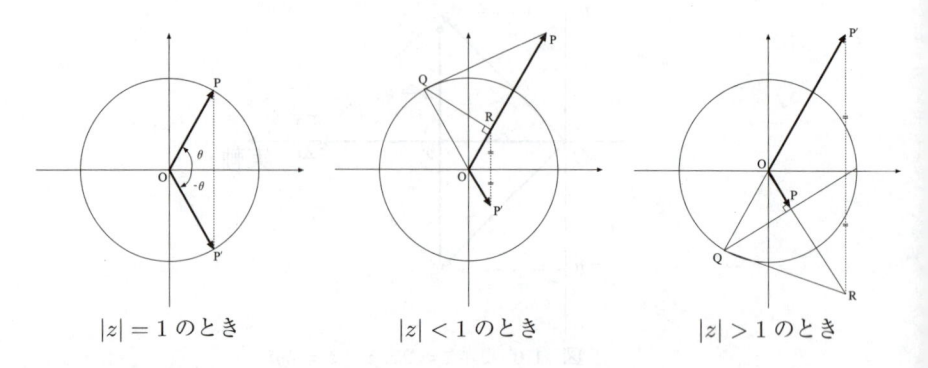

| $|z|=1$ のとき | $|z|<1$ のとき | $|z|>1$ のとき |

Section 1.4
複素数と図形

　実数でも 2 点間の距離を絶対値を使って定義し，数の関係を調べた．複素数でも実数と同様に絶対値で距離を定義する．ただし，実数と異なり，複素数はもともと 2 次元的 (複素平面をイメージしよう) なものなので，平面図形と距離の関係が強く関連する．

1.4.1　距離と図形

―― 複素数の距離 ――

定義 1.13．2 つの複素数 z と w の **距離** $d(z,w)$ を

$$d(z,w) = |z-w|$$

で定義する．

絶対値の定義より，次の性質を導出できる．

絶対値の定義より，次の性質を導出できる．

距離の性質

定理 1.5． 複素数 z, w, u と距離 d に対して，次が成り立つ．

(1) $d(z,w) \geq 0$ で，$d(z,w) = 0$ となるのは $z = w$ のときに限る．
(2) $d(z,w) = d(w,z)$
(3) $d(z,w) \leq d(z,u) + d(u,w)$

a を任意の複素数とし，$k > 0$ を実数とする．このとき，点 a を中心とする半径 k の円 C は

$$|z - a| = k \tag{1.11}$$

と表される[12]．また，不等式

$$|z - a| < k \tag{1.12}$$

は円 C の内部を表している．このような領域を開円板という．さらに，不等式

$$|z - a| \leq k \tag{1.13}$$

は円 C の内部と円周上の点を表している．このような領域を閉円板という．

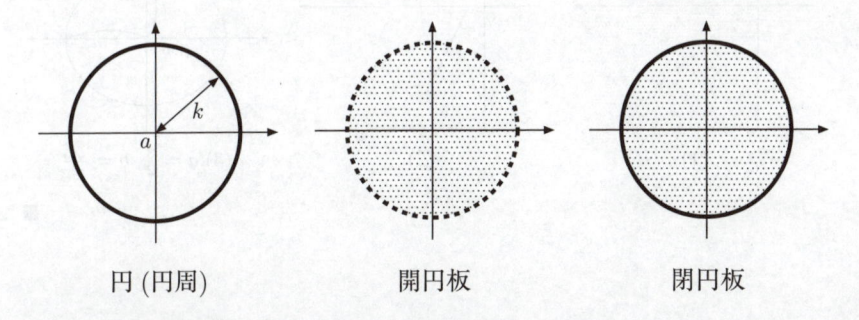

円 (円周)   開円板   閉円板

---

[12] 正確には円周だが，ここでは円と円周は同じ意味で用いることにする．

方程式・不等式と図形

例 1.8. 次の方程式または不等式が表す図形 (あるいは領域) は何か？
(1) $|z-1| < |z+1|$ (2) $\mathrm{Re}(z) + \mathrm{Im}((1+i)z) = 1$
(3) $|z-2| + |z| = 3$

(解答)
以下では, $z = x + yi(x, y \in \mathbb{R})$ とする.
(1) $|z-1|^2 < |z+1|^2$ より,
$$(z-1)(\bar{z}-1) < (z+1)(\bar{z}+1) \implies z\bar{z} - z - \bar{z} + 1 < z\bar{z} + z + \bar{z} + 1$$
$$\implies 2(z+\bar{z}) > 0 \implies 4\mathrm{Re}(z) > 0 \implies \mathrm{Re}(z) > 0$$
である. よって, (1) は右半平面 $\mathrm{Re}(z) > 0$ を表す.
(2) $\mathrm{Re}(z) = x$ であり, $(1+i)z = (1+i)(x+yi) = (x-y) + (x+y)i$ なので $\mathrm{Im}((1+i)z) = x + y$ である. よって,
$$\mathrm{Re}(z) + \mathrm{Im}((1+i)z) = 1 \implies x + x + y = 1 \implies 2x + y = 1$$
なので, (2) は直線 $y = -2x + 1$ を表す.
(3) 2点 $z = 2, z = 0$ からの距離の和が一定値 3 となっているので (3) は楕円を表している. より具体的には
$$|z-2| + |z| = 3 \implies \sqrt{(x-2)^2 + y^2} + \sqrt{x^2 + y^2} = 3$$
$$\implies (x-2)^2 + y^2 = 9 - 6\sqrt{x^2+y^2} + x^2 + y^2 \implies 6\sqrt{x^2+y^2} = 4x + 5$$
$$\implies 36(x^2 + y^2) = 16x^2 + 40x + 25 \implies 20(x-1)^2 + 36y^2 = 45$$
$$\implies \frac{4}{9}(x-1)^2 + \frac{4}{5}y^2 = 1 \implies \frac{(x-1)^2}{\left(\frac{3}{2}\right)^2} + \frac{y^2}{\left(\frac{\sqrt{5}}{2}\right)^2} = 1$$
である.

(1) (2) (3): $a = \frac{3}{2}, b = \frac{\sqrt{5}}{2}$

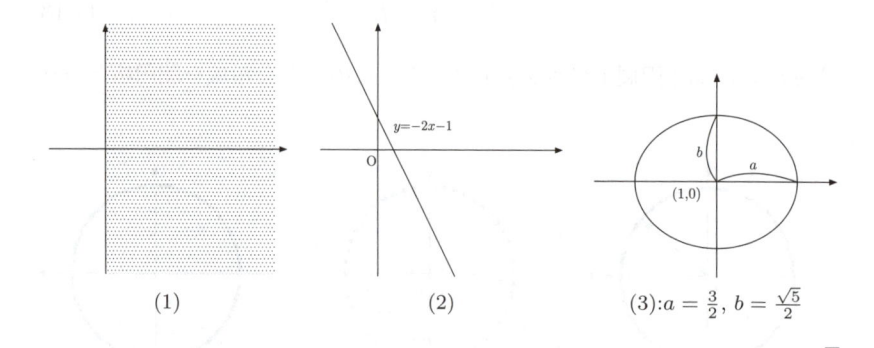

1.4.2　円と直線の方程式*

― **直線の方程式** ―

定理 1.6 . α を複素数，c を実数とすると，複素平面上の直線の方程式は
$$\alpha z + \bar{\alpha}\bar{z} + c = 0 \tag{1.14}$$
である．ただし，$\alpha \neq 0$ である．

(証明)
$z = x + yi$ とし，点 (x, y) を実数平面上の点と同一視すると，直線の方程式は
$$ax + by + c = 0 \tag{1.15}$$
と表される．ただし，a, b, c, x, y はすべて実数である．
さて，x と y を複素平面上の点として扱うために例 1.4 を使って
$$x = \frac{z + \bar{z}}{2}, \quad y = \frac{z - \bar{z}}{2i} = -i\frac{z - \bar{z}}{2} \tag{1.16}$$
と表すと，(1.15) と (1.16) より
$$a\frac{z + \bar{z}}{2} - ib\frac{z - \bar{z}}{2} + c = 0 \Longrightarrow \left(\frac{a}{2} - \frac{b}{2}i\right)z + \left(\frac{a}{2} + \frac{b}{2}i\right)\bar{z} + c = 0$$
を得る．よって，$\alpha = \dfrac{a}{2} - \dfrac{b}{2}i$ とおくと，$\bar{\alpha} = \dfrac{a}{2} + \dfrac{b}{2}i$ なので，直線の方程式は
$$\alpha z + \bar{\alpha}\bar{z} + c = 0$$
と表される．なお，$\alpha = 0$ のとき，(1.14) は $c = 0$ となり，これは直線を表していない． ■

― **円の方程式** ―

定理 1.7 . α を複素数，a と d を実数とすると，複素平面上の円の方程式は
$$az\bar{z} + \alpha z + \bar{\alpha}\bar{z} + d = 0 \tag{1.17}$$
である．ただし，$a \neq 0$ かつ $|\alpha|^2 > ad$ である．

(証明)
$z = x + yi$ とし，点 (x, y) を実数平面上の点と同一視すると，円の方程式は
$$a(x^2 + y^2) + bx + cy + d = 0 \tag{1.18}$$
と表される．ただし，a, b, c, d, x, y はすべて実数である．
さて，$z\bar{z} = x^2 + y^2$ に注意して，(1.18) に
$$x = \frac{z + \bar{z}}{2}, \quad y = -i\frac{z - \bar{z}}{2}$$

を代入すると,
$$az\bar{z} + b\left(\frac{z+\bar{z}}{2}\right) - c\left(\frac{z-\bar{z}}{2}\right)i + d = 0 \Longrightarrow az\bar{z} + \frac{1}{2}(b-ci)z + \frac{1}{2}(b+ci)\bar{z} + d = 0$$
である.ここで,$\alpha = \frac{1}{2}(b-ci)$ とおくと $\bar{\alpha} = \frac{1}{2}(b+ci)$ なので,円の方程式は
$$az\bar{z} + \alpha z + \bar{\alpha}\bar{z} + d = 0 \tag{1.17}$$
と表される.
また,(1.18) を
$$x^2 + y^2 + \frac{b}{a}x + \frac{c}{a}y = -\frac{d}{a} \Longrightarrow \left(x + \frac{b}{2a}\right)^2 + \left(y + \frac{c}{2a}\right)^2 = \frac{b^2}{4a^2} + \frac{c^2}{4a^2} - \frac{d}{a}$$
と書くと,不等式
$$\frac{b^2}{4a^2} + \frac{c^2}{4a^2} - \frac{d}{a} > 0 \tag{1.19}$$
が,円の半径が正であるという条件になっていることが分かる.(1.19) は
$$\frac{b^2 + c^2 - 4ad}{4a^2} > 0$$
と書け,これを満たすには
$$a \neq 0 \quad \text{かつ} \quad b^2 + c^2 - 4ad > 0 \tag{1.20}$$
でなければならない.ここで,$|\alpha|^2 = \alpha\bar{\alpha} = \frac{1}{4}(b^2 + c^2)$ であることに注意すると,結局 (1.20) は
$$a \neq 0 \quad \text{かつ} \quad |\alpha|^2 > ad$$
と書ける. ∎

> **注意 1.14**. $a = 0$ とすると,定理 1.6 より (1.17) は直線を表すので,このことからも (1.17) が円を表すためには,条件 $a \neq 0$ が必要なことが分かる.

1.4.3 三角形の相似条件*

> ─── 三角形の相似条件 ───
> **定理 1.8**. 相異なる点 α, β, γ および α', β', γ' が与えられたとする.このとき,$\triangle\alpha\beta\gamma$ と $\triangle\alpha'\beta'\gamma'$ が相似であるための必要十分条件は
> $$\frac{\beta - \alpha}{\gamma - \alpha} = \frac{\beta' - \alpha'}{\gamma' - \alpha'} \tag{1.21}$$
> である.

(証明)
$\triangle \alpha\beta\gamma$ において点 α を通る 2 辺は $\beta - \alpha$ と $\gamma - \alpha$ であり，$\triangle \alpha'\beta'\gamma'$ において点 α' を通る 2 辺は $\beta' - \alpha'$ と $\gamma' - \alpha'$ である．

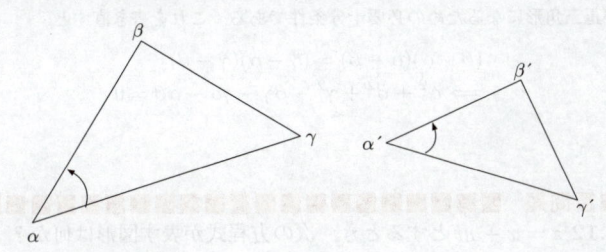

$\triangle \alpha\beta\gamma$ と $\triangle \alpha'\beta'\gamma'$ が相似であるための必要十分条件は，2 辺の比と挟む角が等しい，つまり，次の 2 つの条件

$$|\beta - \alpha| : |\gamma - \alpha| = |\beta' - \alpha'| : |\gamma' - \alpha'| \tag{1.22}$$
$$\arg(\beta - \alpha) - \arg(\gamma - \alpha) = \arg(\beta' - \alpha') - \arg(\gamma' - \alpha') \tag{1.23}$$

が成り立つことである．
(1.22) は

$$\left|\frac{\beta - \alpha}{\gamma - \alpha}\right| = \left|\frac{\beta' - \alpha'}{\gamma' - \alpha'}\right| \tag{1.24}$$

を意味し，(1.23) は

$$\arg\left(\frac{\beta - \alpha}{\gamma - \alpha}\right) = \arg\left(\frac{\beta' - \alpha'}{\gamma' - \alpha'}\right) \tag{1.25}$$

を意味する．よって，(1.24) と (1.25) より

$$\frac{\beta - \alpha}{\gamma - \alpha} = \frac{\beta' - \alpha'}{\gamma' - \alpha'} \tag{1.21}$$

を得る[13]．■

正三角形の条件

系 1.1 . 相異なる 3 点 α, β, γ に対して $\triangle \alpha\beta\gamma$ が正三角形になるための必要十分条件は

$$\alpha^2 + \beta^2 + \gamma^2 - \beta\gamma - \gamma\alpha - \alpha\beta = 0 \tag{1.26}$$

となることである．

(証明)
$\triangle \alpha\beta\gamma$ が正三角形になるための必要十分条件は $\triangle \alpha\beta\gamma$ と $\triangle \beta\gamma\alpha$ が相似になることである．実際，$\triangle \alpha\beta\gamma$ と $\triangle \beta\gamma\alpha$ が相似ならば，α, β, γ のおける頂角をそれぞれ $\angle\alpha, \angle\beta, \angle\gamma$ とすると，$\angle\alpha = \angle\beta, \angle\beta = \angle\gamma, \angle\gamma = \angle\alpha$ が成り立つので $\angle\alpha = \angle\beta = \angle\gamma$ となる．

---

[13] (1.3) より 2 つの複素数 z と w に対して「$z = w \overset{\text{iff}}{\iff} |z| = |w|$ かつ $\arg z = \arg w$」であることに注意せよ．

よって，定理 1.8 より
$$\frac{\beta - \alpha}{\gamma - \alpha} = \frac{\gamma - \beta}{\alpha - \beta}$$
が $\triangle \alpha\beta\gamma$ が正三角形になるための必要十分条件である．これを書き直すと
$$(\beta - \alpha)(\alpha - \beta) = (\gamma - \alpha)(\gamma - \beta)$$
$$\implies \alpha^2 + \beta^2 + \gamma^2 - \beta\gamma - \gamma\alpha - \alpha\beta = 0$$
となる． ∎

■■■ **演習問題** ■■■■■■■■■■■■■■■■■■■■■■■■

演習問題 1.12． $z = x + yi$ とするとき，次の方程式が表す図形は何か？
 (1) $\mathrm{Re}(z) + \mathrm{Im}(z) = 2$ (2) $\mathrm{Re}(z^2) = 1$

Section 1.5
n 乗根

─── n 乗根 ───

定義 1.14． 複素数 $z \neq 0$ と自然数 n に対して
$$w^n = z$$
となる複素数 w を z の **n 乗根** といい $w = z^{\frac{1}{n}}$ あるいは $w = \sqrt[n]{z}$ と表す．

─── n 乗根の表示 ───

定理 1.9． 0 でない複素数 $z = r(\cos\theta + i\sin\theta)$ の n 乗根 $z^{\frac{1}{n}}$ は n 個あって，それは
$$w_k = \sqrt[n]{r}\left\{\cos\left(\frac{\theta}{n} + \frac{2k\pi}{n}\right) + i\sin\left(\frac{\theta}{n} + \frac{2k\pi}{n}\right)\right\} \quad k = 0, 1, \ldots, n-1$$
で与えられる．

(証明) $w = \rho(\cos\varphi + i\sin\varphi)$, $z = r(\cos\theta + i\sin\theta)$ とおくと，ド・モアブルの公式より，
$$w^n = z \iff \rho^n(\cos n\varphi + i\sin n\varphi) = r(\cos\theta + i\sin\theta)$$
である．よって，$\rho^n = r$ かつ $n\varphi = \theta + 2k\pi$ であり，これより $\rho = \sqrt[n]{r}$ かつ $\varphi = \dfrac{\theta}{n} + \dfrac{2k\pi}{n}$ である．ここで，$k = n$ のとき，$\varphi = \dfrac{\theta}{n} + 2\pi$ となり $\arg\left(\dfrac{\theta}{n}\right) = \arg\left(\dfrac{\theta}{n} + 2\pi\right)$ なので，本質的には $k = 0, 1, \ldots, n-1$ だけ（つまり，主値の部分だけ）を考えればよい． ■

定理 1.9 の式は一見すると複雑そうに感じるが，$\dfrac{\theta}{n}$ は偏角の n 等分で，$\dfrac{2k\pi}{n}$ は 2π を n 等分したものを k 倍しているだけである．したがって，これら n 個の値は原点を中心とする半径 $\sqrt[n]{r}$ の円周上にあり，正 n 角形の頂点となっている．参考までに，図 1.7 に $w^n = 1 (n = 2, 3, 4, 5)$ の解 $w = 1^{\frac{1}{n}}$ を図示しておく．

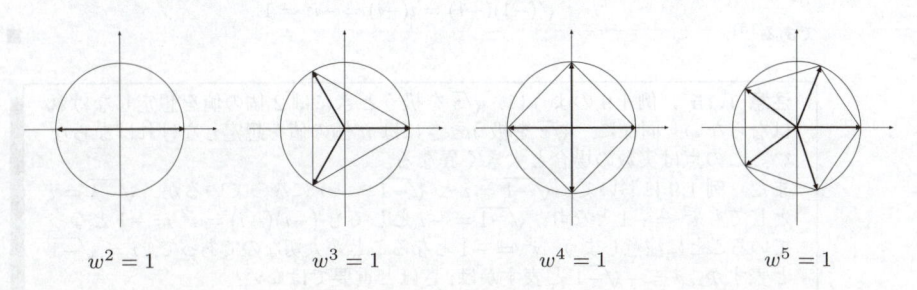

| $w^2 = 1$ | $w^3 = 1$ | $w^4 = 1$ | $w^5 = 1$ |

図 1.7 $w^n = 1$ の解

───── 平方根の扱い ─────

例 1.9．$i = \sqrt{-1}$ として
$$1 = \sqrt{1} = \sqrt{(-1)(-1)} = \sqrt{-1}\sqrt{-1} = i^2 = -1$$
と計算した．間違いを指摘し，訂正せよ．

(解答)
複素数では，$\sqrt{1}$ や $\sqrt{-1}$ は共に 2 つの値を表しているので，2 つの $\sqrt{-1}$ を同じ数として単純に $\sqrt{(-1)(-1)} = \sqrt{-1}\sqrt{-1} = i^2$ という計算はできない．実数の平方根と複素数の平方根とでは意味が異なる[14]．

そこで，次のように訂正すればよい．まず，平方根 $\sqrt{}$ はすべて複素数の平方根だと解釈して，

$$\sqrt{1} = \begin{cases} 1 & = \cos\frac{0}{2} + i\sin\frac{0}{2} \\ -1 & = \cos\left(\frac{0}{2}+\pi\right) + i\sin\left(\frac{0}{2}+\pi\right) \end{cases}$$

$$\sqrt{-1} = \begin{cases} i & = \cos\left(\frac{\pi}{2}\right) + i\sin\left(\frac{\pi}{2}\right) \\ -i & = \cos\left(\frac{\pi}{2}+\pi\right) + i\sin\left(\frac{\pi}{2}+\pi\right) \end{cases}$$

であることに注意し，$\sqrt{1}$ として $\sqrt{1} = 1 = \cos\frac{0}{2} + i\sin\frac{0}{2}$ を選んだとする．そうすると，$1 = \sqrt{1}$ は成立する．次に，$\sqrt{-1}$ の一つを $\sqrt{-1} = i$ と選んだとする．このとき，$1 = \sqrt{1} = \sqrt{(-1)(-1)} = \sqrt{-1}\sqrt{-1}$ が成り立つためには，もう一つの $\sqrt{-1}$ を $\sqrt{-1} = -i$ と選ばなければならない．よって，

$$\sqrt{(-1)(-1)} = i(-i) = -i^2 = 1$$

である[15]． ∎

注意 1.15 ． 例 1.9 のように，$\sqrt{z}$ を扱うときには 2 個の値を想定しなければならない．同様に，$\sqrt[n]{z}$ を扱うときには n 個の値を想定しなければならない．この点は実数の場合と大きく異なる．

また，例 1.9 において，$\sqrt{-1} = i$ と $\sqrt{-1} = -i$ になっているが，$\sqrt{-1} = i$ としても $i^2 = -1$ となり，$\sqrt{-1} = -i$ としても $(-i)(-i) = i^2 = -1$ となっていることに注意しよう．$i^2 = -1$ となることが大切なのであって，$i = \sqrt{-1}$ と表すか，$i = -\sqrt{-1}$ と表すかは，さほど重要ではない．

注意 1.16 ． 例 1.9 のような混乱を避けるため，本書では**非負の実数に対する非負の n 乗根**を $\sqrt[n]{z}$ と書き，複素数の n 乗根を $z^{\frac{1}{n}}$ と書くことにする．

---

[14] 形式上，$\sqrt{}$ を複素数の平方根だと考えれば $\sqrt{(-1)(-1)} = \sqrt{-1}\sqrt{-1}$ と書けるが，右辺の $\sqrt{-1}$ が i と $-i$ のとちらを指しているのかは不明．

[15] 第 4.2.1 項で学ぶ指数関数を使えば

$$1 = e^{i0} = \sqrt{e^{2i0}} = \sqrt{e^0} = \sqrt{e^{i\pi}e^{-i\pi}} = e^{\frac{\pi}{2}i}e^{-\frac{\pi}{2}i} = (i)(-i) = 1$$

ということが分かる．ただし，ここの平方根 $\sqrt{}$ は複素数の意味である．

n 乗根

例 1.10． 次の問に答えよ．

(1) 複素数 $z = 1+i$ の 4 乗根を求めよ．

(2) $\omega = \cos\dfrac{2\pi}{n} + i\sin\dfrac{2\pi}{n}$ とし，任意の複素数 z の n 乗根の 1 つを w_0 とするとき，$z^{\frac{1}{n}}$ はどのように表されるか？

(解答)
(1) $z = \sqrt{2}\left(\cos\dfrac{\pi}{4} + i\sin\dfrac{\pi}{4}\right)$ なので，定理 1.9 において，$\theta = \dfrac{\pi}{4}, n = 4, r = \sqrt{2}$ とすれば，$z^{\frac{1}{4}}$ は次の 4 つであることが分かる．

$$w_0 = \sqrt[8]{2}\left(\cos\frac{\pi}{16} + i\sin\frac{\pi}{16}\right)$$

$$w_1 = \sqrt[8]{2}\left(\cos\left(\frac{\pi}{16} + \frac{2\pi}{4}\right) + i\sin\left(\frac{\pi}{16} + \frac{2\pi}{4}\right)\right) = \sqrt[8]{2}\left(\cos\frac{9}{16}\pi + i\sin\frac{9}{16}\pi\right)$$

$$w_2 = \sqrt[8]{2}\left(\cos\frac{17}{16}\pi + i\sin\frac{17}{16}\pi\right)$$

$$w_3 = \sqrt[8]{2}\left(\cos\frac{25}{16}\pi + i\sin\frac{25}{16}\pi\right)$$

(2) $z = r(\cos\theta + i\sin\theta)$ の n 乗根の 1 つとして $w_0 = \sqrt[n]{r}\left(\cos\dfrac{\theta}{n} + i\sin\dfrac{\theta}{n}\right)$ を選ぶことにする．以後の議論は，その他の n 乗根についてもそのまま適用することができるので，この場合だけを考えればよい．
$|w_0\omega| = |w_0||\omega| = |w_0|, \arg(w_0\omega) = \arg w_0 + \arg\omega$ なので，ω を w_0 に掛けると，w_0 が $\arg\omega = \dfrac{2\pi}{n}$ だけ回転することに注意する．

定理 1.9 より，w_1 は w_0 を $\dfrac{2\pi}{n}$ 回転させた位置，w_2 は w_1 を $\dfrac{2\pi}{n}$ 回転させた位置，…，w_{n-1} は w_{n-2} を $\dfrac{2\pi}{n}$ 回転させた位置にあるので，

$$w_1 = w_0\omega, \quad w_2 = w_1\omega, \quad \ldots, \quad w_{n-1} = w_{n-2}\omega$$

が成り立つ．これより，

$$w_{n-1} = w_{n-2}\omega = w_{n-3}\omega^2 = \cdots = w_0\omega^{n-1}$$

が成り立つので，$z^{\frac{1}{n}}$ は

$$w_0, \quad w_0\omega, \quad w_0\omega^2, \quad \ldots, \quad w_0\omega^{n-1}$$

と表すことができる．

(別解) ド・モアブルの公式より

$$\omega^k = \left(\cos\frac{2\pi}{n} + i\sin\frac{2\pi}{n}\right)^k = \cos\frac{2k\pi}{n} + i\sin\frac{2k\pi}{n}$$

なので，これより

$$w_0\omega^k = \sqrt[n]{r}\left(\cos\frac{\theta}{n} + i\sin\frac{\theta}{n}\right)\left(\cos\frac{2k\pi}{n} + i\sin\frac{2k\pi}{n}\right)$$

$$= \sqrt[n]{r}\left\{\cos\left(\frac{\theta}{n} + \frac{2k\pi}{n}\right) + i\sin\left(\frac{\theta}{n} + \frac{2k\pi}{n}\right)\right\} = w_k, \quad k = 0, 1, \ldots, n-1$$

を得る． ∎

■■■ 演習問題 ■■■■■■■■■■■■■■■■■■■■■■■■

演習問題 1.13 複素数 $z = 1 - i$ の 3 乗根を求めよ.

演習問題 1.14 $-i$ の平方根 $(-i)^{\frac{1}{2}}$ を $a + bi$ の形で求めよ.

演習問題 1.15 以下の記述は $i = (-1)^{\frac{1}{2}}$ として,

$$\frac{1}{i} = \frac{1}{(-1)^{\frac{1}{2}}} = \left(\frac{1}{-1}\right)^{\frac{1}{2}} = (-1)^{\frac{1}{2}} = i$$

という計算ミスを訂正したものである.

空欄 (ア)〜(コ) に入るものとして, 最も適切なものを選択肢から 1 つずつ選べ.

(訂正)

$(-1)^{\frac{1}{2}}$ は (ア) と (イ) という 2 つの値を表し, $1^{\frac{1}{2}}$ は (ウ) と (エ) という 2 つの値を表していることに注意する.

まず, $(-1)^{\frac{1}{2}} = $ (オ) と選ぶと $\frac{1}{i} = \frac{1}{(-1)^{\frac{1}{2}}}$ が成り立つ. 次に,

$\frac{1}{(-1)^{\frac{1}{2}}} = \left(\frac{1}{-1}\right)^{\frac{1}{2}}$ を成立させるために, $\left(\frac{1}{-1}\right)^{\frac{1}{2}} = \frac{1^{\frac{1}{2}}}{(-1)^{\frac{1}{2}}}$ と

書いて, $1^{\frac{1}{2}} = $ (カ) と選ぶことにする. すると, $\arg\left(\frac{1}{-1}\right)^{\frac{1}{2}} = $

$\arg 1^{\frac{1}{2}} - \arg(-1)^{\frac{1}{2}} = $ (キ) $-$ (ク) $=$ (ケ) なので, 左から 3 つ目

の等号後の $(-1)^{\frac{1}{2}}$ は $(-1)^{\frac{1}{2}} = $ (コ) と選ばなければならない.

選択肢

$0 \quad 1 \quad i \quad -1 \quad -i \quad 1+i \quad 1-i \quad -1+i \quad -1-i$
$\pi \quad -\pi \quad \frac{\pi}{2} \quad -\frac{\pi}{2} \quad \frac{\pi}{4} \quad -\frac{\pi}{4} \quad \arg 1 \quad \arg(-1) \quad \arg i$
$\arg(-i) \quad \arg i^{\frac{1}{2}} \quad \arg(-i)^{\frac{1}{2}}$

Section 1.6
ハミルトンによる複素数の導入*

第1.1節では，2つの実数 a,b に対して
$$a+bi$$
の形をした数を複素数として定義した．これでも十分かもしれないが，「結局 i とは何なのか？$\sqrt{-1}=-i$ と表してもいいのではないか？」，「bi は積なのか？ 積だとしたら実数と虚数の積とは何なのか？」，「bi は実数か？」，「bi が実数でないとしたら $a+bi$ という演算はどのような意味なのか？」といった疑問は残る．そこで，このような疑問やあいまいさをなくすために，ハミルトン[16]は実数の性質だけを用いて次のように複素数を定義した．

ハミルトンによる複素数の定義

定義 1.15． 複素数とは，次の加法と乗法の規則：
$\alpha=(a,b),\ \beta=(c,d)$ に対して，
加法: $\alpha+\beta=(a+c,b+d)$
乗法: $\alpha\beta=(ac-bd,ad+bc)$
を満たす2つの実数の組 (a,b) である．

減法と除法は定義されていないが，加法が定義できると，減法 $\gamma=\alpha-\beta$ は $\alpha=\beta+\gamma$ を満たす $\gamma=(e,f)$ として定義できる．このとき，$(a,b)=(c,d)+(e,f)$ より $a=c+e,\ b=d+f$ なので，$e=a-c,\ f=b-d$，つまり，減法を
$$\alpha-\beta=(a-c,b-d)$$
と定義すればよい．また，乗法が定義できると除法 $\gamma=\dfrac{\alpha}{\beta}$ も $\alpha=\gamma\beta$ を満たす γ として定義できる．このとき，
$$(a,b)=(e,f)(c,d)=(ec-fd,ed+fc)$$
なので，$a=ec-fd,\ b=ed+fc$ である．これより，

$$\begin{cases} ad &= dec-fd^2 \\ bc &= dec+fc^2 \end{cases} \Longrightarrow ad-bc=-f(d^2+c^2) \Longrightarrow f=\frac{bc-ad}{c^2+d^2}$$

$$\begin{cases} ac &= ec^2-fcd \\ bd &= ed^2+fcd \end{cases} \Longrightarrow ac+bd=e(c^2+d^2) \Longrightarrow e=\frac{ac+bd}{c^2+d^2}$$

---
[16] Hamilton, William Rowan(1805-1865), スコットランド生まれの数学者，物理学者．

なので，除法を
$$\frac{\alpha}{\beta} = \left(\frac{ac+bd}{c^2+d^2}, \frac{bc-ad}{c^2+d^2}\right)$$
と定義すればよい．

さて，虚数単位 i を $i = (0,1)$ と定義すると，乗法の規則より
$$\begin{aligned} i^2 = ii &= (0,1)(0,1) = (0\times 0 - 1\times 1, 0\times 1 + 1\times 0) \\ &= (-1, 0) \end{aligned} \quad (1.27)$$
となる．ここで，実数から複素数への写像
$$a \mapsto (a, 0)$$
を考えると，この写像は 1 対 1 であって，$a+b$ には $(a,0)+(b,0) = (a+b,0)$ が，ab には $(a,0)(b,0) = (ab,0)$ が対応する．したがって，a と $(a,0)$ は同一視できる．これにより，$(-1,0)$ は -1 と同一視できるので，(1.27) より
$$i^2 = (-1, 0) = -1$$
を得る．

また，乗法と加法の規則および上記の同一視より
$$\begin{aligned} (a,b) &= (a,0) + (0,b) = (a,0) + (b,0)(0,1) \\ &= a + bi \end{aligned}$$
が分かる．このように 2 つの実数の組 (a,b) を介することにより，複素数 $a+bi$ をすっきりと扱えるようになる．

なお，定理 1.1 と同じ演算法則が成り立つことも証明できる．例えば，
$$\begin{aligned} \alpha\beta &= (a,b)(c,d) = (ac-bd, ad+bc) = (ca-db, cb+da) \\ &= (c,d)(a,b) = \beta\alpha \end{aligned}$$
や
$$\begin{aligned} (\alpha\beta)\gamma &= (ac-bd, ad+bc)(e,f) \\ &= ((ac-bd)e - (ad+bc)f, (ac-bd)f + (ad+bc)e) \\ &= (a(ce-df) - b(cf+de), a(cf+de) + b(ce-df)) \\ &= (a,b)(ce-df, cf+de) = \alpha(\beta\gamma) \end{aligned}$$
といった具合である．

第 2 章
複素関数

　複素数 z に対して複素数 w を対応させる関係を考えて，実数の場合と同様に，その対応を $w = f(z)$ と書くことにする．このとき，f を **複素関数** と呼ぶ．関数の性質といえば，微分積分で学ぶように連続性や微分可能性といった話が思い浮かぶが，ここでは，主に関数の収束性と連続性について解説する．なお，関数の収束を学ぶときには，数列や級数に関する収束の話を知っている方がイメージがわきやすい．また，第 4 章で見るように，微分可能な複素関数を構成する際には級数が重要な役割を果たす．そこで，本章では，複素数列や複素級数の話をした後，複素関数の収束性や連続性について解説する．特に，実数における収束と複素数における収束との違いを理解してもらいたい．

Section 2.1
複素数列*

複素数列

定義 2.1． 複素数の無限数列
$$z_1, z_2, \ldots, z_n, \ldots$$
を **複素数列** または **数列** いい，これを $\{z_n\}$ で表す．

収束・発散

定義 2.2. 複素数列 $\{z_n\}$ は，ある複素数 α があって，
$$\lim_{n\to\infty}|z_n-\alpha|=0$$
となるとき，極限値 α に**収束**するといい
$$\lim_{n\to\infty}z_n=\alpha \quad \text{または} \quad z_n\to\alpha(n\to\infty)$$
と表す．また，複素数列 $\{z_n\}$ が収束しないとき，$\{z_n\}$ は**発散**するという．

実部と虚部による複素数列の収束

定理 2.1. 複素数列 $\{z_n\}$ に対して，$z_n=x_n+y_ni, \alpha=a+bi$ とすると，次が成り立つ．
$$\lim_{n\to\infty}z_n=\alpha \stackrel{\text{iff}}{\iff} \lim_{n\to\infty}x_n=a \text{ かつ } \lim_{n\to\infty}y_n=b$$

(証明)
図形的に明らかであるが，一応，証明を与えておく．
($\Longrightarrow$) 仮定より，$\lim_{n\to\infty}|z_n-\alpha|=0$
であり，
$$|x_n-a|\leq|z_n-\alpha| \quad \text{かつ} \quad |y_n-b|\leq|z_n-\alpha|$$
なので，
$$\lim_{n\to\infty}|x_n-a|=0 \quad \text{かつ} \quad \lim_{n\to\infty}|y_n-b|=0$$
である．つまり，
$$\lim_{n\to\infty}x_n=a \quad \text{かつ} \quad \lim_{n\to\infty}y_n=b$$
である．
($\Longleftarrow$) 仮定より $\lim_{n\to\infty}x_n=a$ かつ $\lim_{n\to\infty}y_n=b$ であり，絶対値の性質より
$$|z_n-\alpha|\leq|x_n-a|+|y_n-b|$$
が成り立つので，この両辺の極限をとれば，$\lim_{n\to\infty}|z_n-\alpha|=0$ を得る． ∎

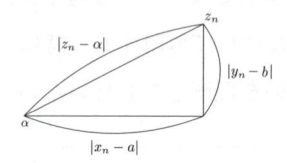

実数列 $\{x_n\}$ に対して，$|x_n|\to\infty$ となるときは，x_n が正で大きくなる場合と負で大きくなる場合との2種類しかないので，それぞれ $x_n\to+\infty$ や $x_n\to-\infty$ と書くことができた．しかし，複素数 z_n が $|z_n|\to\infty$ というのは，z_n が原点から遠ざかる，といっているだけで，z_n は複素平面上どの方向に飛んで行っても構わない．つまり，z_n の動き方には非常に多くの可能性がある．そこで，複素平面上の無限の彼方に**無限遠点**というただ1つの点 ∞ があると考えて，$|z_n|\to\infty$ とは $\{z_n\}$ がこの無限遠点に限りなく近づくことであると約束する．

無限遠点への発散

定義 2.3． 複素数列 $\{z_n\}$ は
$$|z_n| \to \infty \quad (n \to \infty)$$
となるとき，無限遠点 ∞ に**発散**するといい，
$$\lim_{n\to\infty} z_n = \infty \quad \text{または} \quad z_n \to \infty (n \to \infty)$$
と表す．

複素平面上では，無限遠点は無限の彼方にある架空の点であるが，第 2.2 節で説明するリーマン球面上では実在する点として表せる．

数列の極限

例 2.1． 次の数列の極限を調べよ．
(1) $z_n = (-z)^n$　　ただし，$|z| < 1$ とする．　　(2) $z_n = \cos n\pi + \dfrac{i}{n}$
(3) $z_n = \left(\dfrac{i}{2}\right)^n$　　(4) $z_n = (2i)^n$

(解答)
(1) $|z| = r$ とすれば，仮定より $0 \leq r < 1$ である．よって，
$$|z_n - 0| = |z_n| = |(-z)^n| = |-z|^n = |z|^n = r^n \to 0 \;(n \to \infty)$$
なので，$\lim_{n\to\infty} z_n = 0$ である．
(2) $\cos n\pi = (-1)^n$ なので，$\{\cos n\pi\}$ は収束しない．よって，定理 2.1 より $\{z_n\}$ も収束しない．
(3)
$$|z_n - 0| = \left|\dfrac{i}{2}\right|^n = \left(\dfrac{1}{2}\right)^n \to 0 \;(n \to \infty)$$
なので，$\lim_{n\to\infty} z_n = 0$ である．
(4)
$$|z_n| = |(2i)^n| = |2i|^n = 2^n \to \infty \;(n \to \infty)$$
なので，$\lim_{n\to\infty} z_n = \infty$ である． ∎

複素数列の極限の加減乗除は，形式上は，実数列に対するものと同じであり，証明も同様な方法でできる[1]．

---
[1] 実数の絶対値を複素数の絶対値に置き換えればよい．

複素数列の加減乗除

定理 2.2. 2つの複素数列 $\{z_n\}$, $\{w_n\}$ が収束するとき，次が成り立つ.

(1) $\lim_{n\to\infty}(z_n \pm w_n) = \lim_{n\to\infty} z_n \pm \lim_{n\to\infty} w_n$ （複号同順）

(2) $\lim_{n\to\infty}(z_n w_n) = \left(\lim_{n\to\infty} z_n\right)\left(\lim_{n\to\infty} w_n\right)$

(3) $\lim_{n\to\infty}\dfrac{z_n}{w_n} = \dfrac{\lim_{n\to\infty} z_n}{\lim_{n\to\infty} w_n}$ （ただし，$\lim_{n\to\infty} w_n \neq 0$ とする）

■■■ 演習問題 ■■■■■■■■■■■■■■■■■■■■■■■

演習問題 2.1 数列 $z_n = \dfrac{n}{n^2+1} + \left(\dfrac{\sin n\pi}{n}\right)i$ の極限を調べよ．

Section 2.2
リーマン球面*

複素数 $z = x + yi$ に点 $(x, y, 0)$ を対応させて，複素平面 $\mathbb{C}$ を (x_1, x_2, x_3) を座標とする3次元空間 $\mathbb{R}^3$ において $x_3 = 0$ とした平面と同一視する．次に，原点 $O = (0, 0, 0)$ を中心とし，半径が1の球面 $S : x_1^2 + x_2^2 + x_3^2 = 1$ を考え，この球面上の点 $(0, 0, 1)$ を北極と呼び N で表す．いま，北極 N と複素平面上の点 z とを線分で結べば，この線分は球面とただ1点 P で交わる．この P と z の対応

$$P \mapsto z$$

を N からの**立体射影**という．これは1対1の対応なので，この対応を通して北極 N を除いた球面 S の点が複素数を表していると考えられる．

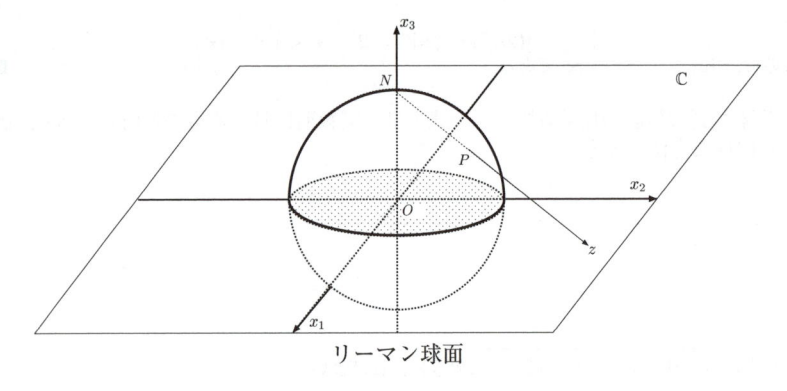

リーマン球面

2.2 リーマン球面*

　実際，北半球 ($x_3 > 0$) 上の点は，北極 N を除き，立体射影によって単位円の外の点，つまり，$|z| > 1$ を満たす点 z にうつる．また，赤道 ($x_3 = 0$) 上の点は，自分自身，つまり，単位円周上の点 ($|z| = 1$ を満たす点)z にうつる．さらに，南半球 ($z_3 < 0$) 上の点は，立体射影によって，単位円の内部の点，つまり，$|z| < 1$ を満たす点にうつる．

　北極 N に対応する点は複素平面上にはないが，複素数 z が無限の彼方に行ってしまったとき，点 P は N にいくらでも近づいていく．したがって，北極 N が**無限遠点** ∞ を表していると考えれば，球面 S は複素平面 $\mathbb{C}$ に無限遠点を付け加えたもの $\mathbb{C} \cup \{\infty\}$ と見なすことができる．

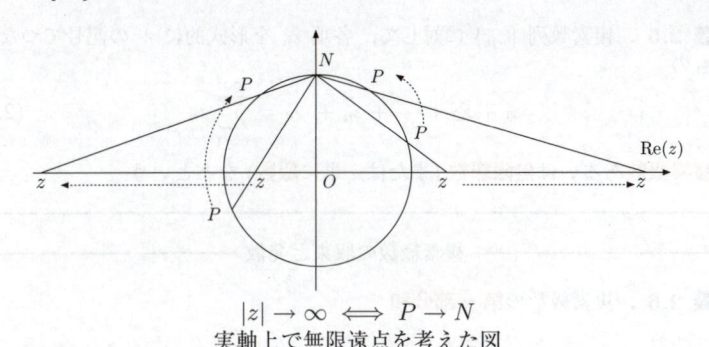

$$|z| \to \infty \iff P \to N$$
実軸上で無限遠点を考えた図

　このように拡張された複素平面 $\mathbb{C} \cup \{\infty\}$ を表すと考えた球面を**リーマン球面**[2]という．リーマン球面を導入すれば，無限遠点も含めて複素数を目に見える形で理解できるようになる．

　無限遠点 ∞ は実在する点なので，これに関する演算を (形式的に) 定義しておくと便利である．

───── ∞ に関する演算 ─────

定義 2.4．形式的に ∞ に関する演算を次のように定義する．

(1) α が複素数のとき，
$$\alpha + \infty = \infty + \alpha = \infty, \quad \frac{\alpha}{\infty} = 0$$

(2) 複素数 $\beta \neq 0$ に対して
$$\beta \cdot \infty = \infty \cdot \beta = \infty, \quad \frac{\beta}{0} = \infty$$

ただし，実数の極限における不定形に相当する演算，$\infty + \infty$，$0 \cdot \infty$，$\dfrac{\infty}{\infty}$，$\dfrac{0}{0}$ は考

---
[2] Riemann, Georg Friedrich Bernhard(1822-1866), ドイツの数学者．

えない[3].

Section 2.3
複素級数*

複素級数

定義 2.5． 複素数列 $\{z_n\}$ に対して，各項 z_n を形式的に + の記号でつないだもの
$$z_1 + z_2 + \cdots + z_n + \cdots = \sum_{n=1}^{\infty} z_n \tag{2.1}$$
を**複素級数**あるいは**無限級数** (または，単に**級数**) などという．

複素級数の収束と発散

定義 2.6． 複素級数の**第 n 部分和**
$$S_n = \sum_{k=1}^{n} z_k = z_1 + z_2 + \cdots + z_n$$
の列 $\{S_n\}$ が S に収束する，つまり，$S = \lim_{n \to \infty} S_n$ が成り立つとき，複素級数 $\sum_{n=1}^{\infty} z_n$ は S に**収束**するという．このとき，S を (2.1) の**和**といい，$S = \sum_{n=1}^{\infty} z_n$ で表す．$\{S_n\}$ が収束しないとき，複素級数 $\sum_{n=1}^{\infty} z_n$ は**発散**するという．

定理 2.1 と同様に考えれば，次の定理を導くことができる．

---

[3] 複素数の特別な場合が実数なので，複素数で不定形に相当する演算が可能だとしてしまうと，実数でも演算が可能でなければならなくなってしまう．

実部と虚部による複素級数の収束

定理 2.3. 複素級数 $\sum_{n=1}^{\infty} z_n$ において $z_n = x_n + y_n i\,(n=1,2,\ldots)$ とすれば，次が成り立つ．

$$\sum_{n=1}^{\infty} z_n = a + bi \overset{\text{iff}}{\Longleftrightarrow} \sum_{n=1}^{\infty} x_n = a, \quad \sum_{n=1}^{\infty} y_n = b$$

以下では，複素級数の主な性質を列挙していく．ただし，その証明は対応する実級数[4]に関する定理の証明において実数列を複素数列に，実数の絶対値を複素数の絶対値に置き換えればいいだけなので，すべて省略する．

複素級数の基本性質

定理 2.4. (1) 複素級数 $\sum_{n=1}^{\infty} z_n$ が収束すれば，$\{z_n\}$ は 0 に収束する．

(1') $\{z_n\}$ が 0 に収束しなければ，$\sum_{n=1}^{\infty} z_n$ は発散する．

(2) $\sum_{n=1}^{\infty} z_n,\ \sum_{n=1}^{\infty} w_n$ が収束すれば，$\sum_{n=1}^{\infty}(z_n + w_n), \sum_{n=1}^{\infty} cz_n\,(c\text{ は複素定数})$ も収束して

$$\sum_{n=1}^{\infty}(z_n + w_n) = \sum_{n=1}^{\infty} z_n + \sum_{n=1}^{\infty} w_n, \qquad \sum_{n=1}^{\infty} cz_n = c\sum_{n=1}^{\infty} z_n$$

(3) $\sum_{n=1}^{\infty} z_n$ に有限個の項を付け加えても，また，取り除いても，その収束・発散は変わらない．

---

[4] 数列や級数が実数であることを強調したいとき，実数の数列 $\{a_n\}$ を **実数列** といい，実数の項 a_n からなる級数 $\sum_{n=1}^{\infty} a_n$ を **実級数** という．

コーシーの定理

定理 2.5．複素級数 $\sum_{n=1}^{\infty} z_n$ が収束するための必要十分条件は次が成立することである．

$$\sum_{k=n+1}^{m} z_k = z_{n+1} + \cdots + z_m \to 0 \quad (m, n \to \infty) \tag{2.2}$$

正項級数

定義 2.7．実数列 $\{a_n\}$ に対して，$a_n \geq 0 \ (n = 1, 2, \ldots)$ であるとき，$\sum_{n=1}^{\infty} a_n$ を **正項級数** という．

絶対収束

定義 2.8．$\sum_{n=1}^{\infty} |z_n|$ が収束するとき，$\sum_{n=1}^{\infty} z_n$ は **絶対収束** するという．

絶対収束級数の収束性

定理 2.6．$\sum_{n=1}^{\infty} |z_n|$ が収束すれば，$\sum_{n=1}^{\infty} z_n$ も収束する．つまり，複素級数 $\sum_{n=1}^{\infty} z_n$ は絶対収束すれば収束する．

比較判定法

定理 2.7．複素級数 $\sum_{n=1}^{\infty} z_n$ に対して

$$|z_n| \leq a_n \quad (n \text{ は十分大きな自然数})$$

となる正項級数 $\sum_{n=1}^{\infty} a_n$ が存在するとする．このとき，$\sum_{n=1}^{\infty} a_n$ が収束すれば $\sum_{n=1}^{\infty} z_n$ は絶対収束する．

複素級数の収束・発散

例 2.2. 次の級数の収束・発散を判定し，(1) と (2) については収束した場合には，その和を求めよ．ただし，$\displaystyle\sum_{n=1}^{\infty}\frac{1}{n^p} = \begin{cases} 収束 & (p>1) \\ 発散 & (p \leq 1) \end{cases}$ を利用してもよい．

(1) $|z| < 1$ となる複素数 z に対する複素級数 $\displaystyle\sum_{n=1}^{\infty} z^n$

(2) $\displaystyle\sum_{n=1}^{\infty}\left(\frac{1}{n} + \frac{i}{2^n}\right)$ 　　(3) $\displaystyle\sum_{n=1}^{\infty}\frac{\cos n + i\sin n}{n^2}$

(解答)
(1) この級数の部分和は，
$$S_n = z + z^2 + \cdots + z^n = \frac{z(1-z^n)}{1-z}$$
となる．また，$|z| < 1$ より，
$$|z^n - 0| = |z|^n \to 0 \quad (n \to \infty)$$
なので，$z^n \to 0 \ (n \to \infty)$ である．よって，
$$S_n \to \frac{z}{1-z} \quad (n \to \infty)$$
となるので，$\displaystyle\sum_{n=1}^{\infty} z^n = \frac{z}{1-z}$ となる．

(2) 実部 $\displaystyle\sum_{n=1}^{\infty}\frac{1}{n}$ が発散するので定理 2.3 より発散する．

(3) まず，$\left|\dfrac{\cos n + i\sin n}{n^2}\right| = \dfrac{1}{n^2}|\cos n + i\sin n| = \dfrac{1}{n^2}$ に注意する．ここで，$\dfrac{1}{n^2}$ は収束するので，定理 2.7 より $\displaystyle\sum_{n=1}^{\infty}\left|\frac{\cos n + i\sin n}{n^2}\right|$ が収束する．よって，定理 2.6 より $\displaystyle\sum_{n=1}^{\infty}\frac{\cos n + i\sin n}{n^2}$ も収束する． ∎

■■■ 演習問題 ■■■■■■■■■■■■■■■■■■■■■■■■■■

演習問題 2.2 級数 $\displaystyle\sum_{n=1}^{\infty}\frac{1}{3^n}\left(1 + \frac{i}{2^n}\right)$ の収束・発散を判定し，収束する場合にはその和を求めよ．

演習問題 2.3 級数 $\displaystyle\sum_{n=1}^{\infty}\left(\frac{1-i}{2}\right)^n$ の収束・発散を判定し，収束する場合には，その和を求めよ．

Section 2.4
複素関数

── 独立変数 ──

定義 2.9． 2つの変数 x, y が互いに独立で，z の値が x, y によって定まるとき，x と y を**独立変数**といい，z を**従属変数**という．

したがって，$z = x + yi$ では，x, y が独立変数で z が従属変数ということになるが，複素数において z が独立変数となるためには x と y が互いに独立な実数の変数であればよい．

── 複素変数・実変数 ──

定義 2.10． 複素数 $z = x + yi$ で x と y が互いに独立な実数の変数であるとき，z を**複素変数**という．これに対して実数値をとる変数を**実変数**という．

── 複素関数 ──

定義 2.11． 複素平面の集合 S の複素数 z に複素数 w が対応しているとき，実数の場合と同様に，その対応を

$$w = f(z)$$

と書き，f を**複素関数**，w は z の関数という．これに対し，変数も関数も実数値だけをとる関数を**実関数**といって，複素関数と区別することもあるが，特に混乱が生じないときは，どちらも**関数**という．また，関数 f が集合 S 上で定義されているとき，S を f の**定義域**という．

通常，定義域としては第 2.5 節で説明する領域を考える．

さて，複素数 z と w をそれぞれ実部と虚部に分け，$z = x+yi, w = u+vi$ と表せば，u と v は (x,y) の関数となるので，$u = u(x,y)$, $v = v(x,y)$ と表され，
$$w = f(z) = u(x,y) + v(x,y)i \tag{2.3}$$
と書ける[5]．このように，複素関数 f を 2 つの実数値関数の組 (u,v) と考えることもできる．

$$\begin{array}{ccc} & f & \\ x+yi = z & \mapsto & w = u+vi \\ \updownarrow & & \updownarrow \\ (x,y) & \mapsto & (u,v) \end{array}$$

なお，z を表示する複素平面を z 平面，w を表示する複素平面を w 平面と呼び，関数を写像ということもあるので，$w = f(z)$ を z 平面から w 平面への写像 $w = f(z)$ が与えられたということもある．

注意 2.1． z 平面の点 (x,y) に対して，w 平面上に (u,v) の様子を示すグラフを描くことはできる．しかし，$u = u(x,y)$, $v = v(x,y)$ は共に 3 次元空間における曲面なので，$w = f(z)$ のグラフを描こうとすれば 4 次元空間が必要となる．したがって，z に対する w の対応を示すグラフは描けない．

複素関数と定義域

例 2.3． $z = x + yi$ とするとき，次の関数 $f(z) = u + vi$ に対して u, v および f の定義域を求めよ．
(1) $f(z) = z^2$　　(2) $f(z) = \dfrac{1}{z}$

(解答)
(1) $f(z) = (x+yi)^2 = (x^2 - y^2) + 2xyi$ なので $u = x^2 - y^2$, $v = 2xy$ であり，定義域は複素数全体 $\mathbb{C}$ である．
(2) $f(z) = \dfrac{1}{x+yi} = \dfrac{(x-yi)}{(x+yi)(x-yi)} = \dfrac{x}{x^2+y^2} - \dfrac{y}{x^2+y^2}i$ なので，$u = \dfrac{x}{x^2+y^2}$,

---

[5] 分かりづらいときは，「(x,y) が定まる → z が定まる → w が定まる → (u,v) が定まる」と考えてみること．こうすると「(u,v) は (x,y) によって定まる」ことが見えてくる．

$v = \dfrac{-y}{x^2+y^2}$ である．また，$f(z) = \dfrac{1}{z}$ は $z=0$ で意味をもたない（$z=0$ に対して $\dfrac{1}{z}$ には無限遠点が対応する）ので定義域は $\mathbb{C}\backslash\{0\}$ である．■

---

z 平面と w 平面

例 2.4． $w = \dfrac{1}{z}$ によって，z 平面における実軸と虚軸に平行な直線群は w 平面へはどのように写像されるか？

(解答)
w 平面上でグラフを描くためには，$w = u+vi$ として u と v の関係を求める必要がある．
(1) 虚軸に平行な直線の場合
$z = x+yi$ とすると，$x = \dfrac{z+\bar{z}}{2}$ なので
$$\dfrac{1}{w} + \dfrac{1}{\bar{w}} = z+\bar{z} = 2x$$
である．これより，
$$\dfrac{w+\bar{w}}{|w|^2} = 2x \Longrightarrow \dfrac{2u}{u^2+v^2} = 2x \Longrightarrow u = x(u^2+v^2)$$
を得る．z 平面において虚軸に平行な直線は $x = a$（a は実数）と表されるので，
$$u = a(u^2+v^2)$$
である．よって，$a=0$ のときは直線 $u=0$ にうつる．また，$a \neq 0$ のときは，
$$u = a(u^2+v^2) \Longrightarrow \left(u-\dfrac{1}{2a}\right)^2 + v^2 = \dfrac{1}{4a^2}$$
となる円にうつる．
(2) 実軸に平行な直線の場合
$y = \dfrac{z-\bar{z}}{2i}$ より
$$\dfrac{1}{w} - \dfrac{1}{\bar{w}} = z-\bar{z} = 2yi$$
なので，
$$\dfrac{\bar{w}-w}{|w|^2} = 2yi \Longrightarrow \dfrac{-2vi}{u^2+v^2} = 2yi \Longrightarrow v = -y(u^2+v^2)$$
を得る．z 平面において実軸に平行な直線は $y = b$（b は実数）と表されるので
$$v = -b(u^2+v^2)$$
である．よって，$b=0$ のときは直線 $v=0$ にうつる．また，$b \neq 0$ のときは，
$$v = -2b(u^2+v^2) \Longrightarrow (v+\dfrac{1}{2b})^2 + u^2 = \dfrac{1}{4b^2}$$
となる円にうつる．
なお，$f(z) = \dfrac{1}{z}$ の定義域は $\mathbb{C}\backslash\{0\}$ なので，z 平面上の点 $(x,y)=(0,0)$ およびそれに対応する w 平面上の点は除く．■

2.5 領域*

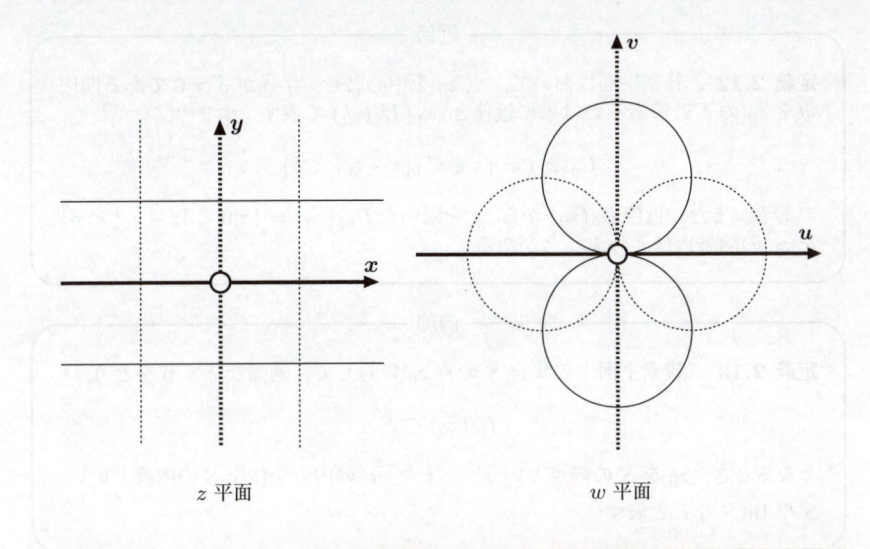

z 平面

w 平面

■■■ 演習問題 ■■■■■■■■■■■■■■■■■■■■■■■■■■■■■

演習問題 2.4 $z = x + yi$ とするとき，関数 $f(z) = \dfrac{1}{z+1}$ の定義域および実部 u と虚部 v を求めよ．

演習問題 2.5 $z = x + yi, w = u + vi$ とするとき，次の問に答えよ．
(1) $w = z^2$ とするとき，u と v を求めよ．
(2) $w = z^2$ によって，z 平面の直線 $y = 0$ と $y = 1$ は w 平面へはどのように写像されるか？その際，ただ単に式を示すだけでなく，その式が何を表しているか (円，直線，双曲線など) も明記すること．

Section 2.5
領域*

通常，関数はある領域上で定義されている．我々は，領域という言葉を漠然と使いがちだが，数学として考える場合は，領域という言葉を定義しておく必要がある．

---- 近傍 ----

定義 2.12． 複素平面において，点 z_0 を中心とし，半径が $\delta > 0$ である開円板を z_0 の δ **近傍**あるいは単に近傍といい $U_\delta(z_0)$ で表す．つまり，

$$U_\delta(z_0) = \{z \in \mathbb{C} \mid |z - z_0| < \delta\}$$

である．また，近傍 $U_\delta(z_0)$ から z_0 を除いた $U_{0\delta}(z_0) = \{z \mid 0 < |z - z_0| < \delta\}$ を z_0 の**除外近傍**と呼ぶことがある．

---- 内部 ----

定義 2.13． 複素平面上の集合 S の点 z_0 に対して，適当な $\delta > 0$ をとり，

$$U_\delta(z_0) \subset S$$

となるとき，z_0 を S の**内点**という[6]．また，S の内点全体を S の**内部**といい，$\overset{\circ}{S}$ や $\mathrm{Int}\,S$ などと表す[7]．

z_0 が S の内点のとき，z_0 だけでなく z_0 の十分近くの点も S に含まれることに注意せよ．

---- 開集合・閉集合 ----

定義 2.14． 集合 S が $S = \overset{\circ}{S}$ を満たすとき，つまり，S のすべての点が S の内点のとき，集合 S は**開集合**であるという．また，S の補集合 $S^c = \{z \in \mathbb{C} \mid z \notin S\}$ が開集合のとき S を**閉集合**という．

---- 開円板は開集合 ----

例 2.5． $R > 0$ に対して，開円板 $U_R(z_0) = \{z \in \mathbb{C} \mid |z - z_0| < R\}$ は開集合であることを示せ．

(解答)
開円板の定義より，任意の $\alpha \in U_R(z_0)$ に対して，$|\alpha - z_0| < R$ が成り立つ．ここで，$\delta > 0$ を $\delta < R - |\alpha - z_0|$ となるように選ぶと，任意の $z \in U_\delta(\alpha)$ に対して

$$|z - z_0| \leq |z - \alpha| + |\alpha - z_0| < \delta + (R - \delta) = R$$

となる．よって，$z \in U_R(z_0)$ なので，結局，$U_\delta(\alpha) \subset U_R(z_0)$ がしたがう．ゆえに，α は $U_R(z_0)$ の内点である．
α は任意だったので，このことは $U_R(z_0)$ のすべての点が $U_R(z_0)$ の内点であることを意味する．したがって，$U_R(z_0)$ は開集合である．　■

---

[6] 集合のことを英語で Set というので，一般の集合を S で表すことにする．
[7] 「内部」は英語で Interior なので，最初の 3 文字を使って表記する．

2.5 領域*

――― 外点 ―――

定義 2.15. 集合 S の補集合の内点を S の **外点** という。つまり、$z_0 \in S^c$ に対して適当な $\delta > 0$ をとり、
$$U_\delta(z_0) \subset S^c$$
となるとき、z_0 を S の外点という。

――― 境界・閉包 ―――

定義 2.16. 集合 S の内点でも外点でもない点 z_0 を S の **境界点** といい、境界点の全体を **境界** といって ∂S と表す。また、S と ∂S との和集合 $S \cup \partial S$ を S の **閉包** といい、$\bar{S}$ や $\mathrm{Cl}S$ と表す[8]。

z_0 が S の内点でも外点でもないということは、いいかえると、z_0 の任意の近傍 $U_\delta(z_0)$ がつねに S の点と S^c の点を含むということである。そして、このことは、$\partial S = \partial S^c$ を意味する。

内点・外点・境界点

例 2.6.

右図において、集合 S は実線部、黒点および斜線部から成るものとし、点線部および白点は S に含まれないものとする。このとき、点 (a)〜(f) は S の内点、外点、境界点のうちどれになるのか答えよ。

---

[8]「閉包」は英語で Closure というので、最初の 2 文字を使って表記する。

(解答)

各点において適当な近傍を描いて考えればよい.
(a) と (b) において, S に含まれる近傍を選ぶことができるので, (a) と (b) は内点である. また, (f) は, S^c の点であり S^c に含まれる近傍を選ぶことができるので外点である. さらに, (c),(d),(e) は内点でも外点でもないので境界点である.

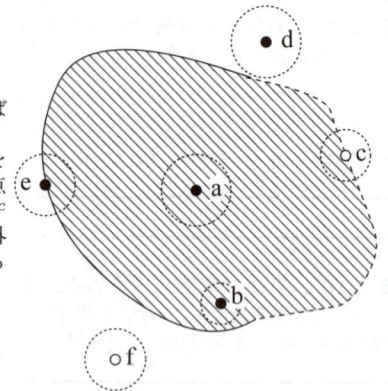

■

閉包の性質

例 2.7. 次のことを示せ.
(1) $\bar{S}$ は閉集合 　　 (2) S が閉集合 $\overset{\text{iff}}{\iff} \bar{S} = S$

(解答)
(1) $(\bar{S})^c$ が開集合, つまり, $\text{int}(\bar{S})^c = (\bar{S})^c$ であることを示せばよい. また, S の閉包は集合 S に境界 ∂S をつけ加えたものだから, その操作をもう一度行っても集合の大きさは変わらない. つまり, $\bar{\bar{S}} = \bar{S}$ であることに注意する.
$$\text{int}(\bar{S})^c = (\bar{S})^c \backslash \partial(\bar{S})^c = (\bar{S})^c \backslash \partial\bar{S} = (\bar{S})^c \cap (\partial\bar{S})^c$$
$$= (\bar{S} \cup \partial\bar{S})^c = (\bar{\bar{S}})^c = (\bar{S})^c$$
なので, $\bar{S}$ は閉集合である. ここで, 集合の性質, $A\backslash B = A \cap B^c$ [9]および $(A \cup B)^c = A^c \cap B^c$ を利用した.
(2) まず,
$$\text{int}(S^c) = S^c \backslash \partial(S^c) = S^c \backslash \partial S = S^c \cap (\partial S)^c = (S \cup \partial S)^c = (\bar{S})^c$$
なので,
$$(\text{int}(S^c))^c = ((\bar{S})^c)^c = \bar{S} \qquad (2.4)$$
が成り立つことに注意する.
($\Longrightarrow$) S が閉集合ならば, S^c は開集合なので, $\text{int}(S^c) = S^c$ であり, (2.4) より
$$\bar{S} = (\text{int}(S^c))^c = (S^c)^c = S$$
である.
($\Longleftarrow$) $\bar{S} = S$ ならば, (2.4) より, $\text{int}(S)^c = S^c$ となるので, S^c は開集合である. よって, S は閉集合である. ここで, $(A^c)^c = A$ なので, $((\text{int}(S^c))^c)^c = \text{int}(S^c)$ となることを利用した.

■

---

[9] $A\backslash B$ は A から B を除いた集合, つまり, $A\backslash B = \{x | x \in A,\ x \notin B\}$ である.

2.5 領域*

―― 弧状連結 ――

定義 2.17． 集合 S の任意の2点が S 内にある連続曲線で結べるとき，S は**弧状連結**であるという．

S の任意の点を z_0 と z_1 とすると，S 内にある連続曲線で結べるということは，実軸上の閉区間 $[0,1]$ から S の中への連続写像 $l:[0,1] \to S$ が存在して

$$l(0) = z_0, \qquad l(1) = z_1$$

となることである．なお，l のことを z_0 から z_1 への**道**ということもある．

―― 領域 ――

定義 2.18． 複素平面の部分集合 D が次の2条件を満たすとき，D を**領域**あるいは**開領域**という[10]．

(1) D は開集合   (2) D は弧状連結

なお，領域 D の閉包 $\bar{D} = D \cup \partial D$ を**閉領域**という．

―― 有界 ――

定義 2.19． 集合 S は，原点とその距離が有界のとき，つまり，十分大きな正数 $r > 0$ をとれば $S \subset U_r(0)$ となるとき**有界**であるという．

---

[10] 英語で領域のことを <u>D</u>omain というので，ここでは領域を D で表すことにする．

領域のイメージ

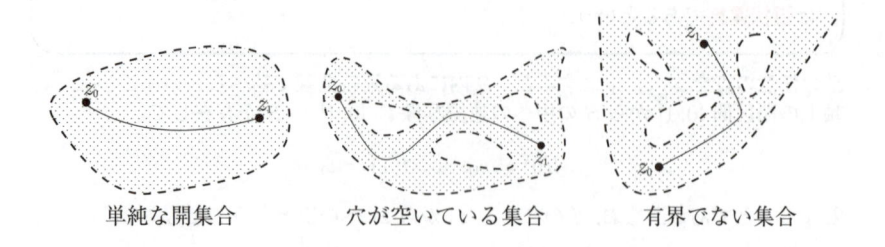

単純な開集合　　　　穴が空いている集合　　　　有界でない集合

領域でない集合のイメージ

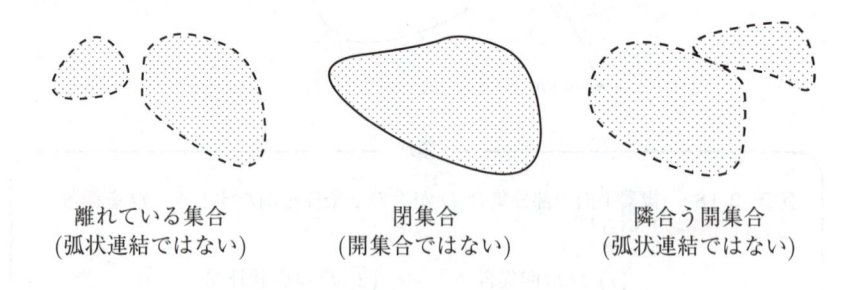

離れている集合　　　　閉集合　　　　隣合う開集合
(弧状連結ではない)　　(開集合ではない)　　(弧状連結ではない)

Section 2.6
複素関数の収束

---- 複素関数の収束 ----

定義 2.20． 関数 $w = f(z)$ について，z が a に一致することなく a に限りなく近づくとき，それがどのような近づき方をしようとも $w = f(z)$ の値が1つの定まった複素数 b に限りなく近づくとき，このことを

$$\lim_{z \to a} f(z) = b \quad \text{または} \quad f(z) \to b \, (z \to a)$$

などと表す．また，このとき，「b を $z \to a$ のときの $f(z)$ の**極限値**」あるいは「$z \to a$ のとき $f(z)$ は b に**収束**する」などという．

2.6 複素関数の収束

$f(z)$ を領域 D で定義された複素関数とするとき，これを $\varepsilon - \delta$ 論法で書くと

$$\forall \varepsilon > 0, \exists \delta > 0 : 0 < |z - a| < \delta (\forall z \in D) \implies |f(z) - b| < \varepsilon$$

となる[11]．ただし，$z \in D$ だが，$a \in D$ とは限らない．

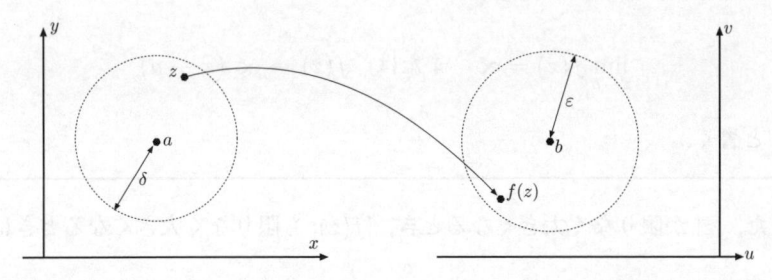

$\lim_{z \to a} f(z) = b$ を示すには，$|z - a| \to 0$ のとき $|f(z) - b| \to 0$ となることを示せばよい．ここで，収束は絶対値で考えていることに注意してもらいたい．どのような近づき方をしようとも z が a に近づく，ということは z と a の距離が限りなく 0 になる，つまり，$|z - a| \to 0$ となる，ということである．$\varepsilon - \delta$ 論法で書くと，この意味がはっきりとする．

> **注意 2.2．** 実関数 $y = f(x)$ の場合は，x 軸に沿っての左極限 $\lim_{x \to a-0} f(x)$ と右極限 $\lim_{x \to a+0} f(x)$ だけを考えればよかった．しかし，複素関数 $w = f(z)$ の場合は，$z \to a$ の近づき方が無数にあり，そのすべてにおいて極限値が存在し，しかもそれがすべて一致しなければ $\lim_{z \to a} f(z)$ が存在するとはいえない．そういう意味で，この定義は実関数の極限の定義よりも条件が強くなっている．

複素変数 z の絶対値 $|z|$ が限りなく大きくなるとき，その経路に関わらず $f(z)$ の値が限りなく b に近づけば「$f(z)$ は無限遠点で極限値 b を持つ」といい，

$$\lim_{z \to \infty} f(z) = b \quad \text{または} \quad f(z) \to b \; (z \to \infty)$$

と書く．

---
[11] z と a は一致しないのだから $0 < |z - a|$ となることに注意せよ．

---- 発散 ----

定義 2.21． 関数 $w = f(z)$ について z が a に一致することなく a に限りなく近づいても $f(z)$ の極限値が定まらないならば，「$z \to a$ のとき $f(z)$ は**発散**する」という．特に，絶対値 $|f(z)|$ が限りなく大きくなるときは，**無限大に発散**するといい，

$$\lim_{z \to a} f(z) = \infty \quad または \quad f(z) \to \infty \ (z \to a)$$

と書く．

また，$|z|$ が限りなく大きくなるとき，$|f(z)|$ も限りなく大きくなるときは，

$$\lim_{z \to \infty} f(z) = \infty \quad または \quad f(z) \to \infty \ (z \to \infty)$$

と書く．

---- 極限の性質 ----

定理 2.8． 2つの関数 $f(z)$ と $g(z)$ に対して $\lim_{z \to a} f(z) = b, \lim_{z \to a} g(z) = c$ とすると，次が成り立つ．

(1) $\lim_{z \to a} \{f(z) \pm g(z)\} = b \pm c$ （複号同順）

(2) $\lim_{z \to a} f(z)g(z) = bc$

(3) $c \neq 0$ のとき，$\lim_{z \to a} \dfrac{f(z)}{g(z)} = \dfrac{b}{c}$

---- 極限値の計算 ----

例 2.8． 次の極限を調べよ．

(1) $\lim_{z \to i} \dfrac{z^2 + 1}{z - i}$ 　　(2) $\lim_{z \to 0} \dfrac{\bar{z}}{z}$ 　　(3) $\lim_{z \to 1} \dfrac{1}{z - 1}$

(解答)

(1) $f(z) = \dfrac{z^2+1}{z-i}$ は $z \neq i$ において定義された関数である.
$$f(z) = \frac{(z^2+1)(z+i)}{(z-i)(z+i)} = \frac{z^3+z+(z^2+1)i}{z^2+1} = z+i$$
であり,
$$0 \leq |f(z) - 2i| = |z+i-2i| = |z-i| \to 0 \ (z \to i)$$
なので, $\lim_{z \to i} f(z) = \lim_{z \to i}(z+i) = 2i$ である.

(2) z 平面上の直線 $y = mx$ (m は任意の実数) に沿って変数 $z = x+yi$ が 0 に近づくとすると, $f(z) = \dfrac{\bar{z}}{z}$ は
$$f(z) = \frac{x-yi}{x+yi} = \frac{x-mxi}{x+mxi} = \frac{1-mi}{1+mi}$$
となるので,
$$\lim_{z \to 0} f(z) = \frac{1-mi}{1+mi}$$
となる. m は任意の実数なので, これは無数に値をとる. よって, 極限値は存在しない.

(3) $f(z) = \dfrac{1}{z-1}$ は $z \neq 1$ で定義された関数である.
$z \to 1$ のとき $|z-1| \to 0$ なので, このとき
$$|f(z)| = \left|\frac{1}{z-1}\right| = \frac{1}{|z-1|} \to \infty$$
となる. よって, $\lim_{z \to 1} \dfrac{1}{z-1} = \infty$ である.

なお, (1) と (3) では, 真面目に $|f(z) - b| \to 0$ を考えているが, 例えば, (1) で
$$\lim_{z \to i} \frac{z^2+1}{z-i} = \lim_{z \to i} \frac{(z+i)(z-i)}{z-i} = \lim_{z \to i}(z+i) = 2i$$
としてもよい. ∎

実関数の場合と同様に次の性質が成り立つ.

―― 実部と虚部による極限の表示 ――

定理 2.9. $\alpha = a+bi, \beta = c+di, z = x+yi, f(z) = u(x,y)+v(x,y)i$ とする. このとき, 次が成り立つ.

$$\lim_{z \to \alpha} f(z) = \beta \overset{\text{iff}}{\iff} \lim_{(x,y) \to (a,b)} u(x,y) = c \ \text{かつ} \ \lim_{(x,y) \to (a,b)} v(x,y) = d$$

(証明)
$$z \to \alpha \iff |z-\alpha| \to 0 \iff \sqrt{(x-a)^2+(y-b)^2} \to 0 \iff (x,y) \to (a,b)$$
$$f(z) \to \beta \iff |f(z)-\beta| \to 0 \iff \sqrt{(u-c)^2+(v-d)^2} \to 0$$
$$\iff (u,v) \to (c,d)$$

なので，「$z \to \alpha \implies f(z) \to \beta$」ということは「$(x,y) \to (a,b) \implies (u,v) \to (c,d)$」が成り立つことと同値である． ∎

■■■ 演習問題 ■■■■■■■■■■■■■■■■■■■■■■■■■■

演習問題 2.6 次の極限値を調べよ．

(1) $\displaystyle\lim_{z \to i} \frac{\bar{z}-i}{z+i}$ (2) $\displaystyle\lim_{z \to 0} \frac{z\mathrm{Re}(z)}{|z|^2}$ (3) $\displaystyle\lim_{z \to \infty} \frac{\mathrm{Re}(z)}{|z^2|+1}$

演習問題 2.7 極限値 $\displaystyle\lim_{z \to 0} \frac{|z|^2}{2z+\bar{z}}$ を求めよ．

Section 2.7
連続関数

―――― 連続 ――――

定義 2.22． 関数 $w=f(z)$ の定義域 D の点 a において $\displaystyle\lim_{z \to a} f(z)$ が存在して
$$\lim_{z \to a} f(z) = f(a)$$
が成り立つとき，$w=f(z)$ は $z=a$ で連続であるという．また，$w=f(z)$ が D 内のすべての点で連続ならば，$w=f(z)$ は D で連続であるという．

定義より，連続性を調べるには
$$|f(z)-f(a)| \to 0 \quad (|z-a| \to 0)$$

を調べればよい．また，これを $\varepsilon-\delta$ 論法で書けば，

$$\forall \varepsilon > 0, \exists \delta > 0 : |z-a| < \delta (\forall z \in D) \Longrightarrow |f(z)-f(a)| < \varepsilon$$

となる[12]．ただし，$a \in D$ かつ $z \in D$ である．

したがって，関数 $f(z)$ が D の境界上の点 $a \in \partial D$ で連続であるとは，

$$\forall \varepsilon > 0, \exists \delta > 0 : |z-a| < \delta (\forall z \in \partial D) \Longrightarrow |f(z)-f(a)| < \varepsilon$$

が成り立つことである．

また，定理 2.8 および定理 2.9 より，それぞれ次の定理を得る．

連続関数の性質

定理 2.10． 関数 $f(z)$ と $g(z)$ が定義域 D において連続で，c を定数とするとき，$f(z) \pm g(z)$ と $f(z)g(z)$ および $cf(z)$ は D で連続である．また，$\dfrac{f(z)}{g(z)}$ は $g(z) = 0$ となる z を除いて D で連続である．

連続関数の実部と虚部の連続性

定理 2.11． 関数 $f(z) = u(x,y) + v(x,y)i$ が定義域 D で連続であるための必要十分条件は $u(x,y)$ と $v(x,y)$ が実変数 x と y の連続関数となることである．

さらに，実関数と同様に次の定理が成り立つ．

連続関数の合成

定理 2.12． 関数 $f(z)$ が $z = z_0$ で連続で，関数 $g(w)$ が $w_0 = f(z_0)$ で連続ならば，合成関数 $(g \circ f)(z) = g(f(z))$ は $z = z_0$ で連続である．

---

[12] $z \to a$ に対する f の極限値を考えるときは $a \notin D$ であってもよかったが，f の連続性を考えるときは $f(a)$ を考えるので $a \in D$ となっていることが大前提である．よって，ここでは $0 < |z-a| < \delta$ ではなく $|z-a| < \delta$ となっているのである．

最大値・最小値の定理

定理 2.13. $f(z)$ が有界閉集合 D で連続ならば，$|f(z)|$ は D 上で最大値および最小値をとる．

定理 2.13 は，実数の場合と似てはいるが，全く同じではないことに注意してほしい．$f(z)$ は複素数なので，その大小関係を考えることはできない．したがって，最大値とか最小値のような大小関係は，絶対値 $|f(z)|$ で考えなくてはならない．

関数の連続性

例 2.9. 次の問に答えよ．
(1) $f(z)$ が $z=z_0$ で連続ならば，$\overline{f(z)}$ および $|f(z)|$ も $z=z_0$ で連続であることを示せ．
(2) 次の関数がそれぞれ $z=0$ で連続となるか調べよ．

$$f(z) = \begin{cases} \dfrac{\mathrm{Re}(z)}{z} & (z \neq 0) \\ 0 & (z = 0) \end{cases} \qquad g(z) = \begin{cases} \dfrac{z\mathrm{Re}(z)}{|z|} & (z \neq 0) \\ 0 & (z = 0) \end{cases}$$

(3) $\mathrm{Arg}\,z$ の連続性を調べよ．ただし，$\mathrm{Arg}\,0$ は適当な実数値をとるものとする．

(解答)
(1)
$$|\overline{f(z)} - \overline{f(z_0)}| = |f(z) - f(z_0)| \to 0 \quad (z \to z_0)$$
なので，$\overline{f(z)}$ は $z=z_0$ で連続である．
また，定理 1.3 より 2 つの複素数 z と w に対して
$$||z| - |w|| \leq |z + w|$$
が成り立ち，$z = f(z)$, $w = -f(z_0)$ とすると，
$$||f(z)| - |f(z_0)|| \leq |f(z) - f(z_0)| \to 0 \quad (z \to z_0)$$
が成り立つので $|f(z)|$ は $z=z_0$ で連続である．
(2) $z = x + yi$ とし，z を実軸上にとると $z = x$ なので，$x \neq 0$ のとき $f(z) = \dfrac{x}{x} = 1$ となる．よって，実軸に沿って $\lim\limits_{z \to 0} f(z) = 1$ となるが，これは $f(0) = 0$ と一致しないので $z = 0$ で不連続である．

一方，
$$|g(z) - g(0)| = \left|\frac{z\mathrm{Re}(z)}{|z|} - 0\right| = \frac{1}{|z|}|z||\mathrm{Re}(z)| \leq |z| \to 0 \quad (z \to 0)$$
なので $g(z)$ は $z = 0$ で連続である．
なお，虚軸に沿って近づくときは，$x = 0$ なので $z = yi$ となる．$z = y$ としないようにして欲しい．
(3) $\mathrm{Arg}z$ は複素平面全体で定義された実数値関数で，$-\pi < \mathrm{Arg}z \leq \pi$ である．ここで，原点および原点を始点とする半直線
$$L = \{z | z = x + yi, x < 0, y = 0\}$$
を考える．すると，任意の $z_0 \in L$ に対して $\mathrm{Arg}z_0 = \pi$ となる．$z_1 = x_1 + y_1 i$ が $x_1 < 0$，$y_1 < 0$ を保ったまま z_0 に近づくとき
$$z_1 \to z_0 \implies \mathrm{Arg}z_1 \to -\pi$$
となり，これは $\mathrm{Arg}z_0 = \pi$ と一致しない．よって，L 上で $\mathrm{Arg}z$ は不連続である．また，$z = 0$ 上において $\mathrm{Arg}0$ は適当な実数値をとるので，$\mathrm{Arg}z$ は $z = 0$ で不連続である．
一方，任意の $z_1, z_2 \in \mathbb{C}\backslash(L \cup \{0\})$ に対して
$$z_1 \to z_2 \implies \mathrm{Arg}z_1 = \mathrm{Arg}z_2$$
となるので，$\mathrm{Arg}z$ は $\mathbb{C}\backslash(L \cup \{0\})$ で連続である．
∎

■■■ 演習問題 ■■■■■■■■■■■■■■■■■■■■■■■■■■■■■■■■

演習問題 2.8 $f(z)$ が $z = z_0$ で連続ならば $\mathrm{Re}(f(z))$ も $z = z_0$ で連続であることを示せ．

第3章

正則関数

ここでは，複素関数の微分について考える．実は，実関数と複素関数に対する微分の定義は，形式的には全く同じである．しかし，その本質的な意味は全く異なる．それを象徴するのが，コーシー・リーマンの方程式である．

そこで，本章では，主に複素関数の微分とコーシー・リーマンの方程式について説明する．特に，複素関数の微分と実関数の微分との本質的な違いを理解してもらいたい．

Section 3.1
正則関数

― 微分可能 ―

定義 3.1. $f(z)$ を領域 D で定義された関数とし，a を D 内の点とする．極限値
$$\lim_{z \to a} \frac{f(z) - f(a)}{z - a} \tag{3.1}$$
が定まるとき，$w = f(z)$ は点 $z = a$ で**微分可能**であるといい，この極限値を
$$f'(a) \quad \text{または} \quad \frac{df}{dz}(a)$$
と表し，$z = a$ における $w = f(z)$ の**微分係数**という．

これを $\varepsilon - \delta$ 論法で書くと
$$\forall \varepsilon > 0, \exists \delta > 0 : 0 < |z - a| < \delta (\forall z \in D) \Longrightarrow \left| \frac{f(z) - f(a)}{z - a} - f'(a) \right| < \varepsilon$$
となる．

注意 3.1. 関数 $g(z) = \dfrac{f(z) - f(a)}{z - a}$ は $z = a$ を除いて定義されるので，$z \to a$ の極限を考えることができる．なお，(3.1) の極限は複素関数の意味なので，z が a にどのように近づこうとも $\lim\limits_{z \to a} g(z)$ が 1 つの値に定まらなければならない．

$\Delta z = z - a, \Delta w = f(z) - f(a)$ とすると，(3.1) は
$$\lim_{\Delta z \to 0} \frac{\Delta w}{\Delta z} = \lim_{\Delta z \to 0} \frac{f(a + \Delta z) - f(a)}{\Delta z} \tag{3.2}$$
と書くことができる．これは，$w = f(z)$ が点 $z = a$ で微分可能であるとは，Δz が 0 にどのように近づこうとも (3.2) の極限値が同じ値に確定するということである．

3.1 正則関数

正則関数

定義 3.2. 関数 $w = f(z)$ が領域 D 内のすべての点で微分可能であるとき，関数 $w = f(z)$ は領域 D で**正則**であるといい，$w = f(z)$ を**正則関数**という[1]．このとき，領域 D 内の $f'(z)$ は z の関数と見なすことができる．これを $f(z)$ の**導関数**といい，$f'(z)$, $\dfrac{df}{dz}$, $\dfrac{dw}{dz}$ などと表す．特に，複素平面全体で正則な関数は**整関数**と呼ばれる．

なお，実関数と同様に，$f'(z)$ の導関数である第 2 次導関数を $f''(z) = \dfrac{d^2 f}{dz^2}(z)$, $f(z)$ を n 回微分した第 n 次導関数を $f^{(n)}(z) = \dfrac{d^n f}{dz^n}(z)$ のように表す．

注意 3.2. 領域とは限らない集合 E で $f(z)$ が正則とは E を含む適当な領域で微分可能であることを意味するものとする．したがって，$f(z)$ が**点 z_0 で正則である**というときは，$f(z)$ が点 z_0 の適当な近傍で微分可能であることを意味する[2]．
このことは，
「領域 D で $f(z)$ は微分可能」＝「領域 D で $f(z)$ は正則」
だが，
「点 $z = z_0$ で $f(z)$ は微分可能」$\neq$「点 $z = z_0$ で $f(z)$ は正則」
ということを意味する．

注意 3.2 より，「$f(z)$ が $\bar{D} = D \cup \partial D$ で正則である」とは，「$f(z)$ が $\bar{D}$ を含む適当な領域で正則である」ことを意味するが，**初学者はこのことを忘れがち**である．そこで，本書では，このことを強調したいときには，あえて「$f(z)$ が $\bar{D}$ を含む適当な領域で正則である」と明記することにする．

---

[1] コーシー・リーマンの方程式 (第 3.2 節) に代表されるように，実関数と複素関数の微分では，その意味するものがかなり異なるので，複素関数では微分可能な関数とは呼ばず，正則関数と呼んでいる．正則関数という言葉は，コーシーが複素関数の微分の研究において各点で $f'(z)$ が存在して連続となる関数を正則な関数と呼んだことに由来する．また，ここでは，正則性の条件に $f'(z)$ の連続性を要求していないことに注意してほしい．
[2] これは，複素関数論では，1 点だけで微分可能という概念はあまり意味がない (実際的な興味がない) という事実に基づいている．実際，1 点だけで微分可能な関数というのは，性質が悪い関数である．これに対し，領域上で微分可能な関数というのは，その領域がどんなに小さくても，美しく，かつ役に立つ性質を持っているのである．そこで，複素関数論では，もっぱら正則関数の性質に関する考察を行うのである．

注意 3.3．「$f(z)$ は D において微分可能で $f'(z)$ が連続となるとき正則と呼ばれる」としている教科書もある．しかし，第 5.8 節で学ぶように「正則関数 $f(z)$ の導関数 $f'(z)$ は連続」ということが分かっているので正則の定義で $f'(z)$ の連続性を要求する必要はない．ただし，このことは，

- 「$f(z)$ が微分可能ならば $f'(z)$ は連続」という事実は，コーシーの積分公式 (定理 5.22) より導かれる
- コーシーの積分公式は，コーシーの積分定理 (定理 5.16) より導かれる

ということを踏まえて分かることである．したがって，これらを学んでいない段階においては，正則の定義に $f'(z)$ の連続性を要求する著者がいても不思議ではない．しかし，本書では，特に断りのない限り，第 5.8 節まで正則関数に $f'(z)$ の連続性を要求しないものとする．
なお，正則関数は何回でも微分できるという事実は，微分可能な実関数と大きく異なる点である．

形式的には，微分可能の定義式 (3.1) は実関数のときと同じなので，実関数の場合と同様に次の定理が得られる．

──── **正則関数の連続性** ────

定理 3.1．関数 $f(z)$ が D で正則ならば，$f(z)$ は D で連続である．

---- **一次結合・積・商の微分** ----

定理 3.2. 関数 $f(z)$ と $g(z)$ が領域 D で正則ならば，次が成り立つ．

(1) c_1 と c_2 を任意の複素数とすると，$c_1 f(z) \pm c_2 g(z)$ も D で正則で

$$(c_1 f(z) \pm c_2 g(z))' = c_1 f'(z) \pm c_2 g'(z) \qquad (\text{複号同順})$$

(2) $f(z)g(z)$ も D で正則で

$$(f(z)g(z))' = f'(z)g(z) + f(z)g'(z)$$

(3) D 上で $g(z) \neq 0$ ならば $\dfrac{f(z)}{g(z)}$ も正則で

$$\left(\frac{f(z)}{g(z)}\right)' = \frac{f'(z)g(z) - f(z)g'(z)}{g(z)^2}$$

---- **合成関数の微分** ----

定理 3.3. 関数 $f(z)$ は領域 D で正則で，関数 $g(w)$ は領域 E で正則だとする．このとき，$f(D) \subset E$ ならば，合成関数 $h(z) = g(f(z))$ は D で正則であり，

$$h'(z_0) = g'(w_0) f'(z_0)$$

が成り立つ．ここで，$w_0 = f(z_0)(z_0 \in D)$ である．

z^n の微分可能性

例 3.1. 次を示せ.

(1) $f(z) = z^n$ は任意の複素数に対して微分可能で

$$f'(z) = nz^{n-1} \qquad (n = 1, 2, 3, \ldots)$$

である.

(2) $g(z) = \dfrac{1}{z^n}$ は $z = 0$ を除く任意の複素数に対して微分可能で

$$g'(z) = -\dfrac{n}{z^{n+1}} \qquad (n = 1, 2, 3, \ldots)$$

である.

(解答)
(1) 任意の $z_0 \in \mathbb{C}$ に対して
$$z^n - z_0^n = (z - z_0)(z^{n-1} + z^{n-2}z_0 + \cdots + zz_0^{n-2} + z_0^{n-1}) \tag{3.3}$$
であることに注意すると
$$f'(z_0) = \lim_{z \to z_0} \frac{f(z) - f(z_0)}{z - z_0} = \lim_{z \to z_0} \frac{z^n - z_0^n}{z - z_0} = \lim_{z \to z_0}(z^{n-1} + z^{n-2}z_0 + \cdots + z_0^{n-1})$$
$$= \underbrace{z_0^{n-1} + z_0^{n-1} + \cdots + z_0^{n-1}}_{n\text{ 個}} = nz_0^{n-1}$$

である. z_0 は任意の点なので $f(z) = z^n$ は複素平面上のすべての点で微分可能で, その導関数は $f'(z) = nz^{n-1}$ である.
(2) $g(z)$ は $z = 0$ を除いて定義され, 任意の $z_0 \in \mathbb{C} \setminus \{0\}$ に対して, (3.3) より
$$g'(z_0) = \lim_{z \to z_0} \frac{g(z) - g(z_0)}{z - z_0} = \lim_{z \to z_0} \frac{1}{z - z_0}\left(\frac{1}{z^n} - \frac{1}{z_0^n}\right) = \lim_{z \to z_0} \frac{1}{z - z_0} \cdot \frac{-(z^n - z_0^n)}{z^n z_0^n}$$
$$= \lim_{z \to z_0} \frac{-(z^{n-1} + z^{n-2}z_0 + \cdots + z_0^{n-1})}{z^n z_0^n} = \frac{-nz_0^{n-1}}{z_0^{2n}} = -\frac{n}{z_0^{n+1}}$$

が成り立つ. z_0 は 0 を除く任意の点なので, $g(z) = \dfrac{1}{z^n}$ は $z = 0$ を除くすべての点で微分可能であり, その導関数は $g'(z) = -\dfrac{n}{z^{n+1}}$ である. ∎

簡単な微分計算

例 3.2. 次の関数の導関数を求めよ.

(1) $f(z) = (z^2 + iz + 3)^2$ \qquad (2) $f(z) = \dfrac{z}{z+i}$ \qquad (3) $f(z) = \dfrac{z+2}{z^3}$

(解答)
(1) 定理 3.2〜3.3 および例 3.1 より
$$f'(z) = 2(z^2+iz+3)(z^2+iz+3)' = 2(z^2+iz+3)(2z+i)$$
(2) 定理 3.2 および例 3.1 より
$$f'(z) = \frac{z'(z+i) - z(z+i)'}{(z+i)^2} = \frac{z+i-z}{(z+i)^2} = \frac{i}{(z+i)^2}$$
(3) $f(z) = \dfrac{1}{z^2} + \dfrac{2}{z^3}$ に注意すると，定理 3.2 および例 3.1 より
$$f'(z) = -\frac{2}{z^3} - \frac{6}{z^4} = \frac{-2(3+z)}{z^4}$$
■

関数の微分可能性

例 3.3． $z = x+yi$ とするとき，$f(z) = x^2 + y^2 i \ (x \neq y)$ の微分可能性を調べよ．

(解答) $\Delta z = \Delta x + \Delta y i, \Delta w = f(z+\Delta z) - f(z)$ とすると，
$$\frac{\Delta w}{\Delta z} = \frac{(x+\Delta x)^2 + (y+\Delta y)^2 i - (x^2+y^2 i)}{\Delta x + \Delta y i} = \frac{2x\Delta x + \Delta x^2 + (2y\Delta y + \Delta y^2)i}{\Delta x + \Delta y i}$$
$z + \Delta z$ が実軸に平行な直線に沿って点 z に近づくとき，$\Delta y = 0$ なので
$$\frac{\Delta w}{\Delta z} = \frac{2x\Delta x + \Delta x^2}{\Delta x} = 2x + \Delta x \to 2x \quad (\Delta x \to 0, \Delta y = 0)$$
である．また，$z + \Delta z$ が虚軸に平行な直線に沿って点 z に近づくとき，$\Delta x = 0$ なので
$$\frac{\Delta w}{\Delta z} = \frac{(2y\Delta y + \Delta y^2)i}{\Delta y i} = 2y + \Delta y \to 2y \quad (\Delta x = 0, \Delta y \to 0)$$
である．

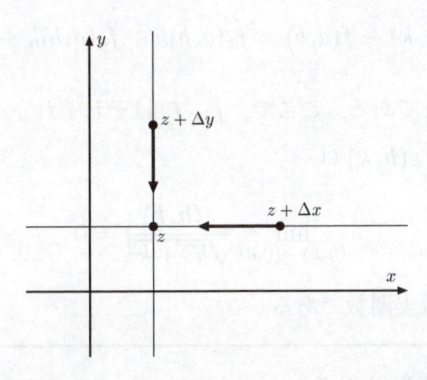

したがって，$x \neq y$ に注意すると $\displaystyle\lim_{\Delta z \to 0} \frac{\Delta w}{\Delta z}$ はただ 1 つに定まらないことが分かる．よって，この関数は微分可能ではない． ■

■■■ **演習問題** ■■■■■■■■■■■■■■■■■■■■■■■■■

演習問題 3.1 $\left(\dfrac{iz-2}{iz+2}\right)^3$ を微分せよ．

演習問題 3.2 次の問に答えよ．

(1) $f(z) = \dfrac{z^2 + 2zi + i}{z}$ の導関数を求めよ．
(2) $f(z) = z - \bar{z}$ の微分可能性を調べよ．

Section 3.2
コーシー・リーマンの方程式

ここでは，複素変数 $z = x + yi$ の関数 $f(z) = u(x,y) + v(x,y)i$ が微分可能であるための条件を求める．そのために，2変数実関数 $z = f(x,y)$ の微分可能性に関する次の性質を思い出しておく．

―――――― 2変数関数の微分可能性 ――――――

命題 3.2.1． 2変数実関数 $z = f(x,y)$ が点 (a,b) で全微分可能であるための必要十分条件は

$$f(a+h, b+k) - f(a,b) = f_x(a,b)h + f_y(a,b)k + \varepsilon(h,k) \quad (3.4)$$

が成り立つことである．ここで，f_x, f_y はそれぞれ x, y についての偏導関数であり，$\varepsilon(h,k)$ は

$$\lim_{(h,k) \to (0,0)} \frac{\varepsilon(h,k)}{\sqrt{h^2 + k^2}} = 0$$

を満たす2変数実関数である．

また，微分の定義 (3.2) を

$$f(a + \Delta z) - f(a) = f'(a)\Delta z + \varepsilon(\Delta z) \quad (3.5)$$

3.2 コーシー・リーマンの方程式

と表しておく.ただし,$\varepsilon(\Delta z)$ は

$$\lim_{\Delta z \to 0} \frac{\varepsilon(\Delta z)}{\Delta z} = 0$$

を満たす複素関数である.ここで,$\Delta z = h+ki$,$\varepsilon(\Delta z) = \varepsilon_1(h,k) + \varepsilon_2(h,k)i$ とおくと,

$$\begin{aligned}
\lim_{\Delta z \to 0} \frac{\varepsilon(\Delta z)}{\Delta z} = 0 &\iff \lim_{(h,k) \to (0,0)} \frac{\varepsilon_1(h,k) + \varepsilon_2(h,k)i}{h+ki} = 0 \\
&\iff \left| \frac{\varepsilon_1(h,k) + \varepsilon_2(h,k)i}{h+ki} \right| \to 0, \quad (h,k) \to (0,0) \\
&\iff \frac{\sqrt{\varepsilon_1^2(h,k) + \varepsilon_2^2(h,k)}}{\sqrt{h^2+k^2}} \to 0, \quad (h,k) \to (0,0) \\
&\iff \lim_{(h,k) \to (0,0)} \frac{\varepsilon_1(h,k)}{\sqrt{h^2+k^2}} = 0 \text{ かつ } \lim_{(h,k) \to (0,0)} \frac{\varepsilon_2(h,k)}{\sqrt{h^2+k^2}} = 0
\end{aligned} \tag{3.6}$$

となることを注意しておく.

コーシー[3]・リーマンの方程式

定理 3.4. 領域 D で定義された関数 $f(z) = u(x,y) + v(x,y)i$ が $z = x+yi$ において微分可能であるための必要十分条件は,$u(x,y)$ と $v(x,y)$ が (x,y) において全微分可能で,かつ

$$\frac{\partial u}{\partial x} = \frac{\partial v}{\partial y}, \quad \frac{\partial u}{\partial y} = -\frac{\partial v}{\partial x} \tag{3.7}$$

が成り立つことである.なお,(3.7) を**コーシー・リーマンの方程式**あるいは**コーシー・リーマンの関係式**という.

(証明)
($\Longrightarrow$)
まず,(3.5) より $f(z)$ が微分可能ならば

$$f(z+\Delta z) - f(z) = f'(z)\Delta z + \varepsilon(\Delta z) \tag{3.8}$$

---

[3] Cauchy, Augustin Louis(1789-1857),フランスの数学者.有名な数学者として,ドイツ人はガウス,フランス人はコーシーを必ず挙げるであろう.

であることに注意する．ここで，$f'(z) = a + bi$, $\Delta z = h + ki$, $\varepsilon(\Delta z) = \varepsilon_1(h, k) + \varepsilon_2(h, k)i$ とすると，(3.8) は

$$\begin{aligned} u(x+h, y+k) + v(x+h, y+k)i - (u(x,y) + v(x,y)i) \\ = (a+bi)(h+ki) + \varepsilon_1(h,k) + \varepsilon_2(h,k)i \end{aligned} \quad (3.9)$$

である．ただし，(3.6) より

$$\lim_{(h,k) \to (0,0)} \frac{\varepsilon_j(h,k)}{\sqrt{h^2+k^2}} = 0 \quad (j = 1, 2)$$

である．
(3.9) の実部と虚部を比べると

$$\begin{aligned} u(x+h, y+k) - u(x,y) &= ah - bk + \varepsilon_1(h,k) \\ v(x+h, y+k) - v(x,y) &= bh + ak + \varepsilon_2(h,k) \end{aligned}$$

である．命題 3.2.1 より，これは，2 変数関数 $u(x,y)$, $v(x,y)$ が全微分可能で，

$$a = \frac{\partial u}{\partial x}, \quad -b = \frac{\partial u}{\partial y}, \quad b = \frac{\partial v}{\partial x}, \quad a = \frac{\partial v}{\partial y}$$

であることを示している．これより，(3.7) を得る．
($\Longleftarrow$)
$u(x,y)$ と $v(x,y)$ の全微分可能性より

$$\begin{aligned} u(x+h, y+k) - u(x,y) &= u_x(x,y)h + u_y(x,y)k + \varepsilon_1(h,k) \\ v(x+h, y+k) - v(x,y) &= v_x(x,y)h + v_y(x,y)k + \varepsilon_2(h,k) \end{aligned}$$

である．これと (3.7) より，

$$\begin{aligned} &f(z+\Delta z) - f(z) \\ &= \{u(x+h, y+k) - u(x,y)\} + \{v(x+h, y+k) - v(x,y)\}i \\ &= \{u_x(x,y)h + u_y(x,y)k + \varepsilon_1(h,k)\} + \{v_x(x,y)h + v_y(x,y)k + \varepsilon_2(h,k)\}i \\ &= \{u_x(x,y) + v_x(x,y)i\}h + \{u_y(x,y) + v_y(x,y)i\}k + \varepsilon_1(h,k) + \varepsilon_2(h,k)i \\ &= \{u_x(x,y) + v_x(x,y)i\}h + \{v_y(x,y) - u_y(x,y)i\}ik + \varepsilon_1(h,k) + \varepsilon_2(h,k)i \\ &= \{u_x(x,y) + v_x(x,y)i\}h + \{u_x(x,y) + v_x(x,y)i\}ik + \varepsilon_1(h,k) + \varepsilon_2(h,k)i \\ &= (h+ki)\{u_x(x,y) + v_x(x,y)i\} + \varepsilon_1(h,k) + \varepsilon_2(h,k)i \end{aligned}$$

したがって，(3.8) および (3.9) より

$$\lim_{\Delta z \to 0} \frac{f(z+\Delta z) - f(z)}{\Delta z} = u_x(x,y) + v_x(x,y)i \quad (3.10)$$

なので，$f(z)$ は微分可能である． ∎

注意 3.4． $f(z) = u + vi$ と表されるならば，$w = f(z)$ で考えずに，いつも $w = u + vi$ で考えたらいいと思うかもしれない．しかし，正則関数の議論をするときには，u, v をコーシー・リーマンの方程式を満たすように選ばなくてはならない．つまり，u, v を勝手には選ぶことができないのである．そういう意味では複素関数の微分可能性は非常に強い条件だといえる．そのため，一般に複素関数の議論をするときは $w = f(z)$ の形で考えるのである．

微分可能性と正則性

例 3.4. $f(z) = x^2 + y^2 - 2xyi$ の微分可能性と正則性について調べよ.

(解答)
$f(z) = u + vi$ とおくと, $u = x^2 + y^2$, $v = -2xy$ である. ここで, $u_x = 2x$, $u_y = 2y$, $v_x = -2y$, $v_y = -2x$ であり, これらはすべて連続なので u も v も全微分可能である[4]．コーシー・リーマンの方程式より
$$u_x = v_y, \quad u_y = -v_x \iff 2x = -2x, \quad 2y = 2y$$
なので, これが満たされるのは $x = 0$ のとき, つまり, 虚軸上だけである. よって, 定理 3.4 より, $f(z)$ は虚軸上のみで微分可能である.
また, 虚軸上の任意の点においてどんなに小さい近傍をとっても, その近傍のすべての点で微分可能となるようにはできない. したがって, $f(z)$ が正則となる点は存在しない. ゆえに $f(z)$ は複素平面全体で正則ではない. ∎

定理 3.4 を「正則」という言葉を使って書けば次のようになる.

コーシー・リーマンの方程式と正則性

系 3.1. 領域 D で定義された関数 $f(z) = u(x,y) + v(x,y)i$ の実部 $u(x,y)$ と虚部 $v(x,y)$ が D で全微分可能であるとする. このとき, $f(z)$ が D で正則であるための必要十分条件は $u(x,y)$ と $v(x,y)$ が D でコーシー・リーマンの方程式を満たすことである.

また, 具体的に導関数を計算したければ次の系を使えばよい.

正則関数の微分

系 3.2. 正則関数 $f(z) = u(x,y) + v(x,y)i$ に対して次が成り立つ.
$$f'(z) = \frac{\partial u}{\partial x} + \frac{\partial v}{\partial x}i = f_x(z)$$
$$f'(z) = \frac{\partial v}{\partial y} - \frac{\partial u}{\partial y}i = \frac{1}{i}\left(\frac{\partial u}{\partial y} + \frac{\partial v}{\partial y}i\right) = \frac{1}{i}f_y(z)$$

(証明)
(3.10) および (3.7) より明らか. ∎

---

[4] 実関数 $z = f(x,y)$ が点 (a,b) の近傍で偏微分可能で $f_x(x,y), f_y(x,y)$ が点 (a,b) で連続ならば $f(x,y)$ は点 (a,b) で全微分可能である.

注意 3.5． $f(z)$ が正則のときは，どの方向から近づいても微分係数の存在が保証されている．そこで，最も分かりやすい近づき方，つまり，$z + \Delta z$ が実軸および虚軸に平行な直線に沿って z に近づくときの微分係数を考えたものが系 3.2 である．

実際，$z + \Delta z$ が実軸に平行な直線に沿って点 z に近づくとき，$\Delta y = 0$ なので

$$f'(z) = \lim_{\Delta z \to 0} \frac{f(z+\Delta z) - f(z)}{\Delta z}$$
$$= \lim_{\Delta x \to 0} \left(\frac{u(x+\Delta x, y) - u(x,y)}{\Delta x} + \frac{v(x+\Delta x, y) - v(x,y)}{\Delta x} i \right)$$
$$= u_x(x,y) + v_x(x,y)i$$

である．また，虚軸に平行な直線に沿うときは $\Delta x = 0$ なので，

$$f'(z) = \lim_{\Delta y \to 0} \left(\frac{u(x, y+\Delta y) - u(x,y)}{i\Delta y} + \frac{v(x, y+\Delta y) - v(x,y)}{i\Delta y} i \right)$$
$$= \frac{1}{i}(u_y(x,y) + v_y(x,y)i)$$

である．

―― **正則関数と導関数** ――

例 3.5． 関数 $f(z) = x(x^2 - 3y^2) + y(3x^2 - y^2)i$ が正則であることを示し，導関数 $f'(z)$ を求めよ．

(解答)
$f(z) = u + vi$ とすれば，$u = x^3 - 3xy^2$, $v = 3x^2y - y^3$ なので
$u_x = 3x^2 - 3y^2, u_y = -6xy, v_x = 6xy, v_y = 3x^2 - 3y^2$ である．これらは複素平面上の任意の点においてコーシー・リーマンの方程式

$$u_x = v_y, \quad u_y = -v_x$$

を満たすので正則である．
また，系 3.2 より

$$f'(z) = u_x + v_x i = 3(x^2 - y^2) + 6xyi$$

である． ∎

■■■ 演習問題 ■■■■■■■■■■■■■■■■■■■■■■■■
演習問題 3.3 次の問に答えよ．

(1) $f(z) = z\text{Re}(z)$ の微分可能性と正則性について調べよ.

(2) $z = x + yi (x, y \in \mathbb{R})$ とする. このとき, $f(z) = e^{-y}(\cos x + i \sin x)$ が正則であることを示し, 導関数 $f'(z)$ を求めよ.

演習問題 3.4 次の関数が正則かどうかを調べ, 正則ならばその導関数を求めよ.
(1) $f(z) = \ln \sqrt{x^2 + y^2} + i \tan^{-1} \dfrac{y}{x}$
(2) $f(z) = (x^2 - y^2 + 2xy) + (y^2 - x^2 + 2xy)i$

演習問題 3.5 $f(z) = z|z|$ が原点を除く複素平面全体で正則かどうか判定せよ.

演習問題 3.6 $z = x + yi (x, y \in \mathbb{R})$ とする. このとき, $f(z) = e^{-2y} \cos 2x + i e^{-2y} \sin 2x$ が正則であることを示し, 導関数 $f'(z)$ を求めよ.

演習問題 3.7 領域 D で定義された関数 $f(z) = u(x, y) + v(x, y)i$ を考える. このとき, 次の空欄 (ア)〜(コ) に最も適切な式を記入せよ.
(1) $f(z)$ が微分可能のとき,

$$f(z + \Delta z) - f(z) = \boxed{(\mathcal{T})} + \varepsilon(\Delta z) \tag{3.11}$$

が成り立つ. ただし, $\varepsilon(\Delta z)$ は $\lim\limits_{\Delta z \to 0} \dfrac{\varepsilon(\Delta z)}{\Delta z} = 0$ を満たす関数である.

(2) $f'(z) = a + bi$, $\Delta z = h + ki$, $\varepsilon(\Delta z) = \varepsilon_1(h, k) + \varepsilon_2(h, k)i$ とすると, (3.11) は

$$\begin{aligned}u(x+h, y+k) + v(x+h, y+k)i - (u(x, y) + v(x, y)i) \\ = \boxed{(\mathcal{A})} + \varepsilon_1(h, k) + \varepsilon_2(h, k)i\end{aligned} \tag{3.12}$$

と同値である.

(3) $u(x, y)$ と $v(x, y)$ が (x, y) において全微分可能だとする. このとき,
$u(x+h, y+k) - u(x, y) = \boxed{(\mathcal{\dot{}})} + \varepsilon_1(h, k)$, $v(x+h, y+k) - v(x, y) = \boxed{(\mathcal{L})} + \varepsilon_2(h, k)$

が成り立つ. さらに, コーシー・リーマンの方程式

$$\dfrac{\partial u}{\partial x} = \boxed{(\mathcal{T})}, \qquad \dfrac{\partial u}{\partial y} = \boxed{(\mathcal{T})}$$

を満たすとすると,

$$\begin{aligned}f(z + \Delta z) - f(z) &= \boxed{(\mathcal{\dot{}})} + \boxed{(\mathcal{T})}i \\ &= (h + ki)\boxed{(\mathcal{T})} + \varepsilon_1(h, k) + \varepsilon_2(h, k)i\end{aligned}$$

となる．よって，
$$\lim_{\Delta z \to 0} \frac{f(z+\Delta z)-f(z)}{\Delta z} = \boxed{(\text{コ})}$$
である．

Section 3.3
正則関数の基本的な性質*

$z = x + yi$ とすると $\bar{z} = x - yi$ なので，z と $\bar{z}$ は独立ではない[5]．

しかし，形式的に z と $\bar{z}$ を独立変数と見なして偏微分の連鎖律を適用し，関数 $f(z)$ の変数 z および $\bar{z}$ に関する偏微分を定義しておくと計算上，便利なことが多い．

$$x = \frac{1}{2}(z+\bar{z}), \qquad y = \frac{1}{2i}(z-\bar{z})$$

に注意して，形式的に偏微分係数を求めると

$$\frac{\partial f}{\partial z} = \frac{\partial f}{\partial x}\frac{\partial x}{\partial z} + \frac{\partial f}{\partial y}\frac{\partial y}{\partial z} = \frac{1}{2}\frac{\partial f}{\partial x} + \frac{1}{2i}\frac{\partial f}{\partial y} = \frac{1}{2}\left(\frac{\partial f}{\partial x} - \frac{\partial f}{\partial y}i\right) \quad (3.13)$$

$$\frac{\partial f}{\partial \bar{z}} = \frac{\partial f}{\partial x}\frac{\partial x}{\partial \bar{z}} + \frac{\partial f}{\partial y}\frac{\partial y}{\partial \bar{z}} = \frac{1}{2}\frac{\partial f}{\partial x} - \frac{1}{2i}\frac{\partial f}{\partial y} = \frac{1}{2}\left(\frac{\partial f}{\partial x} + \frac{\partial f}{\partial y}i\right) \quad (3.14)$$

そこで，(3.13) と (3.14) を使って，偏微分係数 $\dfrac{\partial f}{\partial z}$ と $\dfrac{\partial f}{\partial \bar{z}}$ を定義する．

また，$f(z) = u + vi$ とおくと $\dfrac{\partial f}{\partial x} = u_x + v_x i$, $\dfrac{\partial f}{\partial y} = u_y + v_y i$ なので，(3.13) と (3.14) は，

$$\frac{\partial f}{\partial z} = \frac{1}{2}\{(u_x + v_x i) - (u_y + v_y i)i\} = \frac{1}{2}\{(u_x + v_y) + (-u_y + v_x)i\} \quad (3.15)$$

$$\frac{\partial f}{\partial \bar{z}} = \frac{1}{2}\{(u_x + v_x i) + (u_y + v_y i)i\} = \frac{1}{2}\{(u_x - v_y) + (u_y + v_x)i\} \quad (3.16)$$

と書ける．よって，(3.16) より，コーシー・リーマンの方程式は

$$\frac{\partial f}{\partial \bar{z}} = 0 \quad (3.17)$$

と同値であることが分かる．

---

[5] z と $\bar{z}$ は x と y に依存しているので，z が変われば $\bar{z}$ も変わり，逆に $\bar{z}$ が変われば z も変わる．

3.3 正則関数の基本的な性質*

コーシー・リーマンの方程式の別表現

定理 3.5. 関数 $u(x,y), v(x,y)$ は点 (x,y) で全微分可能であるとする．このとき，関数 $f(z) = u(x,y) + v(x,y)i$ が $z = x + yi$ で微分可能になるための必要十分条件は

$$\frac{\partial f}{\partial \bar{z}} = 0 \tag{3.17}$$

となることである．

この定理より，$f(z)$ は，その変数として (本質的に)$\bar{z}$ を含んでいなければ微分可能であることが分かる．

微分可能性の判定

例 3.6. 関数 $f(z) = \dfrac{z(\bar{z})^2}{2} - \bar{z}$ の微分可能性を調べ，微分可能ならばその微分係数を求めよ．

(解答) $z = x + yi$ とすると，$\bar{z} = x - yi$ で
$$f(z) = \frac{1}{2}(x+yi)(x-yi)^2 - (x-yi) = \frac{1}{2}(x^2+y^2)(x-yi) - (x-yi)$$
$$= \frac{1}{2}(x^3 - x^2 yi + xy^2 - y^3 i) - (x-yi) = \frac{1}{2}(x^3 + xy^2 - 2x) - \frac{1}{2}(x^2 y + y^3 - 2y)i$$
である．ここで，$f(z) = u(x,y) + v(x,y)i$ とすると $u(x,y) = \dfrac{1}{2}(x^3 + xy^2 - 2x)$, $v(x,y) = -\dfrac{1}{2}(x^2 y + y^3 - 2y)$ であり，u と v は全微分可能である[6]．
次に，
$$\frac{\partial f}{\partial \bar{z}} = z\bar{z} - 1 = |z|^2 - 1$$
なので，定理 3.5 より $f(z)$ は $|z|^2 - 1 = 0$ となる点，つまり，単位円周上の点 z_0 でのみ微分可能で，その微分係数は，
$$\frac{\partial f}{\partial z}(z_0) = \frac{1}{2}(\bar{z_0})^2$$
である． ∎

領域において微分可能であるための条件

系 3.3. 関数 $u(x,y), v(x,y)$ は領域 D で全微分可能であるとする．このとき，関数 $f(z) = u(x,y) + v(x,y)i$ が D で微分可能になるための必要十分条件は $f(z)$ が z のみの関数で $\bar{z}$ を含まないことである．

(証明) 定理 3.5 より明らか． ∎

---
[6] 例 3.4 の脚注を参照せよ．

―――― 定数関数の条件 ――――

定理 3.6. 領域 D で正則な関数 $f(z)$ が, D 上で $f'(z) = 0$ ならば D 上で定数である. また, $f(z)$ と $g(z)$ が D で正則で $f'(z) = g'(z)$ ならば $g(z) = f(z) + a$ となる定数 $a \in \mathbb{C}$ が存在する.

(証明)
仮定および定理 3.5 より,
$$\frac{\partial f}{\partial z} = 0 \quad \text{かつ} \quad \frac{\partial f}{\partial \bar{z}} = 0$$
である. これは, f が z と $\bar{z}$ を変数に含んでいないことを意味する. よって, $f(z)$ は定数である.
また, $F(z) = g(z) - f(z)$ とすると, この結果より $F(z)$ が定数であることが分かるので, 定理の後半部分も成立する. ∎

―――― 定数関数の条件 ――――

例 3.7. 領域 D において次のいずれかの条件を満たす正則関数 $f(z)$ は定数であることを示せ.

(1) 実部 $\mathrm{Re}(f(z))$ が定数 　　(2) 虚部 $\mathrm{Im}(f(z))$ が定数
(3) $f(z)$ が実関数 　　(4) 絶対値 $|f(z)|$ が定数

(解答)
まず, $f(z) = u(x,y) + v(x,y)i$ とすれば, 系 3.2 とコーシー・リーマンの方程式より
$$f'(z) = \frac{\partial u}{\partial x} + \frac{\partial v}{\partial x}i = \frac{\partial u}{\partial x} - \frac{\partial u}{\partial y}i \tag{3.18}$$
$$= \frac{\partial v}{\partial y} - \frac{\partial u}{\partial y}i = \frac{\partial v}{\partial y} + \frac{\partial v}{\partial x}i \tag{3.19}$$
であることに注意する.
(1) $f(z)$ の実部が定数のとき, $u_x = u_y = 0$ なので (3.18) より $f'(z) = 0$ となり, 定理 3.6 より $f(z)$ は定数となる.
(2) $f(z)$ の虚部が定数のとき, $v_x = v_y = 0$ なので (3.19) より $f'(z) = 0$ となり, 定理 3.6 より $f(z)$ は定数となる.
(3) $f(z)$ が実関数のときは, $\mathrm{Im}(f(z)) = 0$ なので, これは (2) の特別な場合である. よって, $f(z)$ は定数である.
(4) $|f(z)|$ が定数のとき, $|f(z)| = u^2 + v^2$ は定数なので, $u^2 + v^2 = 0$ となる点があれば D 全体で 0 である. このとき, D で $u = v = 0$ なので $f(z) = 0$, つまり, $f(z)$ は定数 0 となる.
そこで, D で $u^2 + v^2 \neq 0$ となる場合を考える. $u^2 + v^2$ は定数なので, これを x と y で偏微分すると
$$u\frac{\partial u}{\partial x} + v\frac{\partial v}{\partial x} = 0, \qquad u\frac{\partial u}{\partial y} + v\frac{\partial v}{\partial y} = 0$$
となる[7].

---

[7] この段階では, $u^2 + v^2$ は定数だが, u, v は x, y の関数であることに注意せよ. 決して $u^2 + v^2$ が定数だからといって u, v も定数だとは思わないようにせよ.

これとコーシー・リーマンの方程式より

$$u\frac{\partial u}{\partial x} - v\frac{\partial u}{\partial y} = 0 \tag{3.20}$$

$$v\frac{\partial u}{\partial x} + u\frac{\partial u}{\partial y} = 0 \tag{3.21}$$

が得られ，(3.20)×u+(3.21)×v と (3.20)×$(-v)$+(3.21)×u より，

$$(u^2+v^2)\frac{\partial u}{\partial x} = 0, \qquad (u^2+v^2)\frac{\partial u}{\partial y} = 0$$

となる．ここで，$u^2+v^2 \neq 0$ なので

$$\frac{\partial u}{\partial x} = 0, \qquad \frac{\partial u}{\partial y} = 0$$

でなければならない．したがって，u は定数である．
これは，$f(z)$ の実部が定数であることを意味しているので，(1) より $f(z)$ は D で定数である． ∎

逆関数の微分

定理 3.7． 関数 $w = f(z)$ は領域 D において正則で，$z_0 \in D$ において $f'(z_0) \neq 0$ とすると，次が成り立つ．

(1) f は z_0 のある近傍 B_z と $w_0 = f(z_0)$ の近傍 B_w との間に 1 対 1 の対応を与える[8]．つまり，B_z において $z_1 \neq z_2$ ならば $f(z_1) \neq f(z_2)$ が成り立つ．

(2) B_w において定義される逆関数 $z = f^{-1}(w)$ は正則で，その導関数は次式で与えられる．

$$\frac{dz}{dw} = \frac{1}{\dfrac{dw}{dz}}$$

(証明)
この定理を証明するために，次の 2 変数実関数に対する逆写像定理を用いる．
「$\mathbb{R}^2$ のある開集合 D から $\mathbb{R}^2$ への C^1 級写像

$$\varphi : (x, y) \mapsto (u, v) = (u(x,y), v(x,y))$$

のヤコビアン J_φ が点 (x_0, y_0) において $J_\varphi \neq 0$ であれば，φ は (x_0, y_0) のある近傍 U と (u_0, v_0) のある近傍 U_φ の間に 1 対 1 の対応を与え，U で定義された φ の C^1 級逆写像 φ^{-1} が存在する．」
さて，φ のヤコビアンは

$$J_\varphi = \begin{vmatrix} \dfrac{\partial u}{\partial x} & \dfrac{\partial u}{\partial y} \\ \dfrac{\partial v}{\partial x} & \dfrac{\partial v}{\partial y} \end{vmatrix} = \frac{\partial u}{\partial x}\frac{\partial v}{\partial y} - \frac{\partial u}{\partial y}\frac{\partial v}{\partial x}$$

なので，写像 φ が正則関数 $w = f(z) = u(x,y) + v(x,y)i$ に対応していると考えれば，コーシー・リーマンの方程式より

$$J_\varphi = \left(\frac{\partial u}{\partial x}\right)^2 + \left(\frac{\partial u}{\partial y}\right)^2 = |f'(z)|^2$$

---

[8] このことは，逆関数が存在することを意味する．

となる．$z_0 = x_0 + y_0 i$, $w_0 = f(z_0) = u_0 + v_0 i$ として $f'(z_0) \neq 0$ とすれば，$J_\varphi \neq 0$ なので逆写像定理より，w_0 の近傍 U_φ で定義された逆関数 $z = f^{-1}(w)$ が存在して連続である．これより，(1) が成立することが分かる．

このとき，$w \to w_0$ ならば $z \to z_0$ なので

$$\frac{dz}{dw}(w_0) = \lim_{w \to w_0} \frac{z - z_0}{w - w_0} = \lim_{z \to z_0} \frac{1}{\dfrac{w - w_0}{z - z_0}} = \frac{1}{f'(z_0)}$$

である．これは，(2) が成立することを意味する． ■

逆関数の微分

例 3.8． $w = f(z) = \dfrac{1-z}{1+z}$ の逆関数 $z = f^{-1}(w)$ およびその導関数を求めよ．

(解答)
$w = \dfrac{1-z}{1+z}$ より $z = \dfrac{1-w}{1+w}$ なので，$f^{-1}(w) = \dfrac{1-w}{1+w}$ である．また，導関数は

$$\frac{dz}{dw} = \frac{(1-w)'(1+w) - (1-w)(1+w)'}{(1+w)^2} = -\frac{2}{(1+w)^2} \tag{3.22}$$

である． ■

なお，$f'(z) = -\dfrac{2}{(1+z)^2}$ は $z = -1$ を除いて定義され，定義域では $f'(z) \neq 0$ なので定理 3.7 より $z = -1$ を除いて逆関数が存在し，

$$\frac{dz}{dw} = \frac{1}{f'(z)} = -\frac{(1+z)^2}{2} = -\frac{1}{2}\left(1 + \frac{1-w}{1+w}\right)^2 = -\frac{1}{2}\left(\frac{2}{1+w}\right)^2 = -\frac{2}{(1+w)^2}$$

となることが分かる．これは (3.22) と一致していることに注意せよ．

■■■ **演習問題** ■■■■■■■■■■■■■■■■■■■■■■■■

演習問題 3.8 $f(z) = z^{\frac{1}{n}}$ とする．このとき，逆関数の微分法を使って，$f'(z) = \dfrac{1}{n} z^{\frac{1}{n}-1}$ $(n = 1, 2, \ldots)$ を示せ．また，$f(z)$ は $z = 0$ で微分可能か？ 理由を述べて答えよ．

Section 3.4
調和関数*

調和関数

定義 3.3. 実関数 $F(x,y)$ が連続な 2 次偏導関数をもち,しかも,
$$\Delta F = \frac{\partial^2 F}{\partial x^2} + \frac{\partial^2 F}{\partial y^2} = 0 \tag{3.23}$$
を満たすとき,$F(x,y)$ を**調和関数**という.また,(3.23) を**ラプラスの方程式**[9]という.

ラプラス方程式は工学や物理学で頻繁に登場する方程式で,ラプラス方程式の境界値問題を解くために正則関数がよく利用されてきた.

共役調和関数

定義 3.4. 2 つの調和関数 $u(x,y)$,$v(x,y)$ がコーシー・リーマンの方程式を満たすとき,$v(x,y)$ を $u(x,y)$ の**共役調和関数**といい,$u(x,y)$ と $v(x,y)$ は互いに**共役な調和関数**であるという.

$u(x,y)$ と $v(x,y)$ が互いに共役な調和関数ならば,$u(x,y)$ と $v(x,y)$ はコーシー・リーマンの方程式を満たすので,$f(z) = u(x,y) + v(x,y)i$ は正則関数となる.

正則関数と調和関数の関係

定理 3.8. 領域 D において $f(z) = u(x,y) + v(x,y)i$ が正則関数であれば,その実部 $u(x,y)$ と虚部 $v(x,y)$ は調和関数である.特に,$v(x,y)$ は $u(x,y)$ の共役調和関数となる.

(証明)
$f(z)$ は正則なので,何回でも微分可能である[10].
コーシー・リーマンの方程式より,
$$\frac{\partial u}{\partial x} = \frac{\partial v}{\partial y}, \quad \frac{\partial u}{\partial y} = -\frac{\partial v}{\partial x}$$
であり,これより
$$\frac{\partial^2 u}{\partial x^2} = \frac{\partial}{\partial x}\left(\frac{\partial v}{\partial y}\right) = \frac{\partial^2 v}{\partial x \partial y}, \quad \frac{\partial^2 u}{\partial y^2} = \frac{\partial}{\partial y}\left(-\frac{\partial v}{\partial x}\right) = -\frac{\partial^2 v}{\partial x \partial y}$$

---

[9] Laplace, Pierre Simon(1749-1827),フランスの数学者,物理学や天文学でも活躍した.
[10] この事実は第 5.8 節で学ぶ.

を得る．よって，
$$\frac{\partial^2 u}{\partial x^2} + \frac{\partial^2 u}{\partial y^2} = 0$$
である．同様にして，
$$\frac{\partial^2 v}{\partial x^2} + \frac{\partial^2 v}{\partial y^2} = 0$$
も得られる．
以上のことより，u と v は互いに共役な調和関数であることも分かる．■

調和関数と共役調和関数

例 3.9． 実関数 $u(x,y) = e^x \cos y$ が調和関数であることを示し，その共役調和関数 $v(x,y)$ を求めよ．

(解答)
$u_x = e^x \cos y$, $u_{xx} = e^x \cos y$, $u_y = -e^x \sin y$, $u_{yy} = -e^x \cos y$ より，
$$u_{xx} + u_{yy} = 0$$
なので，$u(x,y)$ は調和関数となる．
コーシー・リーマンの方程式より
$$u_x = v_y, \qquad u_y = -v_x$$
なので，
$$v_x = e^x \sin y, \qquad v_y = e^x \cos y$$
である．この第 2 式より，
$$v(x,y) = \int e^x \cos y\, dy = e^x \sin y + c(x)$$
である．ただし，$c(x)$ は積分定数に対応する x のみの関数である．
これを x で偏微分して，第 1 式と比べると
$$v_x = e^x \sin y + c'(x) = e^x \sin y$$
なので，$c'(x) = 0$，したがって，$c(x) = C$（C は定数）となる．
以上のことより，求める共役調和関数は
$$v(x,y) = e^x \sin y + C$$
である．■

この例より，$u(x,y) = e^x \cos y$ を実部とする正則関数は
$$f(z) = u(x,y) + v(x,y)i = e^x(\cos y + i \sin y) + C$$
であることが分かる．

Section 3.5
正則関数の幾何学的な意味*

正則関数 $w = f(z)$ を考える．このとき，(3.5) において，$a = z_0$, $\Delta z = z - z_0$ とすれば，
$$f(z) - f(z_0) = f'(z_0)(z - z_0) + \varepsilon(z - z_0)$$

である．よって，z が z_0 に十分近付けば，

$$|f(z) - f(z_0)| \approx |f'(z_0)||z - z_0| \qquad (3.24)$$
$$\arg(f(z) - f(z_0)) \approx \arg f'(z_0) + \arg(z - z_0) \qquad (3.25)$$

となる．

(3.24) は，z が z_0 に十分近ければ，$|f(z) - f(z_0)|$ は $|z - z_0|$ の $|f'(z_0)|$ 倍にほぼ等しいことを意味する．また，(3.25) は，ベクトル $\overrightarrow{f(z_0)f(z)}$ の偏角はベクトル $\overrightarrow{z_0 z}$ の偏角に一定値 $\arg f'(z_0)$ を加えたものにほぼ等しいことを意味する．つまり，$|f'(z)|$ は各点における拡大率を表し，$\arg f'(z)$ は各点での回転角を表している．この様子を，z_0 に近い 2 点 z_1, z_2 をとって図示すると次のようになる．

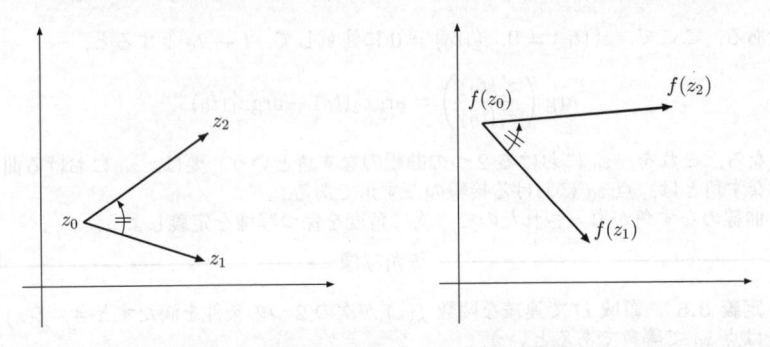

(3.24) より $\triangle z_0 z_1 z_2$ と $\triangle f(z_0)f(z_1)f(z_2)$ の辺の比が同じで，(3.25) より，なす角も同じなので，$\triangle z_0 z_1 z_2$ と $\triangle f(z_0)f(z_1)f(z_2)$ は相似である．このことは，正則関数 $f(z)$ は角度を変えない写像と考えられることを意味する．

Section 3.6
等角写像*

第 3.5 節で見たように，正則関数 $w = f(z)$ が z 平面から w 平面へ点を写すとき，長さの比と角度を保つ．このうち，角度についてもう少し掘り下げて考えてみよう．その準備として，まず，2 つの曲線のなす角を考えよう．なお，曲線については第 5.1 節を参照してもらいたい．

さて，$t = t_0$ のとき点 z_0 を通る滑らかな 2 つの曲線 $C_1 : z_1 = z_1(t)$, $C_2 : z_2 = z_2(t)$ を考える．このとき，3 点 $z_2(t), z_0, z_1(t)$ のなす角は，

$$\begin{aligned}\angle z_2(t)z_0z_1(t) &= \arg(z_2(t) - z_0) - \arg(z_1(t) - z_0) \\ &= \arg\left(\frac{z_2(t) - z_0}{z_1(t) - z_0}\right) \\ &= \arg\left(\frac{\frac{z_2(t) - z_2(t_0)}{t}}{\frac{z_1(t) - z_1(t_0)}{t}}\right)\end{aligned}$$

である．ここで，$z_1'(t_0) \neq 0, z_2'(t_0) \neq 0$ に注意して，$t \to t_0$ とすると，

$$\arg\left(\frac{z_2'(t_0)}{z_1'(t_0)}\right) = \arg z_2'(t_0) - \arg z_1'(t_0)$$

となる．これを，z_0 における 2 つの**曲線のなす角**という．要は，z_0 における曲線のなす角とは，点 z_0 における接線のなす角である．

曲線のなす角が導入されたので，次に角度を保つ写像を定義しよう．

等角写像

定義 3.5． 領域 D で連続な関数 $f(z)$ が次の 2 つの条件を満たすとき，$f(z)$ は点 z_0 で**等角**であるという．

(1) $z_0 \in D$ を通る滑らかなすべての曲線は，$w = f(z)$ によって w 平面上の点 $w_0 = f(z_0)$ を通る滑らかな曲線に写される．
(2) z 平面上の点 z_0 を通る任意の 2 つの曲線を C_1 と C_2 とし，$w = f(z)$ によるそれらの像を Γ_1, Γ_2 とする．このとき，z_0 における C_1 と C_2 のなす角と $w_0 = f(z_0)$ における Γ_1 と Γ_2 のなす角が等しく，その回転の向きが一致している．

D の各点で $f(z)$ が等角のとき，$f(z)$ は D で**等角**であるという．特に，$f(z)$ が等角で，$w = f(z)$ を z を w へ写す写像と考えたときには，$w = f(z)$ は**等角写像**であるという．

第 3.5 節の考察より，正則関数は等角写像だと予想される．実際，次が成り立つ．

正則関数の等角性

定理 3.9． 関数 $f(z)$ が $z = z_0$ で正則で $f'(z_0) \neq 0$ ならば，$f(z)$ は $z = z_0$ において等角となる．

(証明)
$t = t_0$ のとき，点 z_0 を通る滑らかな 2 つの曲線を $C_1 : z_1 = z_1(t), C_2 : z_2 = z_2(t)$ とし，$w = f(z)$ による像を $\Gamma_1 : w_1 = w_1(t), \Gamma_2 : w_2 = w_2(t)$ とする．

このとき，$w_1(t) = f(z_1(t))$, $w_2(t) = f(z_2(t))$ なので，
$$w_1'(t) = f'(z_1(t))z_1'(t)$$
である．よって，$w_1'(t_0) = f'(z_1(t_0))z_1'(t_0) = f'(z_0)z_1'(t_0)$ であり，同様に $w_2'(t_0) = f'(z_0)z_2'(t_0)$ である．
ここで，$z_1'(t_0) \neq 0$, $z_2'(t_0) \neq 0$ に注意すると，

Γ_1 と Γ_2 のなす角
$= \arg w_2'(t_0) - \arg w_1'(t_0) = \arg(f'(z_2(t_0))z_2'(t_0)) - \arg(f'(z_1(t_0))z_1'(t_0))$
$= \arg f'(z_0) + \arg z_2'(t_0) - \arg f'(z_0) - \arg z_1'(t_0) = \arg z_2'(t_0) - \arg z_1'(t_0)$
$= C_1$ と C_2 のなす角

である．よって，$f(z)$ は z_0 において等角である． ∎

等角写像の例

例 3.10． $w = f(z) = z^2$ による写像の等角性について調べよ．

(解答)
$f'(z) = 2z$ なので，定理 3.9 より $z \neq 0$ のとき，$f(z)$ は等角である．
もう少し詳しく調べてみよう．$z^2 = (x^2 - y^2) + 2xyi$ なので，$w = u + vi$ とすると $u = x^2 - y^2$, $v = 2xy$ である．
虚軸に平行な直線は $x = a$ と表されるので，これは $u = a^2 - y^2$, $v = 2ay$ より $u = a^2 - \dfrac{v^2}{4a^2}$ に写る．また，実軸に平行な直線 $y = b$ は $u = \dfrac{v^2}{4b^2} - b^2$ に写る．ここで，$a \neq 0, b \neq 0$ とすれば，$f(z)$ の等角性より 2 つの放物線 $u = a^2 - \dfrac{v^2}{4a^2}$, $v = \dfrac{v^2}{4b^2} - b^2$ は直交する．

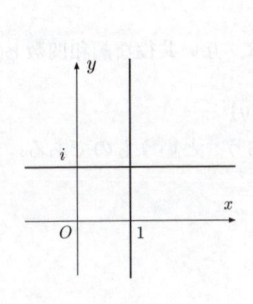

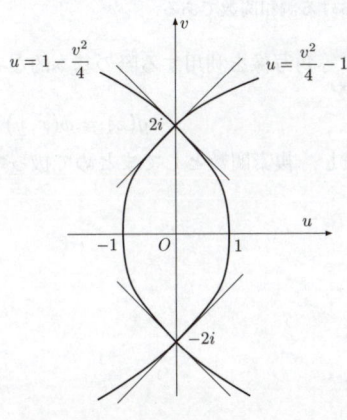

例えば，$x = 1, y = 1$ とすると，この 2 つの直線は点 $(1,1)$ で交わる．一方，$u = 1 - \dfrac{v^2}{4}$, $u = \dfrac{v^2}{4} - 1$ なので，この 2 つの放物線は $(0,2), (0,-2)$ で交わる．つまり，z 平面上の交点が w 平面上の交点に写っているわけではない． ∎

理工学の分野では，等角写像は応用上広く使われている．例えば，電荷が存在しない場所での電位 $\phi(x,y)$ や縮まない流体の渦無し流れの速度ポテンシャル $\Phi(x,y)$ はともにラプラス方程式を満たす．そこで，このような物理量を求めるときには，考えている領域 D においてラプラス方程式を解くことになる．D が長方形とか円板のように簡単な領域ならばいいが，そうでない場合でも D を円板とか半平面のような簡単な領域 $\widetilde{D}$ へ変換する等角写像が求められれば，$\widetilde{D}$ におけるラプラス方程式は解きやすくなっているはずである．そして，$\widetilde{D}$ 上で得られた解を逆変換によって D 上に戻すと元の解になる．

このような操作ができるためには，ラプラス方程式の解，つまり，調和関数が等角写像によって変換されても調和関数になることが保証されていなければならない．

---— 調和関数と等角写像 ———

定理 3.10． $\phi(x,y)$ を領域 D 上の調和関数とし，$f(z) = u(x,y)+v(x,y)i$ を D 上の正則関数で $f'(z) \neq 0$ を満たすものとする．このとき，写像 $w = f(z)$ によって，$\phi(x,y)$ を変換したものは調和関数になる．

(証明)
簡単のため，$\phi(x,y)$ の共役調和関数 $\psi(x,y)$ が存在する，として証明する．
$\phi(x,y)$ と $\psi(x,y)$ は互いに共役な調和関数なので，調和関数の定義より
$g(z) = \phi(x,y) + \psi(x,y)i$ は D 上の正則関数である．また，定理 3.9 より $w = f(z)$ は等角写像であり，定理 3.7 よりその対応は 1 対 1 である．したがって，D の $f(z)$ による像 $\widetilde{D}$ は領域である．さらに，定理 3.7 より，$\widetilde{D}$ から D への逆関数 $z = f^{-1}(w)$ が存在し，$f^{-1}(w)$ は $\widetilde{D}$ において正則である．
したがって，$g(f^{-1}(w))$ は $\widetilde{D}$ で正則であり，定理 3.8 より，その実部 $\phi(x(u,v),y(u,v))$ は $\widetilde{D}$ における調和関数である． ∎

結局，等角写像を利用する際の基本的な考え方は，互い共役な調和関数 $\phi(x,y)$，$\psi(x,y)$ を
$$g(z) = \phi(x,y) + \psi(x,y)i$$
として表し，複素関数としてまとめて扱ってしまおう，というものである．

第4章
整級数と初等関数

実数の世界では，初等関数[1]をマクローリン展開[2]を利用して整級数に展開した．逆に複素数の世界では，整級数を利用して初等関数を定義する．もし，整級数が正則であることが分かれば，整級数によって定義される関数はすべて正則関数になる．したがって，整級数で定義された初等関数は自動的に正則関数になるのである．

```
実数の初等関数  ──マクローリン展開──→  実数の整級数
                                          ↓ 拡張
複素数の初等関数 ←────定義────  複素数の整級数
```

本章では，これらのことを明らかにするため，まず，整級数の性質を述べた後，整級数を使って初等関数を定義し，それらの性質を調べていく．

Section 4.1
整級数*

例 3.1 より，$z, z^2, \ldots, z^n$ は複素平面全体で正則である．したがって，定理 3.2

---

[1] 多項式と指数関数から，四則演算，合成関数，逆関数を作る操作を有限回行って得られる関数を **初等関数** という．第 4.2 節で見るように三角関数や対数関数は，指数関数から作られるので初等関数である．

[2] Maclaurin, Colin(1698-1746), イギリス (スコットランド) の数学者.

より
$$f(z) = c_0 + c_1 z + c_2 z^2 + \cdots + c_n z^n$$
も複素平面全体で正則である．また，定理 3.2 より有理関数[3]

$$g(z) = \frac{c_0 + c_1 z + c_2 z^2 + \cdots + c_n z^n}{d_0 + d_1 z + d_2 z^2 + \cdots + d_m z^m}$$

は複素平面から分母を 0 にする点を除外した領域で正則である．
このことを踏まえると，$f(z)$ を拡張して

$$c_0 + c_1 z + c_2 z^2 + \cdots + c_n z^n + c_{n+1} z^{n+1} + \cdots$$

としたものも正則になるのではないか？ と考えるのは自然である．

4.1.1　整級数と収束半径*

―――― 整級数 ――――

定義 4.1． 複素数列 $\{c_n\}$ と複素数 z に対して，

$$\sum_{n=0}^{\infty} c_n (z-a)^n = c_0 + c_1(z-a) + c_2(z-a)^2 + \cdots + c_n(z-a)^n + \cdots \quad (4.1)$$

の形をした級数を，a を中心とする**整級数**または**べき級数**という．

この整級数の中心は a だが，これは $w = z - a$ とおけば 0 を中心とする整級数に変換できるので，これ以降は $a = 0$ の場合，すなわち，$\sum_{n=0}^{\infty} c_n z^n$ について考えることにする．また，整級数は，複素級数の特別な場合なので，整級数の収束，発散，絶対収束などの定義や性質は第 2.3 節で述べた事柄に従う．

―――― 整級数の収束 ――――

定理 4.1． (1) 整級数 $\sum_{n=0}^{\infty} c_n z^n$ は $z = z_0 (\neq 0)$ で収束すれば，$|z| < |z_0|$ となるすべての z に対して絶対収束する．
(2) 整級数 $\sum_{n=0}^{\infty} c_n z^n$ は $z = z_0$ で発散すれば，$|z| > |z_0|$ となるすべての z に対して発散する．

---

[3] 実数の場合と同様に 2 つの多項式 $P(z), Q(z) \neq 0$ に対して $\dfrac{P(z)}{Q(z)}$ を**有理関数**という．

(証明)

(1) $\sum_{n=0}^{\infty} c_n z_0^n$ が収束すると仮定すれば，ある項から先は限りなく小さくなっていかなければならないので $\lim_{n\to\infty} |c_n z_0^n| = 0$ である[4]．よって，すべての n に対して $|c_n z_0^n| \leq M$ を満たす正数 M が存在する．

すると，$|z| < |z_0|$ を満たす z に対しては

$$|c_n z^n| = |c_n z_0^n| \left|\frac{z}{z_0}\right|^n \leq M \left|\frac{z}{z_0}\right|^n$$

であり，例 2.2(1) より $\sum_{n=0}^{\infty} M \left|\frac{z}{z_0}\right|^n$ は収束する．よって，定理 2.7 より $\sum_{n=1}^{\infty} c_n z^n$ は絶対収束する．

(2) $\sum_{n=0}^{\infty} c_n z_0^n$ が発散するとき，$|z| > |z_0|$ を満たすある z に対して $\sum_{n=0}^{\infty} c_n z^n$ が収束したとする．このとき，(1) より $\sum_{n=0}^{\infty} c_n z_0^n$ が収束することになり矛盾である．

したがって，$|z| > |z_0|$ となるすべての z に対して $\sum_{n=0}^{\infty} c_n z^n$ は発散する． ∎

定理 4.1 によって，整級数に対し，次の 3 つの場合が起こることが分かる．

(i) すべての z に対して収束する
(ii) ある正数 r があって $|z| < r$ となる z では収束し，$|z| > r$ となる z では発散する．
(iii) $z \neq 0$ となる z で発散する．つまり，$z = 0$ でしか収束しない．

―――――― 収束半径 ――――――

定義 4.2 . (ii) の r を整級数 (4.1) の **収束半径** という．(i) の場合は $r = \infty$，(iii) の場合は $r = 0$ として考える．
また，(ii) のとき，半径 r の開円板 $\{z \mid |z| < r\}$ を整級数 (4.1) の **収束円** という．

収束半径という用語を使って，定理 4.1 を書き直せば次のようになる．

---

[4] これは，定理 2.4 の (1) を説明しているだけである．

収束半径の性質

定理 4.2. 整級数 $\sum_{n=0}^{\infty} c_n z^n$ の収束半径を r とすると

(1) $0 < r < \infty$ ならば $\sum_{n=0}^{\infty} c_n z^n$ は $|z| < r$ で絶対収束し，$|z| > r$ で発散する．

(2) $r = 0$ ならば $\sum_{n=0}^{\infty} c_n z^n$ はすべての $z \neq 0$ に対して発散する．

(3) $r = \infty$ ならば $\sum_{n=0}^{\infty} c_n z^n$ はすべての z に対して収束する．

逆に (1)〜(3) のいずれかを満たす r は $\sum_{n=0}^{\infty} c_n z^n$ の収束半径である．

なお，一般に，収束円の周 $|z| = r$ 上で収束するかしないかは何も言えない．級数によっては，収束することも発散することもある．

級数の収束を議論するには収束半径が大切であることが定理 4.2 より分かる．そこで，しばらくは収束半径の求め方について考える．

4.1.2　収束半径の求め方*

整級数の係数から収束半径を求める公式として有名なものに，コーシー・アダマールの公式がある．まずは，これから説明しよう．コーシ・アダマールの公式には上極限が登場するので，ここで上極限を思い出しておく．

—— 上限 ——

定義 4.3. 実数の集合 A に対して，A に属するすべての x がある実数 a 以下，すなわち，$x \leq a$ であるとき，a を A の**上界**といい，上界がある集合を**上に有界**な集合という．上界より大きい数はすべて上界なので，もっとも関心があるのは最小の上界である．この最小の上界を A の**上限**といい，$\sup A$ と表す[5]．

上限は次のように特徴づけられる．

$$a = \sup A \iff \begin{cases} (1) \forall x \in A \text{ に対し } x \leq a \\ (2) \forall \varepsilon > 0 \text{ に対し } x > a - \varepsilon \text{ となる } x \in A \text{ が存在する．} \end{cases}$$

---

[5] 上限は英語で supremum というので，先頭の 3 文字を使ってこのように表す．

― 上極限 ―

定義 4.4. 実数列 $\{a_n\}$ に対して
$$\varlimsup_{n\to\infty} a_n = \lim_{n\to\infty}\left(\sup_{k\geq n} a_k\right) \tag{4.2}$$
を数列 $\{a_n\}$ の**上極限**という．上極限を $\limsup_{n\to\infty} a_n$ と表すこともある．
$a'_n = \sup_{k\geq n} a_k = \sup\{a_n, a_{n+1}, a_{n+2}, \ldots\}$ とおくと $\{a'_n\}$ は単調減少列となるので $-\infty, +\infty$ まで含めれば (たとえ $\lim_{n\to\infty} a_n$ が存在しなくても) **上極限はつねに存在する**[6]．

上極限は次のように特徴づけられる．

$$a = \varlimsup_{n\to\infty} a_n \iff \begin{cases}(1) \forall \varepsilon > 0 \text{ に対し } a+\varepsilon \text{ より大きい } a_n \text{ は有限個しかない} \\ (2) \forall \varepsilon > 0 \text{ に対し } a-\varepsilon \text{ より大きい } a_n \text{ は無数にある}\end{cases}$$

― 上極限 ―

例 4.1. 次の数列の極限の存在を調べ，上極限を求めよ．
(1) $a_n = (-1)^n \left(1 + \dfrac{1}{n}\right)$　　　(2) $b_n = n + (-2)^n$

(解答)
(1) n が偶数のとき $a_n \to 1 (n \to \infty)$ だが，n が奇数のとき $a_n \to -1 (n \to \infty)$ なので，極限 $\lim_{n\to\infty} a_n$ は存在しない．上極限は $\varlimsup_{n\to\infty} a_n = 1$ である．
(1) n が偶数のとき $b_n \to \infty (n \to \infty)$ だが，n が奇数のとき $b_n \to -\infty (n \to \infty)$ なので，極限 $\lim_{n\to\infty} b_n$ は存在しない．上極限は $\varlimsup_{n\to\infty} b_n = \infty$ である． ∎

― コーシー・アダマールの公式[7] ―

定理 4.3. 整級数 (4.1) の収束半径を r とすれば
$$r = \frac{1}{\varlimsup_{n\to\infty} \sqrt[n]{|c_n|}}$$
である．ただし，$\dfrac{1}{0} = +\infty$, $\dfrac{1}{+\infty} = 0$ と約束する．

---

[6] 微分積分で学ぶように，有界な単調数列は収束する．a'_n がすべての n で $+\infty$ になるときは $\varlimsup_{n\to\infty} a_n = +\infty$ と約束し，a'_n が有界でない時は $\varlimsup_{n\to\infty} a_n = -\infty$ とする．そうでなければ a'_n は有界なので，このときは (4.2) を上極限とする．

(証明)
整級数 (4.1) が与えられたとき
$$c = \varlimsup_{n\to\infty} \sqrt[n]{|c_n|}$$
とおいて[8]，$r = \dfrac{1}{c}$ が定理 4.2 を満たすことを示す．

(1) $0 < c < \infty$ の場合 ($0 < r < \infty$ の場合)
任意の $\varepsilon > 0$ に対して，つねに
$$\frac{1-\varepsilon}{c+\varepsilon} < \frac{1}{c}$$
である．$\varepsilon \to 0$ のとき $\dfrac{1-\varepsilon}{c+\varepsilon} \to \dfrac{1}{c}$ となるので，$0 < |z| < r$ のとき，ε として $|z| < \dfrac{1-\varepsilon}{c+\varepsilon} < \dfrac{1}{c} = r$ を満たすものを選ぶことができる[9]．このとき，n が十分大きければ，上極限の定義より
$$\sqrt[n]{|c_n|} < c+\varepsilon$$
である．これより，
$$|c_n z^n| = |c_n||z|^n < (c+\varepsilon)^n \left(\frac{1-\varepsilon}{c+\varepsilon}\right)^n = (1-\varepsilon)^n$$
である．例 2.2 より $\displaystyle\sum_{n=0}^{\infty}(1-\varepsilon)^n$ は収束するので，定理 2.7 より $\displaystyle\sum_{n=0}^{\infty}|c_n z^n|$ も収束する．
次に，$|z| > r$ とし，
$$|z| > \frac{1}{c-\varepsilon} > \frac{1}{c} = r$$
となる正数 ε をとる．すると，上極限の定義より無数の n に対して $\sqrt[n]{|c_n|} > c-\varepsilon$ が成り立つので，その n に対して
$$|c_n z^n| = |c_n||z|^n > (c-\varepsilon)^n \frac{1}{(c-\varepsilon)^n} = 1$$
となる．したがって，$c_n z^n \to 0 (n\to\infty)$ とはならないので，定理 2.4 より $\displaystyle\sum_{n=0}^{\infty} c_n z^n$ は発散する．

(2) $c = \infty$ の場合 ($r = 0$ の場合)
$z \neq 0$ に対して $0 < \varepsilon < |z|$ となる ε をとると，上極限の定義より $\dfrac{1}{\varepsilon} < \sqrt[n]{|c_n|}$ となる n は無数にある[10]．
その n に対して
$$|c_n z^n| = |c_n||z|^n > \frac{1}{\varepsilon^n}\varepsilon^n = 1$$

---

[7] Hadamard, Jacques Salomon(1865-1963), フランスの数学者．コーシー・アダマールの公式は 1892 年に発表された．

[8] $|c_n z^n| = (\sqrt[n]{|c_n|}|z|)^n$ なので，本質的には $|c_n z^n|$ を考えている．

[9] この時点で ε は任意ではないことに注意せよ．

[10] ∞ が $\sqrt[n]{|c_n|}$ の上極限ならば，$\forall \varepsilon > 0$ に対して $\infty - \varepsilon$ より大きい $\sqrt[n]{|c_n|}$ が無数にあることが分かる．$\infty - \varepsilon = \infty$ であり，$\displaystyle\lim_{\varepsilon\to 0}\frac{1}{\varepsilon} = \infty$ なので ∞ を $\dfrac{1}{\varepsilon}$ と表せる．

なので, $\sum_{n=0}^{\infty} c_n z^n$ は発散する.

(3) $c = 0$ の場合 ($r = \infty$ の場合)

$z \neq 0$ とすると, $0 < \varepsilon < \dfrac{1}{|z|}$ となる ε に対して n が十分大きければ, 上極限の定義より

$$\sqrt[n]{|c_n|} < \varepsilon$$

となる. このとき,

$$|c_n z^n| = |c_n||z|^n < \varepsilon^n \frac{1}{\varepsilon^n} = 1$$

なので $\sum_{n=0}^{\infty} c_n z^n$ は収束する. ∎

コーシー・アダマールの公式は収束半径を係数の極限として一般的に表したものであるが, 実用的ではない. しかし, $\left|\dfrac{c_{n+1}}{c_n}\right|$ の極限値が存在する場合には, 定理 4.4 を用いて簡単に収束半径を求めることができる.

定理 4.4 を証明するために正項級数に対するダランベールの判定法[11]を用いる.

---— ダランベールの判定法 ———

補題 4.1. 正項級数 $\sum_{n=1}^{\infty} a_n$ において

$$\lim_{n \to \infty} \frac{a_{n+1}}{a_n} = r \qquad (0 \leq r \leq \infty) \tag{4.3}$$

が存在するとき ($r = \infty$ も含むことに注意)

(1) $0 \leq r < 1$ ならば $\sum_{n=1}^{\infty} a_n$ は収束する.

(2) $1 < r \leq \infty$ ならば $\sum_{n=1}^{\infty} a_n$ は発散する.

---— 収束半径の計算 ———

定理 4.4. 整級数 $\sum_{n=0}^{\infty} c_n z^n$ において $\lim_{n \to \infty} \left|\dfrac{c_n}{c_{n+1}}\right| = r$ が存在すれば, r は収束半径に等しい.

---

[11] d'Alembert, Jean le Rond(1717-1783), フランスの数学者. ダランベールの判定法の証明を知りたい人は, 微分積分学の教科書を参照のこと.

(証明)
$z \neq 0$ とすると

$$\lim_{n \to \infty} \frac{|c_{n+1} z^{n+1}|}{|c_n z^n|} = |z| \lim_{n \to \infty} \left| \frac{c_{n+1}}{c_n} \right|$$

なので,$c = \lim_{n \to \infty} \left| \frac{c_{n+1}}{c_n} \right|$ が存在すれば,ダランベールの判定法より $\sum_{n=0}^{\infty} |c_n z^n|$ は,$0 \leq |z|c < 1$ のとき収束し,$1 < |z|c \leq \infty$ のとき発散する.

したがって,$r = \dfrac{1}{c}$ に注意すれば,$\sum_{n=0}^{\infty} |c_n z^n|$ は $|z| < r$ のとき収束し,$r < |z|$ のとき発散することが分かる. ∎

収束・発散

例 4.2. 次の整級数の収束半径を求め,収束円周上における収束・発散を調べよ.

(1) $\displaystyle\sum_{n=0}^{\infty} z^n$ (2) $\displaystyle\sum_{n=0}^{\infty} \frac{z^n}{n^2}$ (3) $\displaystyle\sum_{n=0}^{\infty} \frac{z^n}{n!}$

(証明)

(1) (4.1) において $c_n = 1$ なので,収束半径 r は定理 4.4 より $r = \lim_{n \to \infty} \left| \dfrac{c_n}{c_{n+1}} \right| = 1$ である.

また,$|z| = 1$ 上の各点 z で $\lim_{n \to \infty} |z^n| = 1$ なので $\lim_{n \to \infty} z^n = 0$ が成り立たない.よって,定理 2.4 より,収束円周上で $\sum_{n=0}^{\infty} z^n$ は発散する.

(2) (4.1) において $c_n = \dfrac{1}{n^2}$ なので収束半径 r は定理 4.4 より

$$r = \lim_{n \to \infty} \left| \frac{c_n}{c_{n+1}} \right| = \lim_{n \to \infty} \left| \frac{(n+1)^2}{n^2} \right| = \lim_{n \to \infty} \left(\frac{n+1}{n} \right)^2 = \lim_{n \to \infty} \left(1 + \frac{1}{n} \right)^2 = 1$$

また,$|z| = 1$ 上では $\left| \dfrac{1}{n^2} z^n \right| = \dfrac{1}{n^2}$ なので,例 2.2 および定理 2.7 より $\sum_{n=0}^{\infty} \dfrac{z^n}{n^2}$ は収束円周上で収束する.

(3) (4.1) において $c_n = \dfrac{1}{n!}$ なので定理 4.4 より,収束半径 r は

$$\lim_{n \to \infty} \left| \frac{(n+1)!}{n!} \right| = \lim_{n \to \infty} (n+1) = \infty$$

なので,$r = \infty$ である.したがって,$\sum_{n=0}^{\infty} \dfrac{z^n}{n!}$ は複素平面全体で収束する. ∎

4.1.3 極限の順序交換*

さて,本章の冒頭で,整級数が正則であることが分かれば,整級数で定義される関数はすべて正則になる,と述べた.これから整級数が正則になることを示していくが,厄介なのは整級数および正則には極限操作が入っていることである.極限操作の扱いには注意が必要なので,このことについて述べておこう.

まず,整級数 (4.1) によって,関数 $f(z)$ が定義されたとすると

$$f(z) = \sum_{n=0}^{\infty} c_n z^n = \lim_{N \to \infty} \sum_{n=0}^{N} c_n z^n$$

である.そして,これを微分すると

$$\begin{aligned}
f'(z) &= \lim_{\Delta z \to 0} \frac{f(z+\Delta z) - f(z)}{\Delta z} \\
&= \lim_{\Delta z \to 0} \frac{1}{\Delta z} \left(\lim_{N \to \infty} \sum_{n=0}^{N} c_n(z+\Delta z)^n - \lim_{N \to \infty} \sum_{n=0}^{N} c_n z^n \right) \\
&= \lim_{\Delta z \to 0} \frac{1}{\Delta z} \lim_{N \to \infty} \left(\sum_{n=0}^{N} (c_n(z+\Delta z)^n - c_n z^n) \right) \\
&\stackrel{??}{=} \lim_{N \to \infty} \lim_{\Delta z \to 0} \left\{ \sum_{n=0}^{N} \left(\frac{c_n(z+\Delta z)^n - c_n z^n}{\Delta z} \right) \right\} \\
&= \lim_{N \to \infty} \sum_{n=0}^{N} \lim_{\Delta z \to 0} \frac{c_n(z+\Delta z)^n - c_n z^n}{\Delta z} \\
&= \lim_{N \to \infty} \sum_{n=1}^{N} n c_n z^{n-1} = \sum_{n=1}^{\infty} n c_n z^{n-1}
\end{aligned}$$

となる.$\stackrel{??}{=}$ の部分は**極限の順序交換**と呼ばれているもので,一般には成り立たない[12].実際,x を正の実数として $f(x) = x^n$ を考えると n の値に関係なく $\lim_{x \to 1} x^n = 1$ なので $\lim_{n \to \infty} \lim_{x \to 1} x^n = 1$ である.しかし,

$$\lim_{n \to \infty} x^n = \begin{cases} 0 & (x < 1) \\ \infty & (x > 1) \end{cases}$$

となるので $\lim_{x \to 1} \lim_{n \to \infty} x^n$ は存在しない.

そこで,整級数が正則であることを保証するために,この極限の順序交換を保証する必要がある.したがって,これから極限の順序交換について考えていくわけだ

---

[12] ここでは,極限の順序交換を強調するために,後ろから前に移った $\lim_{N \to \infty}$ に色づけをしている.

が，微分積分で関数項級数を学んでいる人ならば，極限の順序交換をするためには一様収束性が重要な役割を果たすということは知っているであろう．ここでも，同様な考えで極限の順序交換を扱っていくことにする[13]．

4.1.4 一様収束*

───── 級数の各点収束と一様収束 ─────

定義 4.5．$f_n(z)$ は領域 D で定義された関数とする．D の各点 z を固定したときに，級数 $\sum_{n=1}^{\infty} f_n(z)$ が収束すれば，この級数は D で**各点収束**するという．また，収束の速さが点 z に依存しないとき，この級数は D で**一様収束**するという．なお，関数列 $\{f_n(z)\}$ から作られる級数 $\sum_{n=1}^{\infty} f_n(z)$ を**関数項級数**という[14]．

級数 $\sum_{n=1}^{\infty} f_n(z)$ が各点収束するとき，$s_n(z) = \sum_{k=1}^{n} f_k(z)$, $s(z) = \sum_{k=1}^{\infty} f_k(z)$ とすれば，これらは共に D 上の関数である．これを使うと，D において $\{s_n\}$ が s に一様収束するとは

$$\sup_{z \in D} |s(z) - s_n(z)| = \sup_{z \in D} \left| \sum_{k=n+1}^{\infty} f_k(z) \right| \to 0 \quad (n \to \infty)$$

となることである[15]．
また，$\forall z \in D$ に対して，

$$|s(z) - s_n(z)| \leq \sup_{z \in D} |s(z) - s_n(z)|$$

が成り立つので，D 上で一様収束すれば各点収束することがわかる[16]．

なお，定義 4.5 は級数に対する定義だが，関数列 $\{f_n(z)\}$ についても同様に各点収束や一様収束を定義できる．

---

[13] 微分積分で関数項級数や一様収束について学んでない人もここで説明するので，安心して進んで欲しい．決して，理解するのをあきらめないように．

[14] $f_n(z)$ を関数<u>列</u>としてとらえた場合は，数列のように $\{f_n(z)\}$ や $\{f_n\}$ と書く．

[15] D において，s_n と s が最も離れているところさえも，その差 $\sup_{z \in D}|s(z) - s_n(z)|$ が 0 になる．このことを，「収束の速さが点 z に依存しない」，といっている．どの場所においても同じように (一様) に収束しているのである．

[16] 逆は成り立たない．つまり，各点収束しても一様収束しないときがある．

4.1 整級数*

関数列の各点収束と一様収束

定義 4.6. $f_n(z)$ は領域 D で定義された関数とする．このとき，
$$\lim_{n \to \infty} |f_n(z) - f(z)| = 0, \quad z \in D$$
が成り立つとき，$\{f_n(z)\}$ は $f(z)$ に**各点収束**するという．また，
$$\lim_{n \to \infty} \sup_{z \in D} |f_n(z) - f(z)| = 0$$
が成り立つとき，$\{f_n(z)\}$ は $f(z)$ に**一様収束**するという．

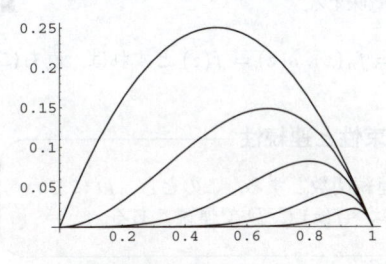

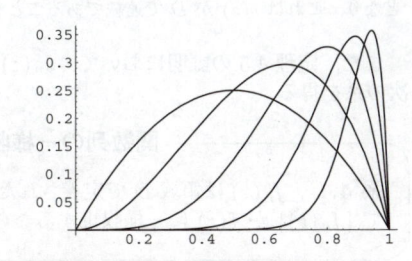

一様収束のイメージ 　　　　　　各点収束するが一様収束しないイメージ
(区間全体において $f(x) = 0$ に向かう)　(区間の右端付近だけ $f(x) = 0$ に向かわない)

図 4.1 各点収束と一様収束

級数の一様収束性と連続性

定理 4.5. $f_n(z)$ は領域 D で定義された連続関数とする．このとき，級数 $\sum_{n=1}^{\infty} f_n(z)$ が一様収束していれば，$s(z) = \sum_{n=1}^{\infty} f_n(z)$ は D で連続である．

(証明)
$s_n(z) = \sum_{k=1}^{n} f_k(z)$ とすると，$s_n(z)$ は D 上の連続関数であることに注意する．
さて，
$$\|s - s_n\| = \sup_{z \in D} |s(z) - s_n(z)|$$

とおくと，一様収束の仮定より，$\|s - s_n\| \to 0 (n \to \infty)$ である[17]．
これは，
$$\forall \varepsilon > 0, \exists N \in \mathbb{N} : n \geq N \Longrightarrow \|s_N - s\| < \varepsilon \tag{4.4}$$
であることを意味する．そして，これを満たす n を固定して考える．そのため，ここでは $n = N$ とする．
すると，s_N の連続性より，(4.4) の $\varepsilon > 0$ に対して
$$|z - z_0| < \delta \Longrightarrow |s_N(z) - s_N(z_0)| < \varepsilon \tag{4.5}$$
となる $\delta > 0$ が存在する．したがって，(4.4) の $\varepsilon > 0$ と (4.5) の $\delta > 0$ に対して
$$|z - z_0| < \delta \Longrightarrow |s(z) - s(z_0)| \leq |s(z) - s_N(z)| + |s_N(z) - s_N(z_0)| + |s_N(z_0) - s(z_0)|$$
$$\leq \|s - s_N\| + |s_N(z) - s_N(z_0)| + \|s_N - s\|$$
$$< \varepsilon + \varepsilon + \varepsilon = 3\varepsilon$$
となり，これは $s(z)$ が D で連続であることを意味する． ■

また，定理 4.5 の証明において，$s_n(z) = f_n(z), s(z) = f(z)$ とすれば，直ちに次の系を得る．

―― **関数列の一様収束性と連続性** ――

系 4.1． $f_n(z)$ は領域 D で定義された連続関数とする．このとき，D において $\{f_n(z)\}$ が $f(z)$ に一様収束するならば，$f(z)$ は D で連続である．

図 4.1 の右図のように，ある一部だけが原因で全体として一様収束にならないがために，議論が妨げられるというのは何かと不都合である．また，領域 D 全体では一様収束でなくとも，その中の適当な閉部分集合では一様収束になる場合もある．そこで，次のような広義一様収束という概念を導入しておく．

―― **広義一様収束** ――

定義 4.7． 領域 D に含まれる任意の有界閉集合 K で $\{f_n(z)\}$ が $f(z)$ に一様収束するとき，$\{f_n(z)\}$ は D で**広義一様収束**するという．また，級数 $\sum_{n=0}^{\infty} f_n(z)$ が K で一様収束しているとき，この級数は D で**広義一様収束**するという．

定理 4.5 および系 4.1 と同様に次を示すことができる．

―― **級数の広義一様収束性と連続性** ――

系 4.2． $f_n(z)$ は領域 D で定義された連続関数とする．このとき，級数 $\sum_{n=1}^{\infty} f_n(z)$ が広義一様収束していれば，$s(z) = \sum_{n=1}^{\infty} f_n(z)$ は D で連続である．

---

[17] $\|f\| = \sup_{z \in D} |f(z)|$ を f の**上限ノルム**という．

4.1 整級数*

関数列の広義一様収束性と連続性

系 4.3． $f_n(z)$ は領域 D で定義された連続関数とする．このとき，D において $\{f_n(z)\}$ が $f(z)$ に広義一様収束するならば，$f(z)$ は D で連続である．

一様収束

例 4.3． 次の問に答えよ．

(1) $D=\{z\in\mathbb{C}\,|\,|z|<1\}$ において，$f_n(z)=z^n$ は各点収束するが一様収束しないことを示せ．また，$f_n(z)$ は広義一様収束していることを示せ．

(2) $\displaystyle\sum_{n=0}^{\infty}\frac{z}{(1+z)^n}$ が $D=\{z\in\mathbb{C}\,|\,1<|1+z|\}$ で広義一様収束していることを示せ．

(解答)
(1) D 上では $|z|<1$ なので，$|z^n|=|z|^n\to 0\,(n\to\infty)$ より $\displaystyle\lim_{n\to\infty}z^n=0$ である．よって，$f_n(z)$ は $f(z)=0$ に各点収束する．
一方，$\displaystyle\sup_{z\in D}|z^n|=1$ なので，$\displaystyle\sup_{z\in D}|z^n-0|=1$ である．よって，$\displaystyle\lim_{n\to\infty}\sup_{z\in D}|z^n-0|=1$ なので，$f_n(z)$ は $f(z)$ に一様収束しない．
しかし，$0<r<1$ となる r を任意にとり，$K=\{z\in\mathbb{C}\,|\,|z|\leq r\}$ とすると，
$\displaystyle\sup_{z\in K}|z^n-0|=r^n\to 0\,(n\to\infty)$ となるので，$f_n(z)$ は $f(z)$ に広義一様収束する．

(2) まず，$\displaystyle s_n(z)=\sum_{k=0}^{n}\frac{z}{(1+z)^k}$ とすると，$\displaystyle s_n(z)=1+z-\frac{1}{(1+z)^n}$ なので[18]，D において $\displaystyle\lim_{n\to\infty}s_n(z)=1+z$ であることに注意する．
次に，$1<r$ となる r と十分大きな R を任意に選んで $K=\{z\in\mathbb{C}\,|\,r\leq|1+z|\leq R\}$ とすると

$$\sup_{z\in K}|s_n(z)-(1+z)|=\sup_{z\in K}\left|\frac{1}{(1+z)^n}\right|=\sup_{z\in K}\frac{1}{|1+z|^n}\leq\frac{1}{r^n}\to 0\quad(n\to\infty)$$

なので，$\displaystyle\sum_{n=0}^{\infty}\frac{z}{(1+z)^n}$ は D で広義一様収束する． ∎

---

[18] 等比数列の和の公式より，

$$\sum_{k=0}^{n}\frac{z}{(1+z)^k}=z\left(1+\frac{1}{1+z}+\frac{1}{(1+z)^2}+\cdots+\frac{1}{(1+z)^n}\right)$$

$$=z\frac{1-\frac{1}{(1+z)^{n+1}}}{1-\frac{1}{1+z}}=z\frac{1+z-\frac{1}{(1+z)^n}}{1+z-1}=1+z-\frac{1}{(1+z)^n}$$

4.1.5 整級数の一様収束性*

―― 優級数 ――

定義 4.8．領域 D で定義された関数 $f_n(z)$ を項とする級数 $\sum_{n=1}^{\infty} f_n(z)$ に対して，D のすべての z で $|f_n(z)| \leq M_n (n = 1, 2, \ldots)$ となる非負実数 M_n を項とする級数 $\sum_{n=1}^{\infty} M_n$ を**優級数**という．

―― ワイエルシュトラスの優級数定理[19] ――

定理 4.6．領域 D 上で定義された関数 $f_n(z)$ に対して

$$\begin{cases} |f_n(z)| \leq M_n \quad (z \in D) \\ \sum_{n=1}^{\infty} M_n \text{ が収束する} \end{cases}$$

を満たす非負実数 M_n が存在すれば (つまり，$\sum_{n=1}^{\infty} f_n(z)$ の優級数が存在すれば)，級数 $\sum_{n=1}^{\infty} f_n(z)$ は D で一様収束する．

(証明) 定理 2.7 より，$\forall z \in D$ に対して $\sum_{n=1}^{\infty} f_n(z)$ は収束する．そこで，$s(z) = \sum_{n=1}^{\infty} f_n(z)$ とし，$s_n(z) = \sum_{k=1}^{n} f_k(z)$ とおけば，

$$|s(z) - s_n(z)| = \left| \sum_{k=n+1}^{\infty} f_k(z) \right| \leq \sum_{k=n+1}^{\infty} M_k$$

である．ここで，$\beta_n = \sum_{k=n+1}^{\infty} M_k$ とすれば，

$$\|s - s_n\| = \sup_{z \in D} |s(z) - s_n(z)| \leq \beta_n \qquad (n = 1, 2, \ldots) \tag{4.6}$$

---

[19] Weierstrass, Karl Theodore Wilhelm(1815-1897)，ドイツの数学者．解析学の厳密化に貢献．

となる。$\sum_{n=1}^{\infty} M_n$ は収束するので，コーシーの定理 (定理 2.5) より $\lim_{n \to \infty} \beta_n = 0$ となる。
ゆえに，(4.6) より，
$$\|s - s_n\| \to 0 \qquad (n \to \infty)$$
なので，s_n は s に一様収束する． ∎

このワイエルシュトラスの優級数定理より，次の定理が得られる．

---- 整級数の一様収束性 ----

定理 4.7． 整級数 $\sum_{n=0}^{\infty} c_n z^n$ が $z = z_0$ で収束すれば，$0 < \rho < |z_0|$ となる任意の ρ に対して閉円板 $\{z \mid |z| \leq \rho\}$ で一様収束する．

(証明)
定理 4.1 の証明と同様に考えれば，$|z| < |z_0|$ を満たす z に対しては
$$|c_n z^n| \leq M \left|\frac{z}{z_0}\right|^n$$
となる正数 M が存在する．
$0 < \rho < |z_0|$ となる ρ に対して $|z| \leq \rho$ ならば
$$|c_n z^n| \leq M \left|\frac{z}{z_0}\right|^n \leq M \left(\frac{\rho}{|z_0|}\right)^n$$
が成り立つので $\sum_{n=0}^{\infty} M \left(\frac{\rho}{|z_0|}\right)^n$ は $\sum_{n=0}^{\infty} c_n z^n$ の優級数である[20]．
よって，ワイエルシュトラスの優級数定理より，本定理の主張が従う． ∎

4.1.6　整級数の微分可能性*

また，ワイエルシュトラスの優級数定理と定理 4.5 を使うと，極限の順序交換が可能であることを証明できる．

---

[20] $\frac{\rho}{|z_0|} < 1$ なので $\sum_{n=0}^{\infty} M \left(\frac{\rho}{|z_0|}\right)^n$ が収束することに注意せよ．

---**整級数の微分可能性**---

定理 4.8. 整級数 $\sum_{n=0}^{\infty} c_n z^n$ の収束半径 r は 0 でないとし，収束円 $\{z\,|\,|z|<r\}$ 内の点 z に対し

$$f(z) = \sum_{n=0}^{\infty} c_n z^n \tag{4.7}$$

とする．このとき，$f(z)$ は収束円において微分可能で

$$f'(z) = \sum_{n=1}^{\infty} n c_n z^{n-1} \tag{4.8}$$

となり，その収束半径も r である．

なお，級数 $\sum_{n=0}^{\infty} c_n z^n$ が $\left(\sum_{n=0}^{\infty} c_n z^n\right)' = \sum_{n=1}^{\infty} n c_n z^{n-1}$ を満たすとき，$\sum_{n=0}^{\infty} c_n z^n$ は**項別微分可能**であるという[21]．

(証明)
(4.8) の右辺の級数の収束半径を r_1 として $r_1 = r$ を示す．
まず，$\sum_{n=1}^{\infty} n c_n z^{n-1}$ の各項に z を掛けた級数 $\sum_{n=1}^{\infty} n c_n z^n$ の収束半径も r_1 であることに注意する[22]．よって，$|z| < r_1$ ならば，定理 4.2 より $\sum_{n=1}^{\infty} |n c_n z^n|$ は収束する．ところが，$n \geq 1$ ならば $|c_n z^n| \leq |n c_n z^n|$ なので，定理 2.7 によって $|z| < r_1$ のとき $\sum_{n=1}^{\infty} |c_n z^n|$ も収束し，したがって，整級数 $\sum_{n=1}^{\infty} c_n z^n$ は収束する．すなわち，$r_1 \leq r$ である[23]．

逆に $|z| < r$ とする．整級数 $\sum_{n=0}^{\infty} c_n z^n$ の収束円内に任意の z をとると $|z| < \rho < r$ を満たす正数 ρ が必ず存在する．このとき，級数 $\sum_{n=0}^{\infty} c_n \rho^n$ は収束するので，定理 2.4 より $\lim_{n \to \infty} c_n \rho^n = 0$ となる．したがって，すべての n に対して $|c_n \rho^n| \leq M$ を満たす正数 M をとることができる．

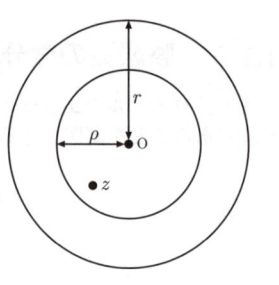

---

[21] その名の通り，各項 $c_n z^n$ を微分して $n c_n z^{n-1}$ とできる，という意味である．
[22] 級数の収束半径は係数 $n c_n$ のみに依存する．
[23] 収束円 $\{z\,|\,|z|<r_1\}$ 内の任意の点が $\{z\,|\,|z|<r\}$ に含まれることを示したので，このことがいえる．

ゆえに,
$$|nc_n z^n| \leq n|c_n \rho^n| \left|\frac{z}{\rho}\right|^n \leq nM \left(\frac{|z|}{\rho}\right)^n$$
であり, $\frac{|z|}{\rho} < 1$ なので級数 $\sum_{n=1}^{\infty} Mn \left(\frac{|z|}{\rho}\right)^n$ は収束する[24]．

したがって, $\sum_{n=1}^{\infty} |nc_n z^n|$ も収束し, $|z| \sum_{n=1}^{\infty} |nc_n z^{n-1}| = \sum_{n=1}^{\infty} |nc_n z^n|$ に注意すれば, $\sum_{n=1}^{\infty} |nc_n z^{n-1}|$ も収束し, よって, $\sum_{n=1}^{\infty} nc_n z^{n-1}$ も収束することが分かる. これは, $r \leq r_1$ であることを意味する[25]．

以上のことより, $r \leq r_1$ かつ $r_1 \leq r$ が分かったので, 結局, $r = r_1$ である.

次に, もう一度, $|z| < \rho < r$ となる ρ をとると, $|h| < \rho - |z|$ となる h に対して
$$\frac{f(z+h) - f(z)}{h} = \sum_{n=0}^{\infty} c_n \frac{(z+h)^n - z^n}{h}$$
であり, その第 n 項は
$$\left| c_n \frac{(z+h)^n - z^n}{h} \right|$$
$$= \left|\frac{c_n}{h}\right| \left| (z+h-z)\{(z+h)^{n-1} + (z+h)^{n-2}z + \cdots + z^{n-1}\} \right|$$
$$= |c_n||(z+h)^{n-1} + (z+h)^{n-2}z + \cdots + z^{n-1}| \leq n|c_n|\rho^{n-1}$$
となる[26]．

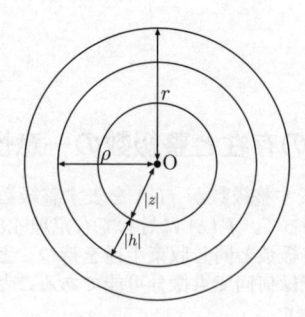

そこで,
$$\varphi_n(h) = \begin{cases} c_n \dfrac{(z+h)^n - z^n}{h} & (0 < |h| \leq \rho - |z| \text{ のとき}) \\ nc_n z^{n-1} & (h = 0 \text{ のとき}) \end{cases}$$

---

[24] $\sum_{n=1}^{\infty} nz^n$ の収束半径は $\lim_{n \to \infty} \dfrac{c_n}{c_{n+1}} = \lim_{n \to \infty} \dfrac{n}{n+1} = \lim_{n \to \infty} \dfrac{1}{1+\frac{1}{n}} = 1$ であり, $\dfrac{|z|}{\rho} < 1$ なので $\dfrac{|z|}{\rho}$ は $\sum_{n=1}^{\infty} nz^n$ の収束半径内にある.

[25] 収束円 $\{z||z| < r\}$ 内の点が $\{z||z| < r_1\}$ に含まれていることを意味する.

[26] $|z+h| \leq |z| + |h| \leq \rho$ に注意せよ.

とし，閉円板 B_h を $B_h = \{h \,|\, |h| \leq \rho - |z|\}$ とすると，$\forall h_1, \forall h_2 \in B_h \setminus \{0\}$ に対して

$$\begin{aligned}
\varphi_n(h_1) - \varphi_n(h_2) &= c_n \frac{(z+h_1)^n - z^n}{h_1} - c_n \frac{(z+h_2)^n - z^n}{h_2} \\
&= c_n \{(z+h_1)^{n-1} + (z+h_1)^{n-2}z + \cdots + z^{n-1} \\
&\qquad - (z+h_2)^{n-1} - (z+h_2)^{n-2}z - \cdots - z^{n-1}\} \\
&= c_n \{(z+h_1)^{n-1} - (z+h_2)^{n-1} + \cdots + (z+h_1)z^{n-2} - (z+h_2)z^{n-2}\} \\
&\to 0 \quad (h_1 \to h_2)
\end{aligned}$$

であり，$\forall h \in B_h \setminus \{0\}$ に対して

$$\lim_{h \to 0} c_n \frac{(z+h)^n - z^n}{h} = n c_n z^{n-1}$$

なので，$\varphi_n(h)$ は閉円板 B_h で連続である．

級数 $\sum_{n=1}^{\infty} n|c_n|\rho^{n-1}$ が収束することに注意すれば，ワイエルシュトラスの定理 (定理 4.6) より，

$$\psi(h) = \sum_{n=1}^{\infty} \varphi_n(h)$$

は一様収束する．したがって，定理 4.5 より $\psi(h)$ は連続である．ゆえに，$\psi(h) \to \psi(0)(h \to 0)$ が成り立ち，これは

$$f'(z) = \sum_{n=1}^{\infty} n c_n z^{n-1}$$

を意味する． ∎

4.1.7　高階導関数の存在と整級数の一意性*

定理 4.8 より $f'(z)$ を表す整級数が $f(z)$ を表す整級数と同じ収束半径を持っていることが分かる．したがって，$f'(z)$ に対しても定理 4.8 が適用でき，$f''(z)$ を表す整級数は $f'(z)$ を表す整級数と同じ収束半径を持つことが分かる．このようにして，整級数は収束円の中では何回でも微分可能であることが分かる．すると，$f(z)$ を表す整級数を項別微分した

$$\begin{aligned}
f(z) &= c_0 + c_1 z + c_2 z^2 + \cdots + c_n z^n + \cdots \\
f'(z) &= c_1 + 2c_2 z + \cdots + n c_n z^{n-1} + \cdots \\
&\vdots \\
f^{(n)}(z) &= n! c_n + (n+1)n \cdots 3 \cdot 2 c_{n+1} z + \cdots
\end{aligned}$$

において $z = 0$ とおけば，

$$f^{(n)}(0) = n! c_n$$

が得られる．したがって，
$$c_n = \frac{f^{(n)}(0)}{n!}$$
である．これより，次の定理を得る．

整級数と高階微分

定理 4.9． 整級数 $\sum_{n=0}^{\infty} c_n z^n$ の収束半径を $r>0$ とし，
$$f(z) = \sum_{n=0}^{\infty} c_n z^n \qquad (|z|<r)$$
とすると，$c_n = \dfrac{f^{(n)}(0)}{n!}$ である．

つまり，関数 $f(z)$ が整級数で $f(z) = \sum_{n=0}^{\infty} c_n z^n (|z|<r)$ と表されるとき，この級数はマクローリン級数に一致する．

また，この定理から次の結果が得られる．

整級数の一意性

定理 4.10． 2つの整級数 $\sum_{n=0}^{\infty} c_n z^n$, $\sum_{n=0}^{\infty} d_n z^n$ の収束半径はともに正とし，$z=0$ の近く[27]では
$$\sum_{n=0}^{\infty} c_n z^n = \sum_{n=0}^{\infty} d_n z^n \tag{4.9}$$
が成り立つとする．このとき，2つの整級数は一致する．つまり，
$$c_n = d_n \qquad (n=0,1,2,\dots)$$
が成立する．

(証明)
十分小さなある $\delta>0$ をとって，$U_\delta(0) = \{z \in \mathbb{C} | |z|<\delta\}$ で (4.9) が成り立つとする．このとき，$U_\delta(0)$ で
$$f(z) = \sum_{n=0}^{\infty} c_n z^n, \qquad g(z) = \sum_{n=0}^{\infty} d_n z^n$$
とおくと，このことは $U_\delta(0)$ で $f(z) = g(z)$ となることを意味する．したがって，
$$f^{(n)}(z) = g^{(n)}(z) \qquad (n=1,2,\dots) \tag{4.10}$$

---
[27] 「$z=0$ の近く」というのは，「$z=0$ を含むある近傍」という意味である．

が成り立つ．一方，定理 4.9 より

$$c_n = \frac{f^{(n)}(0)}{n!}, \quad d_n = \frac{g^{(n)}(0)}{n!}$$

が成り立つので，これと (4.10) より

$$c_n = d_n \qquad (n = 0, 1, 2, \ldots)$$

が得られる．

> **注意 4.1．** 定理 4.10 が主張しているのは「2 つの級数が $z = 0$ の近くで一致していれば，実は収束半径内でも一致している」ということである．

4.1.8　整級数の一次結合と積*

整級数が正則関数であることが分かると，その和や積を考えて正則関数を構成しようと考えるのは自然なことである．ここでは，整級数の一次結合もまた整級数になることを見ていく．そのために，次の補題を用意する．

―― コーシー積級数 ――

補題 4.2． 2 つの級数 $\displaystyle\sum_{n=0}^{\infty} a_n, \sum_{n=0}^{\infty} b_n$ がともに絶対収束するとき，

$$c_n = a_0 b_n + a_1 b_{n-1} + \cdots + a_n b_0 = \sum_{k=0}^{n} a_k b_{n-k}$$

を項とする級数 $\displaystyle\sum_{n=0}^{\infty} c_n$ も絶対収束し，

$$\sum_{n=0}^{\infty} c_n = \left(\sum_{n=0}^{\infty} a_n\right)\left(\sum_{n=0}^{\infty} b_n\right)$$

が成り立つ．なお，級数 $\displaystyle\sum_{n=0}^{\infty} c_n$ を $\displaystyle\sum_{n=0}^{\infty} a_n$ と $\displaystyle\sum_{n=0}^{\infty} b_n$ から作られる**コーシーの積級数**という．

(証明) $\sum_{n=0}^{\infty} |a_n| = \alpha, \sum_{n=0}^{\infty} |b_n| = \beta$ とおくと,

$$\sum_{n=0}^{N} |c_n| \leq \sum_{n=0}^{N} \left(\sum_{k=0}^{n} |a_k||b_{n-k}| \right)$$

$$= \sum_{n=0}^{N} (|a_0||b_n| + |a_1||b_{n-1}| + |a_2||b_{n-2}| + \cdots + |a_{n-1}||b_1| + |a_n||b_0|)$$

$$= |a_0| \sum_{n=0}^{N} |b_n| + |a_1| \sum_{n=1}^{N} |b_{n-1}| + |a_2| \sum_{n=2}^{N} |b_{n-2}| + \cdots$$

$$+ |a_{N-1}| \sum_{n=N-1}^{N} |b_{n-(N-1)}| + |a_N| \sum_{n=N}^{N} |b_{n-N}|$$

$$= |a_0| \sum_{n=0}^{N} |b_n| + |a_1| \sum_{n=0}^{N-1} |b_n| + |a_2| \sum_{n=0}^{N-2} |b_n| + \cdots$$

$$+ |a_{N-1}| \sum_{n=0}^{1} |b_n| + |a_N||b_0|$$

$$\leq |a_0| \sum_{n=0}^{N} |b_n| + |a_1| \sum_{n=0}^{N} |b_n| + \cdots + |a_N| \sum_{n=0}^{N} |b_n|$$

$$= \left(\sum_{n=0}^{N} |a_n| \right) \left(\sum_{n=0}^{N} |b_n| \right) \leq \alpha\beta$$

ゆえに, $\sum_{n=0}^{\infty} |c_n| \leq \alpha\beta$ なので $\sum_{n=0}^{\infty} c_n$ は絶対収束する[28]).

次に, 第 m 部分和

$$A_m = \sum_{n=0}^{m} a_n, \quad B_m = \sum_{n=0}^{m} b_n, \quad C_m = \sum_{n=0}^{m} c_n$$

を考え, m が偶数と奇数の場合に分けて考える[29]).

---

[28]) $c_N = \sum_{n=0}^{N} |c_n|$ は単調増加数列で, $\sum_{n=0}^{\infty} |c_n| \leq \alpha\beta$ ということは $\{c_N\}$ が上に有界であることを意味する. 上に有界な単調増加数列は収束するので, この結論が得られる.

[29]) コーシーの定理 (定理 2.5) を使いたいので, このように分けて考える.

$m = 2N - 1$ のとき,下図を参照しながら計算すると

$|A_{2N-1}B_{2N-1} - C_{2N-1}|$
$= |(a_0 + a_1 + \cdots + a_{2N-1})(b_0 + b_1 + \cdots + b_{2N-1}) - (c_0 + c_1 + \cdots + c_{2N-1})|$
$= |(a_0 + \cdots + a_{2N-1})(b_0 + \cdots + b_{2N-1})$
$\quad - (a_0 b_0 + a_0 b_1 + a_1 b_0 + \cdots + a_0 b_{2N-1} + \cdots + a_{2N-1} b_0)|$
$= |a_1 b_{2N-1} + a_2 (b_{2N-2} + b_{2N-1}) + \cdots + a_N (b_N + \cdots + b_{2N-1})$
$\quad + a_{N+1}(b_{N+1} + \cdots b_{2N-1}) + \cdots + a_{2N-1}(b_1 + \cdots + b_{2N-1})|$
$\leq (|a_1| + \cdots + |a_N|)(|b_N| + \cdots + |b_{2N-1}|)$
$\quad + (|a_{N+1}| + \cdots + |a_{2N-1}|)(|b_1| + \cdots + |b_{2N-1}|)$
$\leq \alpha \sum_{n=N}^{2N-1} |b_n| + \beta \sum_{n=N+1}^{2N-1} |a_n|$

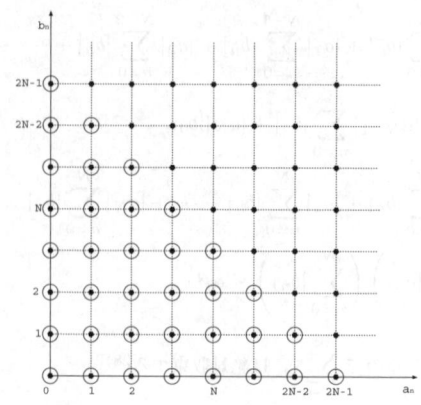

- ● が $\sum a_n \sum b_n$ で現われる項,○ が $\sum c_n$ で現われる項
  ⊙ の部分が $A_{2N-1}B_{2N-1} - C_{2N-1}$ で消える項

ここで,$\sum_{n=0}^{\infty} |a_n|$ と $\sum_{n=0}^{\infty} |b_n|$ は収束するので,コーシーの定理(定理 2.5)より

$$\sum_{n=N+1}^{2N-1} |a_n| \to 0, \quad \sum_{n=N}^{2N-1} |b_n| \to 0, \quad (N \to \infty)$$

となる.したがって,$\lim_{N \to \infty}(A_{2N-1}B_{2N-1} - C_{2N-1}) = 0$ なので

$$\lim_{N \to \infty} C_{2N-1} = \lim_{N \to \infty} A_{2N-1} B_{2N-1} = \left(\sum_{n=0}^{\infty} a_n\right)\left(\sum_{n=0}^{\infty} b_n\right)$$

である.

$m = 2N$ のとき,$C_{2N} = C_{2N-1} + c_{2N}$ であり,$\sum_{n=0}^{\infty} c_n$ が収束するので定理 2.4 より $c_{2N} \to 0 (N \to \infty)$ である.よって,

$$\lim_{N \to \infty} C_{2N} = \lim_{N \to \infty} (C_{2N-1} + c_{2N}) = \left(\sum_{n=0}^{\infty} a_n\right)\left(\sum_{n=0}^{\infty} b_n\right)$$

である.
以上のことより,

$$\sum_{n=0}^{\infty} c_n = \left(\sum_{n=0}^{\infty} a_n\right)\left(\sum_{n=0}^{\infty} b_n\right)$$

が成り立つ. ∎

―― コーシーの積級数 ――

例 4.4. $|z| < 1$ のとき

$$\left(\sum_{n=0}^{\infty} z^n\right)^2 = \sum_{n=0}^{\infty} (n+1)z^n$$

を示せ[30].

(解答) 補題 4.2 において $a_n = b_n = z^n$ とすれば,

$$\left(\sum_{n=0}^{\infty} z^n\right)^2 = \left(\sum_{n=0}^{\infty} z^n\right)\left(\sum_{n=0}^{\infty} z^n\right) = \sum_{n=0}^{\infty} \left(\sum_{k=0}^{n} z^k z^{n-k}\right)$$
$$= \sum_{n=0}^{\infty} \left(\sum_{k=0}^{n} z^n\right) = \sum_{n=0}^{\infty} z^n \left(\sum_{k=0}^{n} 1\right) = \sum_{n=0}^{\infty} (n+1)z^n$$
∎

―― 整級数の一次結合と積 ――

定理 4.11. $f(z)$ と $g(z)$ は整級数で定義された正則関数で,その収束半径はともに r とする.このとき,$\forall \alpha \in \mathbb{C}$ に対して

$$f(z) + g(z), \qquad \alpha f(z), \qquad f(z)g(z)$$

は,整級数で表される正則関数で,その収束半径は r である.

---

[30] 例 2.2 より $\sum_{n=0}^{\infty} z^n$ は収束することに注意せよ.

(証明)

$$f(z) = \sum_{n=0}^{\infty} c_n z^n, \qquad g(z) = \sum_{n=0}^{\infty} d_n z^n$$

とすると，定理 2.4 より

$$f(z) + g(z) = \sum_{n=0}^{\infty} c_n z^n + \sum_{n=0}^{\infty} d_n z^n = \sum_{n=0}^{\infty} (c_n + d_n) z^n$$

$$\alpha f(z) = \alpha \sum_{n=0}^{\infty} c_n z^n = \sum_{n=0}^{\infty} \alpha c_n z^n$$

なので，$f(z) + g(z)$, $\alpha f(z)$ は整級数で表され，その収束半径は r であることが分かる[31]．また，補題 4.2 より

$$\begin{aligned}
f(z)g(z) &= \left(\sum_{n=0}^{\infty} c_n z^n \right) \left(\sum_{n=0}^{\infty} d_n z^n \right) \\
&= (c_0 + c_1 z + c_2 z^2 + \cdots + c_n z^n + \cdots)(d_0 + d_1 z + d_2 z^2 + \cdots + d_n z^n + \cdots) \\
&= c_0 d_0 + (c_0 d_1 + c_1 d_0) z + (c_0 d_2 + c_1 d_1 + c_2 d_0) z^2 + \cdots \\
&\quad + (c_0 d_n + c_1 d_{n-1} + \cdots + c_n d_0) z^n + \cdots = \sum_{n=0}^{\infty} \left(\sum_{k=0}^{n} c_k d_{n-k} \right) z^n
\end{aligned}$$

は収束するので，$\gamma_n = \sum_{k=0}^{n} c_k d_{n-k}$ とおくと，$f(z)g(z)$ は整級数 $\sum_{n=0}^{\infty} \gamma_n z^n$ で表され，その収束半径は r であることが分かる． ∎

以上の議論は $\sum_{n=0}^{\infty} c_n z^n$ に関するものであった．$\sum_{n=0}^{\infty} c_n z^n$ の収束半径を r とすると，$\sum_{n=0}^{\infty} c_n z^n$ の収束円は中心が 0 の開円板 $|z| < r$ だが，中心を z_0 だけずらしても今までの議論は成立する．つまり，$z - z_0$ の整級数

$$f(z) = \sum_{n=0}^{\infty} c_n (z - z_0)^n \tag{4.11}$$

の収束半径を r とすれば $f(z)$ は収束円 $|z - z_0| < r$ で正則関数となる．なお，逆に関数 $f(z)$ の定義域の点 z_0 に対して適当な $r > 0$ をとり，$f(z)$ が $|z - z_0| < r$ において (4.11) と一致するとき，$f(z)$ は z_0 において **整級数展開可能** であるとい

---

[31] $\sum_{n=0}^{\infty} (c_n + d_n) z^n$ の収束半径を $2r$ だと思わないようにせよ．$\sum_{n=0}^{\infty} c_n z^n + \sum_{n=0}^{\infty} d_n z^n = \sum_{n=0}^{\infty} (c_n + d_n) z^n$ が成り立っていて，この左辺の各項の収束半径が r なので，右辺の収束半径も r である．

う．また，関数 $f(z)$ は領域 D の各点で整級数に展開できるとき，D で**解析的**である，あるいは D 上の**解析関数**であるという．

■■■ 演習問題 ■■■■■■■■■■■■■■■■■■■■■■■

演習問題 4.1 次の問に答えよ．

(1) 級数 $\displaystyle\sum_{n=1}^{\infty} n^n z^n$ の収束半径を求めよ．

(2) 級数 $\displaystyle\sum_{n=0}^{\infty} \frac{1}{(n+1)2^n} z^n$ の収束半径 r を求め，$z=r$ における収束・発散を調べよ．ただし，
$$\sum_{n=1}^{\infty} \frac{1}{n^p} = \begin{cases} 収束 & (p>1) \\ 発散 & (p \leq 1) \end{cases}$$
を利用してもよい．

演習問題 4.2 次の問に答えよ．

(1) 級数 $\displaystyle\sum_{n=1}^{\infty} \frac{(1+i)^n}{n^2} z^n$ の収束半径を求めよ．

(2) 一般に極限の順序交換はできない．そのような例を一つ挙げよ．

演習問題 4.3 系 4.2 を証明せよ．

Section 4.2
初等関数

第 4.1 節でみたように，整級数から正則関数を構成できる．ここでは，整級数を用いて初等関数を定義し，その性質について述べる．

4.2.1 指数関数

$x \in \mathbb{R}$ に対して，指数関数は次のようにマクローリン展開できた．

$$e^x = 1 + x + \frac{1}{2!}x^2 + \cdots + \frac{1}{n!}x^n + \cdots \tag{4.12}$$

これを複素数の世界へ拡張することにする．つまり，$z \in \mathbb{C}$ に対して，(4.12) の拡張

$$1 + z + \frac{1}{2!}z^2 + \cdots + \frac{1}{n!}z^n + \cdots \tag{4.13}$$

を考える．すると，この級数の収束半径は，例 4.2 より ∞ であり，複素平面全体で収束する．しかも，定理 4.8 より，級数 (4.13) で定義された関数は正則である．このようにして，複素平面全体で収束する整級数 (4.13) によって定義された**正則関数**が決まり，これを e^z あるいは $\exp z$ と表して，**指数関数**と呼ぶことにする[32]．

つまり，$z \in \mathbb{C}$ に対する指数関数を次のように定義する．

---- 指数関数 ----

定義 4.9．
$$e^z = \exp z = 1 + z + \frac{1}{2!}z^2 + \cdots + \frac{1}{n!}z^n + \cdots = \sum_{n=0}^{\infty} \frac{z^n}{n!} \tag{4.14}$$

(4.14) で定義される指数関数は，実数における指数関数を拡張したものなので，複素数の世界でも同じような性質を持っている．

---- 指数法則 ----

定理 4.12． $z_1, z_2 \in \mathbb{C}$ に対して次が成り立つ．
$$e^{z_1+z_2} = e^{z_1}e^{z_2}$$

(証明)
補題 4.2 において，$a_n = \dfrac{z_1^n}{n!}$, $b_n = \dfrac{z_2^n}{n!}$ とすれば，

$$e^{z_1}e^{z_2} = \left(\sum_{n=0}^{\infty} \frac{z_1^n}{n!}\right)\left(\sum_{n=0}^{\infty} \frac{z_2^n}{n!}\right) = \sum_{n=0}^{\infty}\left(\sum_{k=0}^{n} \frac{z_1^k}{k!}\frac{z_2^{n-k}}{(n-k)!}\right)$$

である．ここで，二項定理

$$(z_1+z_2)^n = \sum_{k=0}^{n} \binom{n}{k} z_1^k z_2^{n-k} = \sum_{k=0}^{n} \frac{n!}{k!(n-k)!} z_1^k z_2^{n-k}$$

---

[32] 指数関数のことを英語で exponential function というので，先頭から 3 文字を使って $\exp z$ と表す．

より，
$$\frac{(z_1+z_2)^n}{n!} = \sum_{k=0}^{n} \frac{z_1^k z_2^{n-k}}{k!(n-k)!}$$

が成り立つので，
$$e^{z_1} e^{z_2} = \sum_{n=0}^{\infty} \frac{(z_1+z_2)^n}{n!} = e^{z_1+z_2}$$

を得る． ∎

定理 4.12 より，n を整数とするとき

$$\boxed{(e^z)^n = e^z e^z \cdots e^z = e^{(1+1+\cdots+1)z} = e^{nz}} \tag{4.15}$$

が成り立つことが直ちにわかる．

--- 指数関数の微分 ---

定理 4.13．
$$(e^z)' = e^z$$

(証明)
定理 4.8 より，e^z は項別微分可能なので

$$(e^z)' = \left(\sum_{n=0}^{\infty} \frac{z^n}{n!}\right)' = \sum_{n=0}^{\infty} \left(\frac{z^n}{n!}\right)' = \sum_{n=1}^{\infty} \frac{nz^{n-1}}{n!}$$
$$= \sum_{n=1}^{\infty} \frac{z^{n-1}}{(n-1)!} = \sum_{n=0}^{\infty} \frac{z^n}{n!} = e^z$$

である． ∎

このように，実数のときによく知られた指数法則，微分の公式が，複素数のときにもそのまま成り立つことがわかる．

--- 指数関数の微分 ---

例 4.5． 次の関数を微分せよ．
(1) e^{4iz} (2) ze^{z^2}

(解答)
定理 3.2, 3.3, 4.13 を使って計算する.
(1) $(e^{4iz})' = (4iz)'e^{4iz} = 4ie^{4iz}$
(2) $(ze^{z^2})' = z'e^{z^2} + z(e^{z^2})' = e^{z^2} + z(2ze^{z^2}) = e^{z^2}(1+2z^2)$ ∎

次に，有名な**オイラーの公式**[33]を導いてみる．そのために，実数 x に対する三角関数のマクローリン展開

$$\cos x = 1 - \frac{1}{2!}x^2 + \frac{1}{4!}x^4 - \cdots + (-1)^m \frac{1}{(2m)!}x^{2m} + \cdots \tag{4.16}$$

$$\sin x = x - \frac{1}{3!}x^3 + \frac{1}{5!}x^5 - \cdots + (-1)^m \frac{1}{(2m+1)!}x^{2m+1} + \cdots \tag{4.17}$$

を思い出す必要がある．

―― オイラーの公式 ――

定理 4.14．
$$e^{i\theta} = \cos\theta + i\sin\theta \tag{4.18}$$
が成り立つ．ただし，$\theta \in \mathbb{R}$ である．

(証明) (4.14) において $z = i\theta$ とすると，(4.16) および (4.17) より

$$\begin{aligned}
e^{i\theta} &= 1 + \frac{i\theta}{1!} + \frac{(i\theta)^2}{2!} + \frac{(i\theta)^3}{3!} + \cdots + \frac{(i\theta)^n}{n!} + \cdots \\
&= \left(1 - \frac{1}{2!}\theta^2 + \frac{1}{4!}\theta^4 - \cdots + (-1)^m \frac{1}{(2m)!}\theta^{2m} + \cdots\right) \\
&\quad + i\left(\theta - \frac{1}{3!}\theta^3 + \frac{1}{5!}\theta^5 - \cdots + (-1)^m \frac{1}{(2m+1)!}\theta^{2m+1} + \cdots\right) \\
&= \cos\theta + i\sin\theta
\end{aligned}$$
∎

(4.18) と極形式の定義より次のことが直ちに分かる．

$$\boxed{|e^{i\theta}| = 1, \qquad \arg e^{i\theta} = \theta} \tag{4.19}$$

これは $e^{i\theta}$ が単位円周上にあることを意味する．

---

[33] Euler, Leonhard(1707-1783)，スイス生まれの数学者．スイス，ドイツ，ロシアで活躍した．自然対数の底を e，虚数単位を i，和を $\sum$ と表記したのはオイラーである．

4.2 初等関数

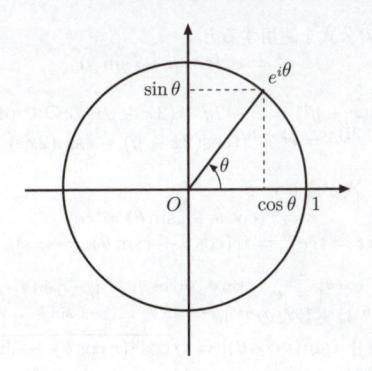

注意 4.2. このオイラーの公式は，一見するとお互いに関係がなさそうな指数関数と三角関数が実は深く結び付いていることを示している．複素数 (特に虚数単位) を介してはじめてこのことが分かったのである．

━━━ オイラーの公式 ━━━

例 4.6. 次を示せ．

(1) 複素数 $z = x + yi$ に対して次が成り立つ．

$$e^z = e^x(\cos y + i \sin y) \tag{4.20}$$

(2) 複素数 $z = x + yi$ に対して次が成り立つ．

$$e^{(1+2i)z} = e^{x-2y}(\cos(2x+y) + i\sin(2x+y))$$

(3) 複素数 $z = x + yi$ の極形式は $r = |z|$, $\theta = \arg z$ とすると，次が成り立つ．

$$z = re^{i\theta} \tag{4.21}$$

(4) $z = re^{i\theta}$ のとき $|e^{iz}| = e^{-r\sin\theta}$ である．

(解答)
(1) 定理 4.12 において，$z_1 = x$, $z_2 = yi$ とし，
$$z = x + yi \qquad (x, y \in \mathbb{R})$$
とすると，
$$e^z = e^{x+yi} = e^x e^{yi}$$

であり，これにオイラーの公式を適用すると
$$e^z = e^x(\cos y + i\sin y)$$
が得られる．
(2) $(1+2i)z = (1+2i)(x+yi) = x - 2y + (2x+y)i$ なので (4.20) より，
$$e^{(1+2i)z} = e^{x-2y}(\cos(2x+y) + i\sin(2x+y))$$
である．
(3) オイラーの公式より，次が成り立つ．
$$z = r(\cos\theta + i\sin\theta) = re^{i\theta}$$
(4) オイラーの公式より $iz = ire^{i\theta} = ir(\cos\theta + i\sin\theta) = -r\sin\theta + ir\cos\theta$ なので，定理 4.12 と (4.19) より
$$|e^{iz}| = |e^{-r\sin\theta + ir\cos\theta}| = |e^{-r\sin\theta}e^{ir\cos\theta}| = |e^{-r\sin\theta}||e^{ir\cos\theta}| = e^{-r\sin\theta}$$
である．ここで，$e^{-r\sin\theta}$ は実数なので $|e^{-r\sin\theta}| = e^{-r\sin\theta} > 0$ であり，また，$|e^{ir\cos\theta}| = |\cos(r\cos\theta) + i\sin(r\cos\theta)| = \sqrt{\cos^2(r\cos\theta) + \sin^2(r\cos\theta)} = 1$ であることに注意せよ．∎

注意 4.3． (4.20) において $z = x$ とすれば，$y = 0$ なので $e^z = e^x$ となり，実数の指数関数と一致する．

注意 4.4． 指数関数の定義を (4.14) ではなく，(4.20) としている教科書もある．(4.20) を指数関数の定義とするメリットは，第 4.1 節で説明した整級数の話題に触れることなく複素積分を導入できる点にある．(4.20) を指数関数の定義とした場合は，複素積分を先に導入し，それを利用して正則関数とテイラー展開 (マクローリン展開) やローラン展開との関連を導くのが一般的な説明方法である．しかし，指数関数を (4.20) のように定義すると「なぜ，このように定義するのか？」という点がぼやけてしまう．そこで，本書ではこの点をはっきりさせるために，整級数を導入し，それを使って指数関数を定義するという方法をとった．

――― **指数関数の性質** ―――

例 4.7． 複素数 z, w に対して次が成り立つことを示せ．ただし，$z = x + yi$ とする．

(1) $|e^z| = e^x$, $\arg e^z = y$

(2) $e^z \neq 0$

(3) $e^z = e^w \iff w = z + 2n\pi i$ (n は整数)

(解答)
(1) $e^x > 0$ であることに注意すれば，(4.20) と極形式の定義より
$$|e^z| = e^x, \qquad \arg e^z = y$$
が得られる．
(2) (4.20) より $e^0 = 1$ であり，定理 4.12 より
$$e^z e^{-z} = e^0 = 1$$
が成り立つ．よって，例 1.1 の否定より $e^z \neq 0$ かつ $e^{-z} \neq 0$ である[34]．
(3) ($\Longrightarrow$) $w = \xi + \eta i$ とすると，(4.20) より
$$e^z = e^w \Longrightarrow e^x(\cos y + i\sin y) = e^\xi(\cos \eta + i\sin \eta)$$
$$\Longrightarrow \begin{cases} e^x = e^\xi \\ \cos y = \cos \eta, \quad \sin y = \sin \eta \end{cases} \Longrightarrow \begin{cases} x = \xi \\ \eta = y + 2n\pi \end{cases} \quad (n \text{ は整数})$$
なので，
$$w = \xi + \eta i = x + (y + 2n\pi)i = z + 2n\pi i$$
である．
($\Longleftarrow$) まず，オイラーの公式 (定理 4.14) より
$$e^{2n\pi i} = \cos(2n\pi) + i\sin(2n\pi) = 1$$
に注意する．
次に，$w = z + 2n\pi i$ とすると，定理 4.12 より
$$e^w = e^{z+2n\pi i} = e^z e^{2n\pi i} = e^z$$
が得られる． ∎

注意 4.5． 例 4.7(3) が示すように，複素数では指数関数にも周期性 (周期は $2\pi i$) があるという点が実数の指数関数と大きく異なる点である．

■■■ **演習問題** ■■■■■■■■■■■■■■■■■■■■■■■■

演習問題 4.4 次の問に答えよ．

(1) $e^{iz} - e^{-i2z}$ を微分せよ．
(2) $e^{\frac{\pi}{4}i}$ を $x + yi$ の形で書け．
(3) $e^z = i$ を満たす z をすべて求めよ．

演習問題 4.5 次の問に答えよ．

(1) $e^{i(\frac{\pi}{3}+3i)}$ を $x + yi$ の形で表せ．
(2) $|e^z| = 1$ となるための必要十分条件は $\mathrm{Re}(z) = 0$ であることを示せ．

4.2.2 $w = e^z$ による対応*

さて，例 4.7(3) から分かるように，指数関数には周期性があるため，z 平面上の帯状領域 $D_0 = \{(x, y) \mid 0 \leq y < 2\pi, -\infty < x < \infty\}$ だけを考えればよい．D_0 上

---

[34] 絶対値の性質より「$|e^z| \neq 0 \iff e^z \neq 0$」であり，(1) より $|e^z| = e^x > 0$ なので，これからも $e^z \neq 0$ がすぐに分かる．

のすべての点 z だけを考えれば，$w = e^z$ のとりうるすべての値を考えることができる．この D_0 を e^z の**基本域**という[35]．

さて，
$$z = x + yi, \quad w = u + vi$$
とおけば，$w = e^x(\cos y + i \sin y)$ なので $u = e^x \cos y$, $v = e^x \sin y$ である．よって，
$$u^2 + v^2 = e^{2x}(\cos^2 y + \sin^2 y) = e^{2x}$$
が成り立つ．ゆえに，z 平面上で点 $z = x + yi$ が虚軸に平行な直線 $x = k$(k は定数) 上を動けば，これにともなって点 w は w 平面上で原点を中心とし，半径 e^k の円周上を移動する．

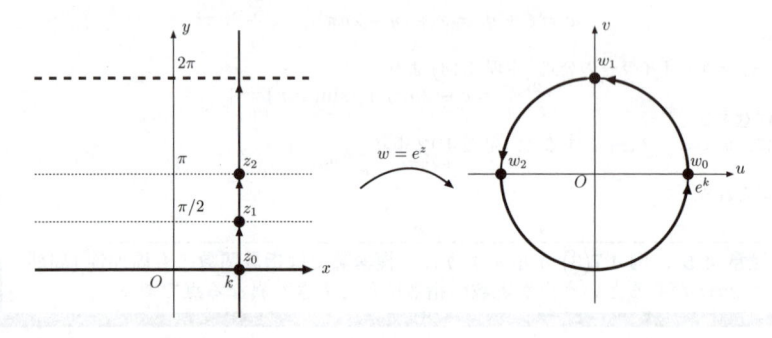

また，$u = e^x \cos y$, $v = e^x \sin y$ より，$\dfrac{\sin y}{\cos y} = \dfrac{v}{u}$ なので $y = \tan^{-1} \dfrac{v}{u} = \arg w$ である．よって，実軸に平行な直線 $y = m$(m は定数) は，w 平面上の 0 からでる直線 $\arg w = m$ に写る．そして，$x > 0$ のとき $|w| = e^x > 1$, $x < 0$ のとき $|w| < 1$ なので，右半平面 $\text{Re}(z) > 0$ は単位円の外部 $|w| > 1$ へ，左半平面 $\text{Re}(z) < 0$ は単位円の内部 $|w| < 1$ へ写される．

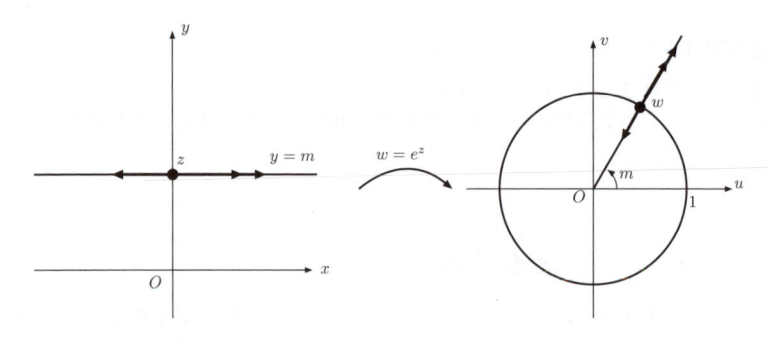

---

[35] $D_0 = \{(x, y) \mid -\pi \leq y < \pi, -\infty < x < \infty\}$ としてもよい．

以上のことより，z 平面上の帯状領域 D_0 と w 平面全体から原点を除いた領域 $0 < |w| < \infty$ とが 1 対 1 に対応することが分かる．

したがって，n を整数として $D_n = \{(x, y) \mid 2n\pi \leq y < 2(n+1)\pi, -\infty < x < \infty\}$ とすると，D_n と $0 < |w| < \infty$ とが 1 対 1 に対応する．このことは，z 平面上の点 α を固定したとき，指数関数の周期性より，$\alpha \pm 2\pi i, \alpha \pm 4\pi i, \ldots$ が $w = e^z$ によって，w 平面上の同一点 e^α にうつることを考えれば明らかであろう．

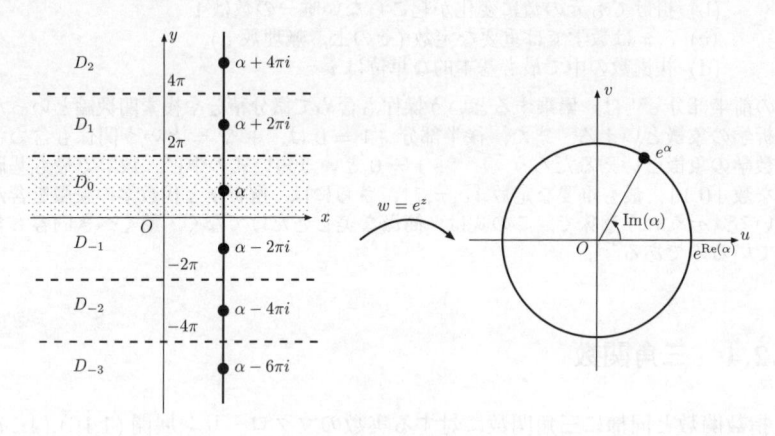

4.2.3　オイラーの公式は美しい？*

オイラーの公式において，特に，$\theta = \pi$ とすると

$$e^{\pi i} = \cos \pi + i \sin \pi = -1 \Longrightarrow \boxed{e^{\pi i} + 1 = 0}$$

が得られる．

The Mathematical Intelligencer(1988 年投票，1990 年発表) という数学雑誌において最も美しい公式 (エレガントな公式) に選ばれたのが「$e^{\pi i} + 1 = 0$」である[36]．ちなみにこの公式は映画化された小説「博士の愛した数式」(小川洋子 著，新潮文庫) にも登場している．その小説では

> 「π と i を掛け合わせた数で e を累乗し，1 を足すと 0 になる．私はもう一度博士のメモを見直した．果ての果てまで循環する数と，決して正体を見せない虚ろな数が，簡潔な軌跡を描き，一点に着地する．どこにも円は登場しないのに，予期せぬ宙から π が e の元に舞い下り，恥ずかしがり屋の i と握手をする．彼らは身を寄せ合い，じっと息をひそめているのだが，一人の人間が 1 つだけ足算をした途端，何の前触れもなく世界が転換する．すべてが 0 に抱き留められる．」

と表現されている．

---

[36] 投票が行われたときは「$e^{\pi i} = -1$」の形だった．

なぜ $e^{\pi i}+1=0$ は美しいといわれているのであろうか？ 理由としては次のようなことが考えられる．

(1) 簡潔である．
(2) 数学で最も重要な数 $\pi, e, i, 1, 0$ が登場している．
   (a) 加えても元の数に変化が起こらない唯一の数は 0
   (b) 掛けても元の数に変化が起こらない唯一の数は 1
   (c) e, π は数学では重要な定数 (その上，無理数！)
   (d) 複素数の中で最も基本的な単位は i

式の前半部分 $e^{\pi i}$ は，累乗するという操作も含めて微分積分や複素関数論といった解析学の象徴といえる．また，後半部分 $+1=0$ は，$+$ や $=$ という関係も含めて代数学の象徴といえるだろう．$e^{\pi i}+1=0$ という短い式の中に，数学で最も基礎的な数「0,1」，最も重要な定数「e, π, i」，さらには，解析学と代数学の象徴を含んでいる．そういう意味で，この式は，簡潔な美しさだけでなく，驚くべき内容も含んでいるのである[37]．

4.2.4 三角関数

指数関数と同様に三角関数に対する実数のマクローリン展開 (4.16),(4.17) を使って余弦関数 $\cos z$ および正弦関数 $\sin z$ を定義する．つまり，$z \in \mathbb{C}$ に対する三角関数を次のように定義する．

─── 三角関数 ───

定義 4.10．

$$\cos z = 1 - \frac{1}{2!}z^2 + \frac{1}{4!}z^4 - \cdots + (-1)^m \frac{1}{(2m)!}z^{2m} + \cdots$$
$$= \sum_{m=0}^{\infty}(-1)^m \frac{1}{(2m)!}z^{2m} \tag{4.22}$$

$$\sin z = z - \frac{1}{3!}z^3 + \frac{1}{5!}z^5 - \cdots + (-1)^m \frac{1}{(2m+1)!}z^{2m+1} + \cdots$$
$$= \sum_{m=0}^{\infty}(-1)^m \frac{1}{(2m+1)!}z^{2m+1} \tag{4.23}$$

---

[37] 表現がよくないかもしれないが，「清楚でとっても美しい才女」というイメージである．

どちらも収束半径は ∞ なので，複素平面全体で正則である[38]．
(4.22),(4.23) より

$$\cos(-z) = \cos z, \qquad \sin(-z) = -\sin z \tag{4.24}$$

が成立することがすぐに分かる．

他の三角関数は，$\sin z$ と $\cos z$ を組み合わせて次のように定義する．

$$\begin{aligned}\tan z &= \frac{\sin z}{\cos z}, & \cot z &= \frac{\cos z}{\sin z}\left(=\frac{1}{\tan z}\right) \\ \sec z &= \frac{1}{\cos z}, & \operatorname{cosec} z &= \frac{1}{\sin z}\end{aligned} \tag{4.25}$$

三角関数の微分

定理 4.15 .

$$(\cos z)' = -\sin z, \qquad (\sin z)' = \cos z$$

(証明)
定理 4.8 より，(4.22) と (4.23) は項別微分可能なので，

$$\begin{aligned}(\cos z)' &= \left(1 - \frac{1}{2!}z^2 + \frac{1}{4!}z^4 - \frac{1}{6!}z^6 + \cdots\right)' = \left(-z + \frac{1}{3!}z^3 - \frac{1}{5!}z^5 + \cdots\right) \\ &= -\left(z - \frac{1}{3!}z^3 + \frac{1}{5!}z^5 - \cdots\right) = -\sin z \\ (\sin z)' &= \left(z - \frac{1}{3!}z^3 + \frac{1}{5!}z^5 - \frac{1}{7!}z^7 + \cdots\right)' \\ &= \left(1 - \frac{1}{2!}z^2 + \frac{1}{4!}z^4 - \frac{1}{6!}z^6 + \cdots\right) = \cos z\end{aligned}$$

∎

次の例が示すように指数関数と三角関数の間には密接な関係がある．この点は，実変数の場合と大きく異なる．

---

[38] 例えば，$\cos z$ の場合は，$\displaystyle\lim_{n\to\infty}\left|\frac{(2(m+1))!}{(2m)!}\right| = \lim_{n\to\infty} 2(m+1)(2m+1) = \infty$ である．

指数関数と三角関数

例 4.8. $\forall z \in \mathbb{C}$ に対して，次を示せ．
(1) $e^{iz} = \cos z + i \sin z$
(2) $\cos z = \dfrac{e^{iz} + e^{-iz}}{2}, \qquad \sin z = \dfrac{e^{iz} - e^{-iz}}{2i}$

(証明)
(1)
(4.14), (4.22), (4.23) より

$$\begin{aligned}
\cos z + i\sin z &= \left(1 - \frac{1}{2!}z^2 + \frac{1}{4!}z^4 - \frac{1}{6!}z^6 + \cdots\right) \\
&\quad + i\left(z - \frac{1}{3!}z^3 + \frac{1}{5!}z^5 - \frac{1}{7!}z^7 + \cdots\right) \\
&= 1 + iz - \frac{1}{2!}z^2 - \frac{i}{3!}z^3 + \frac{1}{4!}z^4 + \frac{i}{5!}z^5 - \cdots \\
&= 1 + (iz) + \frac{1}{2!}(iz)^2 + \frac{1}{3!}(iz)^3 + \frac{1}{4!}(iz)^4 + \frac{1}{5!}(iz)^5 + \cdots \\
&= \sum_{n=0}^{\infty} \frac{1}{n!}(iz)^n = e^{iz}
\end{aligned}$$

(2) (1) において，z を $-z$ とすると，(4.24) より

$$e^{-iz} = \cos(-z) + i\sin(-z) = \cos z - i\sin z$$

である．これと (1) より，

$$\cos z = \frac{e^{iz} + e^{-iz}}{2}, \quad \sin z = \frac{e^{iz} - e^{-iz}}{2i}$$

を得る． ■

注意 4.6. 例 4.8(2) を三角関数の定義としている教科書もある．

三角関数の非有界性

例 4.9. $\forall z \in \mathbb{C}$ に対して $|\cos z| \leq 1$ は成り立つか？

(解答)
z が虚軸上にあるとき，例 4.8(2) より

$$\cos z = \cos(iy) = \frac{e^y + e^{-y}}{2}$$

である．よって，$y \to \infty$ のとき $\cos z \to \infty$ なので $|\cos z| \leq 1$ は成り立たない． ■

注意 4.7. 実数 x に対しては $|\sin x| \leq 1$, $|\cos x| \leq 1$ が成立したが,例 4.9 が示すように複素数 z に対しては $|\sin z| \leq 1, |\cos z| \leq 1$ が成り立つとは限らない.

―― 三角関数の実部と虚部 ――

例 4.10. $z = x + yi$ とするとき,$\cos z$ の実部 $u(x,y)$ と虚部 $v(x,y)$ を求めよ.

(解答) 例 4.8(2), 定理 4.12, 定理 4.14 より
$$\cos z = \frac{e^{iz} + e^{-iz}}{2} = \frac{e^{i(x+yi)} + e^{-i(x+yi)}}{2} = \frac{1}{2}\left(e^{-y+xi} + e^{y-xi}\right)$$
$$= \frac{1}{2}\left\{e^{-y}(\cos x + i\sin x) + e^{y}(\cos x - i\sin x)\right\}$$
$$= \frac{1}{2}(e^y + e^{-y})\cos x - \frac{i}{2}(e^y - e^{-y})\sin x$$

なので,
$$u(x,y) = \frac{1}{2}(e^y + e^{-y})\cos x, \quad v(x,y) = -\frac{1}{2}(e^y - e^{-y})\sin x$$

である. ■

ちなみに,
$$\sin z = \frac{1}{2}(e^y + e^{-y})\sin x + \frac{i}{2}(e^y - e^{-y})\cos x$$

である.

―― 三角関数の零点 ――

例 4.11. $\cos z = 0, \sin z = 0$ を満たす z は実数であることを示せ.

(解答) $\cos z = \frac{1}{2}(e^{iz} + e^{-iz}) = 0$ とし,n を整数とすると,
$$e^{iz} + e^{-iz} = 0 \Longrightarrow e^{2iz} + 1 = 0 \Longrightarrow e^{2iz} = -1 \Longrightarrow e^{2iz} = e^{\pi i}$$
$$e^{2iz} = e^{(\pi + 2n\pi)i} \Longrightarrow 2z = \pi + 2n\pi \Longrightarrow z = \frac{\pi}{2} + n\pi$$

なので, z は実数である.
また, $\sin z = \frac{1}{2i}(e^{iz} - e^{-iz}) = 0$ とし,n を整数とすると,
$$e^{iz} - e^{-iz} = 0 \Longrightarrow e^{2iz} = 1 \Longrightarrow e^{2iz} = e^{2n\pi i} \Longrightarrow z = n\pi$$

なので, z は実数である. ■

三角関数の基本性質

例 4.12. $\forall z, \forall w \in \mathbb{C}$ に対して次を示せ.

(1) **加法定理** $\begin{cases} \cos(z+w) = \cos z \cos w - \sin z \sin w \\ \sin(z+w) = \sin z \cos w + \cos z \sin w \end{cases}$

(2) $\cos z$ と $\sin z$ の周期は 2π

(3) $\sin^2 z + \cos^2 z = 1$

(解答)
(1) 例 4.8 および定理 4.12 より,
$\cos(z+w)$
$= \dfrac{1}{2}\left(e^{i(z+w)} + e^{-i(z+w)}\right) = \dfrac{1}{2}\left(e^{iz}e^{iw} + e^{-iz}e^{-iw}\right)$
$= \dfrac{1}{2}\{(\cos z + i\sin z)(\cos w + i\sin w) + (\cos(-z) + i\sin(-z))(\cos(-w) + i\sin(-w))\}$
$= \dfrac{1}{2}\{(\cos z + i\sin z)(\cos w + i\sin w) + (\cos z - i\sin z)(\cos w - i\sin w)\}$
$= \dfrac{1}{2}\cdot 2(\cos z \cos w - \sin z \sin w) = \cos z \cos w - \sin z \sin w$

である. 同様に,
$\sin(z+w)$
$= \dfrac{1}{2i}\left(e^{i(z+w)} - e^{-i(z+w)}\right) = \dfrac{1}{2i}\left(e^{iz}e^{iw} - e^{-iz}e^{-iw}\right)$
$= \dfrac{1}{2i}\{(\cos z + i\sin z)(\cos w + i\sin w) - (\cos z - i\sin z)(\cos w - i\sin w)\}$
$= \dfrac{1}{2i}\cdot 2i(\sin z \cos w + \cos z \sin w) = \sin z \cos w + \cos z \sin w$

を得る.

(2) 加法定理より,
$$\cos(z+2\pi) = \cos z \cos 2\pi - \sin z \sin 2\pi = \cos z$$
$$\sin(z+2\pi) = \sin z \cos 2\pi + \cos z \sin 2\pi = \sin z$$
なので, $\sin z$ と $\cos z$ の周期は 2π である.

(3) 例 4.8 より,
$\cos^2 z + \sin^2 z = \dfrac{1}{4}(e^{iz} + e^{-iz})^2 + \dfrac{1}{4i^2}(e^{iz} - e^{-iz})^2$
$= \dfrac{1}{4}(e^{2iz} + 2 + e^{-2iz}) - \dfrac{1}{4}(e^{2iz} - 2 + e^{-2iz}) = 1$

である. ∎

演習問題

演習問題 4.6 次の問に答えよ.

(1) $\cos^2(iz)$ を微分せよ.

(2) $z = x + yi$ とするとき, $\sin z$ の実部 $u(x,y)$ と虚部 $v(x,y)$ を求めよ.

4.2 初等関数

演習問題 4.7 次の問に答えよ．

(1) $\sin\left(z + \dfrac{\pi}{2}\right) = \cos z$ を示せ．
(2) $i \tan i$ の値を求めよ．
(3) $(\tan z)' = \dfrac{1}{\cos^2 z}$ を $\sin z$ と $\cos z$ の導関数を用いて示せ．

演習問題 4.8 次の問に答えよ．

(1) $\sin^2(iz)$ を微分せよ．
(2) $f(z) = \sin(z + 1)$ は複素平面全体で正則であることを示せ．

4.2.5 双曲線関数*

双曲線関数[39]は指数関数を用いて次のように定義される．これらは実数の場合と形式的には全く同じ式である．

――― 双曲線関数 ―――

定義 4.11．

$$\cosh z = \frac{e^z + e^{-z}}{2}, \quad \sinh z = \frac{e^z - e^{-z}}{2}, \quad \tanh z = \frac{\sinh z}{\cosh z} \qquad (4.26)$$

(4.26) より

$$\cosh^2 z - \sinh^2 z = \frac{e^{2z} + e^{-2z} + 2}{4} - \frac{e^{2z} + e^{-2z} - 2}{4} = 1 \qquad (4.27)$$

が成り立つ．
　また，e^z が整関数なので $\cosh z$ と $\sinh z$ は整関数であり，(4.14) と (4.26) より

$$\cosh z = 1 + \frac{1}{2!}z^2 + \frac{1}{4!}z^4 + \cdots + \frac{1}{(2m)!}z^{2m} + \cdots \qquad (4.28)$$

$$\sinh z = z + \frac{1}{3!}z^3 + \frac{1}{5!}z^5 + \cdots + \frac{1}{(2m+1)!}z^{2m+1} + \cdots \qquad (4.29)$$

となる．(4.22), (4.23) において z の代わりに iz を代入すれば，

$$\cos(iz) = \cosh z, \quad \sin(iz) = i \sinh z \qquad (4.30)$$

---

[39] $x = \cosh t,\ y = \sinh t\ (t \in \mathbb{R})$ は双曲線 $x^2 - y^2 = 1$ 上を動くので双曲線関数と呼ばれる．

となることが分かる．よって，(4.30) より

$$\tan(iz) = i\tanh z \tag{4.31}$$

が成り立つ．したがって，(4.30) と (4.31) より，複素関数として双曲線関数は i 倍を除いて三角関数と同じである．これは，三角関数の性質が双曲線関数においても成立することを意味する[40]．例えば，$\cos z$ と $\sin z$ の周期が 2π なので (4.30) より $\cosh z$ と $\sinh z$ の周期は $2\pi i$ で

$$(\cosh z)' = (\cos(iz))' = -i\sin(iz) = (-i)(i\sinh z) = \sinh z \tag{4.32}$$

$$(\sinh z)' = \left(\frac{1}{i}\sin(iz)\right)' = \cos(iz) = \cosh z \tag{4.33}$$

$$\tag{4.34}$$

が成り立つ[41]．

(4.30) において z の代わりに iz を代入すれば，

$$\cosh(iz) = \cos z, \quad \sinh(iz) = i\sin z \tag{4.35}$$

となる．

双曲線関数の性質

例 4.13． $z = x + yi\,(x, y \in \mathbb{R})$ のとき，次を示せ．
(1) $\sin z = \sin x \cosh y + i\cos x \sinh y$
(2) $\cos z = \cos x \cosh y - i\sin x \sinh y$
(3) $\cosh z = \cosh x \cos y + i\sinh x \sin y$
(4) $\sinh z = \sinh x \cos y + i\cosh x \sin y$

(解答)
例 4.12 の三角関数の加法定理を用いればよい．
(1) $\sin z = \sin(x + yi) = \sin x \cos(yi) + \cos x \sin(yi) = \sin x \cosh y + i\cos x \sinh y$
(2) $\cos z = \cos(x + yi) = \cos x \cos(yi) - \sin x \sin(yi) = \cos x \cosh y - i\sin x \sinh y$
(3) (4.30) と (2) より
$\cosh z = \cos(iz) = \cos(i(x + yi)) = \cos(-y + ix)$
$\qquad = \cos(-y)\cosh x - i\sin(-y)\sinh x = \cosh x \cos y + i\sinh x \sin y$
(4) (4.30) と (1) より
$\sinh z = \dfrac{1}{i}\sin(iz) = -i\sin(iz) = -i\sin(-y + xi)$
$\qquad = -i\left(\sin(-y)\cos x + i\cos(-y)\sinh x\right) = \sinh x \cos y + i\cosh x \sin y$ ■

---

[40] したがって，双曲線関数について特に強調すべき内容はない．
[41] $(\cosh z)' \neq -\sinh z$ であることに注意せよ．

4.2.6 対数関数

複素変数 z の指数関数 e^z の逆関数を複素関数の**対数関数**といい，$\log z$ で表す．

対数関数

定義 4.12．
$$w = \log z \iff z = e^w \tag{4.36}$$

$e^w \neq 0$ なので $\log z$ は $z \neq 0$ に対して定義される．また，指数関数 e^z は周期 $2\pi i$ をもつから，例 4.7 より

$$z = e^w \iff z = e^{w+2n\pi i} \quad (n \in \mathbb{Z}) \tag{4.37}$$

である．これは，1 つの z に対して $\log z$ が無限個の値をもつ関数，つまり，**無限多価関数**であることを意味する．なお，1 つの z に対して，ただ 1 つの値 $w = f(z)$ が対応する関数 $f(z)$ を **1 価関数**といい，2 つ以上の値が対応する関数を**多価関数**という．特に，1 つの z に対して n 個の値が対応する関数を n **価関数**という．

さて，$z = re^{i\theta}$ に対する $w = \log z$ の実部と虚部を求めみよう．

対数関数の実部と虚部

定理 4.16． 対数関数 $\log z$ は

$$\log z = \ln |z| + i \arg z \tag{4.38}$$

と表せる．また，$z = re^{i\theta}$ ならば

$$\log z = \ln r + i(\theta + 2n\pi), \quad n \in \mathbb{Z} \tag{4.39}$$

と表せる．ただし，$\ln t$ は実数 t の自然対数である．

(証明)
$w = u + iv$, $z = e^w$ とすれば,

$$z = re^{i\theta} = e^w = e^{u+iv} = e^u e^{iv} \qquad (4.40)$$

なので,

$$r = e^u, \quad e^{i\theta} = e^{iv} \qquad (4.41)$$

である. また, $|e^{i\theta}| = 1$ に注意すれば, (4.40) より

$$|z| = r|e^{i\theta}| = r$$

であり[42], (4.41) および (1.3) より

$$\arg z = \theta = v + 2n\pi \qquad (n \in \mathbb{Z})$$

である.
いま, 実数 t の自然対数を $\ln t$ と表せば,

$$\begin{cases} u &= \ln|z| \\ v &= \arg z \end{cases} \quad \text{および} \quad \begin{cases} u &= \ln r \\ v &= \theta + 2n\pi \ (n \in \mathbb{Z}) \end{cases}$$

が成り立つ[43]. ∎

対数関数の値

例 4.14. 次の式の値をすべて求めよ.

(1) $\log(-5)$ (2) $\log 5$ (3) $\log(1-i)$

(解答)
定理 4.16 を使えばよい. また, 以下において $n \in \mathbb{Z}$ である.
(1)
$$\begin{aligned}\log(-5) &= \ln|-5| + i\arg(-5) = \ln 5 + i(\pi + 2n\pi) \\ &= \ln 5 + (2n+1)\pi i\end{aligned}$$

(2)
$$\begin{aligned}\log 5 &= \ln|5| + i\arg 5 = \ln 5 + i(0 + 2n\pi) \\ &= \ln 5 + 2n\pi i\end{aligned}$$

(3)
$$\begin{aligned}\log(1-i) &= \ln|1-i| + i\arg(1-i) = \ln\sqrt{2} + i\left(-\frac{\pi}{4} + 2n\pi\right) \\ &= \frac{1}{2}\ln 2 + \left(2n - \frac{1}{4}\right)\pi i\end{aligned}$$

∎

---

[42] このことは例 4.6 からも分かる.
[43] $n \in \mathbb{Z}$ のとき, $v = \theta + 2n\pi$ と $v = \theta - 2n\pi$ は同値であることに注意せよ.

4.2 初等関数

$\log z$ は無限多価関数だが，z をその偏角の主値

$$-\pi < \mathrm{Arg}\, z \leq \pi$$

に制限すれば[44]，$\log z$ の値を 1 つだけに確定することができる．これを対数関数 $\log z$ の**主値**あるいは**主枝**といい，$\mathrm{Log}\, z$ で表す．つまり，次が成立する．

対数関数の主値

定義 4.13．

$$\mathrm{Log}\, z = \ln |z| + i\mathrm{Arg}\, z \tag{4.42}$$

注意 4.8． 正の実数 x に対して，$z = x$ とすれば，$\mathrm{Arg}\, x = 0$，$\ln |z| = \ln x$ なので $\mathrm{Log}\, x = \ln x$ である．つまり，$\mathrm{Log}\, z$ は実数の対数関数 $\ln x$ の拡張になっている．

対数関数の主値

例 4.15． 次の値を求めよ．

(1) $\mathrm{Log}(-1)$　　　(2) $\mathrm{Log}\, i$　　　(3) $\mathrm{Log}(1+i)$

(解答)
(1) $\mathrm{Log}(-1) = \ln|-1| + i\mathrm{Arg}(-1) = \ln 1 + i\pi = i\pi$
(2) $\mathrm{Log}\, i = \ln|i| + i\mathrm{Arg}\, i = \ln 1 + i\dfrac{\pi}{2} = \dfrac{\pi}{2}i$
(3) $\mathrm{Log}(1+i) = \ln|1+i| + i\mathrm{Arg}(1+i) = \ln\sqrt{2} + i\dfrac{\pi}{4} = \dfrac{1}{2}\ln 2 + \dfrac{\pi}{4}i$　　∎

対数関数の主値を使うと (4.38) は

$$\begin{aligned}\log z &= \ln |z| + i\arg z = \ln |z| + i(\mathrm{Arg}\, z + 2n\pi) \\ &= \mathrm{Log}\, z + 2n\pi i \quad (n \in \mathbb{Z})\end{aligned} \tag{4.43}$$

と書くことができる．

---
[44] (4.38) より，$w = \log z$ のとき $\mathrm{Im}\, w = \arg z$ なので，$-\pi < \mathrm{Arg}\, z \leq \pi$ は $-\pi < \mathrm{Im}\, w \leq \pi$ と書ける．

(4.43) における n の値を固定すれば，それに応じて $\log z$ が定まり，その関数のことを $\log z$ の**分枝**という．これは次のようにいうこともできる．

---- 対数関数の分枝 ----

定義 4.14．対数関数の分枝とは，偏角 z の値を各 $n \in \mathbb{Z}$ に対して

$$(2n-1)\pi < \arg z \leq (2n+1)\pi$$

に制限した対数関数である．

主値 $\mathrm{Log}\, z$ は $n = 0$ に対する $\log z$ の分枝なので，(4.39) より $z = re^{i\theta}$ に対して

$$\mathrm{Log}\, z = \ln r + i\theta$$

である．

---- 積と商の対数 ----

定理 4.17．$\forall z, \forall w \in \mathbb{C}\setminus\{0\}$ に対して，$z \neq w$ とする．このとき，適当な分枝を選べば次が成り立つ．
(1) $\log(zw) = \log z + \log w$ (2) $\log\left(\dfrac{z}{w}\right) = \log z - \log w$

(証明)
$z = re^{i\theta}$, $w = \rho e^{i\varphi}$ とする．
(1) $zw = r\rho e^{i(\theta+\varphi)}$ なので (4.39) より

$$\log(zw) = \ln(r\rho) + i(\theta + \varphi + 2n\pi), \quad n \in \mathbb{Z}$$

である[45]．
一方，実数の対数関数の性質より $\ln(r\rho) = \ln r + \ln \rho$ なので

$$\begin{aligned}\log z + \log w &= \ln r + i(\theta + 2l\pi) + \ln\rho + i(\varphi + 2m\pi) \\ &= \ln(r\rho) + i\{\theta + \varphi + 2(l+m)\pi\}, \quad l, m \in \mathbb{Z}\end{aligned}$$

である．

---

[45] θ と φ が主値でも，$\theta + \varphi$ が主値とは限らないので，ここでの証明をそのまま主値の場合に適用することはできない．

ここで, n が与えられたとき $n = l + m$ となるように l と m を選び[46], 逆に l と m が与えられたとき $n = l + m$ とすれば,

$$\log(zw) = \log z + \log w$$

が成り立つ.
(2) $\dfrac{z}{w} = \dfrac{r}{\rho} e^{i(\theta - \varphi)}$ なので (4.39) より

$$\log\left(\frac{z}{w}\right) = \ln\left(\frac{r}{\rho}\right) + i(\theta - \varphi + 2n\pi)$$

であり,

$$\begin{aligned}\log z - \log w &= \ln r + i(\theta + 2l\pi) - \ln \rho - i(\varphi + 2m\pi) \\ &= \ln \frac{r}{\rho} + i(\theta - \varphi + 2(l-m)\pi)\end{aligned}$$

である. (1) における証明の後半部分と同じ理由により, 分枝を適当に選べば,

$$\log\left(\frac{z}{w}\right) = \log z - \log w$$

が成立する. ∎

> **注意 4.9.** 対数関数の主値に関しては
>
> $$\mathrm{Log}(zw) = \mathrm{Log}\, z + \mathrm{Log}\, w$$
>
> が成り立つとは **限らない**.

例えば, $z = -2, w = -1$ とすると $zw = 2$ であり, $\mathrm{Arg}\, z = \mathrm{Arg}\, w = \pi$, $\mathrm{Arg}(zw) = 0$ なので, (4.42) より

$$\begin{aligned}\mathrm{Log}(zw) &= \ln 2 \\ \mathrm{Log}\, z &= \ln(-2) = \ln 2 + i\pi \\ \mathrm{Log}\, w &= \ln(-1) = \ln 1 + i\pi = i\pi\end{aligned}$$

となり, $\mathrm{Log}(zw) \neq \mathrm{Log}\, z + \mathrm{Log}\, w$ である. しかし, $\log 2$ の分枝として $\log 2 = \ln 2 + 2i\pi$ を選び, $\log(-2)$ と $\log(-1)$ の分枝をそれぞれ $\log(-2) = \ln 2 + i\pi$ と $\log(-1) = i\pi$ と選べば, $\log 2 = \log(-2) + \log(-1)$ が成立する.

---

[46] n が定まれば, $n = l + m$ となる l と m はいくらでも選ぶことができる. 例えば, $n = 5$ なら, $l = 2, m = 3$ あるいは $l = 1, m = 4$ などと選べばよい.

累乗の対数

> **例 4.16．** $n \in \mathbb{Z}$ とするとき，
> $$\log z^n = n \log z$$
> となるような対数関数の分枝をいつも選ぶことができるか？

(解答)
$n = 2, z = re^{i\theta}$ とすると $z^2 = r^2 e^{2i\theta}$ なので
$$\log z^2 = \ln r^2 + (2\theta + 2n\pi)i = 2\ln r + (2\theta + 2n\pi)i$$
$$2\log z = 2\{\ln r + (\theta + 2n\pi)i\} = 2\ln r + (2\theta + 4n\pi)i$$
である．
ここで虚部に注意すると，n は整数なので $2\log z$ の値は $\log z^2$ に含まれるが，逆はいえない．よって，
$$\log z^2 = 2\log z$$
を満たすような分枝を選ぶことはできない．したがって，
$$\log z^n = n\log z$$
となるような対数関数の分枝をいつも選べるとは限らない．■

> **注意 4.10．** 例 4.16 の解答より，$\log z(z \neq 0)$ のとりうる値の集合 $\{\mathrm{Log}\, z + 2k\pi i | k \in \mathbb{Z}\}$ を $\{\log z\}$ で表すとき，$n \geq 2$ あるいは $n \leq -2$ となる整数 n に対して
> $$\{\log z^n\} \underset{\neq}{\supset} n\{\log z\}$$
> となることが分かる．

次に対数関数 $\log z$ の正則性について調べよう．例 2.9(3) より，$\mathrm{Log}\, z$ の虚部 $\mathrm{Arg}\, z$ は原点および原点を始点とする半直線 $L = \{x \in \mathbb{R} \mid x \leq 0\}$ 上で不連続である．よって，定理 2.11 より $\mathrm{Log}\, z$ は L 上で不連続なので，複素平面から L を除いた領域 $D = \mathbb{C}\backslash L$ において正則性を調べれば十分である．そのためには，$\log z$ が D でコーシー・リーマンの方程式を満たすことを示せばよい．これを示すにあたり，(4.38) に定理 3.4 を適用するよりも，極形式 (4.39) を使った方が，後の計算が簡単になるので，まず，コーシー・リーマンの方程式を極座標で表しておく．

4.2 初等関数

極形式に対するコーシー・リーマンの方程式

補題 4.3. 複素変数 $z = x + yi = re^{i\theta} (z \neq 0)$ の関数 $w = f(z) = u(x,y) + v(x,y)i$ に対するコーシー・リーマンの方程式

$$\frac{\partial u}{\partial x} = \frac{\partial v}{\partial y}, \quad \frac{\partial u}{\partial y} = -\frac{\partial v}{\partial x} \tag{4.44}$$

は

$$\frac{\partial u}{\partial r} = \frac{1}{r}\frac{\partial v}{\partial \theta}, \quad \frac{1}{r}\frac{\partial u}{\partial \theta} = -\frac{\partial v}{\partial r} \quad (r \neq 0) \tag{4.45}$$

と同値である．

(証明)
まず，$z = re^{i\theta} = r(\cos\theta + i\sin\theta)$ なので $x = r\cos\theta, y = r\sin\theta$ に注意する．
($\Longrightarrow$) 偏微分の連鎖法則 (Chain rule) より，

$$\frac{\partial u}{\partial r} = \frac{\partial u}{\partial x}\frac{\partial x}{\partial r} + \frac{\partial u}{\partial y}\frac{\partial y}{\partial r} = \frac{\partial u}{\partial x}\cos\theta + \frac{\partial u}{\partial y}\sin\theta$$

$$\frac{\partial v}{\partial r} = \frac{\partial v}{\partial x}\frac{\partial x}{\partial r} + \frac{\partial v}{\partial y}\frac{\partial y}{\partial r} = \frac{\partial v}{\partial x}\cos\theta + \frac{\partial v}{\partial y}\sin\theta$$

$$\frac{\partial u}{\partial \theta} = \frac{\partial u}{\partial x}\frac{\partial x}{\partial \theta} + \frac{\partial u}{\partial y}\frac{\partial y}{\partial \theta} = -r\frac{\partial u}{\partial x}\sin\theta + r\frac{\partial u}{\partial y}\cos\theta$$

$$\frac{\partial v}{\partial \theta} = \frac{\partial v}{\partial x}\frac{\partial x}{\partial \theta} + \frac{\partial v}{\partial y}\frac{\partial y}{\partial \theta} = -r\frac{\partial v}{\partial x}\sin\theta + r\frac{\partial v}{\partial y}\cos\theta$$

を得る．コーシー・リーマンの方程式 (4.44) をこれらに代入すると，

$$\frac{\partial u}{\partial r} = \frac{\partial v}{\partial y}\cos\theta - \frac{\partial v}{\partial x}\sin\theta = \frac{1}{r}\frac{\partial v}{\partial \theta}$$

$$\frac{1}{r}\frac{\partial u}{\partial \theta} = \frac{1}{r}\left(-r\frac{\partial v}{\partial y}\sin\theta - r\frac{\partial v}{\partial x}\cos\theta\right) = -\frac{\partial v}{\partial r}$$

を得る．
($\Longleftarrow$) (4.45) が成り立つとすると，

$$\begin{aligned}\frac{\partial u}{\partial r} = \frac{1}{r}\frac{\partial v}{\partial \theta} &\Longrightarrow \frac{\partial u}{\partial x}\cos\theta + \frac{\partial u}{\partial y}\sin\theta = -\frac{\partial v}{\partial x}\sin\theta + \frac{\partial v}{\partial y}\cos\theta \\ \frac{1}{r}\frac{\partial u}{\partial \theta} = -\frac{\partial v}{\partial r} &\Longrightarrow -\frac{\partial u}{\partial x}\sin\theta + \frac{\partial u}{\partial y}\cos\theta = -\frac{\partial v}{\partial x}\cos\theta - \frac{\partial v}{\partial y}\sin\theta\end{aligned} \tag{4.46}$$

である．よって，(4.46) の第 1 式に $\cos\theta$ を，第 2 式に $-\sin\theta$ を掛けると，

$$\begin{cases}\dfrac{\partial u}{\partial x}\cos^2\theta + \dfrac{\partial u}{\partial y}\sin\theta\cos\theta = -\dfrac{\partial v}{\partial x}\sin\theta\cos\theta + \dfrac{\partial v}{\partial y}\cos^2\theta \\ \dfrac{\partial u}{\partial x}\sin^2\theta - \dfrac{\partial u}{\partial y}\sin\theta\cos\theta = \dfrac{\partial v}{\partial x}\sin\theta\cos\theta + \dfrac{\partial v}{\partial y}\sin^2\theta\end{cases}$$

なので，この第1式と第2式を足せば，
$$\frac{\partial u}{\partial x} = \frac{\partial v}{\partial y}$$
を得る．また，(4.46) の第1式に $\sin\theta$ を，第2式に $\cos\theta$ をかけると
$$\begin{cases} \frac{\partial u}{\partial x}\sin\theta\cos\theta + \frac{\partial u}{\partial y}\sin^2\theta = -\frac{\partial v}{\partial x}\sin^2\theta + \frac{\partial v}{\partial y}\sin\theta\cos\theta \\ -\frac{\partial u}{\partial x}\sin\theta\cos\theta + \frac{\partial u}{\partial y}\cos^2\theta = -\frac{\partial v}{\partial x}\cos^2\theta - \frac{\partial v}{\partial y}\sin\theta\cos\theta \end{cases}$$
なので，この第1式と第2式を足せば，
$$\frac{\partial u}{\partial y} = -\frac{\partial v}{\partial x}$$
を得る．

対数関数の正則性

定理 4.18． 対数関数 $\log z$ は，複素平面 $\mathbb{C}$ から 0 および負の実軸を除いた領域において正則で
$$(\log z)' = \frac{1}{z}, \quad (\mathrm{Log} z)' = \frac{1}{z}$$
である．

(証明)
$D = \mathbb{C}\setminus\{x\in\mathbb{R}|x\le 0\}$ とし，$\forall z \in D$ の十分小さい近傍で主値 $f(z) = \mathrm{Log} z = \ln r + i\theta$ をとる．このとき，$f(z) = u + vi$ とすると，$u = \ln r, v = \theta$ となるので，
$$\frac{\partial u}{\partial r} = \frac{1}{r}, \quad \frac{\partial u}{\partial \theta} = 0, \quad \frac{\partial v}{\partial r} = 0, \quad \frac{\partial v}{\partial \theta} = 1$$
である．よって，補題 4.3 より $\mathrm{Log} z$ は D で正則であり，他の分枝は θ が定数だけずれたものなので $\log z$ も正則である．
また，対数関数は指数関数の逆関数なので
$$w = \mathrm{Log} z \iff z = e^w$$
に注意すれば，定理 3.7 より
$$(\mathrm{Log} z)' = \frac{dw}{dz} = \frac{1}{\frac{dz}{dw}} = \frac{1}{e^w} = \frac{1}{z}$$
である．また，(4.43) より
$$(\log z)' = (\mathrm{Log} z)'$$
なので，$(\mathrm{Log} z)' = \frac{1}{z}$ である．

注意 4.11. $\log z$ は多価関数だが,その導関数 $(\log z)'$ は 1 価関数になることに注意せよ.異なる分枝の間の差は定数 $2n\pi i$ であり,この部分が微分すると 0 になるため,$(\log z)'$ は 1 価関数になるのである.

逆三角関数*

例 4.17. $\sin z, \cos z, \tan z$ の逆関数 $\sin^{-1} z, \cos^{-1} z, \tan^{-1} z$ をそれぞれ次のように定義する.

$$w = \sin^{-1} z \iff z = \sin w$$
$$w = \cos^{-1} z \iff z = \cos w$$
$$w = \tan^{-1} z \iff z = \tan w$$

このとき,次が成り立つことを示せ.
(1) $\sin^{-1} z = \dfrac{1}{i} \log \left(iz + (1-z^2)^{\frac{1}{2}} \right)$
(2) $\cos^{-1} z = \dfrac{1}{i} \log \left(z + (z^2-1)^{\frac{1}{2}} \right)$
(3) $\tan^{-1} z = \dfrac{i}{2} \log \left(\dfrac{1-iz}{1+iz} \right)$
(4) $\sin^{-1} z$ と $\cos^{-1} z$ は $z \neq \pm 1$ で正則で

$$(\sin^{-1} z)' = (1-z^2)^{-\frac{1}{2}}, \qquad (\cos^{-1} z)' = -(1-z^2)^{-\frac{1}{2}}$$

(5) $\tan^{-1} z$ は $z \neq \pm i$ で正則で

$$(\tan^{-1} z)' = \dfrac{1}{1+z^2}$$

(解答)
(1) 例 4.8 より $z = \sin w = \dfrac{e^{iw} - e^{-iw}}{2i}$ なので,両辺を $2ie^{iw}$ 倍して整理すると,
$$e^{2iw} - 2ize^{iw} - 1 = 0$$
である.これより,
$$(e^{iw} - iz)^2 = 1 - z^2$$
となるので,平方根の定義(第 1.5 節)より
$$e^{iw} - iz = (1-z^2)^{\frac{1}{2}} \implies e^{iw} = iz + (1-z^2)^{\frac{1}{2}}$$
となる.したがって,対数関数の定義より
$$iw = \log \left(iz + (1-z^2)^{\frac{1}{2}} \right) \implies w = \dfrac{1}{i} \log \left(iz + (1-z^2)^{\frac{1}{2}} \right)$$

(2) $z = \cos w = \dfrac{e^{iw} + e^{-iw}}{2}$ より
$$e^{2iw} - 2z + 1 = 0 \implies (e^{iw} - z)^2 = z^2 - 1 \implies e^{iw} = z + (z^2-1)^{\frac{1}{2}}$$
$$\implies iw = \log \left(z + (z^2-1)^{\frac{1}{2}} \right) \implies w = \dfrac{1}{i} \log \left(z + (z^2-1)^{\frac{1}{2}} \right)$$

(3) $z = \tan w = \dfrac{e^{iw} - e^{-iw}}{2i} \cdot \dfrac{2}{e^{iw} + e^{-iw}} = \dfrac{e^{iw} - e^{-iw}}{i(e^{iw} + e^{-iw})}$ より

$(e^{iw} + e^{-iw})iz = e^{iw} - e^{-iw} \Longrightarrow (1 + iz)e^{-iw} = (1 - iz)e^{iw}$

$\Longrightarrow (1 + iz)e^{-2iw} = 1 - iz \Longrightarrow e^{-2iw} = \dfrac{1 - iz}{1 + iz} \Longrightarrow -2iw = \log\left(\dfrac{1 - iz}{1 + iz}\right)$

$\Longrightarrow w = -\dfrac{1}{2i}\log\left(\dfrac{1 - iz}{1 + iz}\right) \Longrightarrow w = \dfrac{i}{2}\log\left(\dfrac{1 - iz}{1 + iz}\right)$

(4) 定理 3.7 および例 4.12 より

$$(\sin^{-1} z)' = \dfrac{dw}{dz} = \dfrac{1}{\frac{dz}{dw}} = \dfrac{1}{\cos w} = \dfrac{1}{(1 - \sin^2 w)^{\frac{1}{2}}} = \dfrac{1}{(1 - z^2)^{\frac{1}{2}}}$$

$$(\cos^{-1} z)' = \dfrac{dw}{dz} = \dfrac{1}{\frac{dz}{dw}} = \dfrac{-1}{\sin w} = \dfrac{-1}{(1 - \cos^2 w)^{\frac{1}{2}}} = \dfrac{-1}{(1 - z^2)^{\frac{1}{2}}}$$

である．また，この式より $(\sin^{-1} z)'$ と $(\cos^{-1} z)'$ は $1 - z^2 \neq 0$ のとき定義できることが分かるので，$\sin^{-1} z$ と $\cos^{-1} z$ は $z \neq \pm 1$ で正則である．

(5) (4) と同様に

$$(\tan^{-1} z)' = \dfrac{dw}{dz} = \dfrac{1}{\frac{dz}{dw}} = \cos^2 w = \dfrac{1}{1 + \tan^2 w} = \dfrac{1}{1 + z^2}$$

である．また，この式より $1 + z^2 \neq 0$ のとき $(\tan^{-1} z)'$ が定義できることが分かるので，$\tan^{-1} z$ は $z \neq \pm i$ で正則である．

注意 4.12． 三角関数は周期関数なので，逆三角関数は対数関数と同様，無限多価関数である．

最後に対数関数のマクローリン展開を見てみよう．

---**対数関数のマクローリン展開**---

定理 4.19． 整級数

$$\sum_{n=1}^{\infty} (-1)^{n-1} \dfrac{z^n}{n}$$

は $|z| < 1$ で収束し，$\log(1 + z)$ の主値 $\mathrm{Log}(1 + z)$ に等しい．つまり，

$$\mathrm{Log}(1 + z) = \sum_{n=1}^{\infty} (-1)^{n-1} \dfrac{z^n}{n} \qquad (4.47)$$

である．

(証明)

$c_n = (-1)^{n-1}\dfrac{1}{n}$ とすると

$$\lim_{n\to\infty}\left|\frac{c_n}{c_{n+1}}\right| = \lim_{n\to\infty}\left(\frac{n+1}{n}\right) = \lim_{n\to\infty}\left(1+\frac{1}{n}\right) = 1$$

なので，$\displaystyle\sum_{n=1}^{\infty}(-1)^{n-1}\dfrac{z^n}{n}$ の収束半径は 1 である．

$$g(z) = \sum_{n=1}^{\infty}(-1)^{n-1}\frac{z^n}{n}$$

とすれば，定理 4.8 より収束円内において項別微分可能で

$$g'(z) = \sum_{n=1}^{\infty}(-1)^{n-1}\left(\frac{z^n}{n}\right)' = \sum_{n=1}^{\infty}(-1)^{n-1}z^{n-1} = \sum_{n=0}^{\infty}(-z)^n = \frac{1}{1+z}$$

である[47]．

ここで，$|z|<1$ のとき $\mathrm{Re}(1+z)>0$ なので，$1+z\neq 0$ である．つまり，$|z|<1$ は $\mathrm{Log}(1+z)$ の定義域に入る．
$f(z)=\mathrm{Log}(1+z)$ とすると，定理 4.18 より

$$f'(z) = \frac{1}{1+z}$$

である．ゆえに，$f'(z)-g'(z)=0$ なので定理 3.6 より $f(z)-g(z)$ は定数であり，$f(z)-g(z) = C$（C は定数）と表すことができる．ここで，$z=0$ とすれば，

$$f(0)-g(0) = \mathrm{Log}\,1 - \sum_{n=1}^{\infty}0 = 0$$

なので $C=0$ である．ゆえに，$f(z)=g(z)$ である． ∎

■■■ 演習問題 ■■■■■■■■■■■■■■■■■■■■■■■■■

演習問題 4.9 次の問に答えよ．

(1) $\log 2$ の値をすべて求めよ．
(2) $\mathrm{Log}(-2)$ の値を求めよ．
(3) $i^i = e^{i\mathrm{Log}\,i}$ と定義する．このとき，i^i の値を求めよ．

演習問題 4.10 次の問に答えよ．

(1) $\log(2z+i)$ を微分せよ．
(2) $\log e^z = z + 2n\pi i (n\in\mathbb{Z})$ が成り立つことを示せ．
(3) $\log e^{3+7i}$ の値をすべて求めよ．
(4) $\log(\sqrt{3}-i)$ の値をすべて求めよ．

---

[47] 例 2.2(1) の証明をなぞれば，$\displaystyle\sum_{n=0}^{\infty}(-z)^n = \dfrac{1}{1+z}$ を得る．

(5) $e^z = \sqrt{3} + i$ を満たす z をすべて求めよ．

演習問題 4.11 次の問に答えよ．
(1) $\log(z^2 + 2)$ を微分せよ．
(2) $\log(z+1) = 1 + \dfrac{\pi}{2}i$ を満たす z をすべて求めよ．

4.2.7 べき乗関数*

複素数 α に対する複素数 z のべき乗 z^α を指数関数と対数関数を用いて次のように定義する．

───── べき乗関数 ─────

定義 4.15 .
$$z^\alpha = e^{\alpha \log z} \qquad (z \neq 0) \tag{4.48}$$

x を正の実数，α を実数とするとき，$x^\alpha = e^{\alpha \ln x}$ が成り立つので，(4.48) はこれの拡張になっている．

また，$\log z$ は多価関数なので，一般にはべき乗関数 z^α も多価関数になる．ただし，e^z は周期関数なので，命題 4.2.1 で示すように，一価関数になる場合もある．

もちろん，対数関数を主値に制限すれば z^α も一価関数となり，$e^{\alpha \mathrm{Log} z}$ を z^α の主値という．

───── z^α の多価性 ─────

命題 4.2.1 . べき乗関数 $w = z^\alpha$ の多価性は次のように分類できる．

(1) α が整数のとき，$w = z^\alpha$ は一価関数で $\alpha > 0$ ならば
$$z^\alpha = zz\cdots z \qquad (\alpha \text{個の積})$$
で，$\alpha < 0$ ならば $z^{-\alpha} = \dfrac{1}{z^\alpha}$ であり，$\alpha = 0$ ならば $z^\alpha = 1$ である．

(2) α が有理数だが整数ではないとき，つまり，$\alpha = \pm\dfrac{m}{n} (m, n$ は互いに素な正の整数で $n \geq 2)$ のとき，$w = z^\alpha$ は n 価関数で，
$$z^\alpha = (z^{\pm m} \text{の} n \text{乗根})$$
である．

(3) α が実有理数でないとき，つまり，α が無理数か $\mathrm{Im}\,\alpha \neq 0$ のとき，$w = z^\alpha$ は無限多価関数である．

4.2 初等関数

(証明)
(1) α を整数とする.
$\alpha = 0$ のとき, $z^0 = e^{0\log z} = e^0 = \cos 0 + i\sin 0 = 1$ である.
$\alpha > 0$ のとき, $z = re^{i\theta}$ とすると,

$$\alpha \log z = \alpha(\ln r + i\theta + 2k\pi i), \quad k \in \mathbb{Z}$$

なので, $e^{2k\pi i} = 1$ に注意すれば, オイラーの公式とド・モアブルの公式より

$$z^\alpha = e^{\alpha \log z} = e^{\alpha \ln r}e^{\alpha i\theta}e^{2k\pi i} = r^\alpha(\cos\alpha\theta + i\sin\alpha\theta) = r^\alpha(\cos\theta + i\sin\theta)^\alpha$$

が成り立つ. よって, α が自然数であることに注意すれば $r^\alpha(\cos\theta + i\sin\theta)^\alpha$ は $z^\alpha = \underbrace{z \cdots z}_{\alpha 個}$ である. また, $\alpha < 0$ のときも, ド・モアブルの公式は成り立つので,

$$z^{-\alpha} = \frac{1}{z^\alpha}$$ である.

(2) $\alpha = \dfrac{m}{n}$ とする. $z = r(\cos\theta + i\sin\theta)$ とするとき, $z^m = r^m(\cos m\theta + i\sin m\theta)$ の n 乗根 $(z^m)^{\frac{1}{n}}$ は, 定理 1.9 より

$$(z^m)^{\frac{1}{n}} = \sqrt[n]{r^m}\left\{\cos\left(\frac{m\theta}{n} + \frac{2k\pi}{n}\right) + i\sin\left(\frac{m\theta}{n} + \frac{2k\pi}{n}\right)\right\} \quad k = 0, 1, \ldots, n-1$$

となることに注意する. ここで,

$$z^\alpha = e^{\frac{m}{n}(\ln r + i(\theta + 2k\pi))} = e^{\frac{1}{n}\ln r^m} e^{\frac{m}{n}(\theta + 2k\pi)i}$$
$$= \sqrt[n]{r^m}\left\{\cos\left(\frac{m\theta}{n} + \frac{2mk\pi}{n}\right) + i\sin\left(\frac{m\theta}{n} + \frac{2mk\pi}{n}\right)\right\}$$

であり, m を固定すると, $\cos\left(\dfrac{m\theta}{n} + \dfrac{2mk\pi}{n}\right)$ および $\sin\left(\dfrac{m\theta}{n} + \dfrac{2mk\pi}{n}\right)$ は $k = 0, 1, \ldots, n-1$ に対してだけ相異なる値をとるので

$$z^\alpha = (z^m)^{\frac{1}{n}}$$

である. $\alpha = -\dfrac{m}{n}$ のときも同様に証明できる.

(3) α が実有理数でないとき, $z^\alpha = e^{\alpha \log z} = e^{\alpha(\ln r + i\theta + 2n\pi i)}$ において $e^{2n\pi\alpha i}(n \in \mathbb{Z})$ が無限個の値を持つので, z^α は無限多価関数である. ∎

べき乗関数の計算

例 4.18. 次の問に答えよ.
(1) $z \neq 0$ のとき, z^α の導関数を求めよ.
(2) i^i を求めよ.
(3) $\left(\dfrac{1+i}{\sqrt{2}}\right)^{1-i}$ を求めよ.

(解答)
(1) $(z^\alpha)' = (e^{\alpha \log z})' = e^{\alpha \log z}(\alpha \log z)' = z^\alpha \dfrac{\alpha}{z} = \alpha z^{\alpha-1}$
(2) $i^i = e^{i \log i} = e^{i(\ln 1 + \frac{\pi}{2}i + 2n\pi i)} = e^{-\frac{\pi}{2} - 2n\pi}$ $\qquad (n \in \mathbb{Z})$
(3)
$$\left(\dfrac{1+i}{\sqrt{2}}\right)^{1-i} = e^{(1-i)\log\left(\frac{1+i}{\sqrt{2}}\right)} = e^{(1-i)\left(\ln 1 + i\left(\frac{\pi}{4} + 2n\pi\right)\right)}$$
$$= e^{(1-i)\left(\frac{\pi}{4} + 2n\pi\right)i} = e^{\left(\frac{\pi}{4} + 2n\pi\right)i + \frac{\pi}{4} + 2n\pi} = e^{\frac{\pi}{4} + 2n\pi} e^{\frac{\pi}{4}i}$$
$$= e^{\frac{\pi}{4} + 2n\pi}\left(\cos\dfrac{\pi}{4} + i\sin\dfrac{\pi}{4}\right) = \dfrac{1+i}{\sqrt{2}} e^{\frac{\pi}{4} + 2n\pi}$$

■

4.2.8 リーマン面*

　対数関数やべき乗関数といった多価関数を一価関数として扱うために，主値という概念を導入した．

　多価関数を一価関数として扱う別の方法としては，定義域を拡張する，ということが考えられる．例えば，$\ldots, -4\pi, -2\pi, 0, 2\pi, 4\pi, \ldots$ は複素平面上では同一点になるが，これらを異なる点になるように定義域を拡張すれば $\log z = \ln r + i(\theta + 2n\pi)$ は一価関数になる．このように多価関数の定義域を拡張して，これを一価関数にする方法をリーマン面の方法という．

　ここでは，$\log z$ のリーマン面を考えよう．まず，$\log z$ は負の実軸と原点では不連続であることに注意する．そこで，

$$D_n = \{z \in \mathbb{C} \mid (2n-1)\pi < \arg z \le (2n+1)\pi, z \ne 0\}$$

を考え，図 4.2 のように負の実軸で各 D_n を貼り合わせて，$\log z$ が連続となるように定義域を拡張する．このように $\bigcup_{n \in \mathbb{Z}} \{D_n\}$ を貼り合わせた集合 $\boldsymbol{D}$ を $\log z$ のリーマン面という．

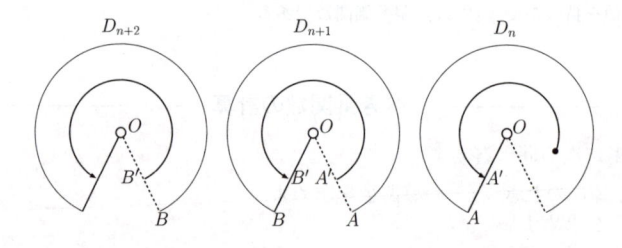

図 4.2　OA どうし，OB どうしを貼り合わせる

4.2 初等関数

D 上では，$\ln r + i(\theta + 2n\pi)$ は偏角 θ が増えれば絶対値 r を一定にして，螺旋のように回転しながら負の実軸で $D_n, D_{n+1}, \ldots$ へと移っていく．D の点 z とその極座標 (r,θ) が 1 対 1 に対応するので，対数関数

$$D \ni z \mapsto \log z = \ln r + i\theta \in \mathbb{C}$$

は一価関数である．

このように，リーマン面を導入することにより，$w = f(z)$ の対応が一対一になるので，関数の性質が理解しやすくなる．

リーマン面の別の例として，$w = z^{\frac{1}{3}}$ を考えよう．定理 1.9 とオイラーの公式より，$z = re^{i\theta}$ に対し

$$z^{\frac{1}{3}} = \sqrt[3]{r} e^{\left(\frac{\theta}{3} + \frac{2k\pi}{3}\right)} \qquad (k = 0, 1, 2)$$

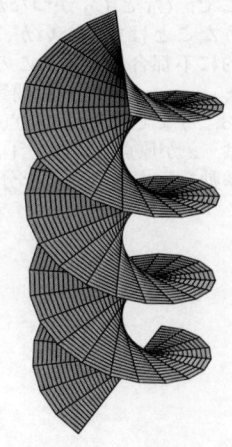

なので，$z^{\frac{1}{3}}$ は 3 価関数である．

$\log z$ のリーマン面のイメージ

これを 1 価関数にするためには，$k = 0, 1, 2$ に対応して 3 つの複素平面 C_0, C_1, C_2 を考えればよい．ただし，$z \in C_0$ のとき $0 \leq \theta < 2\pi$，$z \in C_1$ のとき $2\pi \leq \theta < 4\pi$，$z \in C_2$ のとき $4\pi \leq \theta < 6\pi$ とする．

これらをどのように貼り合わせたらよいか考えよう．簡単のため，$r = 1, \theta = 0$ として点 z と w の動きを考えよう．最初は，$z \in C_0$ とすると，$k = 0$ かつ $w = 1$ である．次に，z が原点を中心に 1 周すると，$z \in C_1$ かつ $k = 1$ であり，$w = e^{\frac{2\pi}{3}i}$ と考える．そして，z が原点を中心に 2 周すると，$z \in C_2$ かつ $k = 2$ であり，$w = e^{\frac{4\pi}{3}i}$ と考える．最後に，z が原点を 3 周すると $w = e^{\frac{6\pi}{3}i} = 1$ だから z は最初の点 $z \in C_0$ と一致しなければならないと考える．

この考えを実現するには，平面 C_0, C_1, C_2 を原点から正の実軸に切れ目を入れて図 4.3 のように貼り合わせればよい[48]．その際に，各平面の原点は同一視して 1 点と見なすことにする．

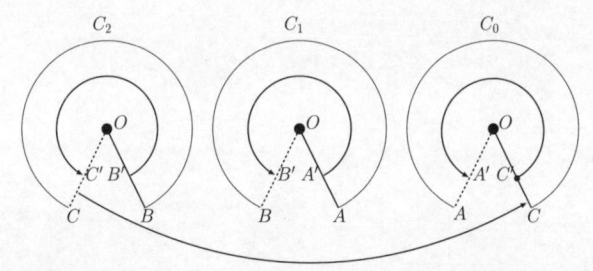

図 4.3 OA どうし，OB どうし，OC どうしを貼り合わせる

---

[48] 切れ目は負の実軸に入れてもいいし，斜めに入れてもよい．また，$z = 0$ のときも $z^{\frac{1}{3}}$ は定義できることに注意せよ．

ここで，C_0 と C_2 がつながっていることに注意して欲しい．3 次元空間ではこのようなことはできないが，あくまでもこのように考えるという同一視なので，論理的に不都合はない．このようにしてできたリーマン面を C とすると，写像 $C \ni z \mapsto w = z^{\frac{1}{3}}$ は一価関数となる．

なお，今までの考察で原点 $z = 0$ を中心とした点の回転を考えたが，多価関数の場合は，z が原点の回りを 1 周しても $w = f(z)$ はもとの値には戻らない．このような挙動を示す点 $z = 0$ を **分岐点** という．

第5章

複素積分

微分積分では，実関数 $y = f(x)$ の積分[1]を考えたが，複素関数 $w = f(z)$ についても積分を考えたい．ここでは，これらの積分を区別するために，実関数に対する積分を**実積分**，複素関数に対する積分を**複素積分**と呼ぶことにしよう．

一般に，複素積分は，実積分と異なり，始点と終点だけでなく積分路にも依存する．それが，正則関数に対しては積分路に依らないことがコーシーの積分定理より分かる．また，複素積分を使うと，実数の範囲だけで考えていては求めるのが難しい実積分の値を比較的簡単に求められる場合がある[2]．

さらに，複素積分を使うと正則関数は実は無限回微分可能である，といった正則関数の基本的な性質を導くことができる．

Section 5.1
曲線*

複素積分は，複素平面の曲線上の積分 (線積分) なので，ここでは，その土台となる曲線について述べ，次節以降で複素積分の定義や性質について見ていこう．

---

[1] ここでいう積分は定積分を指す．一般に，積分を考える，といわれたら不定積分ではなく，定積分を想定する．誤解を恐れずにいうならば，不定積分は定積分を計算するため考え出された概念で，主たる積分の概念はあくまでも定積分だといえる．

[2] これについては，第7章で学ぶ．

曲線

定義 5.1． 実数の閉区間 $I = [a,b]$ で定義された複素数値連続関数 $z(t) = x(t) + iy(t)$ に対して，写像 C

$$C : I \ni t \mapsto z(t) \in \mathbb{C}$$

を**始点** $z(a)$ と**終点** $z(b)$ を結ぶ $\mathbb{C}$ 上の**曲線**といい，

$$C : z = z(t), t \in I \quad \text{または} \quad C : z = z(t) \quad (a \leq t \leq b)$$

などと書く．また，t の増加にともなって $z(t)$ が移動する向きを曲線 C の**向き**という．

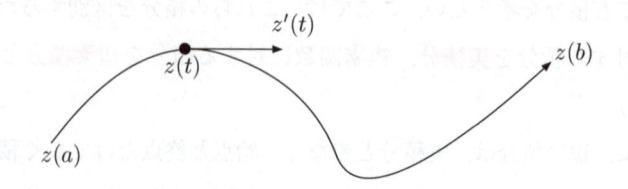

注意 5.1． 特に混乱がないときは写像 C の点集合 $\{z(t) | t \in [a,b]\}$ も**曲線** C という．
曲線「$z = z(t) \quad (a \leq t \leq b)$」の場合は t の値を固定すれば z の値が定まるという <u>関数</u> であるのに対し，曲線 $\{z(t) | t \in [a,b]\}$ は像の集合なので <u>図形</u> になっている．
曲線を図形と考えると，曲線を図形ごとに (図形単位や形状ごとに) 扱わなければならないので，これは定義や定理を考える際に大きな制約となり得る．そのような扱いにくさを避けるために，曲線を関数と考えることが多い．

滑らかな曲線

定義 5.2． 曲線 C が $z = z(t) \quad (a \leq t \leq b)$ で表されているとする．そして，$z(t) = x(t) + iy(t)$ の実部 $x(t)$ と虚部 $y(t)$ が微分可能で，その導関数 $x'(t)$ と $y'(t)$ が連続だとする．ただし，$t = a$ および $t = b$ ではそれぞれ右側微分および左側微分が可能で，片側連続になっているとする．このとき，すべての t で $z'(t) = x'(t) + iy'(t) \neq 0$ ならば，曲線 C を**滑らかな曲線**という．

$z'(t)$ は点 $z(t)$ で曲線 C に接するので，滑らかな曲線とは接線がパラメータ t とともに連続的に変化するような曲線であることが分かる．

5.1 曲線*

区分的に滑らかな曲線

定義 5.3． $z(t)$ が $[a,b]$ 上で連続かつ区分的に滑らかであるとき，つまり，曲線 C が適当な分点 $a = t_0 < t_1 < \cdots < t_n = b$ に対して各小区間 $[t_k, t_{k+1}]$ ($k = 0, 1, \ldots, n-1$) において $z(t)$ が滑らかで，全体として連続ならば，曲線 C は**区分的に滑らかな曲線**という．

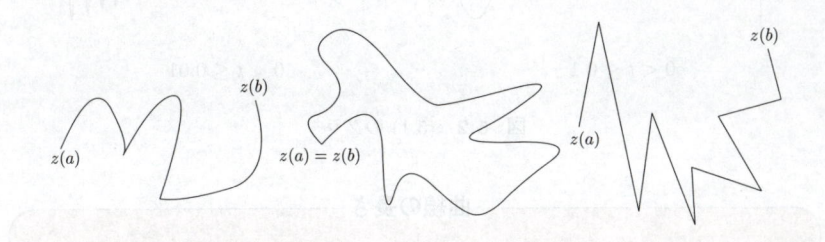

図 5.1 区分的に滑らかな曲線の例

図 5.1 の曲線はすべて自分自身とは交わっていないが，定義上は自分自身と交わっていてもよい．

注意 5.2． 応用上現われる曲線はほとんど区分的に滑らかな曲線なので，本書では特に断らない限り，**曲線といえば区分的に滑らかな曲線を指すもの**とする．
なお，後でみるように曲線が区分的に滑らかならば，複素積分は実関数の積分を経由して定義できる．

また，微分積分やベクトル解析で学ぶように曲線 $C : z = z(t)$ ($a \leq t \leq b$) の弧長 L は

$$L = \int_a^b |z'(t)| dt = \int_a^b \sqrt{(x'(t))^2 + (y'(t))^2} dt$$

で与えられる．

このように曲線を求める式があると，すべての曲線に長さがありそうに思えるが，実はそうではない．例えば，

$$z(t) = \begin{cases} t + it \sin \dfrac{1}{t} & (0 < t \leq 1) \\ 0 & (t = 0) \end{cases} \tag{5.1}$$

には長さがない．(5.1) は xy 平面上では $y = x \sin \dfrac{1}{x}$ となるが，このグラフは図 5.2 のようになり，原点付近で振動し続けるため長さは $L \to \infty$ となる．

このような状況は好ましくないので，本書では，曲線 C といえば，その長さがあるもの，つまり，L が有限値となるものだけを考えることにする．

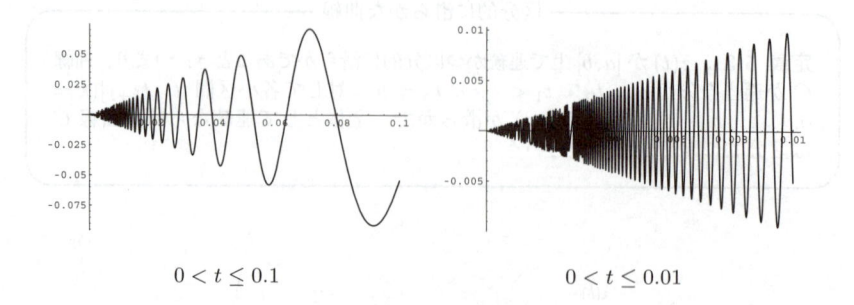

$0 < t \leq 0.1$	$0 < t \leq 0.01$

図 5.2 (5.1) のグラフ

― 曲線の長さ ―

例 5.1． 曲線 $z(t) = 3i + 2e^{2ti}$ $(0 \leq t \leq \pi)$ の長さ L を求めよ．

(解答)
オイラーの公式より
$$z(t) = 3i + 2e^{2ti} = 3i + 2(\cos 2t + i\sin 2t) = 2\cos 2t + i(3 + 2\sin 2t)$$
なので，$x(t) = 2\cos 2t$, $y(t) = 3 + 2\sin 2t$ とすると $x'(t) = -4\sin 2t$, $y'(t) = 4\cos 2t$ である．よって，
$$L = \int_0^\pi \sqrt{16\sin^2 2t + 16\cos^2 2t}\,dt = 4\int_0^\pi 1\,dt = 4\pi$$
である．なお，$|z - 3i| = |2e^{2ti}| = 2$ より，$z(t)$ は $z = 3i$ を中心とする半径が 2 の円周である．■

― 閉曲線 ―

定義 5.4． 曲線 $C : z = z(t)$ $(a \leq t \leq b)$ の始点と終点が一致するとき，つまり，$z(a) = z(b)$ のとき，C は**閉曲線**であるという．また，曲線 C において，$a \leq t_1 < t_2 \leq b$ かつ $z(t_1) = z(t_2)$ となる組 t_1, t_2 が存在しないとき，もしくは，存在したとしても $t_1 = a$ かつ $t_2 = b$ に限られるとき，つまり，閉曲線に限られるとき，C は**単一曲線**または**ジョルダン曲線**[3]という．別の言い方をすれば，単一曲線とは始点と終点を除いては自分自身と交わらない曲線のことである．特に，単一曲線 C が閉曲線のとき，C を**単一閉曲線**または**ジョルダン閉曲線**という．

この単一閉曲線については次の**ジョルダンの曲線定理**が知られている．この定理の主張は一見すると明らかなようだが，その証明は難しく，ここでは割愛する[4]．

---

[3] Jordan, Camille(1838-1922), フランスの数学者．
[4] 興味のある人は，位相幾何学の参考書を調べられたい．

5.1 曲線*

ジョルダンの曲線定理

定理 5.1． C を複素平面上の単一閉曲線とする．このとき，C は複素平面を 2 つの領域に分け，その一方は有界で，他方は非有界である．

ジョルダンの曲線定理のおかげで，曲線の内部と外部を考えることができる．

曲線の内部と外部

定義 5.5． ジョルダンの曲線定理より，複素平面は単一閉曲線 C によって，2 つの領域に分けられる．その有界な方を C の**内部**といい，非有界な方を C の**外部**という．そして，単一閉曲線 C の内部に互いに交わらない単一閉曲線 $C_1, C_2, \ldots, C_n$ があるとき，C の内部から $C_1, C_2, \ldots, C_n$ およびこれらの内部を取り除いた部分を $C, C_1, C_2, \ldots, C_n$ によって**囲まれた領域**と呼ぶ．また，内部を左側に見て進む方向を C の**正の向き**という．なお，有界領域 D の境界 ∂D がいくつかの曲線からなるときも D の内部を左側に見て進む方向を境界の正の向きとする．

図 5.3 C の正の向き (左側) と ∂D の正の向き (右側), 網掛け部分が囲まれた領域

注意 5.3． 単一閉曲線 C の正の向きはつねに反時計回りだが，領域 D の境界 ∂D は反時計回りとは限らない．なお，これ以降，特に断らない限り，曲線の向きは正の向きとする．

■■■ 演習問題 ■■■■■■■■■■■■■■■■■■■■■

演習問題 5.1 曲線 $C: z(t) = a + re^{it} (0 \leq t \leq 2\pi)$ の長さ L を求めよ．ただし，a は複素数の定数とし，$r > 0$ は実数とする．

Section 5.2
複素積分

まず，実変数関数の置換積分の公式を思い出そう．

---**実関数の置換積分**---

定理 5.2．$f(x)$ は $[a,b]$ で連続，$x = g(t)$ は $[\alpha, \beta]$ で微分可能[5]かつ狭義単調増加（あるいは狭義単調減少），つまり，$g'(t) \neq 0$ とする．また，$g'(t)$ は $[\alpha, \beta]$ で連続とする．このとき，

$$\int_a^b f(x)dx = \int_\alpha^\beta f(g(t))g'(t)dt$$

が成り立つ．ただし，$a = g(\alpha), b = g(\beta)$ であり，$g(t)$ の値域は $[a,b]$ に含まれるものとする．

実関数の置換積分を通じて[6]，複素関数 $f(z)$ の積分を次のように定義する．

---

[5] 端点 $t = \alpha, t = \beta$ では片側微分を考える．
[6] これはやや乱暴な言い方で，より正確には $\mathbb{C}$ を $\mathbb{R}^2$ と同一視した上で，ベクトル関数の線積分を利用して複素積分を定義する，と考えた方がよい．曲線 $C : \boldsymbol{r} = \boldsymbol{r}(t)(a \leq t \leq b)$ に沿ったベクトル関数 $\boldsymbol{A}$ の線積分は，弧長 s と単位接線ベクトル $\boldsymbol{t}(s)$ を用いて

$$\int_C \boldsymbol{A} \cdot \boldsymbol{t}ds = \int_a^b \boldsymbol{A}(\boldsymbol{r}(t)) \cdot \frac{d\boldsymbol{r}}{dt}dt$$

と表せることに注意せよ（例えば，拙著 [18] の定理 8.2 を参照のこと）．

---- 複素積分 ----

定義 5.6. 領域 D で定義された連続関数 $f(z)$ が与えられ，滑らかな曲線 $C : z = z(t) \quad (a \leq t \leq b)$ が D 内にあるとする．このとき，関数 $f(z)$ の C に沿った**複素積分**を次式で定義する．

$$\int_C f(z)dz = \int_a^b f(z(t))z'(t)dt \tag{5.2}$$

区分的に滑らかな曲線 C に沿った積分は滑らかな部分区間での積分の和として定義する．つまり，分点を $t_0 < t_1 < \cdots < t_n$ とするとき，

$$\int_C f(z)dx = \sum_{k=0}^{n-1} \int_{t_k}^{t_{k+1}} f(z(t))z'(t)dt$$

と定義する．なお，積分 $\int_C f(z)dz$ に対して曲線 C をその**積分路**あるいは**道**という．

注意 5.4. (5.2) の右辺の積分の意味は

$$\int_a^b f(z(t))z'(t)dt = \int_a^b \mathrm{Re}(f(z(t))z'(t))dt + i\int_a^b \mathrm{Im}(f(z(t))z'(t))dt$$

である．よって，実変数 t の複素数値関数 $f(t)$ が 2 つの実変数 $u(t)$ と $v(t)$ を用いて $f(t) = u(t) + iv(t)$ と表せるとき，$z = t$ として

$$\int_a^b f(t)dt = \int_a^b u(t)dt + i\int_a^b v(t)dt \tag{5.3}$$

と考える．

---- 実数を変数とする複素数値関数の積分 ----

定理 5.3. 実変数 t の複素数値関数 $f(t)$ に対して，次式が成り立つ[7]．

$$\int_a^b f'(t)dt = [f(t)]_a^b = f(b) - f(a) \tag{5.4}$$

(証明) $f(t) = u(t) + iv(t)$ とすると，$f'(t) = u'(t) + iv'(t)$ なので (5.3) より
$$\int_a^b f'(t)dt = \int_a^b u'(t)dt + i\int_a^b v'(t)dt$$
である．$u(t)$ と $v(t)$ は実数値関数なので通常の積分が可能であり，
$$\int_a^b u'(t)dt + i\int_a^b v'(t)dt = [u(t)]_a^b + i[v(t)]_a^b = u(b) - u(a) + i(v(b) - v(a))$$
$$= u(b) + iv(b) - (u(a) + iv(a)) = f(b) - f(a)$$
■

実数を変数とする複素数値関数の積分

例 5.2．n が整数のとき，次を示せ．
$$\int_0^{2\pi} e^{int}dt = \begin{cases} 2\pi & (n = 0) \\ 0 & (n \neq 0) \end{cases}$$

(解答) $n \neq 0$ ならば $e^{int} = \left(\dfrac{1}{in}e^{int}\right)'$ なので
$$\int_0^{2\pi} e^{int}dt = \left[\frac{1}{in}e^{int}\right]_0^{2\pi} = \frac{e^{2n\pi i} - 1}{in} = \frac{1 - 1}{in} = 0$$
である．また，$n = 0$ のとき $e^{int} = 1$ なので $\int_0^{2\pi} 1dt = 2\pi$ である． ■

簡単な複素積分の計算

例 5.3．$f(z) = (z - a)^n (n \in \mathbb{Z})$ を中心 a，半径 r の円周 $C : z = a + re^{i\theta} (0 \leq \theta \leq 2\pi)$ に沿って積分せよ．ただし，a は複素数の定数，$r > 0$ は実定数である．

---

[7] もちろん，$f'(t)$ が積分可能であるという仮定はあるものとする．

(解答) $\dfrac{dz}{d\theta} = ire^{i\theta}$ なので (5.2) より

$$\int_C f(z)dz = \int_0^{2\pi} f(z(\theta))\frac{dz}{d\theta}d\theta = \int_0^{2\pi}(a+re^{i\theta}-a)^n ire^{i\theta}d\theta$$

$$= \int_0^{2\pi} r^n e^{in\theta} ire^{i\theta} d\theta = ir^{n+1}\int_0^{2\pi} e^{i(n+1)\theta}d\theta$$

である. よって, $n=-1$ のとき,

$$\int_C f(z)dz = i\int_0^{2\pi} e^0 d\theta = i\int_0^{2\pi} 1 d\theta = 2\pi i$$

であり, $n \neq -1$ のとき,

$$\int_C f(z)dz = ir^{n+1}\left[\frac{1}{i(n+1)}e^{i(n+1)\theta}\right]_0^{2\pi} = \frac{r^{n+1}}{n+1}\left(e^{2\pi(n+1)i}-e^0\right) = 0$$

である. ∎

以下では, 複素積分の基本的な性質について見ていく.

─── パラメータ変換による複素積分の不変性 ───

定理 5.4. 滑らかな曲線 $C : z = z(t)(a \leq t \leq b)$ と閉区間 $[c,d]$ から閉区間 $[a,b]$ の上への連続的微分可能な写像 $t = \varphi(s)$ で $\varphi'(s) > 0 (c < s < d)$ となるもの[8])があるとき, $w(s) = z(\varphi(s))$ とおけば滑らかな曲線 $\Gamma : z = w(s)(c \leq s \leq d)$ が得られる. このとき,

$$\int_C f(z)dz = \int_\Gamma f(z)dz$$

が成り立つ.

(証明) $t = \varphi(s)$ は上への写像で $\varphi'(s) > 0$ なので $a = \varphi(c), b = \varphi(d)$ である. ここで, $F(t) = f(z(t))z'(t)$ とおくと,

$$\int_C f(z)dz = \int_a^b f(z(t))z'(t)dt = \int_a^b F(t)dt$$

$$= \int_c^d F(\varphi(s))\varphi'(s)ds = \int_c^d f(z(\varphi(s)))z'(\varphi(s))\varphi'(s)ds$$

$$= \int_c^d f(w(s))w'(s)ds = \int_\Gamma f(z)dz$$

を得る. ∎

───────────────
[8])このとき φ は全単射である.

注意 5.5. $\varphi'(s) > 0$ は φ が狭義単調増加であることを示しているので，C と Γ は同じ向きの曲線である．よって，定理 5.4 は曲線のパラメータを同じ向きのパラメータで取り替えても複素積分の値は変わらないことを意味する．直観的には「同じ積分路を速く進もうが遅く進もうが複素積分の値には影響しない」ということである．

―― 積分の基本性質 ――

定理 5.5. この定理で現われる関数はすべて領域 D で定義された連続関数[9]で，積分路は D に含まれる曲線とする．

(1) α, β を複素定数とすると

$$\int_C (\alpha f(z) + \beta g(z))dz = \alpha \int_C f(z)dz + \beta \int_C g(z)dz$$

(2) 積分路 $C : z = z(t)(a \leq t \leq b)$ を途中で 2 つの積分路 $C_1 : z = z(t)(a \leq t \leq c)$, $C_2 : z = z(t)(c \leq t \leq b)$ に分けるとき，$C = C_1 + C_2$ と書けば

$$\int_{C_1+C_2} f(z)dz = \int_{C_1} f(z)dz + \int_{C_2} f(z)dz$$

(3) 曲線の向きを逆にした曲線を $-C$ と表すと，

$$\int_{-C} f(z)dz = -\int_C f(z)dz$$

(証明)
(1) 実関数の積分の性質と (5.2) より

$$\begin{aligned}
\int_C (\alpha f(z) + \beta g(z))dz &= \int_a^b (\alpha f(z(t)) + \beta g(z(t)))z'(t)dt \\
&= \alpha \int_a^b f(z(t))z'(t)dt + \beta \int_a^b g(z(t))z'(t)dt \\
&= \alpha \int_C f(z)dz + \beta \int_a^b g(z)dz
\end{aligned}$$

---

[9] 定理 5.9 より連続関数は積分可能である．

(2) (1) と同様に考えれば
$$\int_C f(z)dz = \int_a^b f(z(t))z'(t)dt = \int_a^c f(z(t))z'(t)dt + \int_c^b f(z(t))z'(t)dt$$
$$= \int_{C_1} f(z)dz + \int_{C_2} f(z)dz$$

(3) $C : z = z(t)(a \leq t \leq b)$ に対して $-C : z = z(-t)(-b \leq -t \leq -a)$ なので, $s = -t$ として
$$\int_{-C} f(z)dz = \int_{-b}^{-a} f(z(-t))(z(-t))'dt = \int_{-b}^{-a} -f(z(s))z'(s)ds$$
$$= \int_b^a f(z(s))z'(s)ds = -\int_a^b f(z(s))z'(s)ds = -\int_C f(z)dz \qquad ■$$

複素積分の計算

例 5.4. 次の各曲線について $\int_C \bar{z}dz$ と $\int_{C'} \bar{z}dz$ を求めよ.

(1) 放物線 $C : z(t) = t^2 + ti \, (0 \leq t \leq 1)$

(2) 折れ線 $C' : z(t) = \begin{cases} t & (0 \leq t \leq 1) \\ 1 - i + ti & (1 \leq t \leq 2) \end{cases}$

(解答)

(1) C 上で $z(t) = t^2 + ti$ で, $\bar{z}(t) = t^2 - ti$, $z'(t) = 2t + i$ なので
$$\int_C \bar{z}dz = \int_0^1 \overline{z(t)}z'(t)dt = \int_0^1 (t^2 - ti)(2t + i)dt$$
$$= \int_0^1 (2t^3 + t - t^2 i)dt = \left[\frac{t^4}{2} + \frac{t^2}{2} - \frac{t^3}{3}i\right]_0^1$$
$$= 1 - \frac{i}{3}$$

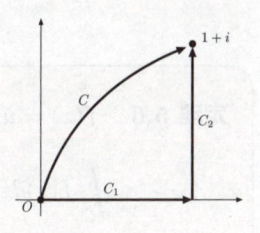

(2) $C_1 : z(t) = t \, (0 \leq t \leq 1)$, $C_2 : z(t) = 1 - i + ti \, (1 \leq t \leq 2)$ とし, C_1 上で $z'(t) = 1$, C_2 上で $z'(t) = i$ に注意すると
$$\int_{C'} \bar{z}dz = \int_{C_1} \bar{z}dz + \int_{C_2} \bar{z}dz = \int_0^1 t \cdot 1 dt + \int_1^2 (1 + i - ti)idt$$
$$= \left[\frac{1}{2}t^2\right]_0^1 + i\left[t + ti - \frac{t^2}{2}i\right]_1^2 = \frac{1}{2} + i\left(2 + 2i - 2i - 1 - i + \frac{i}{2}\right)$$
$$= \frac{1}{2} + i\left(1 - \frac{i}{2}\right) = 1 + i \qquad ■$$

注意 5.6. 例 5.4 の曲線 C と C' は，ともに始点が $z=0$ で終点が $z=1+i$ だが，積分値は異なっている．このように複素積分の値は積分路の端点だけでは定まらない．複素積分の値は端点だけでなく積分路 C にも依存するのである．しかし，後で見るように正則関数の積分値は端点のみに依存する．

複素関数 $f(z)$ を実部と虚部に分けて $f(z) = u(x,y) + v(x,y)i$ と表すと，対応して複素積分 (5.2) も実部と虚部に分けて表示することができる．

それを見るために，$z(t) = x(t) + y(t)i$ とすると，(5.2) は

$$\int_C f(z)dz = \int_a^b f(z(t))z'(t)dt = \int_a^b f(z(t))(x'(t)+y'(t)i)dt \\ = \int_a^b f(z(t))x'(t)dt + i\int_a^b f(z(t))y'(t)dt \tag{5.5}$$

と書ける．ここで，(5.5) の右辺第 1 項は $z=x$ としたときの複素積分に，第 2 項は $z=yi$ としたときの複素積分に対応しているので，

$$\int_C f(z)dx = \int_a^b f(z(t))x'(t)dt, \qquad \int_C f(z)dy = \int_a^b f(z(t))y'(t)dt$$

と書くと，以下のようになる．

$$\int_C f(z)dz = \int_C f(z)dx + i\int_C f(z)dy \tag{5.6}$$

複素積分の実部と虚部

定理 5.6. $f(z) = u(x,y) + v(x,y)i$ とすると，

$$\int_C f(z)dz = \int_C (udx - vdy) + i\int_C (vdx + udy) \tag{5.7}$$

と書ける．

(証明)
(5.6) より

$$\int_C f(z)dz = \int_C f(z)dx + i\int_C f(z)dy = \int_C (u+vi)dx + i\int_C (u+vi)dy \\ = \int_C (udx - vdy) + i\int_C (vdx + udy)$$

∎

5.2 複素積分

弧長による積分の定義

定義 5.7. 曲線 $C: z = z(t)(a \leq t \leq b)$ の弧長による複素積分を次式で定義する.

$$\int_C f(z)|dz| = \int_a^b f(z(t))|z'(t)|dt \qquad (a \leq b) \qquad (5.8)$$

曲線 C が $z(t) = x(t) + iy(t)(a \leq t \leq b)$ であれば, $z(a)$ から $z(t)$ までの曲線の長さ $s = s(t)$ は

$$s = s(t) = \int_a^t \sqrt{(x'(\tau))^2 + (y'(\tau))^2}d\tau = \int_a^t |z'(\tau)|d\tau$$

なので

$$\frac{ds}{dt} = |z'(t)|$$

である. ここで, α と β をそれぞれ $t = a$ と $t = b$ に対応する弧長とすると, 曲線 C に沿った複素積分 $\int_C f(z)|dz|$ は, 以下のようになる.

$$\int_C f(z)|dz| = \int_\alpha^\beta f(z(s))ds = \int_a^b f(z(t))|z'(t)|dt$$

弧長と複素積分の関係

定理 5.7. 曲線の全長を L とし, C 上で $|f(z)| \leq M$ が成り立つならば

$$\left|\int_C f(z)dz\right| \leq \int_C |f(z)||dz| \leq ML$$

である.

(証明)
$\int_C f(z)dz$ を適当に回転させてもその絶対値は変わらない, つまり, $\left|e^{i\theta}\int_C f(z)dz\right| = \left|\int_C f(z)dz\right| (0 < \theta \leq 2\pi)$ なので, 最初から $\int_C f(z)dz$ は正の実数値

だと考えてよい. $C : z = z(t)(a \leq t \leq b)$, $u(t) = u(x(t), y(t))$, $v(t) = v(x(t), y(t))$, $f(z(t)) = u(t) + iv(t)$, $z(t) = x(t) + iy(t)$ とすると, 定理 5.6 より,

$$\left|\int_C f(z)dz\right| = \text{Re}\int_C f(z)dz = \int_C (udx - vdy) = \int_a^b (u(t)x'(t) - v(t)y'(t))dt$$

であり, 一般に, $(ac - bd)^2 \leq (a^2 + b^2)(c^2 + d^2)$ が成り立つことに注意すれば,

$$\left|\int_C f(z)dz\right| \leq \int_a^b \sqrt{u^2(t) + v(t)^2}\sqrt{x'(t)^2 + y'(t)^2}dt = \int_C |f(z)||dz|$$

が成り立つ. また,

$$L = \int_a^b |z'(t)|dt = \int_C |dz|$$

なので

$$\int_C |f(z)||dz| \leq \int_C M|dz| = ML$$

である. ∎

一様収束と極限の順序交換*

例 5.5. 曲線 C 上で定義された連続な複素関数列 $\{f_n(z)\}$ が関数 $f(z)$ に C 上で一様収束していれば

$$\lim_{n \to \infty} \int_C f_n(z)dz = \int_C f(z)dz$$

が成り立つことを示せ.

(解答)
$M_n = \sup_{z \in C} |f_n(z) - f(z)|$ とすれば, 仮定より $M_n \to 0(n \to \infty)$ である. 曲線 C の全長を L とすると, 定理 5.7 より

$$\left|\int_C (f_n(z) - f(z))dz\right| \leq \int_C |f_n(z) - f(z)||dz| \leq M_n L \to 0 \quad (n \to \infty) \quad ∎$$

なお, $f_n(z) = \sum_{k=1}^{n} f_k(z)$ とすれば, 演習問題 5.5 より, 次のような級数の**項別積分**可能の条件を得る.

―― 項別積分の定理* ――

定理 5.8. 連続関数からなる級数 $\sum_{n=1}^{\infty} f_n(z)$ が領域 D で広義一様収束しているとする．このとき，D 内の区分的に滑らかな曲線 C に対して

$$\sum_{n=1}^{\infty} \int_C f_n(z)dz = \int_C \sum_{n=1}^{\infty} f_n(z)dz$$

が成り立つ．

■■■ 演習問題 ■■■■■■■■■■■■■■■■■■■■■■■■■■■

演習問題 5.2 $\int_C \mathrm{Re}(z-a)dz$ を求めよ．ただし，$C : z(t) = a + re^{it}\ (0 \leq t \leq 2\pi)$ とする．

演習問題 5.3 $z = x + yi$ とする．このとき，次の積分を計算せよ．

(1) $\int_C (x + y^2 i)dz \quad C : z(t) = t^2 - ti(-1 \leq t \leq 1)$

(2) $\int_C \dfrac{1}{z}dz$
ただし，C は 4 点 $1-i, 1+i, -1+i, -1-i, 1-i$ を順に直線で結んだ閉曲線とする．

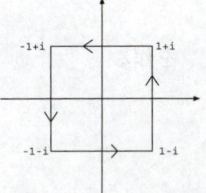

(ヒント) $C_1 : 1-i \to 1+i, C_2 : 1+i \to -1+i, C_3 : -1+i \to -1-i, C_4 : -1-i \to 1-i$ とすると，$C_1 : z(t) = 1 + ti(-1 \leq t \leq 1)$, $-C_2 : z(t) = t + i(-1 \leq t \leq 1)$, $-C_3 : z(t) = -1 + ti(-1 \leq t \leq 1)$, $C_4 : z(t) = t - i(-1 \leq t \leq 1)$ であることに注意せよ．また，$\int \dfrac{1}{t^2+1}dt = \tan^{-1} t$ を思い出そう．

演習問題 5.4 次の積分を計算せよ．ただし，結果は $x + yi(x, y \in \mathbb{R})$ の形で書くこと．

(1) $\int_C (z+1)dz, \quad C : z(t) = t + t^2 i (0 \leq t \leq 1)$

(2) $\int_C (z + \bar{z})dz \quad C : z(t) = t^2 + ti(0 \leq t \leq 1)$

演習問題 5.5 連続関数列 $\{f_n(z)\}$ が領域 D で関数 $f(z)$ に広義一様収束している

とする．このとき，D 内の区分的に滑らかな曲線 C に対して

$$\lim_{n \to \infty} \int_C f_n(z)dz = \int_C f(z)dz$$

が成り立つことを示せ．

Section 5.3
リーマン和による複素積分の定義*

実関数の場合と同様に，複素積分をリーマン和の極限として考えることができる．
曲線 $C : z = z(t)(a \leq t \leq b)$ と関数 $f(z)$ があるとする．C の向きにしたがって C 上に順次，分点

$$z_0 = z(a), \quad z_1, \quad z_2, \quad \ldots, \quad z_n = z(b)$$

をとって C を分割し，z_{k-1} から z_k までの部分から任意の点 ξ_k をとり，リーマン和

$$S_\Delta = \sum_{k=1}^{n} f(\xi_k)(z_k - z_{k-1})$$

を作る．

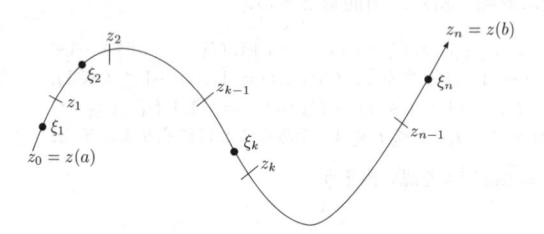

そして，$|\Delta| = \max_{1 \leq k \leq n} |z_k - z_{k-1}|$ とし，複素積分を

$$\int_C f(z)dz = \lim_{|\Delta| \to 0} S_\Delta = \lim_{|\Delta| \to 0} \sum_{k=1}^{n} f(\xi_k)(z_k - z_{k-1}) \tag{5.9}$$

と定義する．
さて，曲線 C を分割するということは，区間 $[a, b]$ を分割するということなので，$[a, b]$ の分点

$$a = t_0 < t_1 < t_2 < \cdots < t_n = b$$

を $z_k = z(t_k)$ となるようにとり，$\tau_k \in [t_{k-1}, t_k]$ を $\xi_k = z(\tau_k)$ となるようにとる．そして，$z_k = x_k + iy_k$ とすれば

$$S_\Delta = \sum_{k=1}^n f(\xi_k)(x_k - x_{k-1}) + i\sum_{k=1}^n f(\xi_k)(y_k - y_{k-1})$$

である．右辺の第1項は，$x(t)$ に平均値の定理を適用して

$$\sum_{k=1}^n f(\xi_k)(x_k - x_{k-1}) = \sum_{k=1}^n f(z(\tau_k))x'(\tau'_k)(t_k - t_{k-1}), \quad \tau'_k \in (t_{k-1}, t_k)$$

となる．ここで，$|\Delta| \to 0$ と $\max_{1\leq k \leq n} |t_k - t_{k-1}| \to 0$ は同値であることに注意すれば，実関数の定積分と同様に

$$\lim_{|\Delta|\to 0} \sum_{k=1}^n f(z(\tau_k))x'(\tau_k)(t_k - t_{k-1}) = \int_a^b f(z(t))x'(t)dt$$

となる[10]．

第2項も同様に

$$\lim_{|\Delta|\to 0} \sum_{k=1}^n f(\xi_k)(y_k - y_{k-1})$$

$$= \lim_{|\Delta|\to 0} \sum_{k=1}^n f(z(\tau_k))y'(\tau''_k)(t_k - t_{k-1}), \quad \tau''_k \in (t_{k-1}, t_k)$$

$$= \int_a^b f(z(t))y'(t)dt$$

である．よって，

$$\int_C f(z)dz = \lim_{|\Delta|\to 0} S_\Delta = \int_a^b f(z(t))x'(t)dt + i\int_a^b f(z(t))y'(t)dt$$

となる．これは (5.5) と同じ式である．

---

[10] $x'(\tau'_k)$ が $x'(\tau_k)$ になっていることに注意せよ．これは次のように考える．まず，$x'(t)$ は閉区間 $[a,b]$ で連続なので一様連続である．よって，$\delta = \max_{1\leq k \leq n} |t_k - t_{k-1}|$ を十分小さくすると $|x'(\tau_k) - x'(\tau'_k)| < \varepsilon$ とできる．また，$f(z(t))$ は閉区間で連続なので有界となり，$|f(z(t))| \leq M$ とできる．したがって，

$$|f(z(\tau_k))x'(\tau'_k)(t_k - t_{k-1})| = |f(z(\tau_k))(x'(\tau'_k) - x'(\tau_k) + x'(\tau_k))(t_k - t_{k-1})|$$
$$\leq |f(z(\tau_k))x'(\tau_k)(t_k - t_{k-1})| + |f(z(\tau_k))(x'(\tau'_k) - x'(\tau_k))(t_k - t_{k-1})|$$
$$\leq |f(z(\tau_k))x'(\tau_k)(t_k - t_{k-1})| + M\varepsilon\delta$$

となるので，$\delta \to 0$ と考えれば右辺第1項のみが残る．

なお、実関数の場合と同様に次の定理が成り立つが，証明は実関数の場合と同様なので省略する[11]．

連続関数の微分可能性

定理 5.9． 複素関数 $f(z)$ が曲線 C 上で連続ならば，積分可能である．

Section 5.4
不定積分

実関数の定積分 $\int_a^b f(x)dx$ を具体的に求めるときには，まず，不定積分を求め，それが原始関数 $F(x)$ になることを利用し，$\int_a^b f(x)dx = F(b)-F(a)$ として計算した．ここでは，複素関数についても，これと同様な考え方があることを見ていこう．

原始関数

定義 5.8． 領域 D で定義された連続関数 $f(z)$ に対して

$$F'(z) = f(z), \qquad z \in D$$

となる関数 $F(z)$ を $f(z)$ の **原始関数** という．

これは，実関数のときと同じ定義である．

注意 5.7． $F(z)$ は多価関数でもよい．例えば，D を複素平面 $\mathbb{C}$ から 0 および負の実軸を除いた領域とすると，$f(z) = \dfrac{1}{z}$ の原始関数 $F(z)$ は $F(z) = \log z$ である．ただし，これ以降，$F(z)$ が多価関数の場合は，その主値あるいは適当な分枝を選ぶものとする．

---

[11] 実関数の場合は「有界閉区間 I で連続な関数は I で連続である」であった．これに対応するのが定理 5.9 なので，曲線 C の長さが有限であるというのは大前提である．

5.4 不定積分

微分積分の基本関係

定理 5.10. $f(z)$ は領域 D において連続で，D において原始関数 $F(z)$ をもつとする．このとき，D 内の曲線 $C : z = z(t) (a \leq t \leq b)$ に対して次式が成り立つ．
$$\int_C f(z)dz = F(z(b)) - F(z(a))$$

なお，実関数のときと同様に
$$[F(z)]_\alpha^\beta = F(\beta) - F(\alpha)$$
と書く[12]．

(証明) $\dfrac{d}{dt}F(z(t)) = F'(z(t))z'(t) = f(z(t))z'(t)$ なので
$$\int_C f(z)dz = \int_a^b f(z(t))z'(t)dt = \int_a^b \frac{d}{dt}F(z(t))dt = F(z(b)) - F(z(a))$$
∎

閉曲線上の積分

系 5.1. 関数 $f(z)$ が領域 D において原始関数をもつならば，D 内の閉曲線 C に対して
$$\int_C f(z)dz = 0$$
となる．

(証明) C が閉曲線のとき，$z(a) = z(b)$ なので定理 5.10 より $\int_C f(z)dz = 0$ である． ∎

---

[12] 2 変数実関数の線積分の値は端点だけでなく，一般に積分路にも依存する．この点が，定理 5.10 とは異なる．

定理 5.10 より，原始関数が存在すれば積分計算ができることが分かる．そこで，どのようなときに原始関数が存在するかを考えてみる．

実変数関数 $f(x)$ の不定積分は $F(x) = \int_a^x f(t)dt$ と表され，$F'(x) = f(x)$ を満たす．これを介して，複素関数の不定積分を導入することを考える．ただし，実関数の積分と異なり，複素積分の場合は積分路によって積分値が変わる可能性がある．そこで，次のように不定積分を定義する．

---- 不定積分 ----

定義 5.9．領域 D において連続な関数 $f(z)$ および任意に固定した始点 $\alpha \in D$ と任意の終点 $z \in D$ を結ぶ D 内の曲線 C に対して，積分 $\int_C f(z)dz$ が積分路 C によらずに終点 z だけできまるとき[13]，この値を

$$F(z) = \int_\alpha^z f(\zeta)d\zeta$$

で表して，$f(z)$ の**不定積分**という[14]．

注意 5.8．不定積分は多価関数でもよい．一般に，正則関数は多価不定積分をもつ．ただし，原始関数と同様，$F(z)$ が多価関数の場合は，その主値あるいは適当な分枝を選ぶものとする．

不定積分を上記のように定義すると，定理 5.12 で示すように不定積分 $F(z)$ が原始関数となり，実関数の積分と同様，部分積分公式が導かれる．

---- 部分積分法 ----

定理 5.11．関数 $f(z)$ が領域 D において原始関数 $F(z)$ をもち，$g(z)$ が正則ならば，D 内の任意の 2 点 α, β に対して次式が成り立つ．

$$\int_\alpha^\beta f(z)g(z)dz = [F(z)g(z)]_\alpha^\beta - \int_\alpha^\beta F(z)g'(z)dz$$

(証明)
実変数関数の場合と同様である． ∎

5.4　不定積分

―― 原始関数と不定積分の関係 ――

定理 5.12． 領域 D において連続な関数 $f(z)$ の不定積分 $F(z)$ が存在すれば，$F(z)$ は正則であって $f(z)$ の原始関数である．

(証明)
$f(z)$ は連続なので，任意の $\varepsilon > 0$ に対してある $\delta > 0$ があって，
$$|h| < \delta \implies |f(z+h) - f(z)| < \varepsilon$$
である．ここで，D は領域なので開集合であることに注意すれば，δ は $U_\delta(z) \subset D$ を満たすものとしてよい．また，$|h| < \delta$ のとき
$$F(z+h) - F(z) = \int_\alpha^{z+h} f(\zeta)d\zeta - \int_\alpha^z f(\zeta)d\zeta = \int_z^{z+h} f(\zeta)d\zeta$$
である．さらに，仮定より，不定積分 $F(z)$ が存在しているので，その値は積分路に依存しない．そこで，z と $z+h$ を結ぶ線分 $I : \zeta(t) = z + ht (0 \leq t \leq 1)$ を積分路として選ぶ．このとき，$\zeta \in I$ ならば $|\zeta - z| \leq |h| < \delta$ なので
$$|f(\zeta) - f(z)| < \varepsilon$$
となる．よって，以上のことと定理 5.7 より
$$\left| \frac{F(z+h) - F(z)}{h} - f(z) \right| = \left| \frac{1}{h} \int_z^{z+h} f(\zeta)d\zeta - f(z) \right| = \left| \frac{1}{h} \int_z^{z+h} (f(\zeta) - f(z))d\zeta \right|$$
$$\leq \frac{1}{|h|} \int_I |f(\zeta) - f(z)||d\zeta| < \frac{1}{|h|} \int_I \varepsilon |d\zeta|$$
$$= \frac{\varepsilon}{|h|} \int_I |d\zeta| = \frac{\varepsilon}{|h|} |h| = \varepsilon$$
ここで，$h \to 0$ とすれば
$$F'(z) = f(z)$$
であり，これはすべての $z \in D$ で成り立つので，定理の主張が成り立つ．■

―― **注意 5.9．** 定理 5.12 および「正則関数の導関数も正則」という事実[15]より，不定積分が存在するような連続関数は正則である．実変数関数の場合は，不定積分を持つ関数が微分できるとは限らない[16]ことを思い出すと，これは驚くべき結果である． ――

---

[13] 平たく言うと，始点と終点のみで積分値が定まるとき．

[14] ギリシャ文字 ζ(ゼータ) はアルファベットの z に対応する．$\int_\alpha^z f(t)dt$ とすると，これは実関数の積分というイメージを与えかねないので，ここでは，複素積分であることを強調するために $\int_\alpha^z f(\zeta)d\zeta$ とした．

[15] 後述する系 5.4 を参照．

[16] 例えば，$f(x) = |x|$ の不定積分は $F(x) = \int_0^x f(t)dt = \frac{1}{2}x|x|$ だが，$f(x) = |x|$ は $x = 0$ で微分不可能である．

閉曲線上の積分と不定積分

定理 5.13. 関数 $f(z)$ が領域 D において連続で D 内の任意の閉曲線 C に対して
$$\int_C f(z)dz = 0$$
となるならば，$f(z)$ は不定積分をもつ．

(証明)
D 内の点 α を始点とし，z を終点とする 2 つの曲線 C_1, C_2 をとるとき，曲線 $C_1 - C_2$ は D 内の閉曲線である．したがって，
$$0 = \int_{C_1 - C_2} f(z)dz = \int_{C_1} f(z)dz + \int_{-C_2} f(z)dz$$
$$= \int_{C_1} f(z)dz - \int_{C_2} f(z)dz$$
なので
$$\int_{C_1} f(z)dx = \int_{C_2} f(z)dz \qquad (5.10)$$
である．
ここで，片方の積分路 C_2 を固定して C_1 を始点 α，終点 β とする D 内の任意の積分路として (5.10) を見ると，積分 $\int_{C_1} f(z)dz$ は C_1 の始点 α と終点 β とで一意に定まり，積分路 C_1 の選び方にはよらないことが分かる．よって，不定積分が存在する． ∎

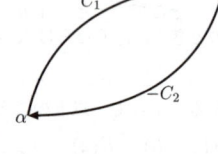

以上の結果をまとめると，次のようになる．

微分と積分の関係

定理 5.14. 関数 $f(z)$ が領域 D において連続だとすると，以下の 3 条件はお互いに同値である．

(1) $f(z)$ は D 上で不定積分をもつ
(2) D 上に正則関数 $F(z)$ で $F'(z) = f(z)$ となるものが存在する
(3) D 内の任意の閉曲線 C に対して $\int_C f(z)dz = 0$

(証明)
(1)$\Longrightarrow$(2)：定理 5.12 の結果である．
(2)$\Longrightarrow$(3)：系 5.1 の結果である．
(3)$\Longrightarrow$(1)：定理 5.13 の結果である． ∎

注意 5.10． 不定積分をもたないことを示すには定理 5.14(3) を用い，不定積分をもつことを示すには定理 5.14(2) を用いればよい．任意の閉曲線を調べることはできない[17]ので，不定積分の存在を示すのに定理 5.14(3) を使うことはできない．

―― 不定積分 ――

例 5.6． 次の関数が不定積分をもつかどうか調べよ．
(1) $\bar{z}$　（領域は $\mathbb{C}$）　　　(2) $\dfrac{1}{z}$　（領域は $\mathbb{C}\setminus\{0\}$）

(解答)
(1) 例 5.4 より，
$$\int_{C-C'} \bar{z}\,dz = \int_C \bar{z}\,dz - \int_{C'} \bar{z}\,dz = 1 - \frac{i}{3} - (1+i) = -\frac{4}{3}i \neq 0$$
である．ここで，$C - C'$ が閉曲線であることに注意すれば，定理 5.14 より $\bar{z}$ が不定積分をもたないことが分かる．

(2) 例 5.3 より，中心が 0 で半径が r の円周 C 上で $\dfrac{1}{z}$ を積分すると，
$$\int_C \frac{1}{z}\,dz = 2\pi i \neq 0$$
である．C は閉曲線なので定理 5.14 より $\dfrac{1}{z}$ は不定積分をもたない．　■

例 5.6(2) より，正則関数が定義されている領域全体で不定積分をもつとは限らないことが分かる．

注意 5.11． 定理 4.18 より，$\dfrac{1}{z}$ の原始関数は $\log z$ であり，$\dfrac{1}{z}$ は不定積分をもつのではないか？　と疑問に思うかもしれない．それでは，例 5.6(2) や定理 5.14 がおかしいのであろうか？　もちろん，そうではない．定理 5.14 の (2) は D 上で原始関数 F が存在することを主張しているが，$\log z$ は $\mathbb{C}\setminus\{0\}$ において正則ではない．定理 4.18 で注意したように，$\log z$ は $\mathbb{C}$ から 0 および負の実軸を除いた領域 D_1 で正則なのである．したがって，例 5.6(2) の結果は，定理 5.14 には矛盾しないのである．
なお，領域を D_1 に制限すれば，その上で $\dfrac{1}{z}$ は不定積分をもつようになる[18]．

---

[17] すべての曲線で $\int_C f(z)\,dz = 0$ が成り立つことを示すことはできない．
[18] 例 5.10 を参照せよ．

積分計算

例 5.7. 次の積分を計算せよ．

(1) $\displaystyle\int_1^i (3z^2 - z + 1)dz$ 　　(2) $\displaystyle\int_0^i ze^{iz}dz$ 　　(3) $\displaystyle\int_0^i z\sin z\, dz$

(解答)

(1) $f(z) = 3z^2 - z + 1$ の原始関数は，例 3.1 より $F(z) = z^3 - \dfrac{1}{2}z^2 + z$ なので，

$$\int_1^i (3z^2 - z + 1)dz = \left[z^3 - \frac{1}{2}z^2 + z\right]_1^i = -i + \frac{1}{2} + i - \frac{3}{2} = -1$$

(2) $f(z) = e^{iz}$ の原始関数は，定理 4.13 と定理 3.3 より $F(z) = \dfrac{1}{i}e^{iz}$ であり，$g(z) = z$ は複素平面全体で正則なので，定理 5.11 より

$$\int_0^i ze^{iz}dz = \left[\frac{z}{i}e^{iz}\right]_0^i - \frac{1}{i}\int_0^i e^{iz}dz = e^{-1} - \frac{1}{i}\left[\frac{1}{i}e^{iz}\right]_0^i$$

$$= e^{-1} + \left[e^{iz}\right]_0^i = e^{-1} + e^{i^2} - e^0 = \frac{2}{e} - 1$$

(3) $f(z) = \sin z$ の原始関数は，定理 4.15 より $F(z) = -\cos z$ であり，$g(z) = z$ は複素平面全体で正則なので，定理 5.11 より

$$\int_0^i z\sin z\, dz = [-z\cos z]_0^i + \int_0^i \cos z\, dz = -i\cos i + [\sin z]_0^i$$

$$= -i\cos i + \sin i = -i(\cos i + i\sin i) = -ie^{i^2} = -\frac{i}{e}$$

■

なお，定理 5.10 より，原始関数が存在すれば，曲線の始点と終点だけで積分の値が定まるので，例えば，$\displaystyle\int_0^i f(z)dz$ の積分路は 0 と i を結ぶ直線でも曲線でもよい．

■■■■ 演習問題 ■■■■■■■■■■■■■■■■■■■■■■■

演習問題 5.6 次の問に答えよ．

(1) $\dfrac{1}{z^2}$ が $\mathbb{C}\setminus\{0\}$ で不定積分を持つかどうか調べよ．

(2) $\dfrac{1+z}{z^2}$ が $\mathbb{C}\setminus\{0\}$ で不定積分を持つかどうか調べよ．

(3) $\displaystyle\int_i^{2i} z\cos 2z\, dz$ を計算せよ．ただし，結果は指数関数を使って表示すること．

演習問題 5.7 曲線 C は $z = 0$ を始点，$z = 2 + \dfrac{i}{2}$ を終点とする任意の曲線である．このとき，$f(z) = e^{\pi z}$ は複素平面全体で不定積分をもつことを示し，$\displaystyle\int_C e^{\pi z}dz$ を求めよ．

演習問題 5.8 次の問に答えよ.

(1) $\mathbb{C}$ において $f(z) = ie^{iz}\sin z + e^{iz}\cos z$ が不定積分をもつことを原始関数を推測することにより示せ.

(2) $\displaystyle\int_1^i (z^2 + 2iz + 1)dz$ を計算せよ.

Section 5.5
グリーンの公式*

　微分積分やベクトル解析でもグリーンの公式は登場するが,これは後述するコーシーの積分定理の証明で必要となるので,復習を兼ねて説明する.
　$f(x,y)$ を xy 平面の領域 D で定義された連続関数とし,D 内に区分的に滑らかな曲線
$$C : x = x(t), y = y(t) \quad (a \le t \le b)$$
があるとする.このとき,$f(x,y)$ の C に沿った積分を次式で定義する.

―― 実関数の線積分 ――

定義 5.10.

$$\int_C f(x,y)dx = \int_a^b f(x(t),y(t))x'(t)dt$$
$$\int_C f(x,y)dy = \int_a^b f(x(t),y(t))y'(t)dt \tag{5.11}$$

これらの式を関数 $f(x,y)$ の曲線 C に沿っての (それぞれ x と y による) **線積分**という.

(5.5)〜(5.6) の議論を踏まえると,複素積分 $\displaystyle\int_C f(z)dz$ も線積分であり,複素積分と実関数の線積分との関係を示しているのが定理 5.6 であることが分かる.
　さて,xy 平面において単一閉曲線 C で囲まれた領域を D とする.また,C は有限個の区分的に滑らかな曲線から成るものとする.C の向きは D の閉包である閉領域 $\bar{D}$ の内部 D を左に見て進む方向が正である.関数 $f(z)$ は閉領域 $\bar{D}$ で連続であるとする.D の境界 $\partial D (= C)$ 上の 2 点を区分的に滑らかな D 内の単一曲線 C' で結び,2 つの領域 D_1 と D_2 に分割する.このとき,C' の向きは,∂D_1 におけるものと,∂D_2 におけるものとでは逆になるので,C' 上では積分が打ち消し合い,

$$\int_{\partial D} f(z)dz = \int_{\partial D_1} f(z)dz + \int_{\partial D_2} f(z)dz \tag{5.12}$$

が成り立つ．

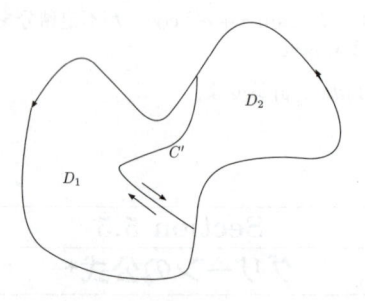

なお，(5.12) の導出において複素数特有の性質を使っていないので，(5.12) は実関数の線積分についても成り立つ．

さて，グリーンの公式を証明するのに縦線集合という言葉を使うのでそれについて説明する．

縦線集合

定義 5.11． x についての縦線集合 (あるいは単に**縦線集合**) とは，区間 $[a,b]$ で定義された 2 つの連続関数 $\varphi_1(x)$, $\varphi_2(x)$ で $\varphi_1(x) \leq \varphi_2(x)$ を満たすものがあるとき，この 2 つの関数に挟まれた部分のことである．つまり，$\{(x,y)|a \leq x \leq b, \varphi_1(x) \leq y \leq \varphi_2(x)\}$ である．同様に集合 $\{(x,y)|c \leq y \leq d, \psi_1(y) \leq x \leq \psi_2(y)\}$ を y についての縦線集合 (あるいは単に**横線集合**) という．

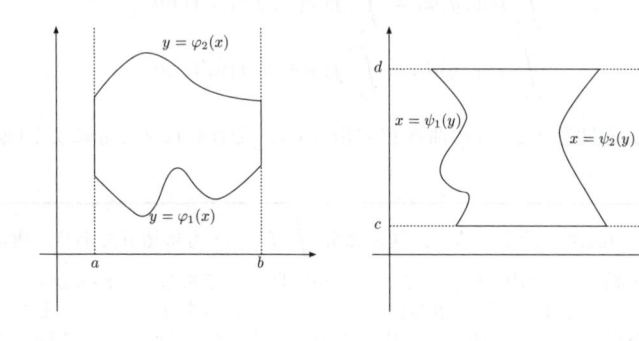

5.5 グリーンの公式*

グリーンの公式[19]

定理 5.15． D を互いに交わらない有限個の区分的に滑らかな単一閉曲線で囲まれた領域とし，境界 ∂D は D に関する正の向きであるとする．また，関数 $P(x,y)$, $Q(x,y)$ が D の閉包 $\bar{D}$ において C^1 級，すなわち，$\bar{D}$ を含む開集合において偏微分可能で偏導関数が連続だとする．このとき，

$$\int_{\partial D} \{P(x,y)dx + Q(x,y)dy\} = \iint_D \left(\frac{\partial Q}{\partial x} - \frac{\partial P}{\partial y}\right) dxdy$$

が成り立つ．

(証明)
D を有限個の縦線集合 $D_1, D_2, \ldots, D_m$ に分割したとき，ある縦線集合で定理を示せば，(5.12) および重積分の加法性より和集合 $D = D_1 \cup D_2 \cup \cdots \cup D_m$ についても定理が成立する．

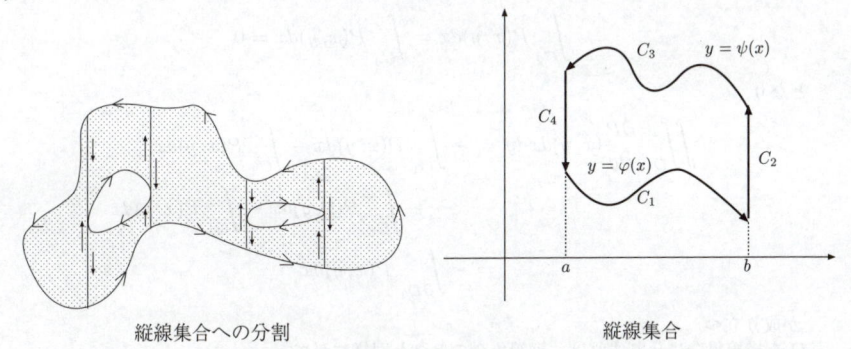

縦線集合への分割　　　　　　　　縦線集合

そこで，縦線集合
$$D_1 = \{(x,y) | a \leq x \leq b,\ \varphi(x) \leq y \leq \psi(x)\}$$
を考え，
$$\begin{cases} C_1 : x = t, y = \varphi(t) & (a \leq t \leq b) \\ C_2 : x = b, y = t & (\varphi(b) \leq t \leq \psi(b)) \\ C_3 : x = -t, y = \psi(-t) & (-b \leq t \leq -a) \\ C_4 : x = a, y = -t & (-\psi(a) \leq t \leq -\varphi(a)) \end{cases}$$
とする．

---

[19] Green, George(1793-1841), イギリスの数学者，数理物理学者．

仮定より，$\frac{\partial P}{\partial y}(x,y)$ は D_1 上で連続なので積分可能で

$$\begin{aligned}
\iint_{D_1} \frac{\partial P}{\partial y}(x,y)dxdy &= \int_a^b \left(\int_{\varphi(x)}^{\psi(x)} \frac{\partial P}{\partial y}(x,y)dy \right) dx = \int_a^b \Big[P(x,y) \Big]_{y=\varphi(x)}^{y=\psi(x)} dx \\
&= \int_a^b P(x,\psi(x))dx - \int_a^b P(x,\varphi(x))dx \\
&= \int_{-a}^{-b} P(-t,\psi(-t))x'(t)dt - \int_a^b P(t,\varphi(t))x'(t)dt \\
&= -\int_{-b}^{-a} P(-t,\psi(-t))x'(t)dt - \int_a^b P(t,\varphi(t))x'(t)dt \\
&= -\int_{C_3} P(x,y)dx - \int_{C_1} P(x,y)dx
\end{aligned}$$

となる．ここで，C_2, C_4 上では x は一定なので $x' = 0$ である．よって，

$$\int_{C_2} P(x,y)dx = \int_{C_4} P(x,y)dx = 0$$

となり，

$$\begin{aligned}
\iint_{D_1} \frac{\partial P}{\partial y}(x,y)dxdy &= -\int_{C_1} P(x,y)dx - \int_{C_2} P(x,y)dx \\
&\quad - \int_{C_3} P(x,y)dx - \int_{C_4} P(x,y)dx \\
&= -\int_{\partial D_1} P(x,y)dx
\end{aligned}$$

が成り立つ．
D を横線集合に分割すれば，縦線集合のときと同様にして

$$\iint_{D_2} \frac{\partial Q}{\partial x}(x,y)dxdy = \int_{\partial D_2} Q(x,y)dy$$

を得る．ただし，D_2 はある横線集合である．
最後に，P, Q が $\bar{D}$ において C^1 級なので $\bar{D}$ 上の重積分と D 上の重積分が一致することに注意すれば，定理の主張を得る．■

> **注意 5.12．** P と Q の線積分がそれぞれ別々に 2 重積分で表せるのに，グリーンの公式では P と Q を対にしていることに注意せよ．こうしておくと，(5.7) の右辺の形をした積分が扱いやすくなる．

グリーンの公式

例 5.8． 区分的に滑らかな単一閉曲線 C で囲まれた有界領域 D の閉包 $\bar{D}$ の面積を S とすれば，

$$S = -\int_C ydx = \int_C xdy = \frac{1}{2}\int_C (-ydx + xdy)$$

と表されることを示せ．

(解答)
グリーンの公式において $P(x,y) = -y$, $Q(x,y) = 0$ とすれば
$$S = \iint_D 1 dxdy = \int_C -ydx$$
となり，$P(x,y) = 0$, $Q(x,y) = x$ とすれば
$$S = \iint_D 1 dxdy = \int_C xdy$$
となる．また，$P(x,y) = -y$, $Q(x,y) = x$ とすれば
$$2S = \iint_D 2 dxdy = \int_C (-ydx + xdy)$$
となる．∎

複素積分の実部と虚部

例 5.9． 区分的に滑らかな単一閉曲線 C で囲まれた領域を D とする．$f(z) = u(x,y) + iv(x,y)$ において u と v が $\bar{D}$ で連続な偏導関数をもてば，次式が成立することを示せ．

$$\int_C f(z)dz = -\iint_D \{(v_x + u_y) + i(v_y - u_x)\} dxdy$$

(解答)
定理 5.6 より
$$\int_C f(z)dz = \int_C (udx - vdy) + i\int_C (vdx + udy)$$
であり，右辺にグリーンの公式を適用すれば，
$$\int_C f(z)dz = \iint_D (-v_x - u_y)dxdy + i\iint_D (u_x - v_y)dxdy$$
$$= -\iint_D \{(v_x + u_y) + i(v_y - u_x)\} dxdy$$
を得る．∎

Section 5.6
コーシーの積分定理

　複素積分は始点と終点だけでなく積分路にも依存する．しかし，正則関数に対しては積分路の取り方に依存しないことを主張するのがコーシーの積分定理である．定理 5.16 では，簡単のため，複素関数 $f(z)$ の微分可能性と $f'(z)$ の連続性を仮定して話を進めることにする．なお，$f(z)$ が微分可能であれば，$f'(z)$ の連続性を仮定しなくてもコーシーの積分定理を証明できる．これについては，第 5.7 節で解説する．

コーシーの積分定理

定理 5.16． D を互いに交わらない有限個の区分的に滑らかな単一閉曲線で囲まれた領域とし，境界 ∂D は D に関して正の向きであるとする．また，関数 $f(z)$ は閉領域 $\bar{D} = D \cup \partial D$ を含む領域で正則とする．このとき，
$$\int_{\partial D} f(z)dz = 0$$
が成り立つ．

(証明)
$f'(z)$ の連続性を仮定して証明する．
まず，例 5.9 は ∂D が有限個の区分的に滑らかな単一閉曲線からなる場合にも成立する[20]ことに注意すると，
$$\int_{\partial D} f(z)dz = -\iint_D \{(v_x + u_y) + i(v_y - u_x)\}dxdy$$
が成り立つことが分かる．ここで，コーシー・リーマンの方程式より
$$u_x = v_y, \quad u_y = -v_x$$

---

[20] 例 5.9 はグリーンの公式を使って証明している．したがって，例 5.9 はグリーンの公式の仮定を満たす領域に対して成立する．また，例 5.9 では u と v の偏導関数の連続性を仮定しているので，$f'(z)$ の連続性を仮定していることになっている．

となるので，結局，
$$\int_{\partial D} f(z)dz = 0$$
を得る.

> **注意 5.13.** 実変数関数の微分積分にはコーシーの積分定理に相当するような定理はない．ということは，コーシーの積分定理は複素平面上の微分と積分の性質を強く反映しているはずである．そういう意味では，コーシーの積分定理は複素関数論の基礎定理ともいえるものである．

次に，単連結領域におけるコーシーの積分定理について述べる．そのために，まず，単連結について説明する．なお，定理 5.14(あるいは 5.13) および定理 5.17 を使うと，正則関数が原始関数をもつことが分かる．

――― 単連結 ―――
> **定義 5.12.** 領域 D において，D に含まれる任意の単一閉曲線の内部がつねに D の点ばかりからなるとき，D は**単連結**であるという．

要するに，単連結領域とは，穴が空いていない領域のことである．例えば，開円板 $|z - z_0| < R$，角領域 $|\arg z| < \alpha$，全平面 $|z| < \infty$，単一閉曲線の内部などは単連結領域である．これに対し，環状領域 $R_1 < |z - z_0| < R_2$ や開円板から中心を除いた領域 $0 < |z - z_0| < R$ などは単連結ではない．

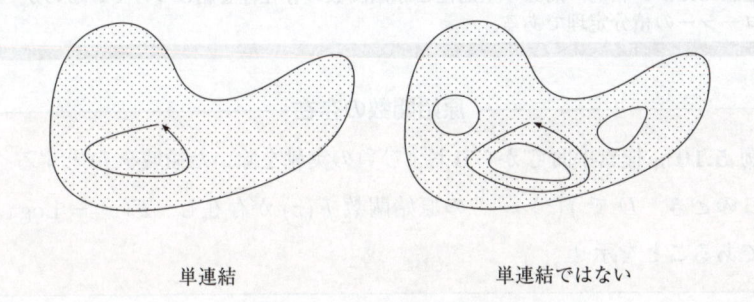

単連結　　　　　　単連結ではない

単連結領域におけるコーシーの積分定理

定理 5.17. 関数 $f(z)$ が単連結な領域 D で正則ならば，D 内の任意の閉曲線 C に対して
$$\int_C f(z)dz = 0$$
が成り立つ．

(証明)
第 5.7 節を参照のこと．■

注意 5.14. 定理 5.17 は，任意の閉曲線に対して成り立つことに注意せよ．単一閉曲線である必要はない．
直観的には，閉曲線が自分自身と交わる場合でも，各交点で単一閉曲線に分割できるから，単一閉曲線である必要はない，と解釈しておけばよい．

定理 5.17 と定理 5.14(あるいは 5.13) の直接的な結果として，次の定理が得られる．

単連結領域における原始関数の存在

定理 5.18. 領域 D が単連結で，関数 $f(z)$ が D で正則ならば，原始関数 $F(z)$ が存在する．

注意 5.15. 結局，関数の正則性と原始関数の存在性を結びつけているのがコーシーの積分定理である．

原始関数の存在

例 5.10. 複素平面 $\mathbb{C}$ から 0 および負の実軸を除いた領域を D とする．このとき，D で $f(z) = \dfrac{1}{z}$ の原始関数 $F(z)$ が存在し，$F(z) = \mathrm{Log}\, z$ であることを示せ．

(解答)
D は単連結領域であり，$f(z)$ は D で正則なので原始関数 $F(z)$ が存在する．また，$(\mathrm{Log}\, z)' = \dfrac{1}{z}$ なので定理 5.14 より $F(z) = \mathrm{Log}\, z$ である．■

なお，コーシーの積分定理(定理5.17)を使っても $F(z) = \text{Log} z$ を示すことができる．これを見るために，始点1と任意の終点 $z_0 \in D$ を結ぶ D 内の曲線を C を考える．また，実軸上で1と $|z_0|$ を結ぶ線分を C_1 とし，原点を中心とする半径 $|z_0|$ の円周で $|z_0|$ から z_0 までの部分を C_2 とする．
このとき，$C_1 + C_2 - C$ は閉曲線なので定理5.17より

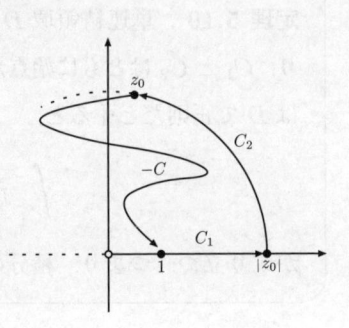

$$\int_{C_1} \frac{1}{z} dz + \int_{C_2} \frac{1}{z} dz + \int_{-C} \frac{1}{z} dz = 0$$

である．よって，

$$\int_C \frac{1}{z} dz = \int_{C_1} \frac{1}{z} dz + \int_{C_2} \frac{1}{z} dz$$

であり，$z_0 = r_0 e^{i\theta_0} (-\pi < \theta_0 < \pi)$, $z = re^{i\theta}$ とおくと

$$\int_{C_1} \frac{1}{z} dz = \int_1^{r_0} \frac{1}{x} dx = \ln r_0$$

$$\int_{C_2} \frac{1}{z} dz = \int_0^{\theta_0} \frac{(re^{i\theta})'}{re^{i\theta}} d\theta = \int_0^{\theta_0} \frac{ire^{i\theta}}{re^{i\theta}} d\theta = i\int_0^{\theta_0} 1 d\theta = i\theta_0$$

である．ゆえに

$$\int_C \frac{1}{z} dz = \ln r_0 + i\theta_0 = \text{Log} z_0$$

が成り立つ．

単連結領域における積分路非依存性

定理 5.19. 単連結領域 D 内に 2 点 α, β と 2 つの曲線 C_1, C_2 があり，C_1 と C_2 はともに始点が α で終点が β だとする．また，関数 $f(z)$ は D で正則だとすると，

$$\int_{C_1} f(z)dz = \int_{C_2} f(z)dz$$

が成り立つ．つまり，積分の値は 2 点を結ぶ積分路には依存しない．

(証明)

曲線 $C = C_1 - C_2$ は閉曲線なので，定理 5.17 より

$$0 = \int_C f(z)dz = \int_{C_1} f(z)dz - \int_{C_2} f(z)dz$$

なので

$$\int_{C_1} f(z)dz = \int_{C_2} f(z)dz$$

である． ∎

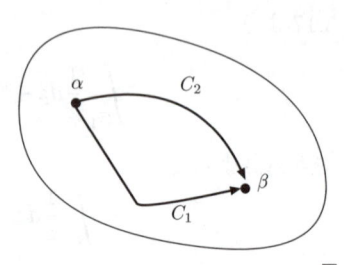

注意 5.16. 定理 5.19 は適当に積分路を変更しても積分値が変わらないことを保証している．しかし，定理 5.19 には $f(z)$ が D で正則であるという仮定があるので，正則でない点の上を越えて積分路を変更することは許されない．

正則でない点を越えた積分路の変更

例 5.11.

C を $1-i$, $1+i$, $-1+i$ を順に直線で結んだ折れ線，C' を $1-i$, $-1-i$, $-1+i$ を順に直線で結んだ折れ線とすると，C と C' の始点と終点は同じである．このとき，$\int_C \dfrac{1}{z}dz$ および $\int_{C'} \dfrac{1}{z}dz$ を計算せよ．

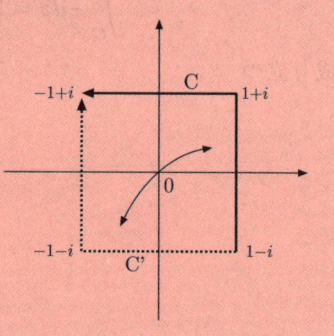

(解答)
$1-i$ と $1+i$, $1+i$ と $-1+i$ を結ぶ直線をそれぞれ C_1, C_2 とすると
$C_1: z(t) = 1 + ti(-1 \leq t \leq 1), C_2: z(t) = -t + i(-1 \leq t \leq 1)$ なので

$$\int_C \frac{1}{z} dz = \int_{C_1} \frac{1}{z} dz + \int_{C_2} \frac{1}{z} dz = \int_{-1}^1 \frac{(1+ti)'}{1+ti} dt + \int_{-1}^1 \frac{(-t+i)'}{-t+i} dt$$

$$= \int_{-1}^1 \frac{i}{1+ti} dt + \int_{-1}^1 \frac{-1}{-t+i} dt = \int_{-1}^1 \left(\frac{i(1-ti)}{(1+ti)(1-ti)} + \frac{-(i+t)}{(i-t)(i+t)} \right)$$

$$= \int_{-1}^1 \left(\frac{i+t}{t^2+1} + \frac{i+t}{t^2+1} \right) dt = 2 \left(i \int_{-1}^1 \frac{1}{t^2+1} dt + \int_{-1}^1 \frac{t}{t^2+1} dt \right)$$

$$= 2 \left(i \left[\tan^{-1} t \right]_{-1}^1 + \left[\frac{1}{2} \ln(t^2+1) \right]_{-1}^1 \right) = 2i \left(\frac{\pi}{4} + \frac{\pi}{4} \right) = \pi i$$

一方, $1-i$ と $-1-i$, $-1-i$ と $-1+i$ を結ぶ直線をそれぞれ C_3, C_4 とすると
$C_3: z(t) = -t - i(-1 \leq t \leq 1), C_4: z(t) = -1 + ti(-1 \leq t \leq 1)$ なので

$$\int_{C'} \frac{1}{z} dz = \int_{C_3} \frac{1}{z} dz + \int_{C_4} \frac{1}{z} dz = \int_{-1}^1 \frac{(-t-i)'}{(-t-i)} dt + \int_{-1}^1 \frac{(-1+ti)'}{-1+ti} dt$$

$$= \int_{-1}^1 \frac{1}{t+i} dt + \int_{-1}^1 \frac{i}{ti-1} dt = \int_{-1}^1 \frac{t-i}{(t+i)(t-i)} dt + \int_{-1}^1 \frac{i(ti+1)}{(ti-1)(ti+1)} dt$$

$$= \int_{-1}^1 \frac{t-i}{t^2+1} dt - \int_{-1}^1 \frac{-t+i}{t^2+1} dt = 2 \left(\int_{-1}^1 \frac{t}{t^2+1} dt - i \int_{-1}^1 \frac{1}{t^2+1} dt \right) = -\pi i$$

よって, $\int_C \frac{1}{z} dz \neq \int_{C'} \frac{1}{z} dz$ である. ここで, 積分路を C を C' に変更するときには, $\frac{1}{z}$ が正則でない点 $z=0$ を越えていることに注意せよ. ■

積分路の変更

定理 5.20. 関数 $f(z)$ が領域 D で正則とする. D 内に 2 つの単一閉曲線 C_1, C_2 があり, C_1 の中に C_2 があって, C_1 と C_2 で囲まれた領域は D に含まれているとする. また, C_1 と C_2 の向きはともに正の向きとする. このとき,

$$\int_{C_1} f(z) dz = \int_{C_2} f(z) dz$$

が成り立つ.

(証明)
C_1 および C_2 上にそれぞれ相異なる 2 点 P_1, Q_1 および P_2, Q_2 をとり, P_1 を始点とし P_2 を終点とする単一曲線を Γ_1 Q_1 を始点とし Q_2 を終点とする単一曲線を Γ_2 とする. ただし, Γ_1 と Γ_2 は C_1 と C_2 で囲まれた領域 Ω に含まれ, しかも互いに交わらず C_1, C_2 とは両端以外では交わらないものとする.

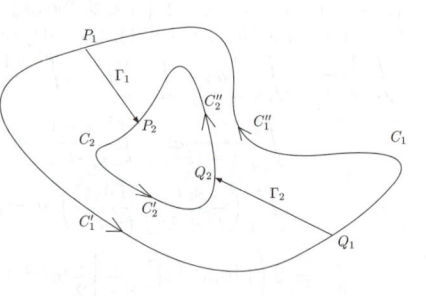

また, C_1 を正の向きに一周するとき, P_1 から Q_1 までの曲線を C_1', Q_1 から P_1 までの曲線を C_1'' とする. 同様に, C_2 を正の向きに一周するとき, P_2 から Q_2 までの C_2' と Q_2 から P_2 までの C_2'' に分ける.

このとき, 曲線 $\Gamma' = C_1' + \Gamma_2 - C_2' - \Gamma_1$ と $\Gamma'' = C_1'' + \Gamma_1 - C_2'' - \Gamma_2$ は単一閉曲線で, 内部は Ω の点, つまり, D の点だけからなる.

よって, 定理 5.17 より

$$\begin{aligned}
0 &= \int_{\Gamma'} f(z)dz + \int_{\Gamma''} f(z)dz \\
&= \left(\int_{C_1'} f(z)dz + \int_{\Gamma_2} f(z)dz - \int_{C_2'} f(z)dz - \int_{\Gamma_1} f(z)dz \right) \\
&\quad + \left(\int_{C_1''} f(z)dz + \int_{\Gamma_1} f(z)dz - \int_{C_2''} f(z)dz - \int_{\Gamma_2} f(z)dz \right) \\
&= \left(\int_{C_1'} f(z)dz + \int_{C_1''} f(z)dz \right) - \left(\int_{C_2'} f(z)dz + \int_{C_2''} f(z)dz \right) \\
&= \int_{C_1} f(z)dz - \int_{C_2} f(z)dz
\end{aligned}$$

を得る. ∎

―― **コーシーの積分定理を利用した計算** ――

例 5.12. 次の問に答えよ.

(1) 点 a を通らない単一閉曲線 C に対して

$$\int_C \frac{1}{z-a}dz = \begin{cases} 0 & (a \text{ が } C \text{ の外部にあるとき}) \\ 2\pi i & (a \text{ が } C \text{ の内部にあるとき}) \end{cases}$$

を示せ.

(2) $C_1 = \left\{ z \;\middle|\; |z| = \dfrac{1}{2} \right\}$ とするとき, $\displaystyle\int_{C_1} \frac{1}{z(z+1)}dz$ の値を求めよ.

(解答)

(1) a が C の外部にあるとき，$\dfrac{1}{z-a}$ は C の内部および C 上で正則なので，定理 5.17 より
$$\int_C \frac{1}{z-a}dz = 0$$
である．
また，a が C の内部にあるとき，a を中心とし C の内部に含まれる円 Γ を描く．$\dfrac{1}{z-a}$ は $z=a$ 以外のすべての点で正則なので，定理 5.20 より
$$\int_C \frac{1}{z-a}dz = \int_\Gamma \frac{1}{z-a}dz$$
である．ここで，例 5.3 より $\displaystyle\int_\Gamma \frac{1}{z-a}dz = 2\pi i$ なので
$$\int_C \frac{1}{z-a}dz = 2\pi i$$
である．

(2) $f(z) = \dfrac{1}{z(z+1)}$ の正則でない点は $0, -1$ である．C_1 は 0 のみを内部に含むから (1) より
$$\int_{C_1} \frac{1}{z(z+1)}dz = \int_{C_1}\left(\frac{1}{z} - \frac{1}{z+1}\right)dz = \int_{C_1}\frac{1}{z}dz - \int_{C_1}\frac{1}{z+1}dz = 2\pi i - 0 = 2\pi i$$
■

積分路の分割

定理 5.21． 単一閉曲線 C の内部に互いに交わらない有限個の単一閉曲線 $C_1, \cdots, C_n$ があるとし，$C, C_1, \ldots, C_n$ で囲まれた領域を D とする．また，$C, C_1, \ldots, C_n$ の向きはすべて正の向きとする．このとき，$f(z)$ が $\bar{D} = D \cup C \cup C_1 \cup \cdots \cup C_n$ を含む領域で正則ならば次式が成り立つ．

$$\int_C f(z)dz = \int_{C_1} f(z)dz + \cdots + \int_{C_n} f(z)dz \tag{5.13}$$

(証明)
数学的帰納法により証明する.
$n=1$ のときは定理 5.20 より成り立つ. そこで, $n=k$ のとき成立したとする. このとき, 定理 5.20 の証明のように C と C_{k+1} を 2 本の単一曲線で結び $C_1, \ldots, C_k$ が $\Gamma' = C' + \Gamma_2 - C'_{k+1} - \Gamma_1$ の内部に含まれるようにする. また, $\Gamma'' = C'' + \Gamma_1 - C''_{k+1} - \Gamma_2$ は単連結領域の閉曲線なので定理 5.17 より

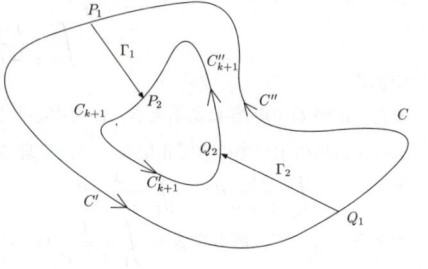

$$\int_{\Gamma''} f(z)dz = 0$$

である.
このとき,

$$\begin{aligned}
\int_{\Gamma'} f(z)dz &= \int_{\Gamma'} f(z)dz + \int_{\Gamma''} f(z)dz \\
&= \int_{C'} f(z)dz + \int_{\Gamma_2} f(z)dz - \int_{C'_{k+1}} f(z)dz - \int_{\Gamma_1} f(z)dz \\
&\quad + \int_{C''} f(z)dz + \int_{\Gamma_1} f(z)dz - \int_{C''_{k+1}} f(z)dz - \int_{\Gamma_2} f(z)dz \\
&= \int_{C'} f(z)dz + \int_{C''} f(z)dz - \int_{C'_{k+1}} f(z)dz - \int_{C''_{k+1}} f(z)dz \\
&= \int_C f(z)dz - \int_{C_{k+1}} f(z)dz
\end{aligned}$$

となるが, 帰納法の仮定より

$$\int_{\Gamma'} f(z)dz = \int_{C_1} f(z)dz + \cdots + \int_{C_k} f(z)dz$$

なので,

$$\int_C f(z)dz = \int_{C_1} f(z)dz + \cdots + \int_{C_k} f(z)dz + \int_{C_{k+1}} f(z)dz$$

となり, $n=k+1$ のときも成り立つことが分かる. ∎

定理 5.21 の証明をみると, 単一閉曲線 C の内部に互いに交わらない単一閉曲線 $C_1, C_2, \ldots, C_n$ があれば, (5.13) が成り立つことが分かる. よって, 定理 5.21 を次のように言い換えてもよい.

定理 5.21 の言い換え

系 5.2. $f(z)$ は領域 D で正則で，$C, C_1, \ldots, C_n$ は互いに交わらない単一閉曲線で，これらの向きはすべて正の向きとする．ただし，$C_1, \ldots, C_n$ はすべて C の内部にあって，C と $C_1, \ldots, C_n$ で囲まれる領域は D の内部に含まれるものとする．このとき，(5.13) が成り立つ．

積分路の分割を利用した計算

例 5.13. $\int_C \dfrac{1}{z^2+1} dz$ を求めよ．ただし，C は $\pm i$ を含む単一閉曲線とし，$\pm i$ は C 上にないものとする．

(解答)

まず，
$$\frac{1}{z^2+1} = \frac{1}{(z+i)(z-i)} = \frac{1}{2i}\left(\frac{1}{z-i} - \frac{1}{z+i}\right)$$
に注意する．この関数は $z=i$ と $z=-i$ で正則ではない．そこで，$z=i$ と $z=-i$ を中心とする十分小さい円 Γ_1, Γ_2 を互いに交わらないように C の内部に描く．

このとき，C と Γ_1, Γ_2 で囲まれた領域を D とすると，定理 5.21 より

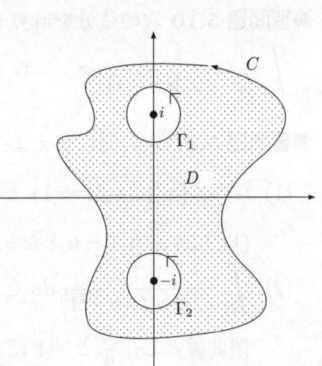

$$\int_C \frac{1}{z^2+1} dz = \int_{\Gamma_1} \frac{1}{z^2+1} dz + \int_{\Gamma_2} \frac{1}{z^2+1} dz$$
$$= \frac{1}{2i}\int_{\Gamma_1}\left(\frac{1}{z-i} - \frac{1}{z+i}\right) dz + \frac{1}{2i}\int_{\Gamma_2}\left(\frac{1}{z-i} - \frac{1}{z+i}\right) dz$$

である．

一方，Γ_1 と Γ_2 はそれぞれ $z=-i$ と $z=i$ を含んでいないので，$\dfrac{1}{z+i}$ は Γ_1 の内部において正則で，$\dfrac{1}{z-i}$ は Γ_2 の内部において正則である．よって，定理 5.17 より

$$\int_{\Gamma_1} \frac{1}{z+i} dz = 0, \quad \int_{\Gamma_2} \frac{1}{z-i} dz = 0$$

である．ゆえに，これと例 5.12 より

$$\int_C \frac{1}{z^2+1} dz = \frac{1}{2i}\int_{\Gamma_1} \frac{1}{z-i} dz - \frac{1}{2i}\int_{\Gamma_2} \frac{1}{z+i} dz = \frac{1}{2i}(2\pi i - 2\pi i) = 0$$

なお，$z=i, z=-i$ はともに C の内部にあるので，例 5.12 を使って，

$$\int_C \frac{1}{z^2+1} dz = \frac{1}{2i}\int_C\left(\frac{1}{z-i} - \frac{1}{z+i}\right) dz = \frac{1}{2i}(2\pi i - 2\pi i) = 0 \qquad (*)$$

とするのは，少し荒っぽい説明である．というのも，例 5.12 では C の内部の 1 点について考えているのであって，2 点以上を同時に含む場合を考えてはいないからである．本例の解答から分かるように，定理 5.21 は，$(*)$ のように考えても計算上は問題がないことを保証している．もちろん，数学的には解答例のような議論をするべきである． ∎

■■■ 演習問題 ■■■■■■■■■■■■■■■■■■■■■■■■■■■■■■

演習問題 5.9 C を $z = -i$, $z = -2i$ をその内部に含む単一閉曲線とする．また，$z = -i$, $z = -2i$ は C 上にはないものとする．このとき，$\displaystyle\int_C \frac{z}{z^2 + 3iz - 2} dz$ を求めよ．ただし，結果は $x + yi (x, y \in \mathbb{R})$ の形で書くこと．なお，Γ が a を中心とする円周のとき，

$$\int_C \frac{1}{z - a} dz = \begin{cases} 0 & (a\ \text{が}\ \Gamma\ \text{の外部}) \\ 2\pi i & (a\ \text{が}\ \Gamma\ \text{の内部}) \end{cases}$$

となることを証明せずに使ってもよい．

演習問題 5.10 次の積分を計算せよ．

$$\int_C \frac{z}{(z - 2i)(z + i)} dz \qquad C : |z| = 3$$

演習問題 5.11 次の問に答えよ．

(1) $C_1 = \{z\,|\,|z - 1| = 1\}$ とするとき，$\displaystyle\int_{C_1} \frac{1}{e^z + 1} dz$ を求めよ．
(ヒント) $e^z + 1 = 0$ となる点はどこにあるかを考えよ．

(2) $\displaystyle\int_C \frac{1}{(2z - 1)(z + 1)} dz$ を求めよ．ただし，C は内部に $\dfrac{1}{2}$ と -1 を含む単一閉曲線とし，$\dfrac{1}{2}$ と -1 は C 上にないものとする．

演習問題 5.12 点 a は単一閉曲線 C の内部にあるとするとき，次を示せ．

$$\int_C \frac{1}{(z - a)^n} dz = \begin{cases} 2\pi i & (n = 1) \\ 0 & (n > 1) \end{cases}$$

演習問題 5.13 次の領域 D_1 と D_2 は単連結か？ 理由を述べて答えよ．

- $D_1 : \mathbb{C}$ から 0 および負の実軸を除いた領域，つまり，$D_1 = \mathbb{C} \setminus \{x \in \mathbb{R}\,|\,x \leq 0\}$．
- $D_2 :$ 中心 0, 半径 3 の円で囲まれた部分から原点を除いた領域，つまり，$D_2 = \{z \in \mathbb{C}\,|\,0 < |z| < 3\}$．

Section 5.7
コーシーの積分定理の証明*

注意 3.3 でも述べたが,
- 「$f(z)$ が微分可能ならば $f'(z)$ は連続」という事実は,コーシーの積分公式 (定理 5.22) より導かれる
- コーシーの積分公式は,コーシーの積分定理 (定理 5.16) より導かれる

ということなので,証明の順序としては,コーシーの積分定理を $f'(z)$ の連続性を仮定せずに示す必要がある.そこで,ここでは,$f'(z)$ の連続性を仮定せずにコーシーの積分定理 (定理 5.16) を示すことにする.

さて,定理 5.16 の仮定によれば,領域 D は,互いに交わらない有限個の区分的に滑らかな単一閉曲線で囲まれた部分だが,これは定理 5.21 で仮定されている領域と同じである.つまり,単一閉曲線 C の内部に互いに交わらない有限個の単一閉曲線 $C_1, C_2, \ldots, C_n$ があり,D は $C, C_1, C_2, \ldots, C_n$ で囲まれた領域である.このとき,領域 D の境界 ∂D は

$$\partial D = C - C_1 - C_2 - \cdots - C_n$$

と表せるので,定理 5.21 より

$$\int_{\partial D} f(z)dz = \int_C f(z)dz - \int_{C_1} f(z)dz - \cdots - \int_{C_n} f(z)dz = 0$$

が成り立ち,これはコーシーの積分定理そのものである.定理 5.21 を証明する際に,定理 5.17 を使ったことを思い出せば,結局,単連結領域におけるコーシーの積分定理 (定理 5.17) を証明すればよいことになる.そのために,まず,三角形領域に対してコーシーの積分定理が成り立つこと示す.というのも,図 5.4 に示すように単連結領域は多角形領域で近似でき,多角形領域は三角形領域に分割できるからである.

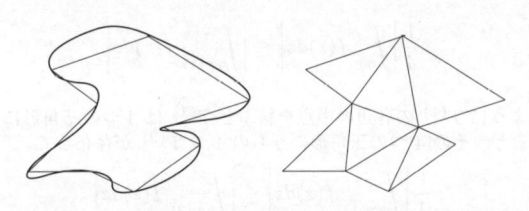

図 5.4 多角形による近似と三角形分割

したがって,証明の手順は

(1) 三角形領域に対するコーシーの積分定理を証明
(2) 多角形領域に対するコーシーの積分定理を証明
(3) 多角形領域で単連結領域が近似できることを証明
(4) 単連結領域に対するコーシーの積分定理を証明

となる．

─── 三角形領域に対するコーシーの積分定理 ───

補題 5.1． 関数 $f(z)$ は三角形 T を含む領域で正則[21]とする．このとき，

$$\int_{\partial T} f(z)dz = 0$$

が成り立つ．

(証明)
三角形 T の各辺の中点を結んでできる小三角形を T_1, T_2, T_3, T_4 とし，各境界 $\partial T_i (i=1,2,3,4)$ の向きは ∂T の向きに合わすものとする．このとき，2 つの三角形が共有する辺の向きは互いに逆向きなので

$$\int_{\partial T} f(z)dz = \sum_{i=1}^{4} \int_{\partial T_i} f(z)dz$$

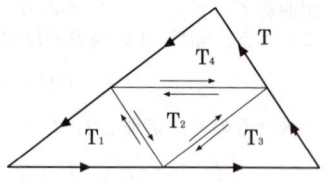

となる．
これより，

$$\left| \int_{\partial T} f(z)dz \right| \leq \sum_{i=1}^{4} \left| \int_{\partial T_i} f(z)dz \right|$$

なので，$T_1 \sim T_4$ のうち右辺の積分値が最大となる三角形を $T^{(1)}$ とすると，

$$\left| \int_{\partial T} f(z)dz \right| \leq 4 \left| \int_{\partial T^{(1)}} f(z)dz \right|$$

つまり，

$$\frac{1}{4} \left| \int_{\partial T} f(z)dz \right| \leq \left| \int_{\partial T^{(1)}} f(z)dz \right|$$

が成り立つ．
T のときと同じように $T^{(1)}$ の各辺の中点を結ぶと $T^{(1)}$ は 4 つの三角形に分けられる．上記と同様に考えると，その 4 つの三角形のうちの 1 つ $T^{(2)}$ が存在して

$$\frac{1}{4} \left| \int_{\partial T^{(1)}} f(z)dz \right| \leq \left| \int_{\partial T^{(2)}} f(z)dz \right|$$

が成り立つ．これより，

$$\frac{1}{4^2} \left| \int_{\partial T} f(z)dz \right| \leq \frac{1}{4} \left| \int_{\partial T^{(1)}} f(z)dz \right| \leq \left| \int_{\partial T^{(2)}} f(z)dz \right|$$

---

[21] しつこいかもしれないが，$f'(z)$ の連続性は仮定していないことに注意せよ．

を得る．この操作を繰り返すと，次第に小さくなる三角形の列
$$T \supset T^{(1)} \supset T^{(2)} \supset \cdots \supset T^{(n)} \supset \cdots$$
が得られ，
$$\frac{1}{4^n}\left|\int_{\partial T} f(z)dz\right| \leq \frac{1}{4^{n-1}}\left|\int_{\partial T^{(1)}} f(z)dz\right| \leq \cdots \leq \left|\int_{\partial T^{(n)}} f(z)dz\right|$$
が成り立つ．

三角形の減少列 $\{T^{(n)}\}$ は，T 内の 1 点に収束するので $\{z_0\} = \bigcap_{n=1}^{\infty} T^{(n)}$ とすれば，$z_0 \in T$ である．また，仮定より $f(z)$ は T で正則なので，もちろん，$z = z_0$ でも正則である．よって，(3.5) より，z_0 の近くで
$$f(z) = f(z_0) + f'(z_0)(z - z_0) + \eta(z - z_0)$$
と表される．ただし，$\eta(z - z_0)$ は
$$\lim_{z \to z_0} \frac{\eta(z - z_0)}{z - z_0} = 0$$
を満たす複素関数である．したがって，任意の $\varepsilon > 0$ に対して，適当な $\delta > 0$ を選べば，
$$|z - z_0| < \delta \implies \left|\frac{\eta(z - z_0)}{z - z_0}\right| < \varepsilon$$
とできる．このことは，
$$z \in U_\delta(z_0) \implies |\eta(z - z_0)| < \varepsilon |z - z_0|$$
となることを意味する．n を十分大きくとると，
$$T^{(n)} \subset U_\delta(z_0)$$
とできるので，このとき，$T^{(n)}$ の内部と周上で，
$$|\eta(z - z_0)| < \varepsilon |z - z_0|$$
が成り立つ．また，T の周の長さを L，$T^{(n)}$ の長さを L_n とすれば，
$$L_n = \frac{L}{2^n}$$
となることと，$f(z_0) + f'(z_0)(z - z_0)$ は z に関する一次式なので，これは原始関数をもち，系 5.1 より
$$\int_{\partial T^{(n)}} \{f(z_0) + f'(z_0)(z - z_0)\}dz = 0$$
が成り立つことに注意する．以上を踏まえると，
$$\begin{aligned}
\left|\int_{\partial T} f(z)dz\right| &\leq 4^n \left|\int_{\partial T^{(n)}} f(z)dz\right| \\
&\leq 4^n \left|\int_{\partial T^{(n)}} \{f(z_0) + f'(z_0)(z - z_0) + \eta(z - z_0)\}dz\right| \\
&= 4^n \left|\int_{\partial T^{(n)}} \eta(z - z_0)dz\right| \\
&< 4^n \int_{\partial T^{(n)}} \varepsilon |z - z_0||dz| \quad (z \in \partial T^{(n)} \text{のとき } |z - z_0| < L_n) \\
&< 4^n \varepsilon L_n \int_{\partial T^{(n)}} |dz| = 4^n \varepsilon L_n^2 = 4^n \varepsilon \frac{L^2}{4^n} = \varepsilon L^2
\end{aligned}$$

を得る．ここで，ε は任意なので，結局，

$$\int_{\partial T} f(z)dz = 0$$

を得る． ∎

次に，多角形領域に対してもコーシーの積分定理が成り立つことを示す．

---- 多角形領域に対するコーシーの積分定理 ----

補題 5.2 . 関数 $f(z)$ は多角形 P を含む領域で正則とする．ただし，多角形の辺は互いに交わることはないものとする．このとき，

$$\int_{\partial P} f(z)dz = 0$$

が成り立つ．

(証明)

多角形 P の頂点を線分で結ぶことによって，P を三角形 $T_i (i=1,2,\ldots,n)$ に分ける．ただし，$\partial T_i (i=1,2,\ldots,n)$ の向きは ∂P の向きと同じになるようにし，各線分はすべて P の内部に入るようにとる．すると，各三角形が共有する辺の向きは互いに逆向きなので

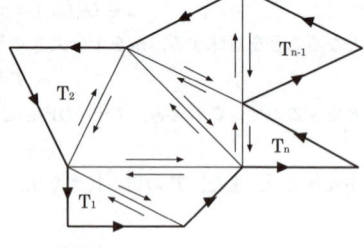

$$\int_{\partial P} f(z)dz = \sum_{i=1}^{n} \int_{\partial T_i} f(z)dz$$

が成り立つが，補題 5.1 より $\int_{\partial T_i} f(z)dz = 0$ なので，結局，

$$\int_{\partial P} f(z)dz = 0$$

を得る． ∎

次のステップとしては，単連結領域が多角形領域で近似できることを示せばよいが，ここでは，その代わりに，区分的に滑らかな曲線が折れ線によって近似できることを示そう．単連結領域の境界は，区分的に滑らかな曲線から成るので，これが折れ線で近似できれば，結局，単連結領域が多角形領域で近似できることになる．

5.7 コーシーの積分定理の証明*

─── 曲線の折れ線による近似 ───

補題 5.3. 関数 $f(z)$ は領域 D で連続，曲線 C は D に含まれる区分的に滑らかな曲線であるとする．このとき，任意の $\varepsilon > 0$ と任意の $\delta > 0$ に対して，C と同じ始点と終点をもち，C の δ 近傍 $U_\delta(C) = \bigcup_{z \in C} U_\delta(z)$ に入る D 内の折れ線 Γ で，

$$\left| \int_C f(z)dz - \int_\Gamma f(z)dz \right| < \varepsilon$$

となるものが存在する．もう少し平たく言うと，C 上の分点 $z_0, z_1, \ldots, z_n$ を順次線分で結んだ折れ線を Γ とし，分点の数を増やしていけば，

$$\int_\Gamma f(z)dz \to \int_C f(z)dz$$

となる．

(証明)
曲線 C 上に分点 $z_1, z_2, \ldots, z_n$ をとり，z_{k-1} と z_k で区切られる曲線弧を C_k，その長さを L_k とする．また，曲線 C の長さを L，δ を C と D の境界までの距離の半分より小さい数とする[22]．そして，C の δ 近傍 $U_\delta(C)$ の閉包を T とすると，$T \subset D$ である．このとき，T は有界閉集合であり，微分積分学で学ぶように，有界閉集合上で連続な関数は一様連続なので，任意の $z, z' \in T$ および任意の $\varepsilon > 0$ に対して，

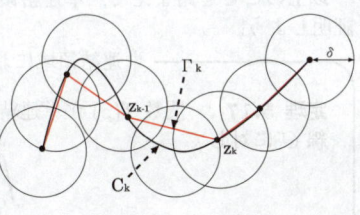

$$|z - z'| < \rho \implies |f(z) - f(z')| < \frac{\varepsilon}{2L}$$

となるような ρ を選ぶことができる．
よって，$0 < \delta' < \min(\rho, \delta)$ として，C 上に十分な数の分点をとれば，(5.9) より，$|z_k - z_{k-1}| < \delta'$ かつ

$$\left| \int_C f(z)dz - \sum_{k=1}^n f(z_k)(z_k - z_{k-1}) \right| < \frac{\varepsilon}{2}$$

とできる．ここで，z_{k-1} と z_k を結ぶ線分を Γ_k とし，その長さを l_k とする．また，$\Gamma_1, \Gamma_2, \ldots, \Gamma_n$ を順次つないだ折れ線を Γ とし，その長さを l とすると，$\Gamma \subset T$ であり，

$$\left| \int_\Gamma f(z)dz - \sum_{k=1}^n f(z_k)(z_k - z_{k-1}) \right| = \left| \sum_{k=1}^n \int_{\Gamma_k} (f(z) - f(z_k))dz \right|$$

$$\leq \sum_{k=1}^n \int_{\Gamma_k} |f(z) - f(z_k)||dz| \leq \sum_{k=1}^n \int_{\Gamma_k} \frac{\varepsilon}{2L}|dz| = \frac{\varepsilon}{2L} \sum_{k=1}^n l_k = \frac{\varepsilon l}{2L} \leq \frac{\varepsilon L}{2L} = \frac{\varepsilon}{2}$$

---

[22] T が D の内部に入るという仮定である．

である．ここで，$\int_{\Gamma_k} f(z_k)dz = f(z_k)\int_{\Gamma_k} dz = f(z_k)(z_k - z_{k-1})$ であることを利用した．
また，定理 5.10 より $\int_{C_k} f(z_k)dz = \int_{\Gamma_k} f(z_k)dz$ が成り立つことに注意すれば，曲線 C についても同様に

$$\left|\int_C f(z)dz - \sum_{k=1}^n f(z_k)(z_k - z_{k-1})\right| = \left|\sum_{k=1}^n \int_{C_k} (f(z) - f(z_k))dz\right|$$

$$\leq \sum_{k=1}^n \int_{C_k} |f(z) - f(z_k)||dz| \leq \sum_{k=1}^n \int_{C_k} \frac{\varepsilon}{2L}|dz| = \frac{\varepsilon}{2L}\sum_{k=1}^n L_k = \frac{\varepsilon L}{2L} = \frac{\varepsilon}{2}$$

を得る．ゆえに，

$$\left|\int_C f(z)dz - \int_\Gamma f(z)dz\right| \leq \left|\int_C f(z)dz - \sum_{k=1}^n f(z_k)(z_k - z_{k-1})\right|$$

$$+ \left|\sum_{k=1}^n f(z_k)(z_k - z_{k-1}) - \int_\Gamma f(z)dz\right| \leq \frac{\varepsilon}{2} + \frac{\varepsilon}{2} = \varepsilon$$

であり，ε は任意だからいくらでも小さくできるので，結局，定理の主張が成り立つ． ∎

以上のことを踏まえて，単連結領域におけるコーシーの積分定理 (定理 5.17) を証明しよう．

―― 単連結領域におけるコーシーの積分定理 ――

定理 5.17． 関数 $f(z)$ が単連結な領域 D で正則ならば，D 内の任意の閉曲線 C に対して

$$\int_C f(z)dz = 0$$

が成り立つ．

(証明)
補題 5.3 より，曲線 C に対して任意の $\varepsilon > 0$ を与えれば，

$$\left|\int_C f(z)dz - \int_\Gamma f(z)dz\right| < \varepsilon$$

となる折れ線 Γ がとれる．いま，C は D 内の閉曲線なので Γ も閉曲線であり，Γ およびその内部は D に含まれる．
さて，Γ が単一閉曲線ならば，Γ は多角形を構成する．また，Γ が単一閉曲線でないときは，自分自身と交わる点を頂点として追加することにより，有限個の多角形 $P_1, P_2, \ldots, P_n$ に分けることができる．よって，各辺の向きを考慮すると，補題 5.2 より

$$\int_\Gamma f(z)dz = \sum_{k=1}^n \int_{\partial P_k} f(z)dz = 0$$

を得る．ゆえに，

$$\left|\int_C f(z)dz\right| < \varepsilon$$

となるので，定理の主張を得る． ∎

Section 5.8
コーシーの積分公式

コーシーの積分公式は正則関数を特徴付ける重要な定理である．コーシーの積分公式のおかげで，正則な関数が何回でも微分可能であることが分かる．

コーシーの積分公式

定理 5.22．D を互いに交わらない有限個の区分的に滑らかな単一閉曲線で囲まれた領域とし，境界 ∂D は D に関して正の向きだとする．また，関数 $f(z)$ は閉領域 $\bar{D} = D \cup \partial D$ を含む領域で正則とする．このとき，

$$f(z) = \frac{1}{2\pi i} \int_{\partial D} \frac{f(\zeta)}{\zeta - z} d\zeta \qquad (z \in D) \tag{5.14}$$

が成り立つ．なお，$\dfrac{1}{\zeta - z}$ を**コーシー核**と呼ぶことがある．

(証明)
$f(z)$ は $\bar{D}$ を含む領域 U で正則とし，点 $z \in D$ を固定して考える．このとき，$g(\zeta) = \dfrac{f(\zeta)}{\zeta - z}$ とすると $g(\zeta)$ は $U \setminus \{z\}$ で正則である．
そこで，z を中心とする半径 ε の開円板 $U_\varepsilon(z)$ およびその円周 $C_\varepsilon : \zeta = z + \varepsilon e^{i\theta}$ $(0 \leq \theta \leq 2\pi)$ を考える．ただし，ε は $U_\varepsilon(z)$ が D に含まれるように選ぶ．そして，∂D と C_ε で囲まれる領域を D_ε とすれば，$U \setminus \{z\}$ は閉包 $\overline{D_\varepsilon}$ を含む．つまり，$g(z)$ は閉領域 $\overline{D_\varepsilon}$ を含む領域 $U \setminus \{z\}$ で正則なので，コーシーの積分定理 (定理 5.16) より

$$\int_{\partial D_\varepsilon} g(\zeta) d\zeta = 0$$

である．

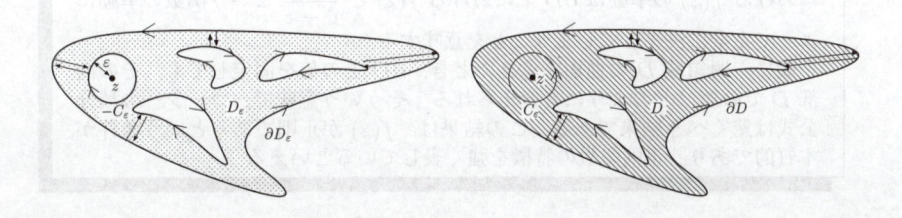

一番外側の単一閉曲線を C とし，その内側にある ∂D の単一閉曲線を $C_1, \ldots, C_n$ とすると $\partial D_\varepsilon = C - C_1 - \cdots - C_n - C_\varepsilon$，$\partial D = C - C_1 - \cdots - C_n$ なので，$\partial D_\varepsilon = \partial D - C_\varepsilon$ である。

また，定理 5.21 より

$$\int_{\partial D} g(\zeta)d\zeta = \int_{\partial D_\varepsilon} g(\zeta)d\zeta + \int_{C_\varepsilon} g(\zeta)d\zeta$$

なので，

$$\int_{\partial D} g(\zeta)d\zeta = \int_{C_\varepsilon} g(\zeta)d\zeta \tag{5.15}$$

である。ここで，

$$\begin{aligned}\int_{C_\varepsilon} g(\zeta)d\zeta &= \int_0^{2\pi} \frac{f(z+\varepsilon e^{i\theta})}{\varepsilon e^{i\theta}}(z+\varepsilon e^{i\theta})'d\theta \\ &= \int_0^{2\pi} \frac{f(z+\varepsilon e^{i\theta})}{\varepsilon e^{i\theta}}i\varepsilon e^{i\theta}d\theta = i\int_0^{2\pi} f(z+\varepsilon e^{i\theta})d\theta\end{aligned} \tag{5.16}$$

なので，

$$\left|\int_{C_\varepsilon} g(\zeta)d\zeta - 2\pi i f(z)\right| = \left|i\int_0^{2\pi} f(z+\varepsilon e^{i\theta})d\theta - i\int_0^{2\pi} f(z)d\theta\right|$$

$$\leq \int_0^{2\pi} |f(z+\varepsilon e^{i\theta}) - f(z)|d\theta \leq 2\pi \sup_{|\zeta-z|=\varepsilon} |f(\zeta) - f(z)|$$

である。$\int_{\partial D} g(\zeta)d\zeta$ は ε に無関係であり，(5.15) と (5.16) より $\int_0^{2\pi} f(z+\varepsilon e^{i\theta})d\theta$ も ε に無関係なので $\varepsilon \to 0$ としてもよい。

よって，$f(\zeta)$ が $\zeta = z$ で連続であることに注意すれば，$\varepsilon \to 0$ としたとき

$$\int_{C_\varepsilon} g(\zeta)d\zeta \to 2\pi i f(z)$$

となり，これと (5.15) より

$$f(z) = \frac{1}{2\pi i}\int_{\partial D} g(\zeta)d\zeta = \frac{1}{2\pi i}\int_{\partial D} \frac{f(\zeta)}{\zeta - z}d\zeta$$

を得る。 ■

> **注意 5.17．** コーシーの積分公式は正則関数が境界上の複素積分で表されることを意味している．より詳しくいうと，コーシーの積分公式は，D 内における $f(z)$ の挙動は ∂D 上における $f(z)$ と $\dfrac{1}{\zeta - z}$ という関数の挙動によって完全に決まってしまうことを意味する．
> 一般に，閉領域 $\bar{D}$ の曲面を考えたとき，∂D 上の値を固定しても，その内部 D での値はどのようにも変えられる．そういう意味で，コーシーの積分公式は驚くべき結果である．この結果は，$f(z)$ が正則であるという条件が本質的であり，正則関数の特徴を強く表しているといえる．

5.8 コーシーの積分公式

コーシーの積分公式を使いやすい形にしておく．

単連結領域におけるコーシーの積分公式

系 5.3． $f(z)$ は単連結領域 D において正則で，C を D の内部にある単一閉曲線とし，C の向きは正の向きとする．このとき，C の内部の任意の点 z に対して次式が成り立つ．

$$f(z) = \frac{1}{2\pi i} \int_C \frac{f(\zeta)}{\zeta - z} d\zeta$$

(証明)
C で囲まれた領域を E とすると，$\bar{E} = E \cup C$ において $f(z)$ は正則である．よって，定理 5.22 より

$$f(z) = \frac{1}{2\pi i} \int_C \frac{f(\zeta)}{\zeta - z} d\zeta \qquad (z \in E)$$

が成り立つ． ∎

コーシーの積分公式を使った計算

例 5.14． 次の積分を求めよ．

(1) $\displaystyle\int_C \frac{z^4 + 1}{z^2 - 2iz} dz, \qquad C = \{z \mid |z| = 1\}$

(2) $\displaystyle\int_C \frac{e^z}{z^2 - 1} dz, \qquad C = \{z \mid |z - 2| = 2\}$

(3) $\displaystyle\int_C \frac{\sin z}{z(z+1)} dz, \qquad C = \{z \mid |z| = 2\}$

(解答)
基本方針は次の通りである．
(1) コーシー核の特異点[23]が C の内部にあるのか，C の外部にあるのかを考える．
(2) 特異点が C の内部にあるときは系 5.3 を適用し，C の外部あるときは定理 5.17 を適用する．この際，C の内部で正則な部分を $f(z)$ とおく．なお，系 5.3 を利用するときは，ζ を z, z を a として

$$f(a) = \frac{1}{2\pi i} \int_C \frac{f(z)}{z - a} dz$$

としておいた方が間違いにくい．

(1) $z = 0$ は C の内部に，$z = 2i$ は C の外部にある．そこで，$f(z) = \dfrac{z^4 + 1}{z - 2i}$ とおくと

---
[23] 特異点については，定義 6.1 を参照のこと．

$f(z)$ は $z=2i$ 以外で正則なので C の内部で正則である．よって，系 5.3 より

$$f(0) = \frac{1}{2\pi i}\int_C \frac{f(z)}{z}dz = \frac{1}{2\pi i}\int_C \frac{z^4+1}{z^2-2iz}dz$$

である．また，$f(0) = -\dfrac{1}{2i}$ なので，

$$-\frac{1}{2i} = \frac{1}{2\pi i}\int_C \frac{z^4+1}{z^2-2iz}dz$$

となり

$$\int_C \frac{z^4+1}{z^2-2iz}dz = -\frac{2\pi i}{2i} = -\pi$$

を得る．

(2) まず，$z=1$ は C の内部に，$z=-1$ は C の外部にあることに注意する．そして，

$$\int_C \frac{e^z}{z^2-1}dz = \frac{1}{2}\int_C e^z\left(\frac{1}{z-1}-\frac{1}{z+1}\right)dz = \frac{1}{2}\int_C \frac{e^z}{z-1}dz - \frac{1}{2}\int_C \frac{e^z}{z+1}dz$$

と変形する．ここで，$f(z) = e^z$ とおくと，$f(z)$ は複素平面全体で正則である．$z=1$ は C の内部にあるので系 5.3 より

$$f(1) = \frac{1}{2\pi i}\int_C \frac{e^z}{z-1}dz$$

であり，$f(1) = e^1 = e$ より

$$\int_C \frac{e^z}{z-1}dz = 2\pi ei$$

である．一方，$z=-1$ は C の外部にあるので，$\dfrac{e^z}{z+1}$ は C の内部で正則である．よって，定理 5.17 より

$$\int_C \frac{e^z}{z+1}dz = 0$$

である．ゆえに，

$$\int_C \frac{e^z}{z^2-1}dz = \frac{1}{2}\cdot 2\pi ei = \pi ei$$

(3) $z=0, z=-1$ ともに C の内部にあることに注意する．

$$\int_C \frac{\sin z}{z(z+1)}dz = \int_C \frac{\sin z}{z}dz - \int_C \frac{\sin z}{z+1}dz$$

なので，$f(z) = \sin z$ とおくと，系 5.3 より

$$f(0) = \frac{1}{2\pi i}\int_C \frac{\sin z}{z}dz, \quad f(-1) = \frac{1}{2\pi i}\int_C \frac{\sin z}{z+1}dz$$

なので

$$\int_C \frac{\sin z}{z}dz = 2\pi i f(0) = 0, \quad \int_C \frac{\sin z}{z+1}dz = 2\pi i f(-1) = -2\pi i \sin 1$$

である．よって，

$$\int_C \frac{\sin z}{z(z+1)}dz = 2\pi i \sin 1$$

∎

複数の単一閉曲線に対するコーシーの積分公式

定理 5.23． 単一閉曲線 C の内部に互いに交わらない有限個の単一閉曲線 $C_1, ..., C_n$ があるとし，$C, C_1, ..., C_n$ で囲まれた領域を D とする．また，$C, C_1, ..., C_n$ の向きはすべて正の向きとする．このとき，$f(z)$ が $\bar{D} = D \cup C \cup C_1 \cup \cdots \cup C_n$ を含む領域において正則ならば，$z \in D$ に対して次式が成り立つ．

$$f(z) = \frac{1}{2\pi i} \int_C \frac{f(\zeta)}{\zeta - z} d\zeta - \sum_{k=1}^{n} \frac{1}{2\pi i} \int_{C_k} \frac{f(\zeta)}{\zeta - z} d\zeta$$

(証明)

$g(\zeta) = \dfrac{f(\zeta)}{\zeta - z}$ は D で $\zeta = z$ を除いて正則である．ここで，点 z を内部に含み，他の閉曲線 $C, C_1, ..., C_n$ と交わらない十分小さな単一閉曲線を C_z とすると，定理 5.21(系 5.2) より，

$$\int_C g(\zeta) d\zeta = \sum_{k=1}^{n} \int_{C_k} g(\zeta) d\zeta + \int_{C_z} g(\zeta) d\zeta$$

なので，

$$\frac{1}{2\pi i} \int_C \frac{f(\zeta)}{\zeta - z} d\zeta = \sum_{k=1}^{n} \frac{1}{2\pi i} \int_{C_k} \frac{f(\zeta)}{\zeta - z} d\zeta + \frac{1}{2\pi i} \int_{C_z} \frac{f(\zeta)}{\zeta - z} d\zeta$$

である．ここで，系 5.3 より

$$f(z) = \frac{1}{2\pi i} \int_{C_z} \frac{f(\zeta)}{\zeta - z} d\zeta$$

なので

$$\frac{1}{2\pi i} \int_C \frac{f(\zeta)}{\zeta - z} d\zeta = \sum_{k=1}^{n} \frac{1}{2\pi i} \int_{C_k} \frac{f(\zeta)}{\zeta - z} d\zeta + f(z)$$

が成り立つ．ゆえに，以下の式を得る．

$$f(z) = \frac{1}{2\pi i} \int_C \frac{f(\zeta)}{\zeta - z} d\zeta - \sum_{k=1}^{n} \int_{C_k} \frac{1}{2\pi i} \frac{f(\zeta)}{\zeta - z} d\zeta$$

∎

注意 5.18． 定理 5.23 の証明では定理 5.21(あるいは同じことであるが系 5.2) を使っているので，定理 5.21 のときと同様に定理 5.23 の仮定を系 5.2 のように変えてもよい．

―― 導関数に対するコーシーの積分公式 ――

定理 5.24 . D を互いに交わらない有限個の区分的に滑らかな単一閉曲線で囲まれた領域とし，境界 ∂D は D に関して正の向きだとする．また，関数 $f(z)$ は閉領域 $\bar{D} = D \cup \partial D$ を含む領域で正則とする．このとき，
$$f'(z) = \frac{1}{2\pi i} \int_{\partial D} \frac{f(\zeta)}{(\zeta - z)^2} d\zeta \qquad (z \in D)$$
が成り立つ．

(証明)
$z, z+h \in D$ ならば (5.14) より

$$\begin{aligned}
\frac{f(z+h) - f(z)}{h} &= \frac{1}{2\pi i} \int_{\partial D} \frac{1}{h} \left(\frac{1}{\zeta - (z+h)} - \frac{1}{\zeta - z} \right) f(\zeta) d\zeta \\
&= \frac{1}{2\pi i} \int_{\partial D} \frac{1}{h} \left(\frac{\zeta - z - \zeta + z + h}{(\zeta - z - h)(\zeta - z)} \right) f(\zeta) d\zeta \\
&= \frac{1}{2\pi i} \int_{\partial D} \frac{f(\zeta)}{(\zeta - z - h)(\zeta - z)} d\zeta
\end{aligned}$$

である．
また，z の ε 近傍 $U_\varepsilon(z)$ が $U_\varepsilon(z) \subset D$ となるように $\varepsilon > 0$ をとり，$z + h \in U_\varepsilon(z)$ とすると，(5.15) と同じ積分路の変更が可能で

$$\int_{\partial D} \frac{f(\zeta)}{(\zeta - z - h)(\zeta - z)} d\zeta = \int_{|\zeta - z| = \varepsilon} \frac{f(\zeta)}{(\zeta - z - h)(\zeta - z)} d\zeta$$

$$\int_{\partial D} \frac{f(\zeta)}{(\zeta - z)^2} d\zeta = \int_{|\zeta - z| = \varepsilon} \frac{f(\zeta)}{(\zeta - z)^2} d\zeta$$

である．
ここで，閉領域 $\bar{D}$ 上での連続関数 $|f(\zeta)|$ の最大値を M とし，曲線の長さを L とすると，定理 5.7 より

$$\begin{aligned}
\left| \int_{\partial D} \frac{f(\zeta)}{(\zeta - z - h)(\zeta - z)} d\zeta - \int_{\partial D} \frac{f(\zeta)}{(\zeta - z)^2} d\zeta \right| &= \left| h \int_{\partial D} \frac{f(\zeta)}{(\zeta - z - h)(\zeta - z)^2} d\zeta \right| \\
= \left| h \int_{|\zeta - z| = \varepsilon} \frac{f(\zeta)}{(\zeta - z - h)(\zeta - z)^2} d\zeta \right| &\leq |h| \int_{|\zeta - z| = \varepsilon} \left| \frac{f(\zeta)}{(\zeta - z - h)(\zeta - z)^2} \right| |d\zeta| \\
\leq \frac{|h| M L}{(\varepsilon - |h|) \varepsilon^2}
\end{aligned}$$

を得る[24]．

---

[24] $|(\zeta - z)^2| = |\zeta - z|^2 = \varepsilon^2$ であり，三角不等式より $|\zeta - z - h| \geq |\zeta - z| - |h| = \varepsilon - |h|$ であることに注意せよ．

$h \to 0$ とすると,最後の項は 0 に収束するので

$$f'(z) = \lim_{h \to 0} \frac{f(z+h) - f(z)}{h} = \frac{1}{2\pi i} \int_{\partial D} \frac{f(\zeta)}{(\zeta - z)^2} d\zeta$$

を得る. ∎

── n 次導関数に対するコーシーの積分公式 ──

定理 5.25. D を互いに交わらない有限個の区分的に滑らかな単一閉曲線で囲まれた領域とし,境界 ∂D は D に関して正の向きだとする.また,関数 $f(z)$ は閉領域 $\bar{D} = D \cup \partial D$ を含む領域で正則とする.このとき,$f(z)$ は D で無限回微分可能であって,

$$f^{(n)}(z) = \frac{n!}{2\pi i} \int_{\partial D} \frac{f(\zeta)}{(\zeta - z)^{n+1}} d\zeta \qquad (z \in D) \qquad (5.17)$$

が成り立つ.

(証明)
数学的帰納法で証明する.そのための準備として,まず,
$k \geq 1$ のとき,$\forall a, \forall b \in \mathbb{C}$ に対して

$$\frac{1}{b-a}\left(\frac{1}{b^k} - \frac{1}{a^k}\right) + \frac{k}{a^{k+1}} = (b-a) \sum_{j=1}^{k} \frac{j}{a^{j+1} b^{k-j+1}} \qquad (5.18)$$

および

$$\frac{1}{a^k b^k} \sum_{j=0}^{k-1} a^j b^{k-1-j} = \frac{1}{b-a}\left(\frac{1}{a^k} - \frac{1}{b^k}\right) \qquad (5.19)$$

が成り立つことを示す.
(5.18) の右辺を計算すると

$$(b-a)\left(\frac{1}{a^2 b^k} + \frac{2}{a^3 b^{k-1}} + \frac{3}{a^4 b^{k-2}} + \cdots + \frac{k}{a^{k+1} b}\right)$$

$$= \left(\frac{1}{a^2 b^{k-1}} + \frac{2}{a^3 b^{k-2}} + \frac{3}{a^4 b^{k-3}} + \cdots + \frac{k}{a^{k+1}}\right)$$

$$\quad - \left(\frac{1}{ab^k} + \frac{2}{a^2 b^{k-1}} + \frac{3}{a^3 b^{k-2}} + \cdots + \frac{k}{a^k b}\right)$$

$$= -\left(\frac{1}{ab^k} + \frac{1}{a^2 b^{k-1}} + \frac{1}{a^3 b^{k-2}} + \cdots + \frac{1}{a^k b}\right) + \frac{k}{a^{k+1}}$$

となり，これを $(b-a)$ 倍すると

$$-(b-a)\left(\frac{1}{ab^k}+\frac{1}{a^2b^{k-1}}+\frac{1}{a^3b^{k-2}}+\cdots+\frac{1}{a^kb}\right)+\frac{k}{a^{k+1}}(b-a)$$

$$=-\left(\frac{1}{ab^{k-1}}+\frac{1}{a^2b^{k-2}}+\frac{1}{a^3b^{k-3}}+\cdots+\frac{1}{a^k}\right)$$

$$+\left(\frac{1}{b^k}+\frac{1}{ab^{k-1}}+\frac{1}{a^2b^{k-2}}+\cdots+\frac{1}{a^{k-1}b}\right)+\frac{k}{a^{k+1}}(b-a)$$

$$=\left(\frac{1}{b^k}-\frac{1}{a^k}\right)+\frac{k}{a^{k+1}}(b-a)=(5.18)\text{ の左辺}\times(b-a)$$

である．よって，(5.18) が成り立つ．次に，(5.19) の左辺を計算すると，

$$\frac{1}{a^kb^k}\left(b^{k-1}+b^{k-2}a+b^{k-3}a^2+\cdots+ba^{k-2}+a^{k-1}\right)$$

$$=\frac{1}{b-a}\frac{b-a}{a^kb^k}\left(b^{k-1}+b^{k-2}a+b^{k-3}a^2+\cdots+ba^{k-2}+a^{k-1}\right)$$

$$=\frac{1}{b-a}(b-a)\left(\frac{1}{a^kb}+\frac{1}{a^{k-1}b^2}+\frac{1}{a^{k-2}b^3}+\cdots+\frac{1}{a^2b^{k-1}}+\frac{1}{ab^k}\right)$$

$$=\frac{1}{b-a}\Bigg\{\left(\frac{1}{a^k}+\frac{1}{a^{k-1}b}+\frac{1}{a^{k-2}b^2}+\cdots+\frac{1}{a^2b^{k-2}}+\frac{1}{ab^{k-1}}\right)$$

$$-\left(\frac{1}{a^{k-1}b}+\frac{1}{a^{k-2}b^2}+\frac{1}{a^{k-3}b^3}+\cdots+\frac{1}{ab^{k-1}}+\frac{1}{b^k}\right)\Bigg\}$$

$$=\frac{1}{b-a}\left(\frac{1}{a^k}-\frac{1}{b^k}\right)$$

なので，(5.19) が成り立つ．

さて，$n=1$ のとき，定理 5.24 より (5.17) が成り立つ．そこで，$n=k-1$ のとき (5.17) が成り立つと仮定すると，(3.3) と (5.19) より，

$$\frac{f^{(k-1)}(z+h)-f^{(k-1)}(z)}{h}=\frac{(k-1)!}{2\pi hi}\int_{\partial D}\frac{(\zeta-z)^k-(\zeta-z-h)^k}{(\zeta-z-h)^k(\zeta-z)^k}f(\zeta)d\zeta$$

$$=\frac{(k-1)!}{2\pi i}\int_{\partial D}\frac{\sum_{j=0}^{k-1}(\zeta-z-h)^j(\zeta-z)^{k-1-j}}{(\zeta-z-h)^k(\zeta-z)^k}f(\zeta)d\zeta$$

$$=\frac{(k-1)!}{2\pi i}\int_{\partial D}\frac{(\zeta-z-h)^{-k}-(\zeta-z)^{-k}}{(\zeta-z)-(\zeta-z-h)}f(\zeta)d\zeta$$

である．ここで，

$$f_k(z)=\frac{k!}{2\pi i}\int_{\partial D}\frac{f(\zeta)}{(\zeta-z)^{k+1}}d\zeta$$

5.8 コーシーの積分公式

とおくと，(5.18) より

$$\frac{f^{(k-1)}(z+h) - f^{(k-1)}(z)}{h} - f_k(z)$$
$$= \frac{(k-1)!}{2\pi i} \int_{\partial D} \left(\frac{(\zeta-z-h)^{-k} - (\zeta-z)^{-k}}{(\zeta-z) - (\zeta-z-h)} \right) f(\zeta) d\zeta - \frac{k!}{2\pi i} \int_{\partial D} \frac{f(\zeta)}{(\zeta-z)^{k+1}} d\zeta$$
$$= -\frac{(k-1)!}{2\pi i} \int_{\partial D} \left\{ \frac{(\zeta-z-h)^{-k} - (\zeta-z)^{-k}}{(\zeta-z-h) - (\zeta-z)} + \frac{k}{(\zeta-z)^{k+1}} \right\} f(\zeta) d\zeta$$
$$= -\frac{h(k-1)!}{2\pi i} \int_{\partial D} \left\{ \sum_{j=1}^{k} \frac{j}{(\zeta-z)^{j+1}(\zeta-z-h)^{k-j+1}} \right\} f(\zeta) d\zeta$$

ここで，定理 5.24 の証明と同様に考えると，

$$\int_{\partial D} \left\{ \sum_{j=1}^{k} \frac{j}{(\zeta-z)^{j+1}(\zeta-z-h)^{k-j+1}} \right\} f(\zeta) d\zeta$$
$$= \int_{|\zeta-z|=\varepsilon} \left\{ \sum_{j=1}^{k} \frac{j}{(\zeta-z)^{j+1}(\zeta-z-h)^{k-j+1}} \right\} f(\zeta) d\zeta \leq \sum_{j=1}^{k} \frac{jML}{\varepsilon^{j+1}(\varepsilon-|h|)^{k-j+1}}$$
$$\leq \frac{ML}{(\varepsilon-|h|)^{k+2}} \sum_{j=1}^{k} j = \frac{MLk(k+1)}{2(\varepsilon-|h|)^{k+2}}$$

を得る．よって，

$$\left| \frac{f^{(k-1)}(z+h) - f^{(k-1)}(z)}{h} - f_k(z) \right| \leq \frac{|h|(k-1)!}{2\pi} \cdot \frac{MLk(k+1)}{2(\varepsilon-|h|)^{k+2}}$$
$$= \frac{(k+1)!ML}{4\pi(\varepsilon-|h|)^{k+2}} |h|$$

である．ここで，$h \to 0$ とすると，最後の項は 0 に収束するので

$$\lim_{h \to 0} \frac{f^{(k-1)}(z+h) - f^{(k-1)}(z)}{h} = f^{(k)}(z) = f_k(z)$$

を得る． ∎

注意 5.19. (5.17) は (5.14) においてコーシー核 $\dfrac{1}{\zeta - z}$ を z で n 回微分したものになっている．実際，

$$\frac{d}{dz}\left(\frac{1}{\zeta - z}\right) = \frac{1}{(\zeta - z)^2},\ \frac{d^2}{dz^2}\left(\frac{1}{\zeta - z}\right) = \frac{2}{(\zeta - z)^3},$$

$$\frac{d^3}{dz^3}\left(\frac{1}{\zeta - z}\right) = \frac{2 \cdot 3}{(\zeta - z)^4},\ \cdots,\ \frac{d^n}{dz^n}\left(\frac{1}{\zeta - z}\right) = \frac{n!}{(\zeta - z)^{n+1}}$$

であることに注意せよ[25]．(5.14) は，z が動いたときの $f(z)$ の変化はコーシー核の変化に依存していることを意味している．このことは，$f(z)$ の導関数を求めるときに，コーシー核を微分すればよいことを意味するので，(5.17) は自然な結果といえる．

定理 5.25 より (任意の $z \in D$ の十分小さい近傍で考えれば)，次の系を得る．

正則関数の無限回微分可能性

系 5.4. 関数 $f(z)$ が領域 D で正則ならば，$f(z)$ は D で無限回微分可能である．

注意 5.20. 系 5.4 より，複素関数 $f(z)$ は 1 回微分可能ならば，実は何度でも微分可能であることが分かる．実関数では 1 回微分可能でも 2 回微分可能でない関数はいくらでもあった．このことから，実関数の微分可能性と複素関数の微分可能性とでは本質的に大きな隔たりがあり，扱い方にも注意が必要だといえる．

系 5.3 と同様に定理 5.25 は次のようにも書ける．

単連結領域における導関数のコーシーの積分公式

系 5.5. $f(z)$ は単連結領域 D において正則で，C を D の内部にある単一閉曲線とし，C の向きは正の向きとする．このとき，C の内部の任意の点 z に対して次式が成り立つ．

$$f^{(n)}(z) = \frac{n!}{2\pi i}\int_C \frac{f(\zeta)}{(\zeta - z)^{n+1}}d\zeta$$

---

[25] 厳密には数学的帰納法で示す必要がある．

(証明)
系 5.3 と同様である. ∎

また，定理 5.23 と同様に次を得る．

複数の単一閉曲線に対するコーシーの積分公式

定理 5.26． 単一閉曲線 C の内部に互いに交わらない有限個の単一閉曲線 $C_1, \ldots, C_n$ があるとし（向きはすべて正の向き），それらで囲まれた領域を D とする．このとき，$f(z)$ が $\bar{D} = D \cup C \cup C_1 \cup \cdots \cup C_n$ を含む領域において正則ならば，$z \in D$ に対して次式が成り立つ．

$$f^{(m)}(z) = \frac{m!}{2\pi i} \int_C \frac{f(\zeta)}{(\zeta - z)^{m+1}} d\zeta - \sum_{k=1}^{n} \frac{m!}{2\pi i} \int_{C_k} \frac{f(\zeta)}{(\zeta - z)^{m+1}} d\zeta$$

(証明)
$\dfrac{f(\zeta)}{(\zeta - z)^{n+1}}$ が $\zeta = z$ を除いて正則であることに注意すれば，定理 5.23 の証明をなぞるだけで定理の主張を示すことができる． ∎

導関数のコーシーの積分公式を使った積分計算

例 5.15． 次の積分を求めよ．ただし，C を円周 $C = \{z \,|\, |z| = 1\}$ とする．

(1) $\displaystyle \int_C \frac{1}{z^3(z^2 - 4)} dz$ （2） $\displaystyle \int_C \frac{\sin z}{z^4} dz$

(解答)
基本方針は，「系 5.5 の式を $f^{(n)}(a) = \dfrac{n!}{2\pi i} \displaystyle\int_C \dfrac{f(z)}{(z-a)^{n+1}} dz$ と表し，C の内部で正則な部分を $f(z)$ とおく」ということである．
(1) $z = \pm 2$ は C の外部にあり，$z = 0$ は C の内部にあるので $f(z) = \dfrac{1}{z^2 - 4}$ は C の内部で正則である．このとき，
$$f'(z) = \frac{-2z}{(z^2 - 4)^2},$$
$$f''(z) = \frac{-2(z^2-4)^2 + 2z \cdot 2(z^2-4) \cdot 2z}{(z^2-4)^4} = \frac{-2(z^2-4) + 8z^2}{(z^2-4)^3} = \frac{6z^2 + 8}{(z^2-4)^3}$$
である．よって，系 5.5 より
$$f''(0) = \frac{2!}{2\pi i} \int_C \frac{f(z)}{(z-0)^3} dz = \frac{1}{\pi i} \int_C \frac{1}{z^3(z^2-4)} dz$$

なので，
$$\int_C \frac{1}{z^3(z^2-4)}dz = \pi i f''(0) = \pi i \frac{8}{-64} = -\frac{1}{8}\pi i$$

(2) $f(z) = \sin z$ は C の内部で正則なので，系 5.5 より
$$f'''(0) = \frac{3!}{2\pi i}\int_C \frac{\sin z}{z^4}dz$$

である．$f'(z) = \cos z, f''(z) = -\sin z, f'''(z) = -\cos z$ より $f'''(0) = -1$ なので
$$\int_C \frac{\sin z}{z^4}dz = -\frac{2\pi i}{3!} = -\frac{1}{3}\pi i$$

∎

■■■ 演習問題 ■■■■■■■■■■■■■■■■■■■■■■■■■■■

演習問題 5.14 C を点 $z = 0$ と $z = 3i$ を含む単一閉曲線とする．このとき，$\int_C \frac{e^{\pi z}}{z^2 - 3iz}dz$ を求めよ．

演習問題 5.15 次の計算をせよ．ただし，点 a を通らない閉曲線 C に対して
$$\int_C \frac{1}{z-a}dz = \begin{cases} 0 & (a \text{ が } C \text{ の外部}) \\ 2\pi i & (a \text{ が } C \text{ の内部}) \end{cases}$$

を証明せずに使ってもよい．

(1) $\int_C \frac{2z-3}{z^2-1}dz \quad (C: |z-1| = 1)$

(2) $\int_C \frac{1}{z^2-3z+2}dz \quad (C: |z-1| = \frac{1}{2})$

演習問題 5.16 $\int_C \frac{e^z}{(z-1)^4}dz \quad (C: |z| = 2)$ を計算せよ．

演習問題 5.17 次の積分を計算せよ．ただし，結果は $x + yi(x, y \in \mathbb{R})$ の形で書くこと．

(1) $\int_{|z|=2} \frac{e^{-iz}}{(3z-\pi)^2}dz$ \quad (2) $\int_{|z|=1} \frac{e^{iz}}{4z-\pi}dz$

演習問題 5.18 $f(z)$ は領域 D で正則とする．また，単一閉曲線 C とその内部は D 内にあるとし，点 a は閉曲線 C の内部にあるとする．このとき，次の等式を示せ．
$$\int_C \frac{f(z)}{(z-a)^2}dz = \int_C \frac{f'(z)}{z-a}dz$$

演習問題 5.19 関数 $f(z)$ は円板 $|z-a| \leq R$ で正則とする．コーシーの積分公式を利用して，次の等式を示せ．

$$f(a) = \frac{1}{2\pi} \int_0^{2\pi} f(a + Re^{i\theta}) d\theta$$

(ヒント) 円板内の単一閉曲線として $C = \{z \mid |z-a| = R\}$ を選ぶと C 上の点は $z = a + Re^{i\theta} (0 \leq \theta \leq 2\pi)$ と表せる．

　この等式は，円板内の点 $z = a$ における $f(z)$ の値が a を中心とする D 内の任意の円周上における $f(z)$ の平均値に等しいことを意味している．そのため，本問の主張を平均値の定理と呼ぶことがある．

演習問題 5.20 次の積分を求めよ．

(1) $\displaystyle\int_C \frac{e^{iz}}{(z-\pi)^2} dz \quad C: |z-1| = 3$

(2) $\displaystyle\int_C \frac{e^z}{z^2 - 2z} dz \quad C: |z-1| = 2$

演習問題 5.21 $f(z)$ が領域 $|z-a| < 2$ で正則だとする．このとき，$\displaystyle\int_C \frac{zf(z)}{z-a} dz \quad (C: |z-a| = 1)$ を求めよ．

演習問題 5.22 $f(z) = \displaystyle\int_C \frac{1}{\zeta(\zeta-z)} d\zeta \quad (C: |\zeta| = 2)$ とする．このとき，次を示せ．

$$f(z) = \begin{cases} 0 & (|z| < 2) \\ -\frac{2\pi i}{z} & (|z| > 2) \end{cases}$$

Section 5.9
コーシーの積分公式に関連する諸結果*

ここでは，第 5.8 節の結果から導かれる有名な結果をいくつか述べておく．

5.9.1 モレラの定理*

コーシーの積分定理の逆も成り立つ．これを**モレラの定理**[26]という．

モレラの定理

定理 5.27．D を単連結な領域とする．このとき，関数 $f(z)$ が D において連続で，D 内の任意の閉曲線 C に対して

$$\int_C f(z)dz = 0$$

が成り立つならば，$f(z)$ は D で正則である．

(証明)
定理 5.14 より，D 上で $F'(z) = f(z)$ となる正則関数 $F(z)$ が存在する．系 5.4 より，$F(z)$ は D で無限回微分可能なので，$F(z)$ の導関数 $f(z)$ も無限回微分可能である．このことは，$f(z)$ が D で正則であることを意味する． ∎

5.9.2 リュービルの定理*

リュービルの定理[27]は「有界な整関数は定数である」ことを主張する定理で，この定理を使うと後述する代数学の基本定理を簡単に証明することができる．

リュービルの定理を証明する前に，その準備として次の**コーシーの評価式**を証明しよう．

コーシーの評価式

補題 5.4．関数 $f(z)$ が閉円板 $\overline{U_R(z)}$ において正則で，$\partial U_R(z) = \{\zeta \in \mathbb{C} \mid |\zeta - z| = R\}$ 上で $|f(z)| \leq M$ ならば，

$$|f^{(n)}(z)| \leq \frac{n!M}{R^n} \quad (n = 0, 1, 2, \ldots) \tag{5.20}$$

が成り立つ．

---

[26] Morera, Giacinto(1856-1909), イタリアの数学者・物理学者．
[27] Liouville, Joseph(1809-1882), フランスの数学者．

(証明)
系 5.5 において，積分路として $C = \partial U_R(z)$ を選ぶと，C 上では
$\zeta = z + Re^{i\theta} (0 \leq \theta \leq 2\pi)$ なので，

$$
\begin{aligned}
|f^{(n)}(z)| &\leq \frac{n!}{2\pi} \int_{|\zeta-z|=R} \frac{|f(\zeta)|}{|\zeta-z|^{n+1}} |d\zeta| \leq \frac{n!M}{2\pi R^{n+1}} \int_{|\zeta-z|=R} |d\zeta| \\
&= \frac{n!M}{2\pi R^{n+1}} \int_0^{2\pi} \left|\frac{d\zeta}{d\theta}\right| d\theta = \frac{n!M}{2\pi R^{n+1}} \int_0^{2\pi} |iRe^{i\theta}| d\theta = \frac{n!M}{2\pi R^n} \int_0^{2\pi} d\theta \\
&= \frac{n!M}{R^n}
\end{aligned}
$$

を得る. ∎

―― リュービルの定理 ――

定理 5.28． 関数 $f(z)$ が複素平面全体において正則で，ある定数 M があって
$$|f(z)| \leq M$$
が成り立つとする．このとき，$f(z)$ は定数である．

(証明)
コーシーの評価式 (5.20) において $n = 1$ とすると，仮定より，
$$|f'(z)| \leq \frac{M}{R}$$
が任意の $R > 0$ に対して成り立つ．これより，$R \to \infty$ とすれば $f'(z) \to 0$ となるので，$f'(z) = 0$ でなければならない．
z は任意の点なので，定理 3.6 より，$f(z)$ は定数である． ∎

5.9.3 代数学の基本定理*

ここでは，リュービルの定理を使って，有名な**代数学の基本定理**を証明する．「代数学」の基本定理といいながら，複素関数論を使って証明するのは，何となく変な感じもするが，ここで示す証明が最も簡明なものであろう．

―― 代数学の基本定理 ――

定理 5.29． 複素数を係数とする n 次代数方程式 $(n \geq 1)$
$$c_n z^n + c_{n-1} z^{n-1} + \cdots + c_1 z + c_0 = 0 \qquad (c_n \neq 0)$$
は，複素数の範囲に少なくとも 1 つの解をもつ．

(証明)
n 次代数方程式を
$$P_n(z) = c_n z^n + c_{n-1} z^{n-1} + \cdots + c_1 z + c_0 = 0$$
と書き，$P_n(z) = 0$ となる $z \in \mathbb{C}$ が存在しないと仮定する．
このとき，複素平面全体で $P_n(z) \neq 0$ なので，$g(z) = \dfrac{1}{P_n(z)}$ も複素平面全体で正則である．ここで，定理 1.3 より，

$$\begin{aligned}
|g(z)| &= \frac{1}{|c_n z^n + \cdots + c_1 z + c_0|} = \frac{1}{|z|^n \left| c_n + \frac{c_{n-1}}{z} + \cdots + \frac{c_0}{z^n} \right|} \\
&\leq \frac{1}{|z|^n \left(|c_n| - \left| \frac{c_{n-1}}{z} + \cdots + \frac{c_0}{z^n} \right| \right)} \\
&\leq \frac{1}{|z|^n \left(|c_n| - \left| \frac{c_{n-1}}{z} \right| - \cdots - \left| \frac{c_0}{z^n} \right| \right)} \to 0 \quad (z \to \infty)
\end{aligned}$$

なので，$R > 0$ を十分に大きくとれば，$|z| > R$ に対して

$$|c_n| - \left(\left| \frac{c_{n-1}}{z} \right| + \cdots + \left| \frac{c_0}{z^n} \right| \right) > \frac{1}{2} |c_n|$$

とできる．これより，

$$|g(z)| < \frac{2|c_n|}{|z|^n} < \frac{2|c_n|}{R^n}$$

を得る．一方，$|z| \leq R$ においては，$P_n(z)$ が連続なので $g(z)$ も連続である．よって，定理 2.13 より

$$|g(z)| \leq M$$

となる定数 M が存在する．
$g(z)$ は複素平面全体で正則かつ有界なので，リュービルの定理より $g(z)$ は定数となる．これは，$P_n(z)$ が定数であることを意味するので，矛盾である．ゆえに，$P_n(z) = 0$ は少なくとも 1 つの解をもつ． ■

代数学の基本定理

系 5.6． 複素数を係数とする n 次代数方程式 $(n \geq 1)$
$$c_n z^n + c_{n-1} z^{n-1} + \cdots + c_1 z + c_0 = 0 \qquad (c_n \neq 0)$$
は，複素数の範囲に重複度を含めて n 個の解をもつ．

(証明)
$P_n(z) = 0$ の 1 つの解を $z = z_1$ とすると，
$$P_n(z) = (z - z_1) P_{n-1}(z)$$
となる $n-1$ 次多項式 $P_{n-1}(z)$ が存在する．
次に，$P_{n-1}(z) = 0$ に定理 5.29 を適用すると $P_{n-1}(z) = 0$ の解が少なくとも 1 つ存在する．それを z_2 とすると，
$$P_{n-1}(z) = (z - z_2) P_{n-2}(z)$$

となる $n-2$ 次多項式 $P_{n-2}(z)$ が存在する．
このことを順次繰り返していくと，結局，
$$P_n(z) = (z-z_1)(z-z_2)\cdots(z-z_n)$$
が得られる．したがって，$P_n(z) = 0$ は重複度を込めてちょうど n 個の解をもつ． ∎

5.9.4 正則関数列と項別微分*

定理 4.8 によれば，整級数は項別微分可能である．また，定理 5.8 によれば，連続な関数列からなる級数は，広義一様収束しているとき項別積分可能である．ここでは，正則関数列が広義一様収束しているならば，項別微分可能であることを示す．これにより，我々は関数項級数が項別微分可能および項別積分可能であるための条件を得たことになる．

さて，定理 5.30 を示すのに，位相空間論や実解析学で学ぶ**ハイネ・ボレルの被覆定理** (Heine-Borel) [28] を使うので，その主張だけを書いておこう．

―― ハイネ・ボレルの被覆定理 ――

補題 5.5． K を $\mathbb{C}$ の有界閉集合とする．このとき，$K \subset \bigcup_{\mu \in M} G_\mu$ となる開集合の族 $\{G_\mu : \mu \in M\}$ があれば，そのうちの有限個 $G_{\mu_1}, G_{\mu_2}, \ldots, G_{\mu_n}$ によって K を覆うことができる．つまり，$K \subset \bigcup_{i=1}^{n} G_{\mu_i}$ が成り立つ．

―― 正則関数列の広義一様収束と連続性 ――

定理 5.30． 関数列 $\{f_n(z)\}$ は領域 D において正則で，関数 $f(z)$ に広義一様収束しているとする．このとき，$f(z)$ は D で正則であり，k 階導関数の列 $\{f_n^{(k)}(z)\}(k=1,2,\ldots)$ は D で $f^{(k)}(z)$ に広義一様収束する．

(証明)
領域 D に含まれる任意の有界閉集合を K とする．このとき，K の各点 z に対して近傍 $U(z) \subset D$ がとれて，$K \subset \bigcup_{z \in K} U(z)$ とできるので，ハイネ・ボレルの被覆定理より，これらの内の有限個で K を覆うことができる．したがって，D に含まれる任意の有界閉集合 K における一様収束性を示す代わりに，D の内部の任意の点 z_0 に対して，ある近傍 $U_r(z_0) \subset D$ が存在して，$U_r(z_0)$ で $\{f_n^{(k)}(z)\}$ が $f^{(k)}(z)$ に一様収束することを示せばよい．

---

[28] Heine, Heinrich Eduard(1821-1881), オーストリアの数学者．
Borel, Émile Felix ÉdouardJustin(1871-1956), フランスの数学者．

そこで，任意の $z_0 \in D$ に対して δ 近傍 $U_\delta(z_0) \subset D$ をとり，C を $U_\delta(z_0)$ 内の任意の閉曲線とする．$U_\delta(z_0)$ は単連結なので，コーシーの積分定理 (定理 5.17) より，

$$\int_C f_n(z)dz = 0$$

である．また，C は有界閉集合であり，仮定より，$\{f_n(z)\}$ は $f(z)$ に広義一様収束するので C 上で $\{f_n(z)\}$ は $f(z)$ に一様収束し，系 4.3 より $f(z)$ は D で連続となる．よって，演習問題 5.5(あるいは例 5.5) より，

$$\int_C f(z)dz = \int_C \lim_{n\to\infty} f_n(z)dz = \lim_{n\to\infty}\int_C f_n(z)dz = 0$$

であり，モレラの定理 (定理 5.27) より，$f(z)$ は $U_\delta(z_0)$ で正則である．z_0 は D 内の任意の点なので，$f(z)$ は D で正則である．

さて，$0 < r < \delta$ とし，$C : z = z_0 + re^{i\theta}(0 \leq \theta \leq 2\pi)$ とすれば，コーシーの積分公式 (系 5.5) より，C の内部の点 $z \in U_r(z_0)$ に対して，

$$f_n^{(k)}(z) = \frac{k!}{2\pi i}\int_C \frac{f_n(\zeta)}{(\zeta-z)^{k+1}}d\zeta$$

$$f^{(k)}(z) = \frac{k!}{2\pi i}\int_C \frac{f(\zeta)}{(\zeta-z)^{k+1}}d\zeta$$

と表される．C は有界閉集合なので，仮定より C 上で $\{f_n(z)\}$ は $f(z)$ に一様収束する．よって，n を十分大きくすれば，任意の $\varepsilon > 0$ に対して，

$$|f_n(\zeta) - f(\zeta)| < \varepsilon$$

となるので，

$$|f_n^{(k)}(z) - f^{(k)}(z)| \leq \frac{k!}{2\pi}\int_C \frac{|f_n(\zeta)-f(\zeta)|}{|\zeta-z|^{k+1}}|d\zeta| < \frac{k!\varepsilon}{2\pi}\int_{|\zeta-z_0|=r}\frac{1}{|\zeta-z|^{k+1}}|d\zeta|$$

である．ここで，ζ は円周 $|\zeta - z_0| = r$ 上にあり，z は C の内部にあるので，$|\zeta - z_0| > |z - z_0|$ であり，

$$|\zeta - z| = |\zeta - z_0 + z_0 - z| \geq |\zeta - z_0| - |z_0 - z| > 0$$

である．よって，$\rho = |\zeta - z| > 0$ とすれば，

$$|f_n^{(k)}(z) - f^{(k)}(z)| < \frac{k!\varepsilon}{2\pi\rho^{k+1}}\int_{|\zeta-z_0|=r}|d\zeta| = \frac{k!\varepsilon}{2\pi\rho^{k+1}}\cdot 2\pi r = \frac{rk!}{\rho^{k+1}}\varepsilon$$

である．ゆえに，$U_r(z_0)$ 上で一様に

$$\lim_{n\to\infty} f_n^{(k)}(z) = f^{(k)}(z)$$

となる． ∎

── **項別微分の定理** ──

定理 5.31． 領域 D で定義された正則関数列からなる級数 $\sum_{n=1}^{\infty} f_n(z)$ が広義一様収束していれば，$s(z) = \sum_{n=1}^{\infty} f_n(z)$ は D で正則である．また，

$$s^{(k)}(z) = \sum_{n=1}^{\infty} f_n^{(k)}(z) \qquad (k=1,2,\ldots)$$

が成り立ち，この和は広義一様収束である．

(証明) $s_n(z) = \sum_{i=1}^{n} f_i(z)$, $s(z) = \sum_{n=1}^{\infty} f_n(z)$ に対して定理 5.30 を適用すればよい． ∎

第6章

関数の整級数展開

第4章では，整級数は正則関数である (定理 4.8) ことを学んだ．そして，この事実とマクローリン展開を経由して初等関数を整級数で定義した．ここでは，逆に，正則関数は各点の近くでは必ず整級数で表示されることを学ぶ．実関数の場合は，微分可能な関数といえば滑らかな関数をイメージするだけだったが，正則な複素関数はつねに具体的に整級数として表示できるのである．この点が実関数と複素関数との大きな違いである．

Section 6.1
テイラー展開

関数 $f(z)$ は点 $z = a$ で正則だとする．このとき，点 a を中心とした $f(z)$ の整級数展開がテイラー展開である．

テイラー展開

定理 6.1. 関数 $f(z)$ は領域 D で正則だとする．D 内の任意の点 a をとり，a から D の境界までの最短距離を R とすると，開円板 $U_R(a) = \{z \mid |z-a| < R\}$ において $f(z)$ は

$$f(z) = \sum_{n=0}^{\infty} c_n (z-a)^n \tag{6.1}$$

と整級数へ一意に展開される．ここで，

$$c_n = \frac{f^{(n)}(a)}{n!} = \frac{1}{2\pi i} \int_{|\zeta-a|=r} \frac{f(\zeta)}{(\zeta-a)^{n+1}} d\zeta \quad (0 < r < R) \tag{6.2}$$

である．なお，(6.1) と (6.2) を $f(z)$ の点 a を中心とする**テイラー級数展開**あるいは単に**テイラー展開**という[1]．

(証明)

任意の $z \in U_R(a)$ をとって固定する．このとき，$|z-a| < r < R$ となる定数 r を選ぶとコーシーの積分公式より

$$f(z) = \frac{1}{2\pi i} \int_{|\zeta-a|=r} \frac{f(\zeta)}{\zeta-z} d\zeta \tag{6.3}$$

となる．
ここで，

$$\frac{1}{\zeta-z} = \frac{1}{\zeta-a-(z-a)}$$
$$= \frac{1}{1-\dfrac{z-a}{\zeta-a}} \cdot \frac{1}{\zeta-a}$$

に注意する．また，ζ は円周 $|\zeta-a|=r$ 上にあり，z は円の内部にあるので

$$|z-a| < |\zeta-a| \tag{6.4}$$

である．
したがって，$\left|\dfrac{z-a}{\zeta-a}\right| < 1$ なので，$\dfrac{z-a}{\zeta-a} \neq 1$ である．
一方，
$$(1-\lambda)(1+\lambda+\lambda^2+\cdots+\lambda^{k-1}) = 1-\lambda^k$$
なので，$\lambda \neq 1$ に対して
$$\frac{1}{1-\lambda} = 1 + \lambda + \lambda^2 + \cdots + \lambda^{k-1} + \frac{\lambda^k}{1-\lambda}$$

---
[1] Taylor, Brook(1685-1731), イギリスの数学者．

であることに注意すれば，$\lambda = \dfrac{z-a}{\zeta-a}$ として

$$\frac{1}{\zeta-z} = \frac{1}{\zeta-a}\left(\sum_{n=0}^{k-1}\left(\frac{z-a}{\zeta-a}\right)^n + \frac{\left(\dfrac{z-a}{\zeta-a}\right)^k}{1-\left(\dfrac{z-a}{\zeta-a}\right)}\right)$$

$$= \frac{1}{\zeta-a}\sum_{n=0}^{k-1}\left(\frac{z-a}{\zeta-a}\right)^n + \frac{(z-a)^k}{(\zeta-z)(\zeta-a)^k}$$

となる．これを (6.3) に代入すると

$$f(z) = \frac{1}{2\pi i}\int_{|\zeta-a|=r} f(\zeta)\left(\frac{1}{\zeta-a}\sum_{n=0}^{k-1}\left(\frac{z-a}{\zeta-a}\right)^n + \frac{(z-a)^k}{(\zeta-z)(\zeta-a)^k}\right)d\zeta$$

$$= \sum_{n=0}^{k-1}\frac{(z-a)^n}{2\pi i}\int_{|\zeta-a|=r}\frac{f(\zeta)}{(\zeta-a)^{n+1}}d\zeta + \frac{(z-a)^k}{2\pi i}\int_{|\zeta-a|=r}\frac{f(\zeta)}{(\zeta-z)(\zeta-a)^k}d\zeta$$

なので，

$$R_k = \frac{(z-a)^k}{2\pi i}\int_{|\zeta-a|=r}\frac{f(\zeta)}{(\zeta-z)(\zeta-a)^k}d\zeta \to 0 \quad (k\to\infty)$$

を示せば，

$$f(z) = \sum_{n=0}^{\infty}\frac{(z-a)^n}{2\pi i}\int_{|\zeta-a|=r}\frac{f(\zeta)}{(\zeta-a)^{n+1}}d\zeta$$

を示したことになる．
$|z-a| = \rho$ とおくと，定理 1.3 および (6.4) より

$$|\zeta-z| = |(\zeta-a)-(z-a)| \geq |\zeta-a|-|z-a| = r-\rho > 0$$

となる．
ゆえに，円周 $|\zeta-a| = r$ 上で $|f(\zeta)| \leq M$ として[2]，

$$|R_k| \leq \frac{\rho^k}{2\pi}\int_{|\zeta-a|=r}\frac{M}{(r-\rho)r^k}|d\zeta| = \frac{\rho^k M(2\pi r)}{2\pi(r-\rho)r^k} = \frac{rM}{r-\rho}\left(\frac{\rho}{r}\right)^k$$

であり，(6.4) より $\dfrac{\rho}{r} < 1$ なので $R_k \to 0 (k\to\infty)$ となる．
また，

$$c_n = \frac{1}{2\pi i}\int_{|\zeta-a|=r}\frac{f(\zeta)}{(\zeta-a)^{n+1}}d\zeta$$

とおくと定理 5.25 より

$$f^{(n)}(a) = \frac{n!}{2\pi i}\int_{|\zeta-a|=r}\frac{f(\zeta)}{(\zeta-a)^{n+1}}d\zeta$$

なので，$c_n = \dfrac{f^{(n)}(a)}{n!}$ である．

---

[2] 円周上で $|f(\zeta)|$ の最大値が存在することは系 6.3(最大値の原理) より分かる．

最後に一意性を示す.
$$f(z) = \sum_{n=0}^{\infty} d_n(z-a)^n$$
という別表現があったとする.
定理 4.8 より収束円内で項別微分可能なので n 回微分した
$$\begin{aligned}f(z) &= d_0 + d_1(z-a) + d_2(z-a)^2 + \cdots + c_n(z-a)^n + \cdots \\ f'(z) &= d_1 + 2d_2(z-a) + \cdots + nd_n(z-a)^{n-1} + \cdots \\ &\vdots \\ f^{(n)}(z) &= n!d_n + (n+1)n\cdots 3\cdot 2d_{n+1}(z-a) + \cdots\end{aligned}$$
において $z=a$ とすると
$$f^{(n)}(a) = n!d_n$$
となる. 一方, (6.2) より
$$f^{(n)}(a) = n!c_n$$
なので, 結局, $c_n = d_n$ を得る. ∎

定理 6.1 において $a=0$ とすると直ちに次の系を得る.

---**マクローリン展開**---

系 6.1. 関数 $f(z)$ は領域 D で正則だとする. 0 から D の境界までの最短距離を R とすると, 開円板 $U_R(0) = \{z \,|\, |z| < R\}$ において $f(z)$ は
$$f(z) = \sum_{n=0}^{\infty} c_n z^n \tag{6.5}$$
と整級数へ一意に展開される. ここで,
$$c_n = \frac{f^{(n)}(0)}{n!} = \frac{1}{2\pi i}\int_{|\zeta|=r}\frac{f(\zeta)}{\zeta^{n+1}}d\zeta \quad (0 < r < R) \tag{6.6}$$
である. なお, (6.5) と (6.6) を $f(z)$ の**マクローリン級数展開**あるいは単に**マクローリン展開**という.

次の例は, すでに例 2.2 と定理 4.19 で取り上げているが, 系 6.1 を使って考えてみよう.

マクローリン展開

例 6.1. 次の関数をマクローリン展開せよ．
(1) $\mathrm{Log}(1+z)$ (2) $\dfrac{1}{1-z}$

(解答)
(1) $\mathrm{Log}\,z$ は $\mathbb{C}\backslash\{z=x|x\leq 0\}$ において正則なので $\mathrm{Log}(1+z)$ は $D=\mathbb{C}\backslash\{z=x|x\leq -1\}$ において正則で
$$f'(z)=\frac{1}{1+z},\ f''(z)=\frac{-1}{(1+z)^2},\ \cdots,\ f^{(n)}(z)=\frac{(-1)^{n-1}(n-1)!}{(1+z)^n}$$
である．よって，$f^{(n)}(0)=(-1)^{n-1}(n-1)!$ であり，系 6.1 より
$$\mathrm{Log}(1+z)=\sum_{n=0}^{\infty}\frac{f^{(n)}(0)}{n!}z^n=\sum_{n=0}^{\infty}\frac{(-1)^{n-1}(n-1)!}{n!}z^n=\sum_{n=1}^{\infty}(-1)^{n-1}\frac{z^n}{n}$$
$$=z-\frac{z^2}{2}+\frac{z^3}{3}-\cdots+(-1)^{n-1}\frac{z^n}{n}+\cdots$$
であり，収束半径 r は $c_n=\dfrac{(-1)^{n-1}}{n}$ とすると
$$r=\lim_{n\to\infty}\left|\frac{c_n}{c_{n+1}}\right|=\lim_{n\to\infty}\frac{n+1}{n}=\lim_{n\to\infty}\left(1+\frac{1}{n}\right)=1$$
である．ゆえに，D に含まれる O を中心とする開円板 $\{z||z|<1\}$ において
$$\mathrm{Log}(1+z)=z-\frac{z^2}{2}+\frac{z^3}{3}-\cdots+(-1)^{n-1}\frac{z^n}{n}+\cdots \qquad (|z|<1)$$
である[3]．

(2) $\dfrac{1}{1-z}$ は $z=1$ を除いて正則である．よって，$D=\mathbb{C}\backslash\{z=1\}$ において
$$f'(z)=\frac{1}{(1-z)^2},\ f''(z)=\frac{2}{(1-z)^3},\ \cdots,\ f^{(n)}(z)=\frac{n!}{(1-z)^n}$$
より $f^{(n)}(0)=n!$ である．よって，系 6.1 より
$$\frac{1}{1-z}=\sum_{n=0}^{\infty}\frac{f^{(n)}(0)}{n!}z^n=\sum_{n=0}^{\infty}z^n=1+z+z^2+\cdots+z^n+\cdots$$
である．また，$z^i(i=0,1,\ldots)$ の係数がすべて 1 なので収束半径 r は 1 である．ゆえに，D に含まれる O を中心とする開円板 $\{z|\,|z|<1\}$ において
$$\frac{1}{1-z}=1+z+z^2+\cdots+z^n+\cdots \qquad (|z|<1)$$
である．

---

[3] 定理 4.19 を参照せよ．

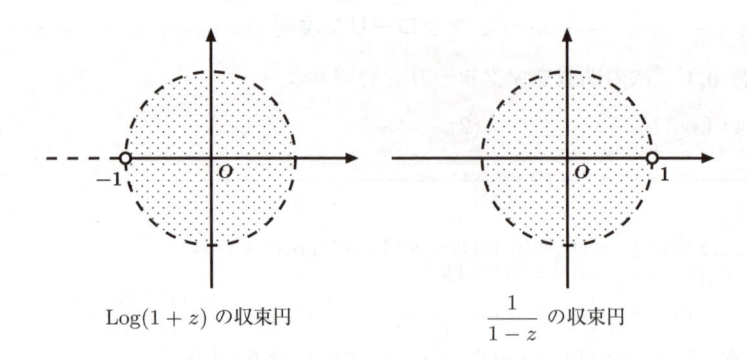

Log$(1+z)$ の収束円　　　　$\dfrac{1}{1-z}$ の収束円

テイラー展開

例 6.2. 次の関数を ( ) 内の点においてテイラー展開せよ.
(1) e^z $(z=2)$　　(2) $\dfrac{1}{z-5}$ $(z=i)$　　(3) $\dfrac{1}{z^2-2z+2}$ $(z=1)$

(解答)
(1) 指数関数の定義より $e^z = \displaystyle\sum_{n=0}^{\infty} \dfrac{z^n}{n!}$ であるが, テイラー展開 (マクローリン展開) の一意性より, 整級数で与えられた正則関数のテイラー展開はその整級数に等しいので, e^z のマクローリン展開は $\displaystyle\sum_{n=0}^{\infty} \dfrac{z^n}{n!}$ である. よって,

$$e^z = e^2 e^{z-2} = e^2 \left(\sum_{n=0}^{\infty} \dfrac{1}{n!}(z-2)^n \right) = \sum_{n=0}^{\infty} \dfrac{e^2}{n!}(z-2)^n \quad (|z-2|<\infty)$$

である[4]).
(2) $f(z) = \dfrac{1}{z-5}$ とすると

$$f'(z) = \dfrac{-1}{(z-5)^2}, \quad f''(z) = \dfrac{(-1)(-2)}{(z-5)^3}, \quad \ldots, \quad f^{(n)}(z) = \dfrac{(-1)^n n!}{(z-5)^{n+1}}$$

なので

$$f(z) = \sum_{n=0}^{\infty} \dfrac{f^{(n)}(i)}{n!}(z-i)^n = \sum_{n=0}^{\infty} \dfrac{(-1)^n n!}{(i-5)^{n+1} n!}(z-i)^n = \sum_{n=0}^{\infty} \dfrac{(-1)^n}{(i-5)^{n+1}}(z-i)^n$$

である. また, $c_n = \dfrac{(-1)^n}{(i-5)^{n+1}}$ とすると収束半径 r は

$$r = \lim_{n\to\infty} \left| \dfrac{c_n}{c_{n+1}} \right| = \lim_{n\to\infty} \left| \dfrac{(i-5)^{n+2}}{(i-5)^{n+1}} \right| = |i-5| = \sqrt{26}$$

---

[4]) $|z-2|<\infty$ は $|z|<\infty$ と書いてもよい.

なので，
$$f(z) = \sum_{n=0}^{\infty} \frac{(-1)^n}{(i-5)^{n+1}}(z-i)^n \qquad (|z-i| < \sqrt{26})$$

(3) 例 6.1(2) において $z = -w$ とすると
$$\frac{1}{1+w} = \sum_{n=0}^{\infty}(-w)^n$$
であり，$w = (z-1)^2$ とおくと $|w| = |z-1|^2 < 1$ において
$$\frac{1}{z^2-2z+2} = \frac{1}{1+(z-1)^2} = \sum_{n=0}^{\infty}(-1)^n(z-1)^{2n} \qquad (|z-1| < 1)$$

■■■■■ 演習問題 ■■■■■■■■■■■■■■■■■■■■■■■■■■■■■

演習問題 6.1 $\cos z$ を点 $z = -\dfrac{\pi}{2}$ を中心とするテイラー展開を求めよ．

演習問題 6.2 関数 $\dfrac{1}{z(z+2i)}$ の点 $z = -i$ を中心とするテイラー展開を求めよ．

演習問題 6.3 テイラー展開とマクローリン展開について説明せよ．

Section 6.2
ローラン展開

ローラン展開[5]は，必ずしも正則ではない点を中心とした級数展開である．テイラー展開は $c_0 + c_1(z-a) + c_2(z-a)^2 + \cdots$ の形をしていたが，ローラン展開はこれに負のべきを加えた

$$\cdots + c_{-2}(z-a)^{-2} + c_{-1}(z-a)^{-1} + c_0 + c_1(z-a) + c_2(z-a)^2 + \cdots$$

という形をしている．

---

[5] Laurent, Pierre Alphonse(1813-1854)，フランスの数学者．

ローラン展開

定理 6.2. $0 \leq R_1 < R_2 \leq \infty$ とし,関数 $f(z)$ は円環領域 $D = \{z | R_1 < |z-a| < R_2\}$ において正則で,$R_1 < r < R_2$ とする.このとき,

$$c_n = \frac{1}{2\pi i} \int_{|\zeta-a|=r} \frac{f(\zeta)}{(\zeta-a)^{n+1}} d\zeta \quad (n = 0, \pm 1, \pm 2, \ldots) \tag{6.7}$$

と定めると,$f(z)$ は

$$f(z) = \sum_{n=-\infty}^{\infty} c_n(z-a)^n \tag{6.8}$$

の形へ一意に展開できる.なお,(6.8) の右辺を a を中心とする $f(z)$ の**ローラン級数**,(6.8) を $f(z)$ の**ローラン展開**といい,負のべき乗の部分 $\sum_{n=-\infty}^{-1} c_n(z-a)^n$ をローラン展開の**主要部**という.

(証明)

D 内の任意の点 z をとって固定し,$R_1 < r_1 < |z-a| < r_2 < R_2$ を満たす r_1, r_2 をとる.$f(z)$ は閉領域 $r_1 \leq |z-a| \leq r_2$ で正則なので定理 5.23 より

$$f(z) = \frac{1}{2\pi i} \int_{|\zeta-a|=r_2} \frac{f(\zeta)}{\zeta-z} d\zeta - \frac{1}{2\pi i} \int_{|\zeta-a|=r_1} \frac{f(\zeta)}{\zeta-z} d\zeta$$

が成り立つ.ここで,

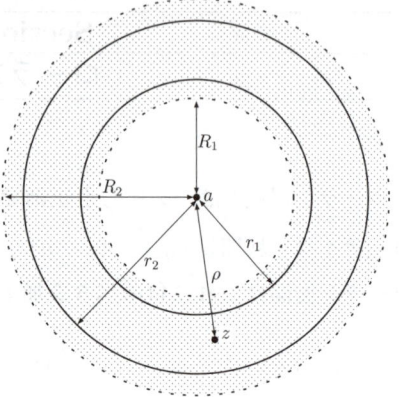

$$\varphi(z) = \frac{1}{2\pi i} \int_{|\zeta-a|=r_2} \frac{f(\zeta)}{\zeta-z} d\zeta, \quad \psi(z) = -\frac{1}{2\pi i} \int_{|\zeta-a|=r_1} \frac{f(\zeta)}{\zeta-z} d\zeta$$

とし,$\varphi(z)$ と $\psi(z)$ について考える.

まず,$\varphi(z)$ について考える.ζ は円周 $|\zeta-a|=r_2$ 上を動くので $|z-a| < |\zeta-a|$ である.よって,定理 6.1 の証明と同様にして

$$\frac{1}{\zeta-z} = \frac{1}{\zeta-a} \sum_{n=0}^{k-1} \left(\frac{z-a}{\zeta-a}\right)^n + \frac{(z-a)^k}{(\zeta-z)(\zeta-a)^k}$$

より
$$\varphi(z) = \sum_{n=0}^{k-1} \frac{(z-a)^n}{2\pi i} \int_{|\zeta-a|=r_2} \frac{f(\zeta)}{(\zeta-a)^{n+1}} d\zeta + \frac{(z-a)^k}{2\pi i} \int_{|\zeta-a|=r_2} \frac{f(\zeta)}{(\zeta-z)(\zeta-a)^k} d\zeta$$
を得て, $k \to \infty$ とすると
$$\varphi(z) = \sum_{n=0}^{\infty} c_n (z-a)^n, \quad c_n = \frac{1}{2\pi i} \int_{|\zeta-a|=r_2} \frac{f(\zeta)}{(\zeta-a)^{n+1}} d\zeta$$
を得る.
次に $\psi(z)$ について考える. $\psi(z)$ は $r_1 < |z-a|$ で正則で, $|\zeta-a| < |z-a|$ である. また,
$$-\frac{1}{\zeta-z} = \frac{1}{(z-a)-(\zeta-a)} = \frac{1}{z-a} \frac{1}{1-\frac{\zeta-a}{z-a}}$$
$$= \frac{1}{z-a} \left(\sum_{n=0}^{k-1} \left(\frac{\zeta-a}{z-a}\right)^n + \frac{\left(\frac{\zeta-a}{z-a}\right)^k}{1-\left(\frac{\zeta-a}{z-a}\right)} \right) = \sum_{n=1}^{k} \frac{(\zeta-a)^{n-1}}{(z-a)^n} + \frac{(\zeta-a)^k}{(z-\zeta)(z-a)^k}$$
なので,
$$\psi(z) = \frac{1}{2\pi i} \int_{|\zeta-a|=r_1} f(\zeta) \left(\sum_{n=1}^{k} \frac{(\zeta-a)^{n-1}}{(z-a)^n} + \frac{(\zeta-a)^k}{(z-\zeta)(z-a)^k} \right) d\zeta$$
$$= \sum_{n=1}^{k} \frac{1}{(z-a)^n} \left(\frac{1}{2\pi i} \int_{|\zeta-a|=r_1} f(\zeta)(\zeta-a)^{n-1} d\zeta \right)$$
$$+ \frac{1}{2\pi i(z-a)^k} \int_{|\zeta-a|=r_1} \frac{f(\zeta)(\zeta-a)^k}{z-\zeta} d\zeta$$
である. よって,
$$R_k = \frac{1}{2\pi i(z-a)^k} \int_{|\zeta-a|=r_1} \frac{f(\zeta)(\zeta-a)^k}{z-\zeta} d\zeta \to 0 \quad (k \to \infty)$$
を示せば,
$$\psi(z) = \sum_{n=1}^{\infty} \frac{c_{-n}}{(z-a)^n}, \quad c_{-n} = \frac{1}{2\pi i} \int_{|\zeta-a|=r_1} f(\zeta)(\zeta-a)^{n-1} d\zeta \ (n=1,2,\ldots,k)$$
を得る. 今の場合, $|\zeta-a| < |z-a|$ なので円周 $|\zeta-a| = r_1$ 上で $|f(\zeta)| \leq M$ とし, $|z-a| = \rho$ とおくと,
$$|z-\zeta| \geq |z-a| - |\zeta-a| \geq \rho - r_1 > 0$$
となるので, $\dfrac{r_1}{\rho} < 1$ に注意すれば
$$|R_k| \leq \frac{1}{2\pi \rho^k} \int_{|\zeta-a|=r_1} \frac{Mr_1^k}{\rho-r_1} d\zeta \leq \frac{1}{2\pi \rho^k} \frac{Mr_1^k 2\pi r_1}{\rho-r_1}$$
$$= \left(\frac{r_1}{\rho}\right)^k \frac{Mr_1}{\rho-r_1} \to 0 \quad (k \to \infty)$$

である.
ここで, $\varphi(z)$ と $\psi(z)$ の積分路は定理 5.20 よりそれぞれ円周 $|\zeta - a| = r$ に変更できるので, 結局, (6.7), (6.8) を得る.
後は, 一意性を示せばよい. そのために, ローラン級数が広義一様収束するとして一意性を示し, 最後に広義一様収束性を示す. さて,

$$f(z) = \sum_{n=-\infty}^{\infty} d_n(z-a)^n$$

という別表現があったとする. このとき, 広義一様収束性より項別積分が可能なので

$$c_m = \frac{1}{2\pi i}\int_{|z-a|=r}\frac{f(z)}{(z-a)^{m+1}}dz = \frac{1}{2\pi i}\int_{|z-a|=r}\frac{1}{(z-a)^{m+1}}\sum_{n=-\infty}^{\infty}d_n(z-a)^n dz$$

$$= \sum_{n=-\infty}^{\infty}\frac{d_n}{2\pi i}\int_{|z-a|=r}(z-a)^{n-m-1}dz$$

である. ここで, 例 5.3 より

$$\int_{|z-a|=r}(z-a)^{n-m-1}dz = \begin{cases} 2\pi i & (n=m) \\ 0 & (n \neq m)\end{cases}$$

なので

$$c_m = d_m \qquad (m = 0, \pm 1, \pm 2, \ldots)$$

を得る.
最後にローラン級数の広義一様収束性を示す.
$0 < \varepsilon < \min\{R_2 - r_2, r_1 - R_1\}$ となるような ε をとり, $r_1 - \varepsilon \leq |z-a| \leq r_2 + \varepsilon$ において $|f(z)| \leq M'$ だとする.
$n \geq 0$ のとき, $\zeta = a + (r_2 + \varepsilon)e^{i\theta}(0 \leq \theta \leq 2\pi)$ として

$$|c_n| = \left|\frac{1}{2\pi i}\int_{|\zeta-a|=r_2+\varepsilon}\frac{f(\zeta)}{(\zeta-a)^{n+1}}d\zeta\right| \leq \frac{1}{2\pi}\int_0^{2\pi}\frac{M'}{(r_2+\varepsilon)^{n+1}}\left|\frac{d\zeta}{d\theta}\right|d\theta$$

$$= \frac{1}{2\pi}\int_0^{2\pi}\frac{M'}{(r_2+\varepsilon)^{n+1}}(r_2+\varepsilon)d\theta = \frac{M'}{(r_2+\varepsilon)^n}$$

となる. したがって, $|z-a| \leq r_2$ ならば

$$\sum_{n=0}^{\infty}|c_n(z-a)^n| \leq \sum_{n=0}^{\infty}\frac{M'}{(r_2+\varepsilon)^n}r_2^n = M'\sum_{n=0}^{\infty}\left(\frac{r_2}{r_2+\varepsilon}\right)^n < \infty$$

となるので, 定理 4.6 より $\sum_{n=0}^{\infty}c_n(z-a)^n$ は $|z-a| \leq r_2$ において一様収束する.
$n < 0$ のとき, $\zeta = a + (r_1 - \varepsilon)e^{i\theta}(0 \leq \theta \leq 2\pi)$ として

$$|c_{-n}| = \left|\frac{1}{2\pi i}\int_{|\zeta-a|=r_1-\varepsilon}f(\zeta)(\zeta-a)^{n-1}d\zeta\right| \leq \frac{1}{2\pi}\int_0^{2\pi}M'(r_1-\varepsilon)^{n-1}(r_1-\varepsilon)d\theta$$

$$= M'(r_1-\varepsilon)^n$$

なので $|z-a| \geq r_1$ ならば

$$\sum_{n=1}^{\infty} \left| \frac{c_{-n}}{(z-a)^n} \right| \leq \sum_{n=1}^{\infty} \frac{M'(r_1-\varepsilon)^n}{r_1^n} = M' \sum_{n=1}^{\infty} \left(\frac{r_1-\varepsilon}{r_1} \right)^n < \infty$$

となるので定理 4.6 より $\sum_{n=1}^{\infty} \dfrac{c_{-n}}{(z-a)^n}$ は $|z-a| \geq r_1$ において一様収束する.

ゆえに,ローラン級数は $r_1 \leq |z-a| \leq z_2$ において一様収束する.このことは,ローラン級数は D で広義一様収束することを意味する. ∎

注意 6.1. ローラン展開の係数 c_n は (6.8) で与えられるが,ほとんどの場合,これを直接的には計算できない.そこで,具体的なローラン展開の係数を求めるために,既知の級数展開,例えば,テイラー展開を利用して計算できるように工夫する必要がある.

注意 6.2. $z=a$ において $f(z)$ が正則でなくとも,ローラン展開を使えば,$z \to a$ のとき $f(z)$ がどのような挙動をするのか分かる.つまり,ローラン展開は $z=a$ 近くの情報 (正則性) を使うと $z=a$ に限りなく近いところにおける $f(z)$ の様子が分かる,と主張している.また,ローラン展開の主要部が,$f(z)$ の $z=a$ における非正則性を示している.

円環領域におけるローラン展開

例 6.3. $f(z) = \dfrac{1}{(z-2)(z+1)}$ をそれぞれ次の円環領域で展開せよ.

(1) $D_1 = \{ z \in \mathbb{C} \,|\, 1 < |z| < 2 \}$

(2) $D_2 = \{ z \in \mathbb{C} \,|\, 0 < |z+1| < 3 \}$

(3) $D_3 = \{ z \in \mathbb{C} \,|\, 3 < |z+1| \}$

(解答)
ここでは,例 6.1 にある既知の級数展開

$$\frac{1}{1-z} = \sum_{n=0}^{\infty} z^n \qquad (|z|<1)$$

を使うことにする.また,ローラン展開の一意性より $f(z)$ を級数展開したものがローラン展開であり,$f(z)$ は $z=2$ および $z=-1$ 以外で正則であることに注意する.

(1) $f(z) = \dfrac{1}{3} \left(\dfrac{1}{z-2} - \dfrac{1}{z+1} \right)$ であり,$1<|z|<2$ より $1<|z|$ かつ $|z|<2$,つまり,

$\left|\dfrac{1}{z}\right| < 1$ かつ $\left|\dfrac{z}{2}\right| < 1$ である。よって，

$$\frac{1}{z+1} = \frac{1}{z\left(1+\frac{1}{z}\right)} = \frac{1}{z}\sum_{n=0}^{\infty}\left(-\frac{1}{z}\right)^n = \sum_{n=0}^{\infty}(-1)^n\frac{1}{z^{n+1}} = \sum_{n=1}^{\infty}(-1)^{n-1}\frac{1}{z^n}$$

$$\frac{1}{z-2} = -\frac{1}{2\left(1-\frac{z}{2}\right)} = -\frac{1}{2}\sum_{n=0}^{\infty}\left(\frac{z}{2}\right)^n = -\sum_{n=0}^{\infty}\frac{z^n}{2^{n+1}}$$

なので，

$$f(z) = \frac{1}{3}\left(-\sum_{n=0}^{\infty}\frac{z^n}{2^{n+1}} + \sum_{n=1}^{\infty}(-1)^{n-1}\frac{1}{z^n}\right)$$

である。
なお，これは正則な点 $z=0$ を中心とした展開となっている。

(2) $z+1=w$ とすると，$0 < |w| < 3$ なので $\left|\dfrac{w}{3}\right| < 1$ である。よって，

$$f(z) = \frac{1}{(z-2)(z+1)} = \frac{1}{w(w-3)} = -\frac{1}{3w\left(1-\frac{w}{3}\right)}$$

$$= -\frac{1}{3w}\sum_{n=0}^{\infty}\left(\frac{w}{3}\right)^n = -\sum_{n=0}^{\infty}\frac{w^{n-1}}{3^{n+1}} = -\sum_{n=0}^{\infty}\frac{(z+1)^{n-1}}{3^{n+1}}$$

である。
なお，これは正則でない点 $z=-1$ を中心とした展開となっており，

$$f(z) = \sum_{n=0}^{\infty}\frac{(z+1)^{n-1}}{3^{n+1}} = -\left(\frac{1}{3(z+1)} + \frac{1}{3^2} + \frac{(z+1)^2}{3^3} + \cdots\right)$$

の第 1 項 $\dfrac{1}{3(z+1)}$ に $f(z)$ が $z=-1$ で正則でないことが反映されている。

(3) $z+1=w$ とおくと $|w|>3$ なので $\left|\dfrac{3}{w}\right| < 1$ である。よって，

$$f(z) = \frac{1}{(z-2)(z+1)} = \frac{1}{w(w-3)} = \frac{1}{w^2\left(1-\frac{3}{w}\right)}$$

$$= \frac{1}{w^2}\sum_{n=0}^{\infty}\left(\frac{3}{w}\right)^n = \sum_{n=0}^{\infty}\frac{3^n}{w^{n+2}} = \sum_{n=0}^{\infty}\frac{3^n}{(z+1)^{n+2}}$$

である。
なお，(2) と同様，これは正則でない点 $z=-1$ を中心とした展開となっており，$\dfrac{3^n}{(z+1)^{n+2}}$ に $f(z)$ が $z=-1$ で正則でないことが反映されている。 ■

―― ローラン展開 ――

例 6.4. 次の関数の ( ) 内の点を中心とするローラン展開を求めよ。

(1) $\dfrac{1}{z(z-1)}$　$(z=1)$　　(2) $z^2 e^{-\frac{1}{z}}$　$(z=0)$

(解答)
(1) $u = z - 1$ とおくと，
$$\frac{1}{z(z-1)} = \frac{1}{u}\left(\frac{1}{1+u}\right)$$
なので，$0 < |u| = |z-1| < 1$ のとき
$$\frac{1}{z(z-1)} = \frac{1}{u}\left(\sum_{n=0}^{\infty}(-u)^n\right) = \frac{1}{z-1}\left(\sum_{n=0}^{\infty}(-1)^n(z-1)^n\right) = \frac{1}{z-1} + \sum_{n=0}^{\infty}(-1)^{n+1}(z-1)^n$$
である．
また，$|z-1| > 1$ のとき $\left|\dfrac{1}{z-1}\right| < 1$ なので $\left|\dfrac{1}{u}\right| < 1$ である．よって，
$$\frac{1}{z(z-1)} = \frac{1}{u^2}\left(\frac{1}{1+\frac{1}{u}}\right) = \frac{1}{u^2}\sum_{n=0}^{\infty}\left(-\frac{1}{u}\right)^n = \sum_{n=0}^{\infty}(-1)^n\frac{1}{(z-1)^{n+2}}$$
である．

(2) $e^{-\frac{1}{z}} = \sum_{n=0}^{\infty}\frac{1}{n!}\left(-\frac{1}{z}\right)^n$ なので
$$f(z) = z^2 e^{-\frac{1}{z}} = z^2 \sum_{n=0}^{\infty}\frac{1}{n!}\left(-\frac{1}{z}\right)^n = \sum_{n=0}^{\infty}\frac{(-1)^n}{n!}z^{2-n}$$
$$\left(= z^2 - z + \frac{1}{2!} - \frac{1}{3!z} + \frac{1}{4!z^2} - \cdots\right)$$

■■■ **演習問題** ■■■■■■■■■■■■■■■■■■■■■■■■■■■■

演習問題 6.4 関数 $\dfrac{e^z}{(z-1)^2}$ の点 $z = 1$ を中心とするローラン展開を求めよ．

演習問題 6.5 $\dfrac{z-1}{z(z+1)}$ の $z = -1$ と $z = 0$ を中心とするローラン展開をそれぞれ求めよ．ただし，$\dfrac{1}{1-z} = 1 + z + z^2 + \cdots + z^n + \cdots \ (|z| < 1)$ を証明せずに利用してもよい．

演習問題 6.6 ローラン展開について説明せよ．また，ローラン展開の主要部は何を示しているか？

Section 6.3
孤立特異点

ローラン展開を使うと $f(z)$ が正則でない点の近くにおける $f(z)$ の挙動を調べることができる．そこで，正則でない点に特異点という名前をつけて，その点における $f(z)$ の振舞について調べてみる．

6.3.1 除去可能な特異点

孤立特異点

定義 6.1． 関数 $f(z)$ が点 $z=a$ において正則でないとき，点 $z=a$ を $f(z)$ の**特異点**という．特に，$f(z)$ が点 $z=a$ では正則ではないが $z=a$ のある除外近傍 $0<|z-a|<R$ で正則のとき点 $z=a$ を $f(z)$ の**孤立特異点**という．

$z=a$ が $f(z)$ の孤立特異点のとき，$f(z)$ は $0<|z-a|<R$ でローラン展開されて

$$f(z) = \sum_{n=-\infty}^{\infty} c_n (z-a)^n, \qquad 0<|z-a|<R$$

となり，この孤立特異点の性質はローラン展開の負のべき乗の部分

$$\sum_{n=-\infty}^{-1} c_n (z-a)^n = \sum_{m=1}^{\infty} \frac{c_{-m}}{(z-a)^m}$$

が支配していると考えられる[6]．

---

[6] これが $\sum_{n=-\infty}^{-1} c_n(z-a)^n$ をローラン展開の主要部と呼ぶ理由である．

そして，孤立特異点は，その点におけるローラン展開の主要部の形によって，除去可能な特異点，極，真性特異点の3つに分類される．

———— 除去可能な特異点 ————

定義 6.2． ローラン展開の主要部 $\displaystyle\sum_{m=1}^{\infty}\frac{c_{-m}}{(z-a)^m}$ の係数 c_{-m} が，$c_{-m}=0(m=1,2,\ldots)$ となる場合，つまり，$0<|z-a|<R$ において

$$f(z)=\sum_{n=0}^{\infty}c_n(z-a)^n$$

となるとき，$z=a$ を**除去可能な特異点**という．このとき，$\displaystyle\lim_{z\to a}f(z)=c_0$ なので $f(a)=c_0$ と定義すれば，$f(z)$ は点 $z=a$ でも微分可能となり，$f(z)$ は $|z-a|<R$ で正則となる．

定義より $z=a$ が除去可能な特異点は，実質的に $f(z)$ の正則点と見なすことができる．

———— 除去可能な特異点 ————

例 6.5． $z=0$ は $f(z)=\dfrac{\tan z}{z}$ の除去可能な特異点であることを示し，特異点における値を定めて正則となるようにせよ．ただし，

$$\tan z = z + \frac{1}{3}z^3 + \frac{2}{15}z^5 + \cdots$$

を証明せずに使用してもよい．

(解答)
$f(z)$ の特異点 $z=0$ を中心とするローラン展開を求めると

$$f(z)=\frac{1}{z}\left(z+\frac{1}{3}z^3+\frac{2}{15}z^5+\cdots\right)=1+\frac{1}{3}z^2+\frac{2}{15}z^4+\cdots$$

となり，主要部がないので除去可能な特異点である．したがって，$f(0)=\displaystyle\lim_{z\to 0}f(z)=1$ と定義すれば $f(z)$ は $z=0$ も含めて正則になる． ∎

除去可能な特異点であるための条件

定理 6.3. 点 a は関数 $f(z)$ の孤立特異点で,$f(z)$ は除外近傍 $0 < |z-a| < R$ で正則だとする.このとき,$z = a$ が除去可能な特異点であるための必要十分条件は $f(z)$ が $0 < |z-a| < R$ で有界となることである.なお,この定理を**リーマンの定理**という.

(証明)
まず,この定理は,孤立特異点近くの挙動を調べるものなので,R は十分小さく,$0 < |z-a| < R$ は a の除外近傍を意味していることに注意する.
($\Longrightarrow$) $z = a$ が除去可能な特異点なので,$0 < |z-a| < R$ において

$$f(z) = \sum_{n=0}^{\infty} c_n(z-a)^n$$

と展開できる.このとき,$\lim_{z \to a} f(z) = c_0$ なので $f(z)$ は $z = a$ の近傍で有界である.
($\Longleftarrow$) $0 < |z-a| < R$ で $|f(z)| \leq M$ とする.(6.8) より $0 < r < R$ に対して

$$|c_{-n}| = \left|\frac{1}{2\pi i}\int_{|z-a|=r} f(z)(z-a)^{n-1}dz\right| \leq \frac{1}{2\pi}\int_0^{2\pi} M\left|r^{n-1}(ire^{i\theta})\right|d\theta$$

$$\leq \frac{1}{2\pi}\int_0^{2\pi} Mr^n d\theta = Mr^n \qquad (n = 1, 2, \ldots)$$

となる.ここで,$0 < |z-a| < R$ は a の除外近傍なので,R はいくらでも小さくとれる.そこで,$r \to 0$ とすると,$Mrn \to 0$ となる.よって,$c_{-n} = 0 (n = 1, 2, \ldots)$ である.つまり,ローラン展開の主要部が 0 なので $z = a$ は $f(z)$ の除去可能な特異点である. ∎

ベルヌーイ数*

例 6.6. 次の問に答えよ.
(1) $z = a$ が $f(z)$ の除去可能な特異点であるための必要十分条件は $\lim_{z \to a} f(z)$ が存在し,それが有限値となることである.これを示せ.
(2) (1) を使って $z = 0$ は $f(z) = \dfrac{z}{e^z - 1}$ の除去可能な特異点であることを示せ.
(3) $f(z) = \dfrac{z}{e^z - 1}$ の $z = 0$ のまわりのローラン展開を $f(z) = \sum_{n=0}^{\infty} \dfrac{b_n}{n!}z^n$ とおくとき,b_0, b_1, b_2, b_3 を求めよ.
(4) $b_{2n+1} = 0 \ (n \geq 1)$ を示せ.
なお,上記の $b_n (n = 0, 1, 2, \ldots,)$ を**ベルヌーイ数**[7]という.

---

[7] Bernoulli, Jakob(1654-1705),ベルヌーイ一族の一人でニコラウス (Nikolaus)・ベルヌーイ (1623-1708) の長男.ベルヌーイ一族はスイスの優れた数学者を輩出した一族である.

(解答)
(1) ($\Longrightarrow$) $f(z) = c_0 + c_1(z-a) + c_2(z-a)^2 + \cdots (0 < |z-a| < R)$ と表されるので，$\lim_{z \to a} f(z) = c_0$ である．
($\Longleftarrow$) $\lim_{z \to a} f(z) = c$ とすれば，任意の $\varepsilon > 0$ に対してある $R > 0$ が存在して
$$0 < |z-a| < R \Longrightarrow |f(z) - c| < \varepsilon$$
となるので，$0 < |z-a| < R$ に対して $|f(z)| < \varepsilon + |c|$ とできる．よって，$f(z)$ は $z = a$ を除く a の近傍 $0 < |z-a| < R$ で有界となるので，定理 6.3 より $z = a$ は除去可能な特異点である．

(2) $g(z) = e^z$ とすると，$g'(z) = e^z$ なので $g'(0) = 1$ である．一方，
$$g'(0) = \lim_{z \to 0} \frac{g(z) - g(0)}{z} = \lim_{z \to 0} \frac{e^z - 1}{z}$$
なので $\lim_{z \to 0} \frac{e^z - 1}{z} = 1$ である．よって，
$$\lim_{z \to 0} \frac{z}{e^z - 1} = \lim_{z \to 0} \frac{1}{\frac{e^z - 1}{z}} = 1$$
であり，$\lim_{z \to 0} f(z)$ が存在するので，$z = 0$ は $f(z)$ の除去可能な特異点である．

(3) $f(0) = \lim_{z \to 0} f(z) = 1$ とおくと，$f(z)$ は $z = 0$ においても正則となるので，$z = 0$ のローラン展開はテイラー展開となる．$f(z) = \dfrac{z}{e^z - 1}$ より $z = (e^z - 1)f(z)$ であり，

$(e^z - 1)f(z) = \sum_{n=0}^{\infty} c_n z^n$ とおくと

$(e^z - 1)f(z)$
$= \left(\sum_{n=0}^{\infty} \frac{1}{n!} z^n - 1 \right) \left(\sum_{n=0}^{\infty} \frac{b_n}{n!} z^n \right)$
$= \left(z + \frac{z^2}{2!} + \frac{z^3}{3!} + \frac{z^4}{4!} + \cdots \right) \left(b_0 + b_1 z + \frac{b_2}{2!} z^2 + \frac{b_3}{3!} z^3 + \cdots \right)$
$= b_0 z + \left(\frac{b_0}{2!} + b_1 \right) z^2 + \left(\frac{b_0}{3!} + \frac{b_1}{2!} + \frac{b_2}{2!} \right) z^3 + \left(\frac{b_0}{4!} + \frac{b_1}{3!} + \frac{b_2}{2!2!} + \frac{b_3}{3!} \right) z^4 + \cdots$
$= z$

なので，両辺の係数を比較して
$$b_0 = 1, \quad \frac{b_0}{2!} + b_1 = 0, \quad \frac{b_0}{3!} + \frac{b_1}{2!} + \frac{b_2}{2!} = 0, \quad \frac{b_0}{4!} + \frac{b_1}{3!} + \frac{b_2}{2!2!} + \frac{b_3}{3!} = 0$$
より，
$$b_0 = 1, \quad b_1 = -\frac{1}{2}, \quad b_2 = \frac{1}{6}, \quad b_3 = 0$$
である．

(4)
$$\frac{z}{e^z - 1} = \sum_{n=0}^{\infty} \frac{b_n}{n!} z^n = b_0 + b_1 z + \sum_{n=2}^{\infty} \frac{b_n}{n!} z^n = 1 - \frac{1}{2} z + \sum_{n=2}^{\infty} \frac{b_n}{n!} z^n$$
より
$$\frac{z}{e^z - 1} + \frac{z}{2} = 1 + \sum_{n=2}^{\infty} \frac{b_n}{n!} z^n$$
である．ここで，$g(z) = \dfrac{z}{e^z - 1} + \dfrac{z}{2}$ とおくと $g(z) = z \left(\dfrac{2 + e^z - 1}{2(e^z - 1)} \right) = \dfrac{z(e^z + 1)}{2(e^z - 1)}$ であ

り，$g(-z) = \dfrac{(-z)(e^{-z}+1)e^z}{2(e^{-z}-1)e^z} = \dfrac{z(e^z+1)}{2(e^z-1)} = g(z)$ なので，$g(z)$ は偶関数である．よって，$\displaystyle\sum_{n=0}^{\infty} \dfrac{b_n}{n!} z^n$ は $b_1 z$ 以外に奇数次のべき乗の項は含んでいない．つまり，$b_{2n+1} = 0 (n \geq 1)$ である． ∎

6.3.2 極

極

定義 6.3． ローラン展開の主要部 $\displaystyle\sum_{m=1}^{\infty} \dfrac{c_{-m}}{(z-a)^m}$ の係数 c_{-m} が，有限個の m を除いて $c_{-m} = 0$ となる場合，つまり，$0 < |z-a| < R$ において

$$f(z) = \dfrac{c_{-k}}{(z-a)^k} + \cdots + \dfrac{c_{-1}}{z-a} + \sum_{n=0}^{\infty} c_n (z-a)^n, \quad (c_{-k} \neq 0, k \geq 1)$$

のとき，$z = a$ を $f(z)$ の **k 位の極**という．特に，1 位の極を**単純な極**という．

$z = a$ が k 位の極であることを判定するには，次の定理を使うと便利である．

---
k 位の極であるための条件

定理 6.4． $f(z)$ は $0 < |z-a| < R$ で正則だとする．このとき，$z = a$ が $f(z)$ の k 位の極であるための必要十分条件は，$f(z)$ が

$$f(z) = \dfrac{1}{(z-a)^k} \psi(z) \tag{6.9}$$

と表されることである．ただし，$\psi(z)$ は $z = a$ の近傍において正則で $\psi(a) \neq 0$ とする．

(証明)
($\Longrightarrow$) $z=a$ が $f(z)$ の k 位の極なので $0<|z-a|<R$ において $f(z)=\sum_{n=-k}^{\infty}c_n(z-a)^n$ となる．ここで，$\psi(z)=(z-a)^k f(z)$ とおくと $\psi(z)$ は $0<|z-a|<R$ で正則となり，
$$\psi(z)=\sum_{n=0}^{\infty}c_{n-k}(z-a)^n=c_{-k}+c_{-k+1}(z-a)+c_{-k+2}(z-a)^2+\cdots$$
なので $z=a$ は $\psi(z)$ の除去可能な特異点である．よって，$\psi(a)=\lim_{z\to a}\psi(z)=c_{-k}$ とすると，$\psi(z)$ は $|z-a|<R$ で正則となり $f(z)$ は (6.9) と表される．
($\Longleftarrow$) $f(z)$ が (6.9) のように表せたとする．仮定より $\psi(z)$ は $z=a$ の近傍 $|z-a|<R$ でテイラー展開できて
$$\psi(z)=\sum_{n=0}^{\infty}c_n(z-a)^n \qquad (\psi(a)=c_0\neq 0)$$
となる．ゆえに，$0<|z-a|<R$ において
$$f(z)=\frac{1}{(z-a)^k}\psi(z)=\sum_{n=0}^{\infty}c_n(z-a)^{n-k}$$
$$=\frac{c_0}{(z-a)^k}+\cdots+\frac{c_{k-1}}{z-a}+c_k+c_{k+1}(z-a)+c_{k+2}(z-a)^2+\cdots$$
となるので，$z=a$ は k 位の極である． ∎

極であるための条件

定理 6.5． $f(z)$ は $0<|z-a|<R$ で正則だとする．このとき，$z=a$ が $f(z)$ の極であるための必要十分条件は $\lim_{z\to a}f(z)=\infty$ となることである．

(証明)
($\Longrightarrow$) $z=a$ が $f(z)$ の k 位の極のとき，ローラン展開は
$$f(z)=\sum_{n=-k}^{\infty}c_n(z-a)^n$$
$$=\frac{c_{-k}}{(z-a)^k}+\cdots+\frac{c_{-1}}{z-a}+\sum_{n=0}^{\infty}c_n(z-a)^n, \quad (c_{-k}\neq 0, k\geq 1, 0<|z-a|<R)$$
であり，$\lim_{z\to a}\frac{c_{-k}}{(z-a)^k}=\infty$ なので $\lim_{z\to a}f(z)=\infty$ である．
($\Longleftarrow$) $f(z)$ が $0<|z-a|<R$ で正則で $\lim_{z\to a}f(z)=\infty$ とすると，$z=a$ の a を除いた近くでは $f(z)\neq 0$ である．したがって，$g(z)=\dfrac{1}{f(z)}$ は $z=a$ の近くにおいて正則かつ有界なので $z=a$ は定理 6.3 より除去可能な特異点である．

そこで，$g(a) = \lim_{z \to a} g(z) = 0$ として $g(z)$ を $|z - a| < R$ で正則となるように拡張すれば，
$$g(z) = (z - a)^l \varphi(z), \quad \varphi(a) \neq 0$$
となる正の整数 l と正則関数 $\varphi(z)$ が存在する[8]．このとき，$\psi(z) = \dfrac{1}{\varphi(z)}$ とおけば
$$f(z) = \frac{1}{g(z)} = \frac{1}{(z-a)^l \varphi(z)} = \frac{\psi(z)}{(z-a)^l}$$
となる $\psi(z)$ は正則で $\psi(a) \neq 0$ なので，定理 6.4 より $z = a$ は $f(z)$ の l 位の極である．■

極と零点

例 6.7． k は正の整数で $\varphi(z)$ は $z = a$ の近傍において正則かつ $\varphi(a) \neq 0$ とする．そして，$f(a) = 0$ を満たす点 a は **零点** と呼ばれ，特に，
$$f(z) = (z - a)^k \varphi(z)$$
と表されるとき，点 $z = a$ は $f(z)$ の **k 位の零点** という．
このとき，$z = a$ は $\dfrac{1}{f(z)}$ の k 位の極となることを示せ．

(解答)
$\varphi(z)$ は $z = a$ の近傍において正則かつ $\varphi(a) \neq 0$ なので，a の適当な近傍においても $\varphi(z) \neq 0$ である．
よって，$\psi(z) = \dfrac{1}{\varphi(z)}$ は a の近傍において正則で，$\psi(a) = \dfrac{1}{\varphi(a)} \neq 0$ である．ゆえに，定理 6.4 より $z = a$ は $\dfrac{1}{f(z)} = \dfrac{1}{(z-a)^k \varphi(z)} = \dfrac{1}{(z-a)^k} \psi(z)$ の k 位の極である．■

点 $z = a$ が $f(z)$ の k 位の零点のとき，$f(a) = 0$ であり，$f(z)$ は
$$f(z) = c_k(z - a)^k + c_{k+1}(z - a)^{k+1} + \cdots \qquad (c_k \neq 0)$$
と表される．このことは，$\varphi(z) = c_k + c_{k+1}(z - a) + c_{k+2}(z - a)^2 + \cdots$ とすれば，$\varphi(a) \neq 0$ で，$f(z) = (z - a)^k \varphi(z)$ となることより分かるだろう．

極の具体例

例 6.8． $f(z) = \dfrac{z}{(z-2)(z-1)^3}$ の孤立特異点の種類を調べよ．

---

[8] 定理 6.7 を参照せよ．

(解答)
$f(z)$ の孤立特異点は $z=1$ と $z=2$ であり，$f(z)$ は
$$f(z) = \frac{1}{z-2}\left(\frac{z}{(z-1)^3}\right)$$
と書ける．ここで，$\psi(z) = \dfrac{z}{(z-1)^3}$ とすると $z=2$ の近くで $\psi(z)$ は正則で $\psi(2) = 2 \neq 0$ なので定理 6.4 より $z=2$ は $f(z)$ の 1 位の極 (単純な極) である．
また，$f(z)$ は
$$f(z) = \frac{1}{(z-1)^3}\left(\frac{z}{z-2}\right)$$
とも書け，$\varphi(z) = \dfrac{z}{z-2}$ とすると $\varphi(z)$ は $z=1$ の近くでは正則で $\varphi(1) = -1 \neq 0$ なので定理 6.4 より $z=1$ は $f(z)$ の 3 位の極である． ∎

ちなみに，関数 $f(z)$ が領域 D で極を除いて正則なとき，$f(z)$ は D で**有理型**であるという．また，複素平面全体で有理型である関数を**有理型関数**という．例えば，$P(z)$ と $Q(z)$ を共通の零点をもたない多項式とすると，有理関数 $\dfrac{P(z)}{Q(z)}$ は $Q(z)$ の零点を除いて正則なので，これは有理型関数である．

6.3.3　真性特異点

真性特異点

定義 6.4． ローラン展開の主要部 $\displaystyle\sum_{m=1}^{\infty} \frac{c_{-m}}{(z-a)^m}$ の係数 c_{-m} が，無限個の m に対して $c_m \neq 0$ となる場合，つまり，$0 < |z-a| < R$ において
$$f(z) = \cdots + \frac{c_{-k}}{(z-a)^k} + \cdots + \frac{c_{-1}}{z-a} + \sum_{n=0}^{\infty} c_n(z-a)^n$$
$$(c_{-k} \neq 0 \text{ となる自然数 } k \text{ が無限個存在する})$$
のとき，$z=a$ を $f(z)$ の**真性特異点**という．

特異点の定義より，$f(z)$ の孤立特異点 $z=a$ が除去可能な特異点でもなく，極でもないときは真性特異点である．したがって，例 6.6 と定理 6.5 より真性特異点 $z=a$ では $\displaystyle\lim_{z \to a} f(z)$ は ∞ も含めて極限値をもたない．

実は，$z = a$ が真性特異点のとき，$z = a$ への近づき方によって $f(z)$ は様々な値に近づくことが知られている．このことは定理 6.6 より分かるが，定理 6.6 を述べる前に，これを示すために必要な補題を示す．

― 除去可能な特異点または極であるための条件 ―

補題 6.1. 関数 $f(z)$ は $0 < |z - a| < R$ において正則で，定数ではないとする．点 $z = a$ が $f(z)$ の除去可能な特異点または極であるための必要十分条件は

$$h > \alpha \implies \lim_{z \to a} |z - a|^h |f(z)| = 0 \tag{6.10}$$

または

$$h < \alpha \implies \lim_{z \to a} |z - a|^h |f(z)| = \infty \tag{6.11}$$

となる実数 α が存在することである．

(証明)
($\implies$) 点 $z = a$ が除去可能な特異点のとき，例 6.6 より極限値 $\lim_{z \to a} f(z)$ が存在するので，$f(a) = \lim_{z \to a} f(z)$ とすれば $f(z)$ は a のある近傍 $|z - a| < R$ で正則である．ここで，

$$h > 0 \implies \lim_{z \to a} |z - a|^h |f(z)| = \left(\lim_{z \to a} |z - a|^h \right) \left(\lim_{z \to a} |f(z)| \right) = 0 \cdot |f(a)| = 0$$

より (6.10) が成り立つ．さらに，$f(a) \neq 0$ とすると

$$h < 0 \implies \left(\lim_{z \to a} |z - a|^h \right) \left(\lim_{z \to a} |f(z)| \right) = \infty \cdot |f(a)| = \infty$$

となり，(6.11) が成り立つ[9]．
$z = a$ が k 位の極ならば，定理 6.4 より

$$f(z) = \frac{1}{(z - a)^k} \psi(z) \qquad (\psi(a) \neq 0)$$

と表せ，

$$h > k \implies \lim_{z \to a} |z - a|^h |f(z)| = \lim_{z \to a} |(z - a)^{h-k} \psi(z)| = 0,$$

$$h < k \implies \lim_{z \to a} |(z - a)^{h-k} \psi(z)| = \infty \cdot |\psi(a)| = \infty$$

となるので，$\alpha \in \mathbb{N} \subset \mathbb{R}$ に対して (6.10) と (6.11) が成り立つ．

---

[9] $0 \cdot \infty$ は不定形なので $f(a) \neq 0$ という仮定が必要である．

($\Longleftarrow$) (6.10) を満たす α があるとし，$\alpha \leq m$ となる整数 m をとると
$$\lim_{z \to a}(z-a)^m f(z) = 0$$
となる．よって，例 6.6 より $z=a$ は $(z-a)^m f(z)$ の除去可能な特異点であり，$|z-a| < R$ で正則とできる．また，$z=a$ は $(z-a)^m f(z)$ の零点である．ここで，位数を k とすれば
$$(z-a)^m f(z) = (z-a)^k \varphi(z), \quad \varphi(a) \neq 0$$
となる正則関数 $\varphi(z)$ が存在する．したがって，$m \leq k$ ならば
$$f(z) = (z-a)^{k-m} \varphi(z)$$
より $\lim_{z \to a} f(z) = 0$ なので例 6.6 より $z=a$ は $f(z)$ の除去可能な特異点となる．また，$m > k$ ならば
$$\frac{1}{f(z)} = (z-a)^{m-k} \frac{1}{\varphi(z)}$$
より $z=a$ は $\dfrac{1}{f(z)}$ の $m-k$ 位の零点なので例 6.7 より $f(z)$ の $m-k$ 位の極となる．

次に (6.11) が成り立つ α があるとすると，$m < \alpha$ となる整数 m に対して
$$\lim_{z \to a}(z-a)^m f(z) = \infty$$
となる．したがって，定理 6.5 より $z=a$ は $(z-a)^m f(z)$ の極である．その位数を k とすれば，定理 6.4 より正則関数 $\varphi(z)$ を用いて
$$(z-a)^m f(z) = \frac{1}{(z-a)^k} \varphi(z)$$
と表すことができる．よって，$m \leq -k$ ならば
$$f(z) = (z-a)^{-k-m} \varphi(z)$$
より $\lim_{z \to a} f(z) = 0$ となるので例 6.6 より $z=a$ は除去可能な特異点である．また，$m > -k$ ならば
$$f(z) = \frac{1}{(z-a)^{m+k}} \varphi(z)$$
および定理 6.4 より $z=a$ は $f(z)$ の $m+k$ 位の極である． ∎

真性特異点の性質

定理 6.6． $z=a$ が $f(z)$ の真性特異点ならば，任意の $\lambda \in \mathbb{C}$ に対して a に収束する点列 $\{z_n\}$ で
$$\lim_{n \to \infty} f(z_n) = \lambda$$
となるものがある．なお，この定理をワイエルシュトラスの定理という．

(証明)
$\lambda \neq \infty$ のとき, ある λ に対して a に収束する点列 $\{z_n\}$ で
$$\lim_{n\to\infty} f(z_n) = \lambda$$
となる点列がないと仮定する. このとき, 適当な $\varepsilon > 0$ と $\delta > 0$ に対して
$$0 < |z-a| < \delta \quad \text{かつ} \quad |f(z)-\lambda| \geq \varepsilon$$
となる. すると, $\alpha < 0$ のとき
$$\lim_{z\to a} |z-a|^{\alpha}|f(z)-\lambda| = \infty$$
となるので, 補題 6.1 より $z = a$ は $f(z) - \lambda$ の除去可能な特異点または極である. よって, $\beta > 0$ を十分大きくとれば
$$0 = \lim_{z\to a}(z-a)^{\beta}(f(z)-\lambda) = \lim_{z\to a}(z-a)^{\beta}f(z) - \lim_{z\to a}(z-a)^{\beta}\lambda$$
$$= \lim_{z\to a}(z-a)^{\beta}f(z)$$
となり, 再び補題 6.1 より $z = a$ は $f(z)$ の除去可能な特異点または極であることが分かる. しかし, これは a が真性特異点であることに反するので, 結局, 定理の主張が成り立つ. $\lambda = \infty$ のとき, $f(z)$ は $0 < |z-a| < R$ で正則とする. a は真性特異点なので定理 6.3 より任意の $0 < r < R$ に対して $f(z)$ は $|z-a| < r$ で有界ではない. よって, $r_n > r_{n+1}$, $r_n \to 0$ とすれば $|z-a| < r_n$ で $|f(z_n)| > n$ となる z_n がとれる. すなわち, $f(z_n) \to \infty$ $(n \to \infty)$ である. ∎

ワイエルシュトラスの定理は, λ を勝手に決めたとき, 真性特異点 $z = a$ に近づく適当な点列 $\{z_n\}$ をとると

$$z_n \to a \text{ のとき } f(z_n) \to \lambda$$

とできる, と主張している. λ は勝手に決められるのだから, $f(z)$ は様々な値に近づくことになる. 実際, 例 6.9 で見るように λ に応じて z_n を決められるのである.

真性特異点とその性質

例 6.9. 次の問に答えよ.
(1) $f(z) = e^{\frac{1}{z}}$ の特異点 $z = 0$ が真性特異点であることを示せ.
(2) λ を $0, \infty$ 以外の任意の複素数とする. このとき, $z = 0$ に収束する点列 $\{z_n\}$ で $\lim_{n\to\infty} f(z_n) = \lambda$ となるものを具体的に構成せよ.

(解答)
(1) $0 < |z|$ におけるローラン展開は，マクローリン展開を用いて
$$f(z) = e^{\frac{1}{z}} = \sum_{n=0}^{\infty} \frac{1}{n!}\left(\frac{1}{z}\right)^n = 1 + \frac{1}{z} + \frac{1}{2!z^2} + \cdots + \frac{1}{n!z^n} + \cdots$$
となる．この展開には負のべき乗の項が無限個あるので $z=0$ は $f(z)$ の真性特異点である．
(2) 定理 6.6 より，このような点列が存在することは分かる．
$\lambda = e^{\frac{1}{z}}$ とすると $\frac{1}{z} = \log\lambda$ なので $z = \dfrac{1}{\log\lambda}$ であり，
$$z_n = \frac{1}{\text{Log}|\lambda| + i\text{Arg}\lambda + 2n\pi i} \qquad (n = 0, \pm 1, \pm 2, \ldots)$$
は $\lambda = e^{\frac{1}{z}}$ の解である．よって，$f(z_n) = \lambda$ であり，もちろん，$\lim_{n\to\infty} f(z_n) = \lambda$ である．
また，z_n の定義より $\lim_{n\to\infty} z_n = 0$ である．
ゆえに，$z_n = \dfrac{1}{\text{Log}|\lambda| + i\text{Arg}\lambda + 2n\pi i}$ が求めるべき点列である． ∎

■■■ 演習問題 ■■■■■■■■■■■■■■■■■■■■■■

演習問題 6.7 除去可能な特異点，極，真性特異点について説明せよ．

演習問題 6.8 次の関数におけるカッコ内の孤立特異点の種類を調べよ．

(1) $\dfrac{\sin z}{z}$ $(z = 0)$ (2) $\dfrac{1}{z(z+2)^2}$ $(z = -2)$ (3) $z\sin\dfrac{1}{z}$ $(z = 0)$

演習問題 6.9 $f(z)$ が $z = a$ を 1 位の極としてもつとき，
$$\frac{1}{2\pi i}\int_C f(z)dz = \lim_{z\to a}(z-a)f(z)$$
が成り立つことを示せ．ただし，C は a をその内部に含む単一閉曲線である．

Section 6.4
無限遠点におけるローラン展開*

ここでは無限遠点 ∞ におけるローラン展開を考える．そのために，$f(z)$ は $0 < R < |z| < \infty$ で正則だと仮定する．このとき，$g(z) = f\left(\dfrac{1}{z}\right)$ とおけば，$g(z)$ は $0 < |z| < \dfrac{1}{R}$ で正則である．このとき，$f(z)$ の $z = \infty$ におけるローラン展開を考えるには，$z = 0$ における $g(z)$ のローラン展開を考えればよい．

さて，定理 6.2 より，$g(z)$ は 0 を中心として

$$g(z) = \sum_{n=-\infty}^{\infty} c_n z^n$$

とローラン展開できる．これが，$f\left(\dfrac{1}{z}\right)$ と一致するので，

$$f\left(\frac{1}{z}\right) = \sum_{n=-\infty}^{\infty} c_n z^n$$

だが，z を $\dfrac{1}{z}$ で置き換えると，

$$f(z) = \sum_{n=-\infty}^{\infty} c_n \left(\frac{1}{z}\right)^n = \sum_{n=-\infty}^{\infty} c_n z^{-n}$$

となる．ここで，$b_n = c_{-n}$ とおけば，

$$f(z) = \sum_{n=-\infty}^{\infty} b_n z^n \tag{6.12}$$

となり，これを $f(z)$ の**無限遠点 ∞ を中心とするローラン展開**という．形としては，(6.7) において $a=0$ としたものと同じだが無限遠点を孤立特異点として見ているので，このように呼ぶ．また，$z=0$ が $g(z)$ の除去可能な特異点，極，真性特異点に応じて，それぞれ無限遠点 ∞ は $f(z)$ の除去可能な特異点，極，真性特異点という．さらに，$g(z)$ の主要部 $\displaystyle\sum_{n=-\infty}^{-1} c_n z^n$ に対応する $\displaystyle\sum_{n=1}^{\infty} b_n z^n$ を (6.12) の主要部という．したがって，主要部が $\displaystyle\sum_{n=1}^{k} b_n z^n\,(b_k \neq 0)$ となるとき，無限遠点は k 位の極である．

注意 6.3． $f(z)$ の $z = \infty$ における様子を調べるには，$z = \dfrac{1}{\zeta}$ とおいて，$g(\zeta) = f\left(\dfrac{1}{\zeta}\right)$ の $\zeta = 0$ における様子を調べればよい．

―― **無限遠点における特異点** ――

例 6.10． 次の関数の無限遠点を中心とする孤立特異点の種類を調べよ．

(1) e^z　　　　(2) k 次多項式　　　(3) $\dfrac{z^4}{z^2 - z + 2}$

(解答)
(1) 例 6.9(1) より，$e^{\frac{1}{z}}$ が $z=0$ の真性特異点なので，$z=\infty$ は e^z の真性特異点である．
(2) k 次多項式のローラン展開は $\sum_{n=0}^{k} b_n z^n$ なので，$z=\infty$ は k 次多項式の k 位の極である．
(3) $f(z) = \dfrac{z^4}{z^2-z+2}$ とすると，
$$g(\zeta) = f\left(\frac{1}{\zeta}\right) = \frac{1}{\zeta^4}\frac{1}{\frac{1}{\zeta^2}-\frac{1}{\zeta}+2} = \frac{1}{\zeta^2(2\zeta^2-\zeta+1)}$$
であり，$\psi(\zeta) = \dfrac{1}{2\zeta^2-\zeta+1}$ とおくと $\psi(\zeta)$ は $\zeta=0$ の近傍において正則で，$\psi(0) \neq 0$ である．
よって，定理 6.4 より $\zeta=0$ は $g(\zeta)$ の 2 位の極である．よって，$z=\infty$ は $f(z)$ の 2 位の極である． ∎

演習問題

演習問題 6.10 次を示せ．
(1) $\lim_{z\to\infty} f(z)$ が存在して有限ならば，無限遠点は除去可能な特異点である．
(2) $\lim_{z\to\infty} f(z) = \infty$ ならば，無限遠点は極である．
(3) $\lim_{z\to\infty} f(z)$ が存在しないならば，無限遠点は真性特異点である．

Section 6.5
一致の定理*

$f(z)$ と $g(z)$ を領域 D 上で定義された正則関数とする．このとき，$f(z)$ と $g(z)$ が D 上のごく小さな領域で一致していれば，実は，$f(z)$ と $g(z)$ は D 上で完全に一致していることを保証するのが**一致の定理**である．一致の定理によると，例えば，$f(z)$ がある小領域で $f(z) = 0$ ならば，D 全体で $f(z) \equiv 0$ になる．実関数では，たとえ無限回微分可能な関数でも，ある区間で 0 になるからといって，領域全体で 0 になるとは限らないので，これは驚くべき結果といえるだろう．

一致の定理を証明するために，あらかじめ次の補題と因数定理を示しておく．

―― 開円板上で $f(z) = 0$ となるための条件 ――

補題 6.2. 関数 $f(z)$ が開円板 $U_R(a)$ において正則で,
$$f^{(n)}(a) = 0 \qquad (n = 0, 1, 2, \ldots)$$
ならば,$f(z)$ は $U_R(a)$ で恒等的に $f(z) = 0$ である.

(証明)
テイラー展開より,
$$f(z) = \sum_{n=0}^{\infty} \frac{f^{(n)}(a)}{n!}(z-a)^n, \qquad z \in U_R(a)$$
なので,これと仮定より,$f(z) = 0$ である. ∎

―― 因数定理 ――

定理 6.7. 関数 $f(z)$ は開円板 $U_R(a)$ で正則であり,$f(a) = 0$ ではあるが,恒等的には 0 でないとする.このとき,
$$f(z) = (z-a)^k \varphi(z), \qquad \varphi(a) \neq 0$$
を満たす $U_R(a)$ における正則関数 $\varphi(z)$ と自然数 k が存在する.

(証明)
$f(a) = 0$ で,すべての n に対して $f^{(n)}(a) = 0$ ならば,補題 6.2 より恒等的に 0 となってしまうので,仮定より $f^{(n)}(a) \neq 0$ となる $n(n \geq 1)$ が存在する.
そのような n の最小のものを k とすれば,テイラー展開より,
$$\begin{aligned} f(z) &= \frac{f^{(k)}(a)}{k!}(z-a)^k + \frac{f^{(k+1)}(a)}{(k+1)!}(z-a)^{k+1} + \cdots \\ &= (z-a)^k \left(\frac{f^{(k)}(a)}{k!} + \frac{f^{(k+1)}(a)}{(k+1)!}(z-a) + \cdots + \frac{f^{(n)}(a)}{n!}(z-a)^{n-k} + \cdots \right) \end{aligned}$$
である.ここで,
$$\varphi(z) = \frac{f^{(k)}(a)}{k!} + \frac{f^{(k+1)}(a)}{(k+1)!}(z-a) + \cdots + \frac{f^{(n)}(a)}{n!}(z-a)^{n-k} + \cdots \qquad (6.13)$$
とすれば,
$$f(z) = (z-a)^k \varphi(z)$$
であり,(6.13) の右辺は $U_R(a)$ で収束すべき級数なので,正則である.また,
$$\varphi(a) = \frac{f^{(k)}(a)}{k!} \neq 0$$
となる. ∎

なお，因数定理における k を $f(z)$ の零点 a の**位数**または**重複度**といい，a を k **位の零点**という[10]．

――― 一致の定理 ―――

定理 6.8． 関数 $f(z)$ と $g(z)$ は領域 D で正則であり，D の点 a に収束する D 内の点列 $\{z_n\}$ ($z_n \neq a$, $n = 1, 2, \ldots$) に対して，
$$f(z_n) = g(z_n) \qquad (n = 1, 2, \ldots)$$
が成り立てば，D 全体で $f(z) = g(z)$ である．

(証明)
$f(z)$ と $g(z)$ は連続なので，$f(z_n) = g(z_n)$ が成り立つとき，$n \to \infty$ とすると $f(a) = g(a)$ となる．よって，$h(z) = f(z) - g(z)$ とするとき，$h(z_n) = 0 (n = 1, 2 \ldots,)$ ならば D 全体で $h(z) = 0$ となることを示せばよい．
そのために，まず，D に含まれる開円板 $U_R(a)$ をとり，ある $z \in U_R(a)$ で $h(z) \neq 0$ と仮定して矛盾を導くことにする．
$h(z)$ の連続性より
$$h(a) = \lim_{n \to \infty} h(z_n) = 0$$
なので，a は $h(z)$ の零点である．よって，因数定理が適用できて，$U_R(a)$ において
$$h(z) = (z-a)^k \varphi(z), \qquad \varphi(a) \neq 0$$
となる正則関数 $\varphi(z)$ と自然数 k が存在する．
さて，$z_n \to a$ なので，$n \geq N$ ならば $z_n \in U_R(a)$ となる N が存在する．すると，$n \geq N$ に対して
$$0 = h(z_n) = (z_n - a)^k \varphi(z_n)$$
となるが，仮定より $z_n \neq a$ なので $\varphi(z_n) = 0 (n \geq N)$ である．
したがって，$\varphi(z)$ の連続性より
$$0 = \lim_{n \to \infty} \varphi(z_n) = \varphi(a)$$
であるが，これは $\varphi(a) \neq 0$ という仮定に反する．ゆえに，$U_R(a)$ で恒等的に $h(z) = 0$ である．
次に，任意の $b \in D (b \neq a)$ に対して $h(b) = 0$ を示す．これは，一致の定理そのものなので，これを示せば一致の定理を示したことになる．
任意の $b \in D (b \neq a)$ に対して，a と b を D 内の曲線
$$C : z = z(t) \quad (0 \leq t \leq 1, z(0) = a, z(1) = b)$$
で結ぶ．
$h(z)$ は $U_R(a)$ で恒等的に $h(z) = 0$ なので $h(z(t)) = 0$ が $0 \leq t \leq t_0$ で成り立つような最大の t_0 が $0 < t_0 \leq 1$ の範囲に存在するはずである．

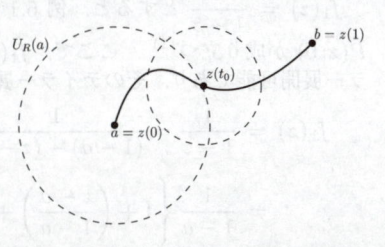

---

[10]例 6.7 も参照せよ．

そこで，$0 \leq t_1 < t_2 < \cdots < t_n < \cdots < t_0$ かつ $t_0 = \lim_{n\to\infty} t_n$ となる数列 $\{t_n\}$ に対して，$z_n = z(t_n)$ とおけば，z の連続性より $z(t_0) = \lim_{n\to\infty} z(t_n) = \lim_{n\to\infty} z_n$ かつ $h(z_n) = 0$ である．
このとき，証明の前半で示したように，$z(t_0)$ を中心とするある開円板 $U_{R'}(z(t_0))$ で $h(z) = 0$ となる．ここで，$z(t_0) \neq b$ とすると，$t_0 < 1$ であり，このとき t_0 に十分近い $t > t_0$ に対して $h(z(t)) = 0$ となるが，これは，t_0 が最大であることに矛盾する．
したがって，$z(t_0) = b$ であり，$h(z(t_0)) = h(b) = 0$ となる．ゆえに，$h(z)$ は D 上で恒等的に 0 である． ∎

一致の定理より，$f(z)$ と $g(z)$ が D 上のほんの一部分，例えば，(とても長さが短い) ある曲線上で一致していれば，$f(z)$ と $g(z)$ は D 上で完全に一致していることが分かる．

一致の定理

系 6.2． 関数 $f(z)$ および $g(z)$ は領域 D において正則だとする．このとき，D 内のある曲線上で $f(z) = g(z)$ ならば，D 全体で $f(z) = g(z)$ である．

(証明)
曲線 l がどんなに長さの短い曲線であっても，その上に相異なる点からなる点列 $\{z_n\}$ をとって，l 上の点 a に収束するようにできる．
ここで，$a \in l \subset D$ なので，一致の定理より D 全体で $f(z) = g(z)$ である． ∎

Section 6.6
解析接続*

正則関数 $f(z)$ が与えられたとき，$f(z)$ の定義域を正則性を失うことなく拡張できないだろうか？
話を具体的にするために，整級数
$$P(z;0) = 1 + z + z^2 + \cdots + z^n + \cdots$$
を考えよう．
$f_1(z) = \dfrac{1}{1-z}$ とすると，例 6.1 より $D_1 = \{z\,|\,|z| < 1\}$ において $f_1(z) = P(z;0)$ が成り立つ[11]．ここで，$f_1(z)$ は D_1 で正則関数なので，$a \in D_1$ でテイラー展開可能であり，そのテイラー展開式は，

$$f_1(z) = \frac{1}{1-z} = \frac{1}{(1-a)-(z-a)} = \frac{1}{1-a}\frac{1}{1-\frac{z-a}{1-a}}$$

$$= \frac{1}{1-a}\left\{1 + \left(\frac{z-a}{1-a}\right) + \left(\frac{z-a}{1-a}\right)^2 + \cdots\right\} \quad \left(\left|\frac{z-a}{1-a}\right| < 1\right)$$

---
[11] $P(z;0)$ は $|z| < 1$ で正則だが，$|z| > 1$ では発散する．また，例 4.2 より $P(z;0)$ は $|z| = 1$ でも発散する．

となる．この右辺の級数を $Q(z;a)$ と表し，$Q(z;a)$ の収束円を $D_2 = \{z \mid |z-a| < |1-a|\}$ と表す．このとき，

$$f_2(z) = \frac{1}{1-z} \qquad (z \in D_2)$$

とすると，$z \in D_2$ に対して $f_2(z) = Q(z;a)$ である．

$z \in D_2 \backslash D_1$ のとき，$Q(z;a)$ は収束するが $P(z;0)$ は収束しない．ところが，$z \in D_1 \cap D_2$ に対しては

$$P(z;0) = Q(z;a) = \frac{1}{1-z}$$

が成り立つので，一致の定理より D_2 全体において $Q(z;a) = \frac{1}{1-z} (= f_2(z))$ が成り立つ．

したがって，

$$F(z) = \begin{cases} f_1(z) & (z \in D_1) \\ f_2(z) & (z \in D_2) \end{cases}$$

で定義される関数 $F(z)$ は $D_1 \cup D_2$ で正則である．つまり，$f_1(z)$ の定義域が D_1 から $D_1 \cup D_2$ へ拡張されたのである．このとき，$f_1(z)$ は D_2 へ**解析接続**されたといい，$f_2(z)$ を $f_1(z)$ の D_2 における**解析接続**という．また，このような解析接続を繰り返して定義域を可能な限り広げてできた関数のことを**解析関数**という．

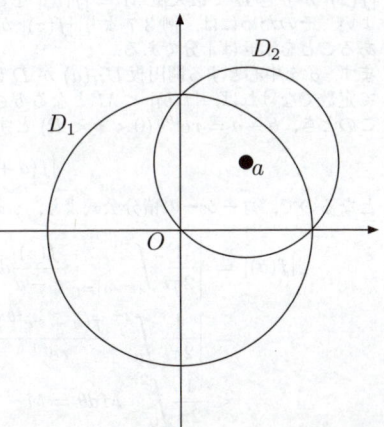

なお，$a = 1$ のとき，$|z-1| < |1-1| = 0$ を満たす z は存在しないので，$D_2 = \emptyset$ である．つまり，$a = 1$ をその内部に取り込むような収束円は存在せず，$f_1(z)$ は $a = 1$ へは解析接続できない．もともと，$\frac{1}{1-z}$ は $z = 1$ を特異点としてもっているので，これが解析関数にも現れるのである．解析関数は，正則性を残したまま，ある意味強引に定義域を広げて作られた正則関数なので，どこかにそのツケがやってくる．これが，収束円の内部に取り込むことのできない点である．このように，正則関数がその点を越えて解析接続できないような点を解析関数の**特異点**と呼ぶことがある．

Section 6.7
最大値の原理*

定理 2.13 によれば，$f(z)$ は閉領域 $\bar{D}$ で連続ならば，$|f(z)|$ は $\bar{D}$ 上で最大値と

最小値をとる．実は，$f(z)$ が正則ならばもっと強いことがいえる．それは，$f(z)$ が有界領域 D で正則かつ $\bar{D} = D \cup \partial D$ で連続ならば，$|f(z)|$ は ∂D 上で最大値をとる，というものである．これを**最大値の原理**という．

最大値の原理

定理 6.9． 関数 $f(z)$ は領域 D で正則とする．このとき，$|f(z)|$ が D のある点で最大値をとれば，$f(z)$ は定数である．
これの対偶をとれば，$f(z)$ が定数関数でなければ，$|f(z)|$ は D において最大値をとらないことが分かる．

(証明)
$|f(z)|$ が $a \in D$ で最大値 $M = |f(a)|$ をとるものとして，$f(z)$ が定数であることを示せばよい．そのためには，例 3.7 より $|f(z)|$ が定数ならば $f(z)$ は定数なので，$|f(z)|$ が定数であることを示せば十分である．
まず，a を中心とする開円板 $U_R(a)$ が D に含まれるとする．もし，$|f(z)|$ が $U_R(a)$ において定数でなければ，$|f(b)| < M$ となる $b \in U_R(a)$ が存在するはずである．
このとき，$b - a = re^{i\theta_0}\,(0 < r < R)$ とすれば，θ_0 の近くの θ に対して

$$|f(a + re^{i\theta})| < M$$

となるので，コーシーの積分公式より，$z = a + re^{i\theta}$ として

$$
\begin{aligned}
|f(a)| &= \left| \frac{1}{2\pi i} \int_{|z-a|=r} \frac{f(z)}{z-a} dz \right| = \left| \frac{1}{2\pi i} \int_0^{2\pi} \frac{f(a+re^{i\theta})}{re^{i\theta}} \frac{dz}{d\theta} d\theta \right| \\
&= \left| \frac{1}{2\pi i} \int_0^{2\pi} \frac{f(a+re^{i\theta})}{re^{i\theta}} (ire^{i\theta}) d\theta \right| = \frac{1}{2\pi} \int_0^{2\pi} |f(a+re^{i\theta})| d\theta \\
&< \frac{1}{2\pi} \int_0^{2\pi} M d\theta = M
\end{aligned}
$$

ここで，$M = |f(a)|$ だったので，上式より $|f(a)| < |f(a)|$ を得るが，これは矛盾である．したがって，$U_R(a)$ 上では $|f(z)| = M$ となり，$f(z)$ は定数であることが分かる．さらに，一致の定理より，D 全体で $f(z)$ は定数でなければならない．■

$|f(z)|$ が境界上で最大値をとるための条件

系 6.3． 関数 $f(z)$ が有界領域 D において正則で，$\bar{D} = D \cup \partial D$ で連続ならば，$|f(z)|$ は境界 ∂D 上で最大値をとる．

(証明)
$f(z)$ は有界閉領域 $\bar{D}$ 上で連続なので，定理 2.13 より $\bar{D}$ のどこかで最大値をとる．
しかし，最大値の原理より $|f(z)|$ は D では最大値をとらないので，境界上 ∂D で最大値をとる．■

6.7 最大値の原理*

$|f(z)|$ が境界上で最小値をとるための条件

系 6.4. 関数 $f(z)$ は領域 D において正則で，0 にならないとする．このとき，$f(z)$ が定数関数でなければ $|f(z)|$ は D において最小値をとらない．特に，$f(z)$ が有界領域 D で正則で，$\bar{D} = D \cup \partial D$ で連続ならば，$|f(z)|$ は境界 ∂D 上で最小値をとる．

(証明)
$\varphi(z) = \dfrac{1}{f(z)}$ とおけば，$\varphi(z)$ は D において正則で，かつ定数でもないので，最大値の原理より $|\varphi(z)|$ は D において最大値をとらない．よって，$|f(z)|$ は D で最小値をとらない．
次に，系の主張の後半部分を示す．
$f(z)$ は D において 0 ではないが，∂D 上では 0 になる可能性がある．しかし，この場合は，0 が $|f(z)|$ の最小値となるので，結局，最小値を ∂D 上でとることになる．
そこで，$|f(z)|$ が $\bar{D}$ で 0 にならないと仮定する．このとき，$|\varphi(z)|$ は $\bar{D}$ 上で連続で系 6.3 より ∂D 上で最大値をとる．このことは，$|f(z)|$ が ∂D 上で最小値をとることを意味する．∎

複素数は絶対値と偏角で決まる．最大値の原理は，いわば正則関数の絶対値に関する性質である．それでは，正則関数の偏角に関する性質はどのようになっているのか？ と思うのは自然であろう．これに対する答えが，**偏角の原理**である．しかし，本書では，偏角の原理を使うような話題を扱わないので割愛することにする．

第7章

留数と実積分への応用

コーシーが1820年代に複素関数論を研究したのは，留数を使い，実数の範囲では計算が難しい定積分の値を求めるためだったとされる．実際，不定積分が具体的に求まらない場合であっても，留数を用いると定積分の値を求められることが多い．

本章では，留数とこれを使った計算法について述べ，上記のことについて体感することにしよう．

Section 7.1
留数

$z = a$ を $f(z)$ の孤立特異点とすると，a を中心とする $f(z)$ のローラン展開は，

$$f(z) = \sum_{n=-\infty}^{\infty} c_n(z-a)^n$$

となる．このとき，点 a を内部に含む単一閉曲線を C とすれば，定理 5.8，例 5.3 および例 5.12 より，

$$\int_C f(z)dz = \int_C \sum_{n=-\infty}^{\infty} c_n(z-a)^n dz = \sum_{n=-\infty}^{\infty} c_n \int_C (z-a)^n dz = 2\pi i c_{-1} \tag{7.1}$$

である[1]．つまり，無限個の係数，$\ldots, c_{-2}, c_{-1}, c_0, c_1, c_2, \ldots$ のうち c_{-1} だ

---
[1] ローラン展開 (定理 6.2) の証明より，ローラン級数は広義一様収束することに注意せよ．

けが残ってしまう．そこで，「残り」という意味で c_{-1} を留数と呼ぶ[2]．また，(7.1) より，c_{-1} が $\int_C f(z)dz$ の値を決めるのに重要な役割を果たすと予想される．

以上を踏まえて，留数を次のように定義する．

---- 留数 ----

定義 7.1．点 a を関数 $f(z)$ の孤立特異点とする．そして，点 a をその内部に含む単一閉曲線 C を考え，C の内部では点 a 以外のすべての点において $f(z)$ は正則だとする．このとき，

$$\frac{1}{2\pi i}\int_C f(z)dz$$

を $f(z)$ の点 a における留数といい，$\mathrm{Res}(f,a)$, $\mathrm{Res}(f(z),a)$, $\mathrm{Res}(a)$, $\mathrm{Res}f(a)$, などと書く[3]．

なお，定理 5.20 より，単一閉曲線 C が a を内部に含んでいる限り，留数の値は C の選び方に無関係である．また，(7.1) と定義 7.1 より

$$\mathrm{Res}(f,a) = \frac{1}{2\pi i}\int_C f(z)dz = c_{-1} \tag{7.2}$$

である．

(7.2) より，留数を使うと複素積分 $\int_C f(z)dz$ がすぐに求まりそうだが，実際に計算するときには次の留数定理を利用する．

---

[2] 留数は英語で residue といい，その意味は，「残されたもの，残り，残余」である．留数というのは，c_{-1} が 0 でない数になる (数に留まる) 可能性がある，という意味を込めた呼び方である．

[3] これ以外にも，$\mathrm{Res}[f;a]$, $\mathrm{Res}[f:a]$ といった書き方もある．

留数定理

定理 7.1. $f(z)$ は，単一閉曲線 C の内部に有限個の孤立特異点 a_1, a_2, …, a_m をもつとする．そして，$f(z)$ が $a_1, a_2, …, a_m$ を除けば，周も含めて C の内部で正則だとする．このとき，

$$\int_C f(z)dz = 2\pi i \sum_{j=1}^{m} \text{Res}(f, a_j)$$

が成り立つ．

(証明)

それぞれの a_j を中心とする小さい円 C_j を C の内部にあって，$C_1, …, C_m$ はお互いに他の外側にあるとする．
このとき，定理 5.21 より

$$\int_C f(z)dz = \sum_{j=1}^{m} \int_{C_j} f(z)dz$$

である．

$m = 3$ のとき

ここで，(7.2) より

$$\text{Res}(f, a_j) = \frac{1}{2\pi i} \int_{C_j} f(z)dz$$

なので，

$$\int_C f(z)dz = 2\pi i \sum_{j=1}^{m} \text{Res}(f, a_j)$$

が成り立つ． ∎

留数定理より，積分値 $\int_C f(z)dz$ を求めるには，留数を求めればよいことが分かる．そこで，次に問題となるのは，どのようにして留数を求めるのか？ ということだが，それには次の定理が役に立つ．

---**極における留数の求め方**---

定理 7.2. 点 a が関数 $f(z)$ の 1 位の極であれば，

$$\operatorname{Res}(f, a) = \lim_{z \to a} (z-a) f(z)$$

が成り立つ．また，点 a が関数 $f(z)$ の k 位の極（$k \geq 2$）であれば，

$$\operatorname{Res}(f, a) = \frac{1}{(k-1)!} \lim_{z \to a} \frac{d^{k-1}}{dz^{k-1}} \{(z-a)^k f(z)\}$$

が成り立つ．

(証明)
前半の証明は，後半の証明とほとんど同じであり，演習問題 6.9 にも出題してあるので，ここでは後半のみを示すことにする．
点 a が $f(z)$ の k 位の極とすれば，$f(z)$ は a を中心とするローラン展開によって，

$$f(z) = \frac{c_{-k}}{(z-a)^k} + \cdots + \frac{c_{-1}}{z-a} + c_0 + c_1(z-a) + \cdots$$

と表される．ここで，両辺に $(z-a)^k$ をかけると

$$(z-a)^k f(z) = c_{-k} + c_{-k+1}(z-a) + \cdots + c_{-1}(z-a)^{k-1} + c_0(z-a)^k + \cdots$$

となる．このべき級数は，ローラン展開の広義一様収束性より項別微分可能（定理 5.31 を参照）で，両辺を $k-1$ 回項別微分すると，

$$\begin{aligned}\frac{d^{k-1}}{dz^{k-1}}(z-a)^k f(z) &= (k-1)! c_{-1} + k(k-1) \cdots 3 \cdot 2 \cdot c_0 (z-a) + \cdots \\ &\quad + (n+k)(n+k-1) \cdots (n+2) c_n (z-a)^{n+1} + \cdots\end{aligned}$$

となる．したがって，

$$\frac{1}{(k-1)!} \lim_{z \to a} \frac{d^{k-1}}{dz^{k-1}}(z-a)^k f(z) = c_{-1} = \operatorname{Res}(f, a)$$

を得る．■

注意 7.1．定理 7.2 は，極に対する留数の求め方を述べているだけなので，それ以外の孤立特異点に対して適用してはいけない．

7.1 留数

―― 留数の計算 ――

例 7.1．次の関数に対してカッコ内の点における留数を求めよ．
(1) $f(z) = \dfrac{1}{(z-a)^5}$　$(z=a)$
(2) $f(z) = \dfrac{z}{(z-2)(z-1)^3}$　$(z=1, z=2)$
(3) $f(z) = ze^{\frac{i}{z}}$　$(z=0)$

(解答)
(1) $f(z)$ は $0 < |z-a| < R$ で正則であり，$|z-a| = r$ とすると例 5.3 より，$\displaystyle\int_{|z-a|=r} f(z)dz = 0$ なので，求めるべき留数は

$$\mathrm{Res}(f, a) = \frac{1}{2\pi i}\int_{|z-a|=r} f(z)dz = 0$$

となる．なお，$z = a$ は 5 位の極なので，定理 7.2 を使って

$$\mathrm{Res}(f, a) = \frac{1}{4!}\lim_{z \to a}\frac{d^4}{dz^4}\left\{(z-a)^5\frac{1}{(z-a)^5}\right\} = 0$$

として求めてもよい．

(2) 例 6.8 より $z = 1$ は $f(z)$ の 3 位の極で，$z = 2$ は $f(z)$ の 1 位の極である．よって，定理 7.2 より，$z = 1$ と $z = 2$ における留数は，それぞれ

$$\mathrm{Res}(f, 1) = \frac{1}{2!}\lim_{z \to 1}\frac{d^2}{dz^2}\left\{(z-1)^3\frac{z}{(z-2)(z-1)^3}\right\} = \frac{1}{2}\lim_{z \to 1}\frac{d^2}{dz^2}\left(\frac{z}{z-2}\right)$$

$$= \frac{1}{2}\lim_{z \to 1}\left(\frac{4}{(z-2)^3}\right) = -2$$

$$\mathrm{Res}(f, 2) = \lim_{z \to 2}\left\{(z-2)\frac{z}{(z-2)(z-1)^3}\right\} = \lim_{z \to 2}\frac{z}{(z-1)^3} = 2$$

である．

(3) $z = 0$ を中心とする $f(z)$ のローラン展開は，

$$f(z) = z\left\{1 + \frac{i}{z} + \frac{1}{2!}\left(\frac{i}{z}\right)^2 + \frac{1}{3!}\left(\frac{i}{z}\right)^3 + \cdots\right\} = z + i - \frac{1}{2!z} - \frac{i}{3!z^2} + \cdots$$

である．したがって，$z = 0$ は $f(z)$ の真性特異点であって，$\dfrac{1}{z}$ の係数が求めるべき留数なので，

$$\mathrm{Res}(f, 0) = -\frac{1}{2!} = -\frac{1}{2}$$

である．■

$f(z)/g(z)$ に対する留数の計算

例 7.2. 関数 $f(z)$ および $g(z)$ は点 $z=a$ において正則で, かつ a は $g(z)$ の 1 位の零点で $f(a) \neq 0$ とする. このとき, $z=a$ は $F(z)=\dfrac{f(z)}{g(z)}$ の 1 位の極であり, $\operatorname{Res}(F,a)=\dfrac{f(a)}{g'(a)}$ となることを示せ.

(解答)
例 6.7 より
$$g(z)=(z-a)\varphi(z), \quad \varphi(a)\neq 0$$
と表せる. よって,
$$\frac{f(z)}{g(z)}=\frac{z-a}{z-a}\frac{f(z)}{g(z)}=\frac{1}{z-a}\left(\frac{(z-a)f(z)}{(z-a)\varphi(z)}\right)=\frac{1}{z-a}\frac{f(z)}{\varphi(z)}$$
である. ここで, $f(a)\neq 0$ より, $\dfrac{f(a)}{\varphi(a)}\neq 0$ なので, $z=a$ は $F(z)=\dfrac{f(z)}{g(z)}$ の 1 位の極である.
また, $g(a)=0$ に注意すると,
$$\operatorname{Res}(F,a)=\lim_{z\to a}(z-a)\frac{f(z)}{g(z)}=\lim_{z\to a}\frac{f(z)}{\frac{g(z)-g(a)}{z-a}}=\frac{f(a)}{g'(a)}$$
を得る. ∎

注意 7.2. 例 7.2 では, $z=a$ を $g(z)$ の 1 位の零点と仮定したが, その代わりに $g(a)=0$, $g'(a)\neq 0$ **と仮定してもよい**. なお, $z=a$ は $g(z)$ の 1 位の零点なので,
$$g(z)=c_1(z-a)+c_2(z-a)^2+c_3(z-a)^3+\cdots \quad (c_1\neq 0)$$
と表せ, これより, $g'(z)=c_1+2c_2(z-a)+3c_3(z-a)^2+\cdots$ を得るので, $g'(a)=c_1\neq 0$ となることに注意せよ.

留数定理を使った積分計算

例 7.3. $\displaystyle\int_{|z-i|=1}\frac{1}{z^6-1}dz$ を求めよ.

(解答)
$z^6=1$ とすると, 1 の 6 乗根は定理 1.9 と定理 4.14 より, $z_k=e^{\frac{k\pi}{3}i}\,(k=0,1,\ldots,5)$ となるので,
$$z^6-1=(z-z_0)(z-z_1)(z-z_2)(z-z_3)(z-z_4)(z-z_5)$$
と書ける.
$g(z)=z^6-1$, $\varphi(z)=(z-z_1)(z-z_2)(z-z_3)(z-z_4)(z-z_5)$ とすると,
$$g(z)=(z-z_0)\varphi(z), \qquad \varphi(z_0)\neq 0$$

と表せるので，$z = z_0$ は $g(z)$ の 1 位の零点である．また，同様に考えれば，$z = z_k (k = 0, 1, \ldots, 5)$ は $g(z)$ の 1 位の零点であることが分かる．

このうち，円 $|z - i| = 1$ 内にあるのは，z_1 と z_2 なので，例 7.2 より，

$$\operatorname{Res}\left(\frac{1}{z^6 - 1}, z_1\right) = \operatorname{Res}\left(\frac{1}{g(z)}, z_1\right)$$
$$= \frac{1}{g'(z_1)} = \frac{1}{6z_1^5} = \frac{1}{6} e^{-\frac{5}{3}\pi i} = \frac{1}{6} e^{\frac{\pi}{3} i}$$
$$\operatorname{Res}\left(\frac{1}{z^6 - 1}, z_2\right) = \frac{1}{g'(z_2)} = \frac{1}{6z_2^5} = \frac{1}{6} e^{-\frac{10}{3}\pi i} = \frac{1}{6} e^{\frac{2}{3}\pi i}$$

となる．

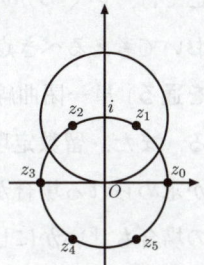

よって，留数定理より，

$$\int_{|z-i|=1} \frac{1}{z^6 - 1} dz = 2\pi i \left\{ \operatorname{Res}\left(\frac{1}{z^6 - 1}, z_1\right) + \operatorname{Res}\left(\frac{1}{z^6 - 1}, z_2\right) \right\}$$
$$= \frac{2\pi i}{6} \left(e^{\frac{\pi}{3} i} + e^{\frac{2}{3}\pi i} \right) = \frac{\pi i}{3} \left(\frac{1}{2} + \frac{\sqrt{3}}{2} i - \frac{1}{2} + \frac{\sqrt{3}}{2} i \right)$$
$$= \frac{\sqrt{3}}{3} \pi i^2 = -\frac{\sqrt{3}}{3} \pi$$

を得る．　■

■■■ 演習問題 ■■■

演習問題 7.1 次の関数に対して，カッコ内の点における留数を求めよ．

(1) $f(z) = z^2 e^{-\frac{1}{z}}$ 　$(z = 0)$

(2) $f(z) = \dfrac{e^z}{(z-1)(z-2)}$ 　$(z = 2)$

(3) $f(z) = \dfrac{1}{(z-1)(z+2)^2}$ 　$(z = -2)$

演習問題 7.2 次の積分を求めよ．

(1) $\displaystyle\int_{|z|=3} \frac{z}{(z+2)(z-1)} dz$ 　　(2) $\displaystyle\int_{|z-i|=1} \frac{z \sin z}{(z-i)^2} dz$

(3) $\displaystyle\int_{|z-1|=3} \frac{e^z}{z^2(z^2 - 9)} dz$

Section 7.2
実積分の計算

本章の冒頭で述べたように，留数定理を利用すると，不定積分が具体的

に求まらない場合であっても，実関数の定積分が計算できることがある．ここでは，いくつかの代表的な例を取り上げて説明するが，すべての場合において考えるべき点は，留数定理の仮定を満たすために，「いかにして(**実軸を通る**) 単一閉曲線となるような積分路を構成するのか」ということである．また，留数定理を使わなくてもコーシーの積分定理だけで実積分の値が求められる場合があるので，これについても例を示すことにしよう．この場合も，「いかにして(**実軸を通る**) 単一閉曲線となるような積分路を構成するのか」という点が重要なポイントである．

7.2.1　留数定理を利用した実積分の計算

──── **三角関数の有理関数の積分** ────

定理 7.3．R を 2 変数有理関数とし，$R(\cos\theta, \sin\theta)$ は $0 \leq \theta \leq 2\pi$ で定義されているとする．また，積分路として単位円 $C = \{z \mid |z| = 1\}$ をとり，正の向きに積分するものとする．このとき，$z = e^{i\theta}$ とすれば

$$\int_0^{2\pi} R(\cos\theta, \sin\theta)d\theta = \frac{1}{i}\int_C R\left(\frac{z^2+1}{2z}, \frac{z^2-1}{2iz}\right)\frac{1}{z}dz$$

が成り立つ．さらに，$f(z) = R\left(\dfrac{z^2+1}{2z}, \dfrac{z^2-1}{2iz}\right)\dfrac{1}{z}$ の C の内部にある極を $\alpha_1, \alpha_2, \ldots, \alpha_m$ とすれば，

$$\int_0^{2\pi} R(\cos\theta, \sin\theta)d\theta = 2\pi \sum_{k=1}^{m} \mathrm{Res}(f, \alpha_k)$$

が成り立つ．

(証明)
$z = e^{i\theta}$ とおけば，$\dfrac{dz}{d\theta} = ie^{i\theta} = iz$ であり，例 4.8 より，

$$\cos\theta = \frac{1}{2}(e^{i\theta} + e^{-i\theta}) = \frac{1}{2}\left(z + \frac{1}{z}\right) = \frac{z^2+1}{2z}$$

$$\sin\theta = \frac{1}{2i}(e^{i\theta} - e^{-i\theta}) = \frac{1}{2i}\left(z - \frac{1}{z}\right) = \frac{z^2-1}{2iz}$$

となるので，

$$\int_0^{2\pi} R(\cos\theta, \sin\theta)d\theta = \int_C R\left(\frac{z^2+1}{2z}, \frac{z^2-1}{2iz}\right)\frac{1}{iz}dz = \frac{1}{i}\int_C R\left(\frac{z^2+1}{2z}, \frac{z^2-1}{2iz}\right)\frac{1}{z}dz$$

を得る．また，留数定理より，

$$\int_C f(z)dz = 2\pi i \sum_{k=1}^m \mathrm{Res}(f, \alpha_k)$$

なので，

$$\int_0^{2\pi} R(\cos\theta, \sin\theta)d\theta = 2\pi \sum_{k=1}^m \mathrm{Res}(f, \alpha_k)$$

が成り立つ． ∎

三角関数の有理関数の積分計算

例 7.4． 実積分 $I = \displaystyle\int_0^{2\pi} \dfrac{\cos\theta}{1 + 2a\cos\theta + a^2}d\theta$ $(0 < |a| < 1)$ を求めよ．

(解答)
$R(\cos\theta, \sin\theta) = \dfrac{\cos\theta}{1 + 2a\cos\theta + a^2}$ とおき，$z = e^{i\theta}$ とすれば，定理 7.3 より，

$$I = \frac{1}{i}\int_C R\left(\frac{z^2+1}{2z}, \frac{z^2-1}{2iz}\right)\frac{1}{z}dz = \frac{1}{i}\int_C \frac{\frac{z^2+1}{2z}}{1 + 2a\frac{z^2+1}{2z} + a^2}\frac{1}{z}dz$$

$$= \frac{1}{i}\int_C \frac{z^2+1}{az^2 + (a^2+1)z + a}\frac{1}{2z}dz = \frac{1}{i}\int_C \frac{z^2+1}{2z(az+1)(z+a)}dz$$

となる．ただし，$C = \{z \mid |z| = 1\}$ である．
ここで，$0 < |a| < 1$ より $f(z) = \dfrac{z^2+1}{2z(az+1)(z+a)}$ の C の内部にある極は，$z = 0$，

$z = -a$ なので,定理 7.2 と定理 7.3 より

$$
\begin{aligned}
I &= 2\pi \{\mathrm{Res}(f, 0) + \mathrm{Res}(f, -a)\} \\
&= 2\pi \left\{ \lim_{z \to 0} \left(z \frac{z^2 + 1}{2z(az + 1)(z + a)} \right) + \lim_{z \to -a} \left((z + a) \frac{z^2 + 1}{2z(az + 1)(z + a)} \right) \right\} \\
&= 2\pi \left\{ \lim_{z \to 0} \frac{z^2 + 1}{2(az + 1)(z + a)} + \lim_{z \to -a} \frac{z^2 + 1}{2z(az + 1)} \right\} \\
&= 2\pi \left(\frac{1}{2a} + \frac{a^2 + 1}{-2a(1 - a^2)} \right) = 2\pi \frac{a^2 + 1 + a^2 - 1}{2a(a^2 - 1)} = \frac{2\pi a}{a^2 - 1}
\end{aligned}
$$

である. ■

有理関数の積分

定理 7.4 . $P(x)$ は m 次多項式,$Q(x)$ は n 次多項式で,$n \geq m + 2$ かつ $Q(z)$ は実軸上に零点をもたないとする.このとき,

$$
\int_{-\infty}^{\infty} \frac{P(x)}{Q(x)} dx = 2\pi i \sum_{k=1}^{N} \mathrm{Res}\left(\frac{P}{Q}, \alpha_k \right)
$$

が成り立つ.ただし,$\alpha_1, \alpha_2, \ldots, \alpha_N$ は $\dfrac{P(z)}{Q(z)}$ の上半平面 $(\mathrm{Im}(z) > 0)$ にある極である.

(証明)

$P(z) = a_m z^m + a_{m-1} z^{m-1} + \cdots + a_0$,
$Q(z) = b_n z^n + b_{n-1} z^{n-1} + \cdots + b_0$ とする．そして，実軸上の線分を $C_1 = \{x \in \mathbb{R} \mid -R \leq x \leq R\}$，原点を中心とする半径 R の半円周を $C_2 = \{Re^{i\theta} \mid 0 \leq \theta \leq \pi\}$ とし，$C = C_1 + C_2$ とする．ただし，極 α_k がすべて C の内部に入るように R を十分大きくとる．

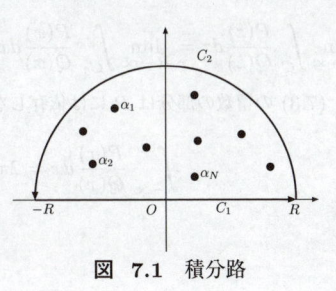

図 7.1 積分路

このとき，留数定理より

$$\int_C \frac{P(z)}{Q(z)} dz = \int_{C_1} \frac{P(x)}{Q(x)} dx + \int_{C_2} \frac{P(z)}{Q(z)} dz = 2\pi i \sum_{k=1}^{N} \mathrm{Res}\left(\frac{P}{Q}, \alpha_k\right) \quad (7.3)$$

となる．
一方，

$$z^2 \frac{P(z)}{Q(z)} = z^2 \frac{z^m}{z^n} \left(\frac{a_m + \frac{a_{m-1}}{z} + \cdots + \frac{a_0}{z^m}}{b_n + \frac{b_{n-1}}{z} + \cdots + \frac{b_0}{z^n}} \right)$$

なので，$n \geq m+2$ および定理 2.8 より，

$$\lim_{z \to \infty} \left| z^2 \frac{P(z)}{Q(z)} \right| = \lim_{z \to \infty} \left| z^{m-n+2} \left(\frac{a_m + \frac{a_{m-1}}{z} + \cdots + \frac{a_0}{z^m}}{b_n + \frac{b_{n-1}}{z} + \cdots + \frac{b_0}{z^n}} \right) \right|$$

$$= \lim_{z \to \infty} |z^{m-n+2}| \left| \frac{a_m + \frac{a_{m-1}}{z} + \cdots + \frac{a_0}{z^m}}{b_n + \frac{b_{n-1}}{z} + \cdots + \frac{b_0}{z^n}} \right|$$

$$= \begin{cases} \left| \frac{a_m}{b_n} \right| & (m-n+2=0) \\ 0 & (m-n+2<0) \end{cases}$$

なので，R を十分大きくとれば，M を R に依存しないある定数として，$\left| z^2 \dfrac{P(z)}{Q(z)} \right| \leq M$ が成り立つとしてよい．
よって，C_2 上では $z = Re^{i\theta}$ なので $|z| = R$ に注意すれば，定理 5.7 より

$$\left| \int_{C_2} \frac{P(z)}{Q(z)} dz \right| \leq \int_{C_2} \left| \frac{P(z)}{Q(z)} \right| |dz| = \int_{C_2} \left| z^2 \frac{P(z)}{Q(z)} \right| \frac{1}{|z^2|} |dz|$$

$$\leq M \int_{C_2} \frac{1}{|z|^2} ||dz| = \frac{M}{R^2} \int_{C_2} |dz| = \frac{M}{R^2} \pi R$$

$$= \frac{M\pi}{R} \to 0 \quad (R \to \infty)$$

となる[4].
したがって, (7.3) より
$$\lim_{R\to\infty}\int_C \frac{P(z)}{Q(z)}dz = \lim_{R\to\infty}\int_{C_1}\frac{P(x)}{Q(x)}dx = \lim_{R\to\infty}\int_{-R}^{R}\frac{P(x)}{Q(x)}dx = \int_{-\infty}^{\infty}\frac{P(x)}{Q(x)}dx$$
であり, (7.3) の留数の部分は R には依存しないので, 結局,
$$\int_{-\infty}^{\infty}\frac{P(x)}{Q(x)}dx = 2\pi i \sum_{k=1}^{N}\mathrm{Res}\left(\frac{P}{Q}, \alpha_k\right)$$
を得る. ∎

有理関数の積分計算

例 7.5. 次の2つの実積分を求めよ.
$$\int_{-\infty}^{\infty}\frac{1}{1+x^4}dx, \quad \int_{0}^{\infty}\frac{1}{1+x^4}dx$$

(解答)
$z^4 = -1$ とすると, -1 の 4 乗根は定理 1.9 と定理 4.14 より,
$z_k = e^{\frac{(2k-1)\pi i}{4}}$ $(k=0,1,2,3)$ であり, 例 7.3 と同様に考えれば, $f(z) = \dfrac{1}{1+z^4}$ は
$z_k (k=0,1,2,3)$ を 1 位の極にもつことが分かる. このうち, 上半平面にある極は
$z_1 = e^{\frac{\pi}{4}i}$ と $z_2 = e^{\frac{3\pi}{4}i}$ である.
ここで, $g(z) = 1+z^4$ とすると, 例 7.2 より,
$$\mathrm{Res}(f, z_1) = \mathrm{Res}\left(\frac{1}{g}, z_1\right) = \frac{1}{g'(z_1)} = \frac{1}{4z_1^3} = \frac{1}{4}e^{-\frac{3}{4}\pi i}$$
$$\mathrm{Res}(f, z_2) = \frac{1}{4z_2^3} = \frac{1}{4}e^{-\frac{9}{4}\pi i} = \frac{1}{4}e^{-\frac{\pi}{4}i}$$
なので, 定理 7.4 より
$$\int_{-\infty}^{\infty}\frac{1}{1+x^4}dx = 2\pi i \left(\mathrm{Res}(f,z_1) + \mathrm{Res}(f,z_2)\right) = \frac{2\pi i}{4}\left(e^{-\frac{3}{4}\pi i} + e^{-\frac{\pi}{4}i}\right)$$
$$= \frac{\pi}{2}i\left(-\frac{1}{\sqrt{2}} - \frac{1}{\sqrt{2}}i + \frac{1}{\sqrt{2}} - \frac{1}{\sqrt{2}}i\right) = \frac{\pi}{2}i\left(-\frac{2}{\sqrt{2}}i\right) = \frac{\pi}{\sqrt{2}}$$
である. また, $\dfrac{1}{1+x^4}$ は偶関数なので,
$$\int_{0}^{\infty}\frac{1}{1+x^4}dx = \frac{1}{2}\int_{-\infty}^{\infty}\frac{1}{1+x^4}dx = \frac{\pi}{2\sqrt{2}}$$
である. ∎

---

[4] 半径が R の円周の長さは $2\pi R$ なので, 半円周の長さは πR である

7.2 実積分の計算

――― 三角関数と有理関数の積分 ―――

定理 7.5. $P(x)$ は m 次, $Q(x)$ は n 次の多項式で, $n \geq m+1$ かつ $Q(z)$ は実軸上に零点をもたないとする. このとき, $\lambda > 0$ ならば,

$$\int_{-\infty}^{\infty} \frac{P(x)}{Q(x)} \cos \lambda x \, dx = \mathrm{Re} \left\{ 2\pi i \sum_{k=1}^{N} \mathrm{Res} \left(\frac{P(z)}{Q(z)} e^{i\lambda z}, \alpha_k \right) \right\}$$
$$\int_{-\infty}^{\infty} \frac{P(x)}{Q(x)} \sin \lambda x \, dx = \mathrm{Im} \left\{ 2\pi i \sum_{k=1}^{N} \mathrm{Res} \left(\frac{P(z)}{Q(z)} e^{i\lambda z}, \alpha_k \right) \right\} \quad (7.4)$$

が成り立つ. ただし, $\alpha_k (k=1,2,\ldots,N)$ は $\dfrac{P(z)}{Q(z)}$ の上半平面にある極である.

(証明)
まず, $g(z)$ を上半平面において $\lim_{z \to \infty} g(z) = 0$ となる正則関数とし, C_R を原点を中心とする半径 R の上半平面にある半円周からなる積分路, つまり, $C_R = \{Re^{i\theta} \mid 0 \leq \theta \leq \pi\}$ とする. このとき, $\lambda > 0$ に対して

$$\lim_{R \to \infty} \int_{C_R} e^{i\lambda z} g(z) dz = 0 \quad (7.5)$$

が成り立つことを示す.
仮定より, 任意の正数 $\varepsilon > 0$ に対して, 十分大きな R をとると,

$$|z| \geq R \Longrightarrow |g(z)| < \varepsilon$$

が成り立つ. このとき,

$$I_R = \int_{C_R} e^{i\lambda z} g(z) dz$$

とおくと,

$$|I_R| \leq \int_{C_R} |e^{i\lambda z}| |g(z)| |dz| < \varepsilon \int_{C_R} |e^{i\lambda z}| |dz|$$

である. ここで, $z = Re^{i\theta}$ とおくと,

$$|e^{i\lambda z}| = |e^{i\lambda Re^{i\theta}}| = |e^{i\lambda R(\cos\theta + i\sin\theta)}| = |e^{\lambda R(i\cos\theta - \sin\theta)}|$$
$$= |e^{i\lambda R\cos\theta}| |e^{-\lambda R\sin\theta}| = |e^{-\lambda R\sin\theta}| = e^{-\lambda R\sin\theta}$$
$$|dz| = \left|\frac{dz}{d\theta}\right| d\theta = |iRe^{i\theta}| d\theta = R d\theta$$

なので,

$$|I_R| < \varepsilon \int_{C_R} |e^{i\lambda z}| |dz| = \varepsilon \int_0^{\pi} e^{-\lambda R \sin\theta} R \, d\theta$$

である．また，$0 \leq \theta \leq \frac{\pi}{2}$ と $\frac{\pi}{2} \leq \theta \leq \pi$ における $\sin\theta$ の値は等しいので，

$$|I_R| < 2R\varepsilon \int_0^{\frac{\pi}{2}} e^{-\lambda R \sin\theta} d\theta$$

が成り立つ．

さて，一般に，

$$\frac{2}{\pi}\theta \leq \sin\theta \quad (0 \leq \theta \leq \frac{\pi}{2}) \qquad (7.6)$$

が成り立つので，

$$\int_0^{\frac{\pi}{2}} e^{-\lambda R \sin\theta} d\theta \leq \int_0^{\frac{\pi}{2}} e^{-\frac{2\lambda R\theta}{\pi}} d\theta = \left[-\frac{\pi}{2\lambda R} e^{-\frac{2\lambda R\theta}{\pi}}\right]_0^{\frac{\pi}{2}}$$
$$= \frac{\pi}{2\lambda R}(1 - e^{-\lambda R}) < \frac{\pi}{2\lambda R}$$

である[5]．よって，

$$|I_R| < 2R\varepsilon \cdot \frac{\pi}{2\lambda R} = \frac{\varepsilon\pi}{\lambda}$$

が成り立ち，これは，(7.5) が成り立つことを意味する．

次に，定理 7.4 と同様に考えて，積分路 C を図 7.1 のようにとると，

$$\int_C \frac{P(z)}{Q(z)} e^{i\lambda z} dz = \int_{C_1} \frac{P(x)}{Q(x)} e^{i\lambda x} dx + \int_{C_2} \frac{P(z)}{Q(z)} e^{i\lambda x} dz$$

である．このとき，$n \geq m+1$ より $\lim_{z \to 0} \frac{P(z)}{Q(z)} = 0$ なので，(7.5) より

$$\lim_{R \to \infty} \int_{C_2} \frac{P(z)}{Q(z)} e^{i\lambda z} dz = 0$$

である．ゆえに，

$$\int_C \frac{P(z)}{Q(z)} e^{i\lambda z} dz = \int_{-\infty}^{\infty} \frac{P(x)}{Q(x)} e^{i\lambda x} dx$$

が成り立ち，留数定理より

$$\int_{-\infty}^{\infty} \frac{P(x)}{Q(x)} e^{i\lambda x} dx = 2\pi i \sum_{k=1}^{N} \text{Res}\left(\frac{P(z)}{Q(z)} e^{i\lambda z}, \alpha_k\right)$$

を得る．これは (7.4) が成り立つことを意味する．　■

なお，$\sin(-\lambda x) = -\sin\lambda x$，$\cos(-\lambda x) = \cos\lambda x$ なので，これらの関係を使えば $\lambda < 0$ の場合にも定理 7.5 は適用できる．

注意 7.3． $e^{i\lambda x}$ は正則関数なので，$\frac{P(z)}{Q(z)}$ の極と $\frac{P(z)}{Q(z)} e^{i\lambda z}$ の極は一致する．

---

[5] (7.6) を**ジョルダンの不等式**と呼ぶことがある．

有理関数と三角関数の積分計算

例 7.6. 次の実積分を求めよ．
$$I = \int_{-\infty}^{\infty} \frac{x\sin \pi x}{x^2+2x+5}dx, \qquad J = \int_{-\infty}^{\infty} \frac{x\cos \pi x}{x^2+2x+5}dx$$

(解答) $f(z) = \dfrac{ze^{i\pi z}}{z^2+2z+5}$ は $z=-1\pm 2i$ において 1 位の極をもつ．上半平面にあるのは $z=-1+2i$ だけである．ここで，例 7.2 より

$$\mathrm{Res}(f, -1+2i) = \frac{(-1+2i)e^{(-1+2i)i\pi}}{2(-1+2i)+2} = \frac{(-1+2i)e^{(-i-2\pi)}}{4i} = \frac{(1-2i)e^{-2\pi}}{4i}$$

なので

$$2\pi i \mathrm{Res}(f, -1+2i) = \frac{\pi}{2}(1-2i)e^{-2\pi}$$

である．よって，定理 7.5 より

$$I = \mathrm{Im}\{2\pi i \mathrm{Res}(f, -1+2i)\} = -\frac{\pi}{2} 2e^{-2\pi} = -\pi e^{-2\pi}$$

$$J = \mathrm{Re}\{2\pi i \mathrm{Res}(f, -1+2i)\} = \frac{\pi}{2}e^{-2\pi}$$

である． ∎

関数 $Q(z)=z$ の零点 $z=0$ は実軸上にあるため，定理 7.5 を使って $\int_{-\infty}^{\infty} \dfrac{\sin \lambda x}{x}dx$ の形をした積分計算はできない．しかし，定理 7.5 と同様な考えで次の定理を導くことができる[6]．

---

[6] $\lim_{x\to 0}\dfrac{\sin x}{x}=1$ なので $\int_{-\infty}^{\infty}\dfrac{\sin x}{x}dx$ は考えられるが，$\lim_{x\to 0}\dfrac{\cos x}{x}=\infty$ なので $\int_{-\infty}^{\infty}\dfrac{\cos x}{x}dx$ は考えられないことに注意せよ．

正弦関数と有理関数の積分

定理 7.6. $P(x)$ は m 次, $Q(x)$ は n 次の多項式で, $n \geq m$ かつ $Q(z)$ は実軸上に零点をもたないとする. このとき, $\lambda > 0$ かつ $P(0) \neq 0$ ならば,

$$\int_{-\infty}^{\infty} \frac{P(x)}{Q(x)} \frac{\sin \lambda x}{x} dx = \frac{P(0)}{Q(0)} \pi + \mathrm{Im}\left\{2\pi i \sum_{k=1}^{N} \mathrm{Res}\left(\frac{P(z)}{Q(z)z}e^{i\lambda z}, \alpha_k\right)\right\}$$

が成り立つ. ただし, $\alpha_k (k=1,2,\ldots,N)$ は $\dfrac{P(z)}{Q(z)}$ の上半平面にある極である.

(証明)
$C_1 = [-R, -\varepsilon]$, $C_2 = \{\varepsilon e^{i\theta} \mid -\pi \leq \theta \leq 0\}$, $C_3 = [\varepsilon, R]$, $C_4 = \{Re^{i\theta} \mid 0 \leq \theta \leq \pi\}$ とし, $C = C_1 + C_2 + C_3 + C_4$ とする. また, 積分路は C の正の向きにとるものとし, C の内部に極 α_k がすべて入るように ε と R を選ぶものとする. そして,

$$f(z) = \frac{P(z)}{Q(z)z} e^{i\lambda z}$$

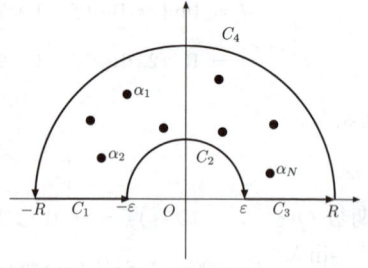

とおく.
このとき, $P(z)$ の次数が m で, $Q(z)z$ の次数が $n+1$ であり, $n \geq m$ より $n+1 > m$ なので $\displaystyle\lim_{z \to \infty} \frac{P(z)}{Q(z)z} = 0$ である. よって, (7.5) より

$$\lim_{R \to \infty} \int_{C_4} \frac{P(z)}{Q(z)z} e^{i\lambda z} = \lim_{R \to \infty} \int_{C_4} f(z) = 0$$

である.
ここで, $h(z) = \dfrac{P(z)}{Q(z)} e^{i\lambda z}$, $g(z) = z$ とおくと, $z = 0$ は $g(z)$ の 1 位の零点で, $h(0) \neq 0$ である. よって, 例 7.2 より $z = 0$ は $f(z)$ の 1 位の極であり, $\mathrm{Res}(f, 0) = \dfrac{h(0)}{g'(0)} = \dfrac{P(0)}{Q(0)}$ である. すると, 極の定義と留数の定義より, $f(z)$ は $z = 0$ を中心としたローラン展開により

$$f(z) = \frac{c_{-1}}{z} + \sum_{k=0}^{\infty} c_k z^k = \frac{P(0)}{Q(0)} \frac{1}{z} + \varphi(z)$$

と表すことができる. ただし, $\varphi(z) = \displaystyle\sum_{k=0}^{\infty} c_k z^k$ である.

$\varphi(z)$ は正則関数なので，0 の近くで $|\varphi(z)| \leq M$ となる正数 M が存在するはずである．したがって，

$$\left|\int_{C_2} \varphi(z)dz\right| \leq \int_{C_2} |\varphi(z)||dz| \leq M\int_{C_2} |dz| = M\varepsilon\pi \to 0 \quad (\varepsilon \to 0)$$

である．一方，

$$\int_{C_2} \frac{1}{z}dz = \int_{-\pi}^{0} \frac{1}{\varepsilon e^{i\theta}}(\varepsilon e^{i\theta})'d\theta = -\int_{0}^{\pi} \frac{i\varepsilon e^{i\theta}}{\varepsilon e^{i\theta}}d\theta = -\int_{0}^{\pi} id\theta = -\pi i$$

なので，

$$\lim_{\varepsilon \to 0} \int_{C_2} f(z)dz = -\frac{P(0)}{Q(0)}\pi i$$

である．
また，留数定理より

$$2\pi i \sum_{k=1}^{N} \mathrm{Res}(f, \alpha_k) = \int_{C} f(z)dz$$
$$= \int_{C_1} f(z)dz + \int_{C_2} f(z)dz + \int_{C_3} f(z)dz + \int_{C_4} f(z)dz$$
$$= \int_{-R}^{\varepsilon} f(x)dx + \int_{C_2} f(z)dz + \int_{\varepsilon}^{R} f(x)dx + \int_{C_4} f(z)dz$$

であり，両辺を $\varepsilon \to +0$, $R \to \infty$ とすると，

$$2\pi i \sum_{k=1}^{N} \mathrm{Res}(f, \alpha_k) = \int_{-\infty}^{\infty} f(x)dx - \frac{P(0)}{Q(0)}\pi i$$

を得る．ゆえに，

$$\int_{-\infty}^{\infty} \frac{P(x)}{Q(x)x}(\cos\lambda x + i\sin\lambda x)dx = \frac{P(0)}{Q(0)}\pi i + 2\pi i \sum_{k=1}^{N} \mathrm{Res}(f, \alpha_k)$$

が成り立つので

$$\int_{-\infty}^{\infty} \frac{P(x)}{Q(x)} \frac{\sin\lambda x}{x}dx = \frac{P(0)}{Q(0)}\pi + \mathrm{Im}\left\{2\pi i \sum_{k=1}^{N} \mathrm{Res}\left(\frac{P(z)}{Q(z)z}e^{i\lambda z}, \alpha_k\right)\right\}$$

を得る．　■

正弦関数と有理関数の積分計算

例 7.7．実積分 $\displaystyle\int_{-\infty}^{\infty} \frac{\sin x}{x}dx$ を求めよ．

(解答)
定理 7.6 において, $P(x) = Q(x) = 1, \lambda = 1$ とすれば,
$$\int_{-\infty}^{\infty} \frac{\sin x}{x} dx = \pi$$
を得る. ∎

なお, 上記の計算は多価関数を利用しないものばかりであったが, 例えば, $\int_0^\infty \frac{x^{\alpha-1}}{x+1} dx (0 < \alpha < 1)$ では, $z^{\alpha-1}$ が多価関数なので, これを 1 価関数として扱えるように分岐点をつなぎ, これに沿って切れ目を入れて積分路を考える必要がある. これは, やや発展的な内容なので, 本書では割愛するが, 興味のある人は文献 [5, 11, 19] などを参照されたい.

■■■ **演習問題** ■■■■■■■■■■■■■■■■■■■■■

演習問題 7.3 次の実積分を求めよ.
(1) $\int_0^{2\pi} \frac{1}{5 + 3\sin\theta} d\theta$ (2) $\int_0^{2\pi} \frac{1}{5 + 3\cos\theta} d\theta$
(3) $\int_0^{2\pi} \frac{1}{1 - 2a\sin\theta + a^2} d\theta \ (0 < a < 1)$

演習問題 7.4 次の実積分を求めよ.
(1) $\int_{-\infty}^{\infty} \frac{x^2}{x^4 + 1} dx$ (2) $\int_{-\infty}^{\infty} \frac{1}{(x^2 + a^2)(x^2 + b^2)} dx \ (a > 0, b > 0)$

演習問題 7.5 次の実積分を求めよ.
(1) $\int_{-\infty}^{\infty} \frac{\cos \lambda x}{x^2 + a^2} dx \ (\lambda > 0, a > 0)$ (2) $\int_{-\infty}^{\infty} \frac{x \sin x}{(1 + x^2)^3} dx$
(3) $\int_0^{\infty} \frac{x \sin \lambda x}{x^2 + 1} dx$
(ヒント) $\frac{x \sin \lambda x}{x^2 + 1}$ は偶関数なので, $\int_{-\infty}^{\infty} \frac{x \sin \lambda x}{x^2 + 1} dx = 2 \int_0^{\infty} \frac{x \sin \lambda x}{x^2 + 1} dx$ が成り立つ. なお, 偶関数については第 8.3 節も参照せよ.

7.2.2 コーシーの積分定理を利用した実積分の計算

フレネルの積分

例 7.8. フレネル[7]の積分

$$\int_0^\infty \cos x^2 \, dx = \int_0^\infty \sin x^2 \, dx = \frac{\sqrt{\pi}}{2\sqrt{2}}$$

が成り立つことを示せ.

(証明)
右図のような原点を中心とする扇形の周 $C = C_1 + C_2 + C_3$ を積分路とする. また,

$$I = \int_0^\infty \cos x^2 \, dx - i \int_0^\infty \sin x^2 \, dx$$
$$= \int_0^\infty (\cos x^2 - i \sin x^2) \, dx = \int_0^\infty e^{-ix^2} \, dx$$

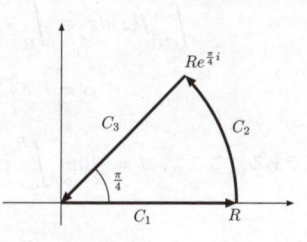

とおく.
$f(z) = e^{-z^2}$ とすると, $f(z)$ は整関数なので, コーシーの積分定理より

$$\int_C f(z) \, dz = 0$$

である. そして, C_1, C_2, C_3 に沿った積分の値を求めてみる.
まず, C_1 に沿った積分は

$$\lim_{R \to \infty} \int_{C_1} f(z) \, dz = \int_0^\infty e^{-x^2} \, dx = \frac{\sqrt{\pi}}{2}$$

となる[8]. 次に, C_2 に沿った積分は, $z = Re^{it}$ とおいて,

$$\left| \int_{C_2} f(z) \, dz \right| = \left| \int_0^{\frac{\pi}{4}} e^{-R^2(e^{it})^2} \frac{dz}{dt} dt \right| = \left| iR \int_0^{\frac{\pi}{4}} e^{-R^2(\cos 2t + i \sin 2t)} e^{it} dt \right|$$
$$= R \int_0^{\frac{\pi}{4}} |e^{-R^2 \cos 2t}| |e^{-iR^2 \sin 2t}| |e^{it}| dt = R \int_0^{\frac{\pi}{4}} e^{-R^2 \cos 2t} dt$$

---
[7] Frensnel, Augustin Jean(1788-1827), フランスの物理学者, 技術者.
[8] $\int_0^\infty e^{-x^2} dx = \frac{\sqrt{\pi}}{2}$ となることは, 微分積分の教科書を参照のこと.

である[9]．ここで，$\theta = \dfrac{\pi}{2} - 2t$ とおくと，$\cos 2t = \cos\left(\dfrac{\pi}{2} - \theta\right) = \sin\theta$ なので，ジョルダンの不等式 (7.6) を使うと，

$$\left|\int_{C_2} f(z)dz\right| \leq \int_{\frac{\pi}{2}}^{0} e^{-R^2 \sin\theta} \left(-\frac{1}{2}\right) d\theta = \frac{R}{2}\int_0^{\frac{\pi}{2}} e^{-R^2 \sin\theta} d\theta$$

$$\leq \frac{R}{2}\int_0^{\frac{\pi}{2}} e^{-R^2 \frac{2}{\pi}\theta} d\theta = \frac{R}{2}\left[-\frac{\pi}{2R^2} e^{-R^2 \frac{2}{\pi}\theta}\right]_0^{\frac{\pi}{2}}$$

$$= -\frac{\pi}{4R}\left[e^{-R^2 \frac{2}{\pi}\theta}\right]_0^{\frac{\pi}{2}} = -\frac{\pi}{4R}(e^{-R^2} - 1)$$

$$< \frac{\pi}{4R} \to 0 \quad (R \to \infty)$$

である．さらに，C_3 に沿った積分は $z = te^{\frac{\pi}{4}i}$ とおいて，

$$\int_{C_3} f(z)dz = \int_R^0 e^{-\left(te^{\frac{\pi}{4}i}\right)^2} \frac{dz}{dt} dt = -e^{\frac{\pi}{4}i}\int_0^R e^{-t^2\left(e^{\frac{\pi}{4}i}\right)^2} dt$$

$$= -e^{\frac{\pi}{4}i}\int_0^R e^{-t^2 i} dt$$

である．ここで，$I = \displaystyle\lim_{R\to\infty}\int_0^R e^{-t^2 i} dt$ に注意すれば，

$$\int_{C_3} f(z)dz = -e^{\frac{\pi}{4}i} I$$

である．
よって，

$$\int_{C_1} f(z)dz + \int_{C_2} f(z)dz + \int_{C_3} f(z)dz = 0 \to \frac{\sqrt{\pi}}{2} + 0 - e^{\frac{\pi}{4}i} I = 0 \quad (R \to \infty)$$

なので，

$$I = e^{-\frac{\pi}{4}i}\frac{\sqrt{\pi}}{2} = \frac{\sqrt{\pi}}{2}\left(\frac{1}{\sqrt{2}} - \frac{1}{\sqrt{2}}i\right)$$

である．よって，実部と虚部を比較すると

$$\int_0^\infty \cos x^2 dx = \frac{\sqrt{\pi}}{2\sqrt{2}}, \quad \int_0^\infty \sin x^2 dx = \frac{\sqrt{\pi}}{2\sqrt{2}}$$

である． ∎

■■■■ 演習問題 ■■■■■■■■■■■■■■■■■■■■■■■■

演習問題 7.6 a を 0 でない実数とする．このとき，次を示せ．

$$\int_0^\infty e^{-x^2}\cos 2ax\, dx = \frac{\sqrt{\pi}}{2} e^{-a^2}$$

$$\int_0^\infty e^{-x^2}\sin 2ax\, dx = e^{-a^2}\int_0^a e^{x^2} dx$$

---

[9] 最後の等号については例 4.6 を参照のこと．

ただし，$\int_0^\infty e^{-x^2} dx = \dfrac{\sqrt{\pi}}{2}$ を利用してもよい．
(ヒント) 積分路を $C = C_1 + C_2 + C_3 + C_4$ とするとき，
$$\int_C e^{-z^2} dz = \int_{C_1} e^{-z^2} dz + \int_{C_2} e^{-z^2} dz + \int_{C_3} e^{-z^2} dz + \int_{C_4} e^{-z^2} dz$$

```
       C_3
ai ←―――――――― R+ai
 ↑            ↑
C_4          C_2
 ↑            ↑
 O    C_1    R
```

7.2.3　コーシーの主値積分*

例えば，$I = \displaystyle\int_{-1}^2 \dfrac{1}{x} dx$ を考えよう．$f(x) = \dfrac{1}{x}$ は $x = 0$ で不連続なので，これの広義積分は

$$I = \lim_{\substack{\varepsilon \to 0 \\ \varepsilon' \to 0}} \left(\int_{-1}^{-\varepsilon} \frac{1}{x} dx + \int_{\varepsilon'}^2 \frac{1}{x} dx \right) = \lim_{\substack{\varepsilon \to 0 \\ \varepsilon' \to 0}} \left(\int_{\varepsilon'}^2 \frac{1}{x} dx - \int_{\varepsilon}^1 \frac{1}{x} dx \right)$$

$$= \lim_{\substack{\varepsilon \to 0 \\ \varepsilon' \to 0}} \left(\ln 2 - \ln \varepsilon' - (\ln 1 - \ln \varepsilon) \right) = \lim_{\substack{\varepsilon \to 0 \\ \varepsilon' \to 0}} \left(\ln 2 - \log \frac{\varepsilon}{\varepsilon'} \right)$$

より存在しない[10]．しかし，$\varepsilon = \varepsilon'$ としたときの積分を I' とすれば，$I' = \ln 2$ となる．この I' をコーシーの主値積分という．

---

[10] $\dfrac{\varepsilon}{\varepsilon'}$ の部分が $\dfrac{0}{0}$ 形の不定形になる．広義積分については，拙著 [19] や微分積分の教科書を参照のこと．

―――― コーシーの主値積分 ――――

定義 7.2. $f(x)$ が区間 (a,b) 内の 1 点 $x=c$ 以外で連続のとき,

$$\lim_{\varepsilon \to 0}\left\{\int_a^{c-\varepsilon} f(x)dx + \int_{c+\varepsilon}^b f(x)dx\right\}$$

が存在するならば，これを**コーシーの主値積分**といい，

$$\mathrm{PV}\int_a^b f(x)dx$$

と書く[11]．

$f(z)$ が有理関数で実軸上に 1 位の極をもつときは，留数を使ってコーシーの主値積分が求められる．

―――― コーシーの主値積分の計算 ――――

定理 7.7. $P(x)$ は m 次，$Q(x)$ は n 次の多項式で，$n \geq m+1$ かつ $Q(z)$ は実軸上に零点をもたないとする．このとき，$P(c) \neq 0$ ならば，

$$\mathrm{PV}\int_{-\infty}^{\infty}\frac{P(x)}{(x-c)Q(x)}dx = \pi i \frac{P(c)}{Q(c)} + 2\pi i \sum_{k=1}^{N}\mathrm{Res}\left(\frac{P(z)}{(z-c)Q(z)}, \alpha_k\right)$$

が成り立つ．ただし，$\alpha_k\,(k=1,2\ldots,N)$ は $\dfrac{P(z)}{Q(z)}$ の上半平面にある極である．

(証明)
証明の方針は定理 7.6 の証明と同様で，不連続点 $x=c$ を除く積分路を考えればよい．なお，$f(z) = \dfrac{P(z)}{(z-c)Q(z)}$ は定理 6.4 より，実軸上に 1 位の極をもつことに注意せよ．

---

[11] 主値を英語で Principal Value という．

7.2 実積分の計算

さて，右図に示すような積分路を考える．つまり，$C_1 = [-R, c-\varepsilon]$, $C_2 = \{c+\varepsilon e^{i\theta} \mid -\pi \leq \theta \leq 0\}$, $C_3 = [c+\varepsilon, R]$, $C_4 = \{Re^{i\theta} \mid 0 \leq \theta \leq \pi\}$ とし，$C = C_1 + C_2 + C_3 + C_4$ とする．このとき，$f(z) = \dfrac{P(z)}{(z-c)Q(z)}$ とおくと，留数定理より，

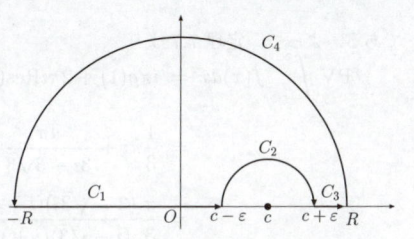

$$\int_C f(z)dz = 2\pi i \sum_{k=1}^N \operatorname{Res}(f(z), \alpha_k) \\ = \int_{-R}^{c-\varepsilon} f(x)dx + \int_{C_2} f(z)dz + \int_{c+\varepsilon}^R f(x)dx + \int_{C_4} f(z)dz \tag{7.7}$$

である．詳しい説明は省略するが，定理 7.4 と同様に考えれば，

$$\int_{C_4} f(z)dz \to 0 \qquad (R \to \infty)$$

を得る．また，$z = c + \varepsilon e^{i\theta}$ とおくと，

$$\int_{C_2} f(z)dz = \int_{-\pi}^0 \frac{P(c+\varepsilon e^{i\theta})}{\varepsilon e^{i\theta} Q(c+\varepsilon e^{i\theta})} i\varepsilon e^{i\theta} d\theta = -\int_0^\pi \frac{P(c+\varepsilon e^{i\theta})}{Q(c+\varepsilon e^{i\theta})} i d\theta \\ \to -\frac{P(c)}{Q(c)}\pi i \qquad (\varepsilon \to 0)$$

である．よって，(7.7) において，$\varepsilon \to 0$, $R \to \infty$ とすれば，

$$\operatorname{PV} \int_{-\infty}^\infty f(x)dx - \frac{P(c)}{Q(c)}\pi i = 2\pi i \sum_{k=1}^N \operatorname{Res}(f(z), \alpha_k)$$

を得る．■

留数によるコーシーの主値積分の計算

例 7.9． $\displaystyle\int_{-\infty}^\infty \dfrac{1}{(x-1)(x^2+x+1)}dx$ のコーシーの主値積分を求めよ．

(解答)

$g(z) = \dfrac{1}{z^2+z+1}$ の極は $z_1 = \dfrac{-1+\sqrt{3}i}{2}$, $z_2 = \dfrac{-1-\sqrt{3}i}{2}$ で，上半平面にあるのは z_1 である．ここで，$f(z) = \dfrac{1}{(z-1)(z^2+z+1)}$ とすると，定理 7.2 より，

$$\operatorname{Res}(f, z_1) = \lim_{z \to z_1} (z-z_1) \frac{1}{(z-1)(z-z_1)(z-z_2)} = \lim_{z \to z_1} \frac{1}{(z-1)(z-z_2)} \\ = \frac{1}{\left(-\frac{3}{2}+\frac{\sqrt{3}}{2}i\right)\sqrt{3}i} = \frac{2}{\sqrt{3}i(\sqrt{3}i-3)}$$

である．よって，定理 7.7 より

$$\begin{aligned}
\mathrm{PV}\int_{-\infty}^{\infty} f(x)dx &= i\pi g(1) + 2\pi i \mathrm{Res}(f, z_1) = \frac{1}{3}\pi i + \frac{4\pi}{\sqrt{3}(\sqrt{3}i - 3)} \\
&= \frac{1}{3}\pi i + \frac{4\pi}{3i - 3\sqrt{3}} = \frac{\pi}{3}\left(i + \frac{4}{i - \sqrt{3}}\right) = \frac{\pi}{3}\left(\frac{3 - \sqrt{3}i}{i - \sqrt{3}}\right) \\
&= \frac{\pi}{3}\frac{(3 - \sqrt{3}i)(i + \sqrt{3})}{(i - \sqrt{3})(i + \sqrt{3})} = -\frac{\pi}{3}\frac{4\sqrt{3}}{4} = -\frac{\sqrt{3}}{3}\pi
\end{aligned}$$

である． ∎

第8章
フーリエ解析*

一般的な複素関数論の本ではほとんど扱われないが，複素数が有効に使われている例としてフーリエ解析を取り上げよう．

関数を三角関数の級数

$$\frac{a_0}{2} + \sum_{n=1}^{\infty}(a_n \cos nx + b_n \sin nx)$$

で展開することを**フーリエ級数展開**[1]という．もちろん，三角関数には周期性があるから，このような形で表現できるのは周期をもつ関数に限られることになる．とはいえ，三角関数の性質はよく分かっているから，もし，関数がフーリエ級数展開できれば，その性質を詳しく調べられるはずである．

そうなると，問題となるのは周期性のない関数の扱いだが，「周期がない＝周期は無限区間」だと考えれば，フーリエ級数展開の考え方が利用できる．**フーリエ変換**はこの考え方に基づいた変換である．例えば，音声や心拍数といった信号は関数 $f(x)$ と見なすことができるので，これらの信号を解析する上で，フーリエ級数やフーリエ変換は欠かせない道具となる．

ここでは，フーリエ級数とフーリエ変換の基本的な考え方，および複素数のおかげでこれらの表現がシンプルになることを学ぶ．なお，本章では，特に断りがなければ，$f(x)$ は実関数とする．

Section 8.1
フーリエ級数*

フーリエ級数展開が対象とするのは周期関数なので，まず，周期関数の定義から始めよう．

---

[1] Fourier, Jean-Baptiste-Joseph(1768-1830)，フランスの数学者．

第 8 章 フーリエ解析*

---── 周期関数 ───

定義 8.1． 任意の $x \in \mathbb{R}$ について，
$$f(x+L) = f(x) \tag{8.1}$$
を満たす正の定数 L が存在するとき，$f(x)$ は**周期 L の周期関数**であるという．特に，(8.1) が成立するような最小の L を $f(x)$ の**基本周期**という．また，$f(x)$ が周期関数でないとき，$f(x)$ は**非周期関数**であるという．

周期が 2π の関数に対しては，次の定理が成り立つ．

---── 周期関数の積分 ───

定理 8.1． $f(x)$ が周期 2π の周期関数ならば，任意の $a \in \mathbb{R}$ に対して
$$\int_a^{a+2\pi} f(x)dx = \int_{-\pi}^{\pi} f(x)dx \tag{8.2}$$
が成り立つ．

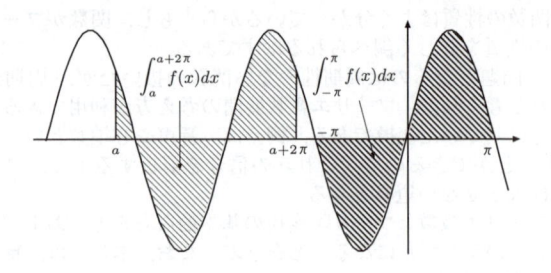

図 8.1 定理 8.1 の例

(証明)
$$\int_a^{a+2\pi} f(x)dx = \int_a^{\pi} f(x)dx + \int_{\pi}^{a+2\pi} f(x)dx \tag{8.3}$$
$y = x - 2\pi$ とすると式 (8.3) は
$$\int_a^{\pi} f(x)dx + \int_{-\pi}^{a} f(y+2\pi)dy = \int_a^{\pi} f(x)dx + \int_{-\pi}^{a} f(y)dy = \int_{-\pi}^{\pi} f(x)dx$$
となる． ∎

また，すでに線形代数で学んでいるかもしれないが，フーリエ級数を定義するための準備として，いくつか用語を定義しておこう．

―― ノルム・内積 ――

定義 8.2 . f を閉区間 $[a,b]$ 上の広義積分可能な関数 (以後, 可積分関数と呼ぶ) とし, f と g の内積を

$$(f,g) = \int_a^b f(x)g(x)dx \tag{8.4}$$

と定義する. また, 次式で定義される $\|\cdot\|$ を f のノルムという.

$$\|f\| = \sqrt{(f,f)} = \sqrt{\int_a^b (f(x))^2 dx}. \tag{8.5}$$

なお, $(f,g) = 0$ のとき f と g は直交するという.

―― 直交系 ――

定義 8.3 . 関数系 $\{\varphi_n(x)\}(n = 0, 1, 2, \cdots)$ は

$$(\varphi_m, \varphi_n) = \int_a^b \varphi_m(x)\varphi_n(x)dx = \begin{cases} \alpha & (m = n, \alpha \neq 0) \\ 0 & (m \neq n) \end{cases} \tag{8.6}$$

を満たすとき, 直交関数系または直交系と呼ばれる. さらに $\|\varphi_n\| = 1 (n = 0, 1, \cdots)$ が成り立てば, これを正規直交系という.

$\{\varphi_n(x)\}$ を直交系とし, 任意の関数 $f(x)$ が次のように書けたとする.

$$f(x) = \sum_{n=0}^{\infty} a_n \varphi_n(x) \quad (a \leq x \leq b) \tag{8.7}$$

(8.7) より項別積分が可能ならば

$$(f, \varphi_n) = \int_a^b f(x)\varphi_n(x)dx = \int_a^b \sum_{m=0}^{\infty} a_m \varphi_m(x)\varphi_n(x)dx$$

$$= \sum_{m=0}^{\infty} a_m \int_a^b \varphi_m(x)\varphi_n(x)dx = a_n(\varphi_n, \varphi_n) = a_n \|\varphi_n\|^2$$

となる. これを踏まえて, $f(x)$ のフーリエ級数展開を次のように定義する.

―――― 一般化されたフーリエ級数 ――――

定義 8.4. $\{\varphi_n(x)\}(n=0,1,2,\cdots)$ を閉区間 $[a,b]$ 上の直交系とする．可積分関数 $f(x)$ に対して

$$a_n = \frac{1}{\|\varphi_n\|^2}\int_a^b f(x)\varphi_n(x)dx \tag{8.8}$$

を $f(x)$ の $\{\varphi_n(x)\}_{n=0}^{\infty}$ に関するフーリエ係数といい

$$\sum_{n=0}^{\infty} a_n\varphi_n(x) \tag{8.9}$$

を $f(x)$ の $\{\varphi_n(x)\}_{n=0}^{\infty}$ に関するフーリエ級数という．

なお，(8.9) のことを，後述する (8.11) と区別するために一般化されたフーリエ級数と呼ぶことがある．

さて，$f(x)$ を周期 2π の周期関数とする．周期が 2π の関数として最もよく知られているのが，三角関数 $\cos x$ と $\sin x$ であろう．そこで，(8.9) の $\varphi_n(x)$ としてこれらを基に作った $\cos nx$ と $\sin nx$ を利用しよう．$\cos nx$ と $\sin nx$ の基本周期は $\dfrac{2\pi}{n}$ だが，共通に 2π を周期としてもつ．

これを踏まえて，三角関数系 $\{\cos nx\}_{n=0}^{\infty}, \{\sin nx\}_{n=0}^{\infty}$ を閉区間 $[-\pi,\pi]$ で考えることにする．すると，次のような直交関係が成り立つことがわかる．

$$\int_{-\pi}^{\pi} \cos mx \cos nx\, dx = \begin{cases} 0 & (m\neq n) \\ \pi & (m=n\neq 0) \\ 2\pi & (m=n=0) \end{cases}$$

$$\int_{-\pi}^{\pi} \sin mx \sin nx\, dx = \begin{cases} 0 & (m\neq n) \\ \pi & (m=n\neq 0) \end{cases}$$

$$\int_{-\pi}^{\pi} \cos mx \sin nx\, dx = 0$$

これらは簡単な積分計算で求めることができる．例えば，$\sin A \sin B = -\dfrac{1}{2}(\cos(A+B) - \cos(A-B))$ なので，$m\neq n$ のとき，

$$\int_{-\pi}^{\pi} \sin mx \sin nx\, dx = -\frac{1}{2}\int_{-\pi}^{\pi}(\cos(m+n)x - \cos(m-n)x)dx$$

$$= -\frac{1}{2}\left[\frac{\sin(m+n)x}{m+n} - \frac{\sin(m-n)x}{m-n}\right]_{-\pi}^{\pi} = 0$$

となり，$m=n$ のときは倍角の公式より

$$\int_{-\pi}^{\pi} \sin^2 mx\, dx = \int_{-\pi}^{\pi} \frac{1-\cos 2mx}{2}dx = \frac{1}{2}\left[x - \frac{1}{2m}\sin 2mx\right]_{-\pi}^{\pi} = \frac{1}{2}(\pi+\pi) = \pi$$

となる.

このようにして，三角関数系 $\{1, \cos x, \sin x, \cos 2x, \sin 2x, \cdots\} = \{\varphi_0(x), \varphi_1(x), \varphi_2(x), \varphi_3(x), \varphi_4(x), \cdots\}$ は $[-\pi, \pi]$ で直交系を作ることが分かる．通常，フーリエ級数といえば直交系として三角関数系を選んだものを指す．

フーリエ級数

定義 8.5． 可積分関数 $f(x)$ の三角関数系に関するフーリエ係数を (8.8) より

$$a_n = \frac{1}{\pi} \int_{-\pi}^{\pi} f(x) \cos nx\, dx \quad (n = 0, 1, \cdots)$$
$$b_n = \frac{1}{\pi} \int_{-\pi}^{\pi} f(x) \sin nx\, dx \quad (n = 1, 2, \cdots) \tag{8.10}$$

で定義し，この a_n, b_n を (8.9) に代入して作った級数

$$S[f] := \frac{a_0}{2} + \sum_{n=1}^{\infty} (a_n \cos nx + b_n \sin nx) \tag{8.11}$$

を $f(x)$ のフーリエ級数という．

$f(x)$ から作ったフーリエ級数であることを示すために (8.11) を

$$f(x) \sim \frac{a_0}{2} + \sum_{n=1}^{\infty} (a_n \cos nx + b_n \sin nx) \tag{8.12}$$

と書くこともある．

もちろん，(8.10) や (8.11) の右辺が収束しなければ，これらの式は何の意味もない．しかし，理工学で現われるほとんどの関数はフーリエ級数に展開できることが知られている．これについては，第 8.2 節でまとめることにしよう．

ここで，(8.10) や (8.11) は $f(x)$ が周期 2π の周期関数と仮定して導いたことに注意しよう．そのため，一般の関数 $f(x)$ に対してフーリエ級数を考えるには，周期が 2π の周期関数となるように $f(x)$ を拡張する必要がある．そのために，次のようなことを考える．

$[-\pi, \pi]$ 上の関数 $f(x)$ が与えられたとき，

$$\tilde{f}(x) = \begin{cases} f(x) & (-\pi \leq x < \pi) \\ 0 & (x < -\pi, x \geq \pi) \end{cases} \tag{8.13}$$

とおくと，

$$F(x) = \sum_{n=-\infty}^{\infty} \tilde{f}(x - 2n\pi) \tag{8.14}$$

は，$-\pi \leq x < \pi$ で $f(x)$ に一致する周期 2π の周期関数となる．つまり

$$F(x) = F(x + 2\pi) \tag{8.15}$$

となる．関数 $F(x)$ を関数 $f(x)$ の**周期的拡張**という．

例えば，$f(x) = x(-\pi \leq x \leq \pi)$ とすると，$F(x)$ のグラフは図 8.2 のようになる．この図が示すように，必ずしも $F(x)$ が連続になるとは限らない．

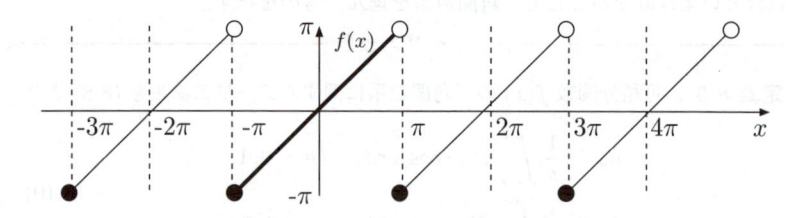

図 8.2 $f(x) = x$ のときの $F(x)$ のグラフ

また，$f(x) = x(-\pi \leq x \leq \pi)$ のフーリエ級数を図 8.3 に示す．n が大きくなるにつれて三角関数で直線が近似できていることが分かるだろう．

$[-\pi, \pi]$ におけるフーリエ級数

例 8.1． 周期 2π の関数 $f(x) = \begin{cases} -x & (-\pi \leq x \leq 0) \\ 0 & (0 < x \leq \pi) \end{cases}$ のフーリエ級数を求めよ．

(解答)

$$a_0 = \frac{1}{\pi}\int_{-\pi}^{\pi} f(x)dx = \frac{1}{\pi}\int_{-\pi}^{0} -x\,dx = \frac{1}{\pi}\int_{0}^{\pi} x\,dx = \frac{1}{\pi}\left[\frac{1}{2}x^2\right]_0^\pi = \frac{\pi}{2}$$

$$a_n = \frac{1}{\pi}\int_{-\pi}^{\pi} f(x)\cos nx\,dx = \frac{1}{\pi}\int_{-\pi}^{0} -x\cos nx\,dx = \frac{1}{\pi}\int_0^\pi x\cos nx\,dx$$

$$= \frac{1}{\pi}\left\{\left[\frac{x}{n}\sin nx\right]_0^\pi - \frac{1}{n}\int_0^\pi \sin nx\,dx\right\} = \frac{1}{\pi}\left\{\frac{1}{n^2}\left[\cos nx\right]_0^\pi\right\} = \frac{1}{n^2\pi}\{(-1)^n - 1\}$$

$$b_n = \frac{1}{\pi}\int_{-\pi}^{\pi} f(x)\sin nx\,dx = \frac{1}{\pi}\int_0^\pi x\sin nx\,dx = \frac{1}{\pi}\left\{\left[-\frac{x}{n}\cos nx\right]_0^\pi + \frac{1}{n}\int_0^\pi \cos nx\,dx\right\}$$

$$= \frac{1}{\pi}\left\{-\frac{\pi}{n}(-1)^n + \frac{1}{n}\left[\frac{1}{n}\sin nx\right]_0^\pi\right\} = -\frac{1}{n}(-1)^n = \frac{1}{n}(-1)^{n+1}$$

よって，$f(x)$ のフーリエ級数 $S[f]$ は

$$S[f] = \frac{a_0}{2} + \sum_{n=1}^{\infty}(a_n\cos nx + b_n\sin nx)$$

$$= \frac{\pi}{4} + \sum_{n=1}^{\infty}\left\{\frac{1}{n^2\pi}\{(-1)^n - 1\}\cos nx + \frac{1}{n}(-1)^{n+1}\sin nx\right\}$$

∎

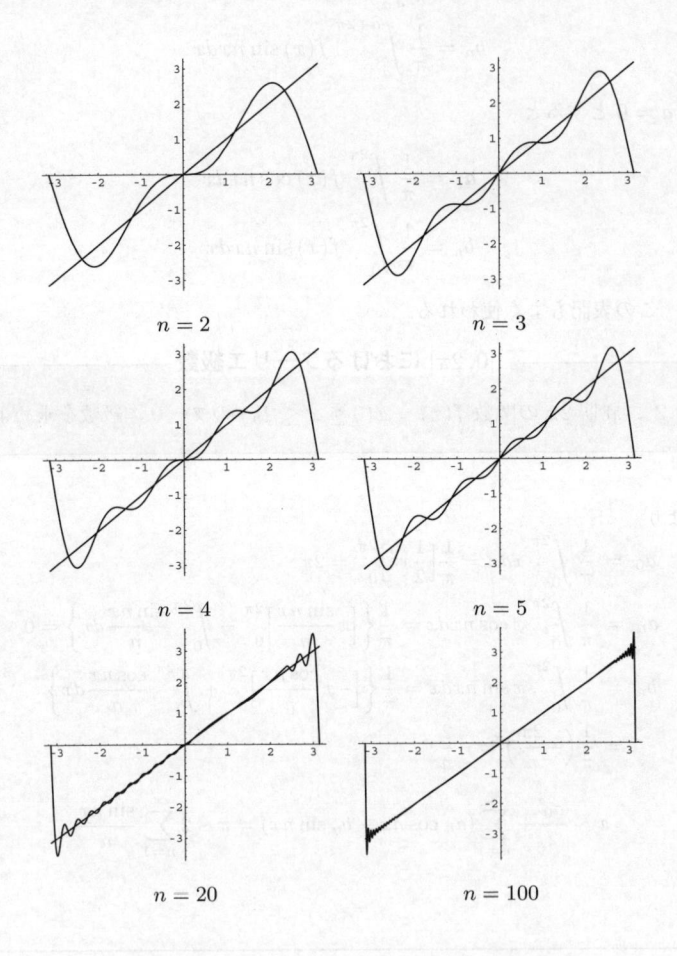

図 **8.3** $f(x) = x(-\pi \leq x \leq \pi)$ のフーリエ級数

定理 8.1 より，$f(x)$ が周期 2π の周期関数ならば (8.10) は次のようにも書ける．

$$a_n = \frac{1}{\pi}\int_a^{a+2\pi} f(x)\cos nx\,dx$$
$$b_n = \frac{1}{\pi}\int_a^{a+2\pi} f(x)\sin nx\,dx \qquad (8.16)$$

ここで $a=0$ とすると

$$a_n = \frac{1}{\pi}\int_0^{2\pi} f(x)\cos nx\,dx$$
$$b_n = \frac{1}{\pi}\int_0^{2\pi} f(x)\sin nx\,dx \qquad (8.17)$$

であり，この表記もよく使われる．

$[0,2\pi]$ におけるフーリエ級数

例 8.2． 周期 2π の関数 $f(x)=x(0\leq x\leq 2\pi)$ のフーリエ級数を求めよ．

(解答)
(8.17) より

$$a_0 = \frac{1}{\pi}\int_0^{2\pi} x\,dx = \frac{1}{\pi}\left[\frac{1}{2}x^2\right]_0^{2\pi} = 2\pi$$

$$a_n = \frac{1}{\pi}\int_0^{2\pi} x\cos nx\,dx = \frac{1}{\pi}\left\{\left[x\frac{\sin nx}{n}\right]_0^{2\pi} - \int_0^{2\pi}\frac{\sin nx}{n}dx\right\} = 0$$

$$b_n = \frac{1}{\pi}\int_0^{2\pi} x\sin nx\,dx = \frac{1}{\pi}\left\{\left[-x\frac{\cos nx}{n}\right]_0^{2\pi} + \int_0^{2\pi}\frac{\cos nx}{n}dx\right\}$$
$$= \frac{1}{\pi}\left(-\frac{2\pi}{n}\right) = -\frac{2}{n}$$

なので

$$x \sim \frac{a_0}{2} + \sum_{n=1}^{\infty}(a_n\cos nx + b_n\sin nx) = \pi - 2\sum_{n=1}^{\infty}\frac{\sin nx}{n} \qquad (8.18)$$

となる． ∎

Section 8.2
フーリエ級数の収束性*

関数 $f(x)$ のフーリエ級数の存在が保証されなければ，$f(x)$ の性質を調べる道具としてフーリエ級数を使用することはできない．

ここでは，証明させずにフーリエ級数の収束性に関する定理を挙げる．これらの定理のおかげで $f(x)$ の性質を調べる道具としてフーリエ級数の考え方を使うことができるのである．まずは，準備として次の定義を導入する．

―― 区分的に連続 ――

定義 8.6． 閉区間 $[a,b]$ で定義された関数 $f(x)$ が次の 2 つの条件を満たすとき，$f(x)$ は**区分的に連続**であるという．
(1) $[a,b]$ 内の高々有限個の点 $C_1, C_2, \cdots, C_n$ を除けば $f(x)$ は連続である．
(2) 除外点 $C_i (i=1,2,\cdots,n)$ においては，$f(x)$ の左右からの極限値 $f(C_i - 0), f(C_i + 0)$ が存在する．

―― 区分的に滑らか ――

定義 8.7． $[a,b]$ で定義された関数 $f(x)$ が次の 2 つの条件を満たすとき，$f(x)$ は**区分的に滑らか**であるという．
(1) $[a,b]$ 内の高々有限個の点 $C_1, C_2, \cdots, C_n$ を除けば $f(x)$ は微分可能でかつ $f(x)$ は連続である．
(2) 除外点 $C_i (i=1,2,\cdots,n)$ においては，$f(x)$ および $f'(x)$ の左右からの極限値 $f(C_i - 0), f(C_i + 0), f'(C_i - 0), f'(C_i + 0)$ が存在する．

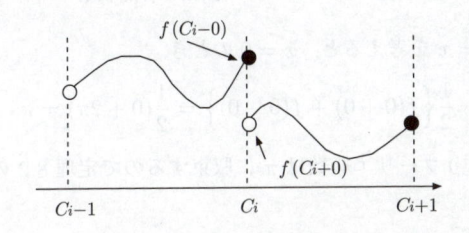

図 8.4 区分的に滑らかな例

まず，フーリエ級数の各点収束性について述べよう．

フーリエ級数の各点収束性

定理 8.2. $f(x)$ が区分的に滑らかな周期 2π の周期関数であれば $f(x)$ のフーリエ級数は

$$\frac{1}{2}\{f(x+0) + f(x-0)\} \tag{8.19}$$

に収束する．つまり

$$\frac{1}{2}\{f(x+0) + f(x-0)\} = \frac{a_0}{2} + \sum_{n=1}^{\infty}(a_n \cos nx + b_n \sin nx) \tag{8.20}$$

が成り立つ．

定理 8.2 は，たとえ，不連続点があったとしてもフーリエ級数は $f(x)$ を近似できることを意味する．

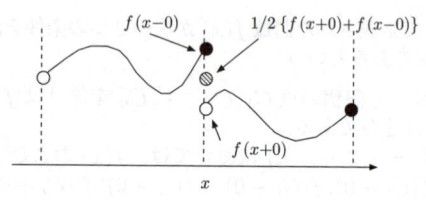

図 8.5 フーリエ級数の各点収束

例えば，$f(x) = x$ を考えると，$x = 0$ のとき，

$$\frac{1}{2}\{f(0+0) + f(0-0)\} = \frac{1}{2}(0 + 2\pi) = \pi$$

となり，(8.18) よりフーリエ級数は π に収束するので定理 8.2 の主張に一致している．

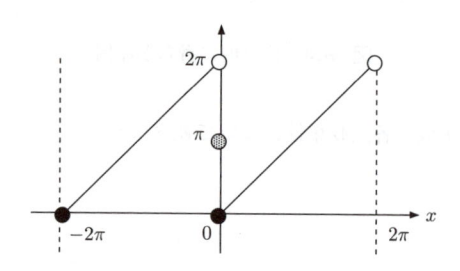

図 8.6 $f(x) = x$ のフーリエ級数と定理 8.2

$f(x)$ が連続のときは，もう少し強いことがいえる．

フーリエ級数の一様収束性 1

定理 8.3． $f(x)$ は周期 2π の区分的に滑らかな周期関数で，さらに連続ならば

$$f(x) = \frac{a_0}{2} + \sum_{n=1}^{\infty}(a_n \cos nx + b_n \sin nx) \tag{8.21}$$

が成り立つ．

この定理は，解析したい関数 $f(x)$ を区分的に滑らかな周期関数で連続なものと見なせば，$f(x)$ を (8.21) と見なしてよいと主張している．

また，区分的に滑らかな関数 $f(x)$ が不連続点をもつ場合にも，フーリエ級数の収束は不連続点を含まない任意の閉区間で一様収束であるということが証明できる．つまり，次の定理が成り立つ．

フーリエ級数の一様収束性 2

定理 8.4． $f(x)$ は周期 2π の区分的に滑らかな周期関数で，閉区間 $[a,b](\subset [-\pi,\pi])$ で連続であるとすると，$[a,b]$ において

$$f(x) = \frac{a_0}{2} + \sum_{n=1}^{\infty}(a_n \cos nx + b_n \sin nx) \tag{8.22}$$

が成り立つ．

Section 8.3
正弦・余弦級数*

$[-\pi, \pi]$ で定義された周期 2π の関数 $f(x)$ が偶関数あるいは奇関数の場合は，少し楽にフーリエ係数を求めることができる．

$f(x)$ が偶関数 $(f(x) = f(-x))$ ならば $\cos nx$ は偶関数なので

$$a_n = \frac{1}{\pi}\int_{-\pi}^{\pi} f(x)\cos nx\, dx = \frac{2}{\pi}\int_{0}^{\pi} f(x)\cos nx\, dx$$

また，$\sin nx$ は奇関数 $(f(x) = -f(-x))$ なので

$$b_n = \frac{1}{\pi}\int_{-\pi}^{\pi} f(x)\sin nx\, dx = 0$$

となる[2]．従って，次を得る．

---
[2] 偶関数×偶関数は偶関数．偶関数×奇関数は奇関数．奇関数×奇関数は偶関数．

---- 余弦級数 ----

$f(x)$ が偶関数ならば，$f(x)$ には余弦級数が対応し，次式が成立する．

$$S[f] = \frac{a_0}{2} + \sum_{n=1}^{\infty} a_n \cos nx, \quad a_n = \frac{2}{\pi} \int_0^{\pi} f(x) \cos nx dx \qquad (8.23)$$

$f(x)$ が奇関数のときも同様に，

$$a_n = \frac{1}{\pi} \int_{-\pi}^{\pi} f(x) \cos nx dx = 0$$

$$b_n = \frac{1}{\pi} \int_{-\pi}^{\pi} f(x) \sin nx dx = \frac{2}{\pi} \int_0^{\pi} f(x) \sin nx dx$$

となる．従って，次を得る．

---- 正弦級数 ----

$f(x)$ が奇関数ならば，$f(x)$ には正弦級数が対応し，次式が成立する．

$$S[f] = \sum_{n=1}^{\infty} b_n \sin nx, \quad b_n = \frac{2}{\pi} \int_0^{\pi} f(x) \sin nx dx \qquad (8.24)$$

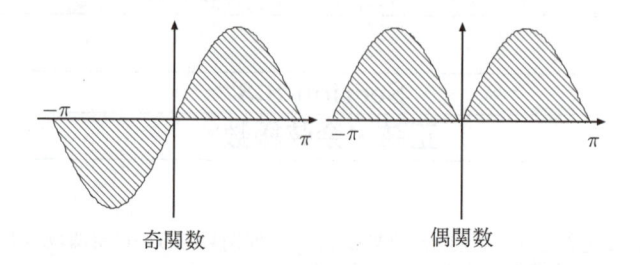

図 8.7 偶関数と奇関数

正弦級数・余弦級数

例 8.3． 次の問に答えよ．
(1) 周期 2π の関数 $f(x) = |x|$ $(-\pi \leq x \leq \pi)$ のフーリエ級数を求めよ．
(2) 周期 2π の関数 $f(x) = -x$ $(-\pi \leq x \leq \pi)$ のフーリエ級数を求めよ．

(解答)
(1) $f(x)$ は偶関数なので
$$a_n = \frac{2}{\pi}\int_0^\pi f(x)\cos nx dx = \frac{2}{\pi}\int_0^\pi |x|\cos nx dx$$
$$= \frac{2}{\pi}\int_0^\pi x\cos nx dx = \frac{2}{\pi}\left\{\left[\frac{x\sin nx}{n}\right]_0^\pi - \int_0^\pi \frac{\sin nx}{n}dx\right\} = -\frac{2}{n\pi}\left[-\frac{1}{n}\cos nx\right]_0^\pi$$
$$= \frac{2}{n^2\pi}(\cos n\pi - 1) = \frac{2}{n^2\pi}\left((-1)^n - 1\right) \qquad (n=1,2,\ldots)$$
であり,$n=0$ のとき,
$$a_0 = \frac{2}{\pi}\int_0^\pi x dx = \frac{2}{\pi}\left[\frac{1}{2}x^2\right]_0^\pi = \pi$$
よって,(8.23) より
$$f(x) \sim \frac{a_0}{2} + \sum_{n=1}^\infty a_n\cos nx$$
$$= \frac{\pi}{2} + \frac{2}{\pi}\sum_{n=1}^\infty \left\{\frac{1}{n^2}\left((-1)^n - 1\right)\cos nx\right\}$$
$$= \frac{\pi}{2} - \frac{4}{\pi}\left(\cos x + \frac{1}{9}\cos 3x + \frac{1}{25}\cos 5x + \cdots\right)$$
$$= \frac{\pi}{2} - \frac{4}{\pi}\sum_{n=1}^\infty \frac{1}{(2n-1)^2}\cos(2n-1)x$$

(2) $f(x)$ は奇関数なので
$$b_n = \frac{2}{\pi}\int_0^\pi (-x)\sin nx dx = \frac{2}{\pi}\left\{\left[\frac{x}{n}\cos nx\right]_0^\pi - \int_0^\pi \frac{\cos nx}{n}dx\right\} = (-1)^n\frac{2}{n}.$$
よって,(8.24) より
$$f(x) \sim \sum_{n=1}^\infty b_n\sin nx$$
$$= \sum_{n=1}^\infty (-1)^n\frac{2}{n}\sin nx$$
$$= -2\left(\sin x - \frac{1}{2}\sin 2x + \frac{1}{3}\sin 3x - \frac{1}{4}\sin 4x + \cdots\right)$$
∎

───── フーリエ余弦・正弦級数 ─────

定義 8.8. $f(x)$ が $[0,\pi]$ で定義された可積分関数であるとき,これを偶関数として $[-\pi,\pi]$ へ拡張し,さらに周期 2π の関数に拡張すると,そのフーリエ級数は (8.23) で与えられる.これを $f(x)$ の **フーリエ余弦 (コサイン) 級数** という.

同様に $f(x)$ を奇関数に拡張したときのフーリエ級数は (8.24) で与えられ,これを $f(x)$ の **フーリエ正弦 (サイン) 級数** という.

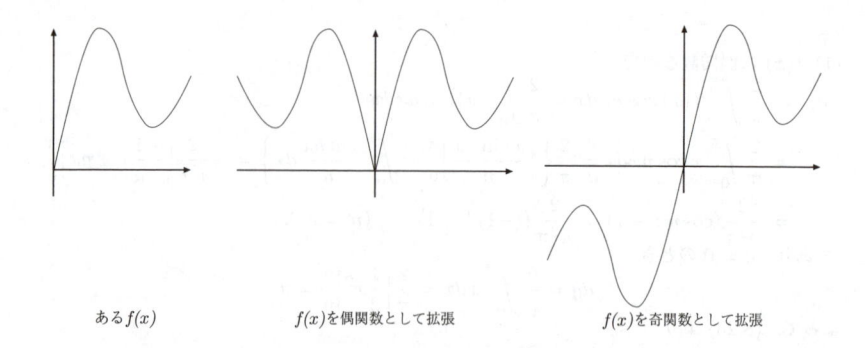

あるf(x)　　　　f(x)を偶関数として拡張　　　　f(x)を奇関数として拡張

---**フーリエ余弦級数・正弦級数**---

例 8.4. $f(x) = x^2 \ (0 \leq x \leq \pi)$ のフーリエ余弦級数とフーリエ正弦級数を求めよ．

(解答)
(フーリエ余弦級数)
$a_0 = \dfrac{2}{\pi} \displaystyle\int_0^\pi x^2 dx = \dfrac{2}{\pi} \left[\dfrac{1}{3}x^3\right]_0^\pi = \dfrac{2}{3}\pi^2$

$\begin{aligned}
a_n &= \dfrac{2}{\pi} \int_0^\pi x^2 \cos nx dx = \dfrac{2}{\pi} \left\{ \left[\dfrac{x^2}{n} \sin nx\right]_0^\pi - \dfrac{2}{n}\int_0^\pi x \sin nx dx \right\} \\
&= -\dfrac{4}{n\pi} \left\{ \left[-\dfrac{x}{n}\cos nx\right]_0^\pi + \dfrac{1}{n}\int_0^\pi \cos nx dx\right\} = -\dfrac{4}{n\pi}\left\{-\dfrac{\pi}{n}(-1)^n + \dfrac{1}{n}\left[\dfrac{1}{n}\sin nx\right]_0^\pi\right\} \\
&= \dfrac{4}{n^2}(-1)^n
\end{aligned}$

よって，$f(x)$ のフーリエ余弦級数は (8.23) より

$\begin{aligned}
f(x) &\sim \dfrac{a_0}{2} + \sum_{n=1}^\infty a_n \cos nx = \dfrac{\pi^2}{3} + 4\sum_{n=1}^\infty \dfrac{1}{n^2}(-1)^n \cos nx \\
&= \dfrac{\pi^3}{3} - 4\left(\cos x - \dfrac{\cos 2x}{2^2} + \dfrac{\cos 3x}{3^2} - \cdots\right)
\end{aligned}$

(フーリエ正弦級数)
$\begin{aligned}
b_n &= \dfrac{2}{\pi}\int_0^\pi f(x)\sin nx dx = \dfrac{2}{\pi}\int_0^\pi x^2 \sin nx dx = \dfrac{2}{\pi}\left\{\left[-\dfrac{x^2}{n}\cos nx\right]_0^\pi + \dfrac{2}{n}\int_0^\pi x\cos nx dx\right\} \\
&= \dfrac{2}{\pi}\left\{-\dfrac{\pi^2}{n}(-1)^n + \dfrac{2}{n}\left(\left[\dfrac{x}{n}\sin nx\right]_0^\pi - \dfrac{1}{n}\int_0^\pi \sin nx dx\right)\right\} \\
&= \dfrac{2}{\pi}\left\{-\dfrac{\pi^2}{n}(-1)^n - \dfrac{2}{n^2}\left[\dfrac{1}{n}\cos nx\right]_0^\pi\right\} = \dfrac{2}{\pi}\left\{-\dfrac{\pi^2}{n}(-1)^n - \dfrac{2}{n^2}\left(\dfrac{1}{n}(-1)^n - \dfrac{1}{n}\right)\right\}
\end{aligned}$

ここで，n が偶数のとき

$$b_n = \dfrac{2}{\pi} \cdot -\dfrac{\pi^2}{n} = -\dfrac{2\pi}{n}$$

であり，n が奇数のとき
$$b_n = \frac{2}{\pi}\left\{\frac{\pi^2}{n} - \frac{2}{n^2}\left(-\frac{1}{n} - \frac{1}{n}\right)\right\} = \frac{2}{\pi}\left(\frac{\pi^2}{n} - \frac{4}{n^3}\right) = \frac{2\pi}{n} - \frac{8}{\pi n^3}$$
よって，$f(x)$ のフーリエ正弦級数は (8.24) より
$$f(x) \sim \sum_{n=1}^{\infty} b_n \sin nx = \sum_{n=1}^{\infty} \frac{2}{\pi}\left\{-\frac{\pi^2}{n}(-1)^n - \frac{2}{n^2}\left(\frac{1}{n}(-1)^n - \frac{1}{n}\right)\right\}\sin nx$$
$$= \left(2\pi - \frac{8}{\pi}\right)\sin x - \pi\sin 2x + \left(\frac{2\pi}{3} - \frac{8}{27\pi}\right)\sin 3x - \cdots$$

■■■ **演習問題** ■■■■■■■■■■■■■■■■■■■■■■■■■■■
演習問題 8.1 $f(x) = (\pi - x)^2 \ (0 \leq x \leq \pi)$ のフーリエ余弦級数を求めよ．

Section 8.4
一般の周期関数に対するフーリエ級数*

$f(x)$ の周期を $2L(L > 0)$ とすると，置換
$$x = \frac{L}{\pi}t$$
によって，$-L \leq x \leq L$ は $-\pi \leq t \leq \pi$ に変更されるので関数 $f\left(\frac{L}{\pi}t\right)$ は周期 2π の関数である．よって，(8.10)〜(8.11) より $f\left(\frac{L}{\pi}t\right)$ のフーリエ級数は
$$f\left(\frac{L}{\pi}t\right) \sim \frac{a_0}{2} + \sum_{n=1}^{\infty}(a_n \cos nt + b_n \sin nt)$$
$$a_n = \frac{1}{\pi}\int_{-\pi}^{\pi} f\left(\frac{L}{\pi}t\right)\cos nt\, dt \quad (n = 0, 1, 2, \ldots)$$
$$b_n = \frac{1}{\pi}\int_{-\pi}^{\pi} f\left(\frac{L}{\pi}t\right)\sin nt\, dt \quad (n = 1, 2, \ldots)$$

となる．このとき，
$$a_n = \frac{1}{\pi}\int_{-L}^{L} f(x)\cos\left(\frac{n\pi x}{L}\right)\cdot\frac{\pi}{L}dx = \frac{1}{L}\int_{-L}^{L} f(x)\cos\frac{n\pi x}{L}dx$$
であり，同様に
$$b_n = \frac{1}{L}\int_{-L}^{L} f(x)\sin\frac{n\pi x}{L}dx$$

なので次を得る.

一般の周期関数に対するフーリエ級数

定義 8.9. 関数 $f(x)$ の周期が $2L$ であれば

$$f(x) \sim \frac{a_0}{2} + \sum_{n=1}^{\infty} \left(a_n \cos \frac{n\pi x}{L} + b_n \sin \frac{n\pi x}{L} \right)$$

$$a_n = \frac{1}{L} \int_{-L}^{L} f(x) \cos \frac{n\pi x}{L} dx \qquad (n=0,1,2,\ldots) \qquad (8.25)$$

$$b_n = \frac{1}{L} \int_{-L}^{L} f(x) \sin \frac{n\pi x}{L} dx \qquad (n=1,2,\ldots)$$

となる.

また,定理 8.1 の証明と同様にして次が成り立つことが分かる.

$$\int_{-L}^{L} f(x)dx = \int_{a}^{a+2L} f(x)dx, \qquad \forall a \in \mathbb{R} \qquad (8.26)$$

一般の周期関数に対するフーリエ級数

例 8.5. 周期 4 の関数 $f(x) = \begin{cases} 2 & (-2 \leq x < 0) \\ x & (0 \leq x \leq 2) \end{cases}$ のフーリエ級数を求めよ.

(解答)

$$a_0 = \frac{1}{2} \int_{-2}^{2} f(x)dx = \frac{1}{2} \left(\int_{-2}^{0} 2dx + \int_{0}^{2} xdx \right) = \frac{1}{2}(4+2) = 3$$

$$a_n = \frac{1}{2} \int_{-2}^{2} f(x) \cos \frac{n\pi x}{2} dx = \frac{1}{2} \left\{ \int_{-2}^{0} 2\cos \frac{n\pi x}{2} dx + \int_{0}^{2} x \cos \frac{n\pi x}{2} dx \right\}$$

ここで,

$$\int_{-2}^{0} \cos \frac{n\pi x}{2} dx = \left[\frac{2}{\pi} \sin \frac{n\pi x}{2} \right]_{-2}^{0} = 0$$

であり,

$$\int_{0}^{2} x \cos \frac{n\pi x}{2} dx = \left[\frac{2x}{n\pi} \sin \frac{n\pi x}{2} \right]_{0}^{2} - \frac{2}{n\pi} \int_{0}^{2} \sin \frac{n\pi x}{2} dx = -\frac{2}{n\pi} \left[-\frac{2}{n\pi} \cos \frac{n\pi x}{2} \right]_{0}^{2}$$

$$= \frac{4}{n^2 \pi^2} (\cos n\pi - \cos 0) = \frac{4}{n^2 \pi^2} ((-1)^n - 1)$$

なので

$$a_n = \frac{2}{n^2 \pi^2} ((-1)^n - 1).$$

また，
$$b_n = \frac{1}{2}\int_{-2}^{2} f(x)\sin\frac{n\pi x}{2}dx = \frac{1}{2}\left(\int_{-2}^{0} 2\sin\frac{n\pi x}{2}dx + \int_{0}^{2} x\sin\frac{n\pi x}{2}dx\right)$$
である．ここで，
$$\int_{-2}^{0}\sin\frac{n\pi x}{2}dx = \left[-\frac{2}{n\pi}\cos\frac{n\pi x}{2}\right]_{-2}^{0} = -\frac{2}{n\pi}(\cos 0 - \cos(-\pi n)) = -\frac{2}{n\pi}(1-(-1)^n)$$
$$\int_{0}^{2} x\sin\frac{n\pi x}{2}dx = \left[-\frac{2x}{n\pi}\cos\frac{n\pi x}{2}\right]_{0}^{2} + \int_{0}^{2}\frac{2}{n\pi}\cos\frac{n\pi x}{2}dx = -\frac{4}{n\pi}(-1)^n$$
なので，
$$b_n = \frac{1}{2}\left\{-\frac{4}{n\pi}(1-(-1)^n) - \frac{4}{n\pi}(-1)^n\right\} = -\frac{2}{n\pi}$$
である．よって，
$$f(x) \sim \frac{3}{2} + \sum_{n=1}^{\infty}\left(a_n\cos\frac{n\pi x}{2} + b_n\sin\frac{n\pi x}{2}\right)$$
$$= \frac{3}{2} + \sum_{n=1}^{\infty}\left\{\frac{2}{n^2\pi^2}((-1)^n - 1)\cos\frac{n\pi x}{2} - \frac{2}{n\pi}\sin\frac{n\pi x}{2}\right\}$$
$$= \frac{3}{2} - \frac{4}{\pi^2}\left(\cos\frac{\pi x}{2} + \frac{1}{9}\cos\frac{3n\pi x}{2} + \frac{1}{25}\cos\frac{5n\pi x}{2} + \cdots\right) - \frac{2}{\pi}\sum_{n=1}^{\infty}\frac{1}{n}\sin\frac{n\pi x}{2}$$
$$= \frac{3}{2} - \frac{4}{\pi^2}\sum_{n=1}^{\infty}\frac{1}{(2n-1)^2}\cos\frac{(2n-1)\pi x}{2} - \frac{2}{\pi}\sum_{n=1}^{\infty}\frac{1}{n}\sin\frac{n\pi x}{2}$$

■■■■ **演習問題** ■■■■■■■■■■■■■■■■■■■■■■■■■■■■

演習問題 8.2 次の問に答えよ．
(1) 周期 4 の関数 $f(x) = x\,(-2 \leq x \leq 2)$ のフーリエ級数 $s(x)$ を求めよ．
(2) $x = 2$ における右極限値 $f(2+0)$ と左極限値 $f(2-0)$ を求めよ．
(3) $s(0)$ を求めよ．

演習問題 8.3 周期 8 の関数
$$f(x) = \begin{cases} -x - 4 & (-4 \leq x < 0) \\ 0 & (x = 0) \\ -x + 4 & (0 < x \leq 4) \end{cases}$$
のフーリエ級数を求めよ．

Section 8.5
複素フーリエ級数*

オイラーの公式
$$e^{ix} = \cos x + i \sin x \tag{8.27}$$
より，
$$\cos nx = \frac{1}{2}(e^{inx} + e^{-inx}), \quad \sin nx = \frac{1}{2i}(e^{inx} - e^{-inx}) \tag{8.28}$$
なので，これを式 (8.11) に代入すると
$$S[f] = \frac{a_0}{2} + \frac{1}{2}\sum_{n=1}^{\infty}\left\{(a_n - ib_n)e^{inx} + (a_n + ib_n)e^{-inx}\right\} \tag{8.29}$$
となり，
$$C_0 = \frac{a_0}{2}, \quad C_n = \frac{a_n - ib_n}{2}, \quad C_{-n} = \frac{a_n + ib_n}{2} \tag{8.30}$$
とおくと
$$S[f] = C_0 + \sum_{n=1}^{\infty} C_n e^{inx} + \sum_{n=1}^{\infty} C_{-n} e^{-inx} = \sum_{n=-\infty}^{\infty} C_n e^{inx} \tag{8.31}$$
と書ける．このとき
$$\begin{aligned} C_n &= \frac{1}{2}(a_n - ib_n) = \frac{1}{2\pi}\int_{-\pi}^{\pi} f(x)(\cos nx - i\sin nx)dx \\ &= \frac{1}{2\pi}\int_{-\pi}^{\pi} f(x)e^{-inx}dx \quad (n = 0, \pm 1, \pm 2, \cdots) \end{aligned} \tag{8.32}$$

となる．(8.31),(8.32) を **複素フーリエ級数** という．これに対し，いままでのフーリエ級数 (8.10),(8.11) を **実フーリエ級数** という．

このように複素数を使うとフーリエ級数をシンプルに表現できる．また，(8.30) より $C_{-n} = \overline{C_n}$ なので，C_n の計算ができていれば C_{-n} の計算は C_n の複素共役をとるだけでよい．ちなみに，

8.5 複素フーリエ級数*

$$|C_n| = |C_{-n}|, \quad \arg C_n = -\arg C_{-n}$$

であり，C_n の絶対値

$$|C_n| = \sqrt{\frac{a_n^2 + b_n^2}{4}} = \frac{\sqrt{a_n^2 + b_n^2}}{2}$$

を**振幅スペクトル**，$|C_n|^2$ を**パワースペクトル**という．さらに，

$$\arg C_n = \tan^{-1} \frac{-\frac{b_n}{2}}{\frac{a_n}{2}} = \tan^{-1} \frac{-b_n}{a_n}$$

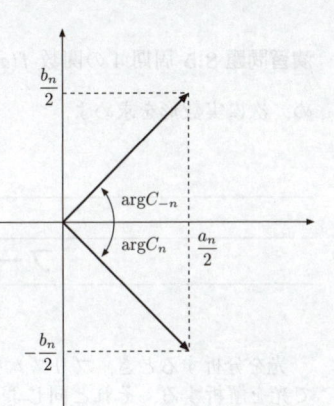

を**位相スペクトル**という．

例えば，ある信号を $f(x)$ と表した場合，振幅スペクトルやパワースペクトルは対象としている信号の中に n 番目の成分がどのくらい含まれているかを示すもので，一般の信号解析では位相スペクトルよりも振幅スペクトルやパワースペクトルに多くの関心が向けられる．

なお，$\theta_n = \arg C_n$ とすると，複素フーリエ係数 C_n は

$$C_n = |C_n|e^{i\theta_n}$$

と書ける．ゆえに，複素フーリエ級数は振幅スペクトル $|C_n|$ と位相スペクトル θ_n を用いて

$$f(x) \sim \sum_{n=-\infty}^{\infty} C_n e^{inx} = \sum_{n=-\infty}^{\infty} |C_n|e^{i\theta_n}e^{inx} = \sum_{n=-\infty}^{\infty} |C_n|e^{i(\theta_n+nx)}$$

と表すことができる．

$f(x)$ の周期が $2L(L>0)$ の場合は，$x = \dfrac{L}{\pi}t$ とすれば，(8.31),(8.32) は

$$f\left(\frac{L}{\pi}t\right) \sim \sum_{n=-\infty}^{\infty} C_n e^{int}, \quad C_n = \frac{1}{2\pi}\int_{-\pi}^{\pi} f\left(\frac{L}{\pi}t\right)e^{-int}dt$$

となるので，

$$\begin{aligned}f(x) &\sim \sum_{n=-\infty}^{\infty} C_n e^{i\frac{n\pi}{L}x} \\ C_n &= \frac{1}{2\pi}\int_{-L}^{L} f(x)e^{-i\frac{n\pi}{L}x}\frac{\pi}{L}dx = \frac{1}{2L}\int_{-L}^{L} f(x)e^{-i\frac{n\pi}{L}x}dx\end{aligned} \quad (8.33)$$

を得る．

■■■ **演習問題** ■■■■■■■■■■■■■■■■■■■■■■■

演習問題 8.4 周期 2π の関数 $f(x) = |x|$ （$-\pi \leq x \leq \pi$）の複素フーリエ級数を求め，その実数形を求めよ．

演習問題 8.5 周期 4 の関数 $f(x) = \begin{cases} 2 & (-2 < x < 0) \\ x & (0 \leq x \leq 2) \end{cases}$ の複素フーリエ級数を求め，次に実数形を求めよ．

Section 8.6
フーリエ解析の意義*

　光を分析するとき，プリズムを使って光をスペクトルに分解し，色の配合を調べて光を解析する．それと同じように信号をいろいろな (周波数の) 成分に分解することによって，元の信号がどのようにして発生したか，あるいはどのような影響を受けたのかなど，信号の特徴を把握するための有力な情報が得られるだろう．このような解析方法は，スペクトル解析とかフーリエ解析と呼ばれている．
　つまり，関数 $f(x)$(信号 $f(x)$) をフーリエ級数展開し，どの成分 (どの係数) が主要成分であるかを調べれば信号の特徴を掴むことができる．また，主要成分が少ないということが分かればそれを画像圧縮などに応用することができる．

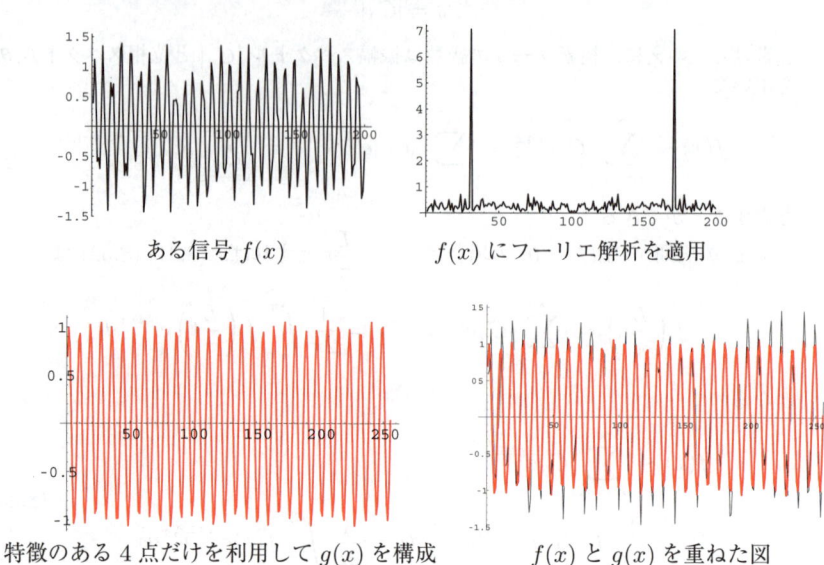

ある信号 $f(x)$

$f(x)$ にフーリエ解析を適用

特徴のある 4 点だけを利用して $g(x)$ を構成

$f(x)$ と $g(x)$ を重ねた図

Section 8.7
フーリエ変換*

$f(x)$ が非周期関数のときは，$f(x)$ を周期が無限大の周期関数と考える．具体的には，$f(x)$ を周期 $2L$ の周期関数とし，これを $[-L, L]$ 上で考え，$L \to \infty$ とする．

もう少し丁寧に説明しよう．$f(x)$ を周期 $2L$ の周期関数とする．このとき，(8.33) より

$$f(x) = \sum_{n=-\infty}^{\infty} C_n e^{i\frac{n\pi}{L}x} \tag{8.34}$$

$$C_n = \frac{1}{2L} \int_{-L}^{L} f(x) e^{-i\frac{n\pi}{L}x} dx \tag{8.35}$$

となる．(8.35) を (8.34) に代入すると

$$f(x) = \sum_{n=-\infty}^{\infty} \left(\frac{1}{2L} \int_{-L}^{L} f(y) e^{-i\frac{n\pi}{L}y} dy \right) e^{i\frac{n\pi}{L}x} \tag{8.36}$$

である．そして，$L \to \infty$ を考えるために，

$$\omega_n = \frac{n\pi}{L}, \quad \Delta \omega_n = \omega_n - \omega_{n-1} = \frac{\pi}{L}$$

とおくと，

$$f(x) = \sum_{n=-\infty}^{\infty} \left(\frac{1}{2L} \frac{\pi}{L} \frac{L}{\pi} \int_{-L}^{L} f(y) e^{-i\omega_n y} dy \right) e^{i\omega_n x}$$

$$= \sum_{n=-\infty}^{\infty} \frac{1}{2\pi} \left(\int_{-L}^{L} f(y) e^{-i\omega_n y} dy \right) e^{i\omega_n x} \Delta \omega_n$$

となる．ここで，

$$F(\omega) = \int_{-\infty}^{\infty} f(y) e^{-i\omega y} dy \tag{8.37}$$

とおくと $F(\omega_n) = \int_{-\infty}^{\infty} f(y) e^{-i\omega_n y} dy$ なので，

$$\int_{-L}^{L} f(y) e^{-i\omega_n y} dy \to F(\omega_n) \quad (L \to \infty)$$

である．また，

$$\sum_{n=-\infty}^{\infty} F(\omega_n)e^{i\omega_n x}\Delta\omega_n$$

は $F(\omega)e^{i\omega x}$ の $(-\infty,\infty)$ におけるリーマン和であり，$L\to\infty$ のとき $\Delta\omega_n\to 0$ となるので，リーマン積分 (通常の定積分) の定義より，

$$\lim_{\Delta\omega_n\to 0}\sum_{n=-\infty}^{\infty} F(\omega_n)e^{i\omega_n x}\Delta\omega_n = \int_{-\infty}^{\infty} F(\omega)e^{i\omega x}d\omega$$

となる．したがって，(8.36) において $L\to\infty$ とすると，

$$f(x) = \frac{1}{2\pi}\int_{-\infty}^{\infty}\left(\int_{-\infty}^{\infty} f(y)e^{-i\omega y}dy\right)e^{i\omega x}d\omega \tag{8.38}$$

を得る．(8.38) の右辺を**フーリエ積分表示**といい，(8.38) を**フーリエの積分公式**という．

さて，(8.37) より (8.38) は

$$f(x) = \frac{1}{2\pi}\int_{-\infty}^{\infty} F(\omega)e^{i\omega x}d\omega \tag{8.39}$$

と書ける．(8.39) と (8.34) を見比べると，$F(\omega)$ はフーリエ係数 C_n に対応していることが分かる．つまり，

$$F(\omega) = \int_{-\infty}^{\infty} f(x)e^{-i\omega x}dx \tag{8.37}$$

は，$f(x)$ を無限大周期関数のフーリエ係数 $F(\omega)$ に変換する式だと考えられる．そこで，(8.37) の $F(\omega)$ を $f(x)$ の**フーリエ変換**と呼ぶ．これに対し，(8.39) は $F(\omega)$ を $f(x)$ に変換する式，つまり，フーリエ変換の逆の変換になっていると考えられるので，(8.39) の $f(x)$ を $F(\omega)$ の**フーリエ逆変換**という．また，フーリエ変換を写像と考えたときは，フーリエ変換を行なう写像 ($f(x)\mapsto F(\omega)$) を $\mathcal{F}$ で表す．

$$\mathcal{F}(f(x))(\omega) = F(\omega) \tag{8.40}$$

また，フーリエ逆変換を行なう写像 ($F(\omega)\mapsto f(x)$) を $\mathcal{F}^{-1}$ で表す．

$$\mathcal{F}^{-1}(F(\omega))(x) = f(x) \tag{8.41}$$

(8.40) と (8.41) より，

$$f(x) = \mathcal{F}^{-1}(\mathcal{F}(\omega))(x) = \mathcal{F}^{-1}\left(\mathcal{F}(f(x))(\omega)\right)(x)$$

が成り立つが，この式は見づらいので，これを

$$f = \mathcal{F}^{-1}\mathcal{F}(f)$$

と書くこともある.

> **注意 8.1 .** $f(x)$ を信号と考え，ω を周波数と考えると，フーリエ変換 $F(\omega)$ は，周波数 ω に対する信号 $f(x)$ の特徴量と考えられる．このことは，フーリエ係数 C_n が信号の特徴を表し，フーリエ変換がフーリエ係数に対応していることを考えれば，当然といえる．

もちろん，フーリエ級数に存在するための条件があったのと同じように，フーリエ変換にも存在するための条件がある．すべての関数にフーリエ変換が存在するわけではない．これについては，説明を省略するが，フーリエ級数の収束に関する定理 (定理 8.2) に対応して，次の定理が知られている．

---**フーリエ変換の収束性**---

定理 8.5 . $f(x)$ は $\mathbb{R}$ で区分的に滑らかで

$$\int_{-\infty}^{\infty} |f(x)| dx < \infty \tag{8.42}$$

を満たすとする．このとき，

$$\frac{1}{2}\{f(x-0) + f(x+0)\} = \lim_{L\to\infty} \frac{1}{2\pi} \int_{-L}^{L} F(\omega) e^{i\omega x} d\omega \tag{8.43}$$

が成り立つ．

なお，定理 8.5 の仮定を満たす関数を**絶対可積分関数**という．

---**フーリエ変換の計算**---

例 8.6 . 次のフーリエ変換を求めよ．
(1) $f(x) = \begin{cases} \dfrac{1}{2T} & (|x| \leq T) \\ 0 & (|x| > T) \end{cases}$ (2) $f(x) = e^{-a|x|}$ $(a > 0)$

(解答)
(1) $\omega \neq 0$ とすると，
$$F(\omega) = \int_{-\infty}^{\infty} f(x) e^{-i\omega x} dx = \int_{-T}^{T} \frac{1}{2T} e^{-i\omega x} dx = \frac{1}{2T} \left[\frac{1}{-i\omega} e^{-i\omega x} \right]_{-T}^{T}$$
$$= \frac{-1}{2\omega T i}(e^{-i\omega T} - e^{i\omega T}) = \frac{1}{\omega T}\left(\frac{e^{i\omega T} - e^{-i\omega T}}{2i} \right) = \frac{\sin(\omega T)}{\omega T}$$

である．また，$\omega = 0$ のとき，
$$F(\omega) = \int_{-\infty}^{\infty} f(x) dx = \int_{-T}^{T} \frac{1}{2T} dx = 1$$

である．

(2)
$$\begin{aligned}
F(\omega) &= \int_{-\infty}^{\infty} f(x)e^{-i\omega x}dx = \int_{-\infty}^{\infty} e^{-a|x|}e^{-i\omega x}dx \\
&= \int_{0}^{\infty} e^{-ax}e^{-i\omega x}dx + \int_{-\infty}^{0} e^{ax}e^{-i\omega x}dx = \int_{0}^{\infty} e^{-(a+i\omega)x}dx + \int_{0}^{\infty} e^{-ax}e^{i\omega x}dx \\
&= \int_{0}^{\infty} e^{-(a+i\omega)x}dx + \int_{0}^{\infty} e^{-(a-i\omega)x}dx \\
&= \lim_{M\to\infty} \left[\frac{1}{-(a+i\omega)}e^{-(a+i\omega)x} + \frac{1}{-(a-i\omega)}e^{-(a-i\omega)x} \right]_{0}^{M} \\
&= \frac{1}{a+i\omega} + \frac{1}{a-i\omega} = \frac{2a}{a^2+\omega^2}
\end{aligned}$$

である．ここで，
$$0 \le |e^{-(a\pm i\omega)x}| = |e^{-ax}||e^{\pm i\omega x}| = |e^{-ax}| \to 0 \quad (x \to \infty)$$
に注意せよ． ∎

■■■ 演習問題 ■■■■■■■■■■■■■■■■■■■■■■■

演習問題 8.6 $f(x) = \begin{cases} \cos ax & (|x| \le T) \\ 0 & (|x| > T) \end{cases}$ のフーリエ変換を求めよ．

Section 8.8
留数によるフーリエ変換の計算*

$P(x)$ は m 次多項式，$Q(x)$ は n 次多項式で，$n \ge m+2$ かつ $Q(z)$ は実軸上に零点をもたないものとする．このとき，$f(x) = \dfrac{P(x)}{Q(x)}$ のフーリエ変換の計算を考える．

$\omega = 0$ のときは，$f(x) = f(x)e^{-i\omega x}$ なので，定理 7.4 と全く同じである．そこで，$\omega < 0$ とする．$z = x + yi$ とすると，
$$e^{-i\omega z} = e^{-i\omega(x+yi)} = e^{\omega y}e^{-i\omega x}$$

なので，$|e^{-i\omega z}| = |e^{\omega y}||e^{-i\omega x}| = e^{\omega y}$ である．よって，$y > 0$ ならば，$\omega y < 0$ となるので $|e^{-i\omega z}| < 1$ である．これを利用して，定理 7.4 の証明をなぞれば $P(x)$ を $P(x)e^{-i\omega x}$ で置き換えても定理 7.4 が成り立つことが分かる．よって，$f(z)$ の上半平面にある極を $\alpha_1, \alpha_2, \ldots, \alpha_N$ とすれば，

$$F(\omega) = \int_{-\infty}^{\infty} f(x)e^{-i\omega x}dx = \int_{-\infty}^{\infty} \frac{P(x)e^{-i\omega x}}{Q(x)}dx = 2\pi i \sum_{i=1}^{N} \text{Res}(f(z)e^{-i\omega z}, \alpha_k)$$

となる.

また，$\omega > 0$ のときは，積分路を右図のようにとって，定理 7.4 の証明をなぞれば

$$F(\omega) = -2\pi i \sum_{k=1}^{M} \mathrm{Res}(f(z)e^{-i\omega z}, \beta_k)$$

を得る．ただし，$\beta_1, \beta_2, \ldots, \beta_M$ は $f(z)$ の下半平面にある極である．
以上をまとめると，次のようになる．

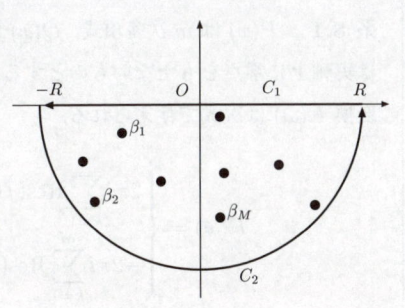

留数によるフーリエ変換の計算

定理 8.6． $P(x)$ は m 次多項式，$Q(x)$ は n 次多項式で，$n \geq m+2$ かつ $Q(z)$ は実軸上に零点をもたないものとする．このとき，$f(x) = \dfrac{P(x)}{Q(x)}$ のフーリエ変換 $F(\omega)$ は次式で与えられる．

$$F(\omega) = \begin{cases} 2\pi i \displaystyle\sum_{k=1}^{N} \mathrm{Res}(f(z)e^{-i\omega z}, \alpha_k) & (\omega \leq 0) \\ -2\pi i \displaystyle\sum_{k=1}^{M} \mathrm{Res}(f(z)e^{-i\omega z}, \beta_k) & (\omega > 0) \end{cases} \tag{8.44}$$

ただし，$\alpha_1, \alpha_2, \ldots, \alpha_N$ は $f(z)$ の上半平面における極で，$\beta_1, \beta_2, \ldots, \beta_M$ は $f(z)$ の下半平面にある極である．

なお，証明は省略するが，$n = m+1$ については次の系が成り立つ．ここで，$\omega = 0$ を除いていることに注意されたい．

留数によるフーリエ変換の計算

系 8.1. $P(x)$ は m 次多項式,$Q(x)$ は n 次多項式で,$n = m+1$ かつ $Q(z)$ は実軸上に零点をもたないものとする.このとき,$f(x) = \dfrac{P(x)}{Q(x)}$ のフーリエ変換 $F(\omega)$ は次式で与えられる.

$$F(\omega) = \begin{cases} 2\pi i \displaystyle\sum_{k=1}^{N} \mathrm{Res}(f(z)e^{-i\omega z}, \alpha_k) & (\omega < 0) \\ -2\pi i \displaystyle\sum_{k=1}^{M} \mathrm{Res}(f(z)e^{-i\omega z}, \beta_k) & (\omega > 0) \end{cases} \tag{8.45}$$

ただし,$\alpha_1, \alpha_2, \ldots, \alpha_N$ は $f(z)$ の上半平面における極で,$\beta_1, \beta_2, \ldots, \beta_M$ は $f(z)$ の下半平面にある極である.

留数によるフーリエ変換の計算

例 8.7. $f(x) = \dfrac{1}{x^2+4}$ のフーリエ変換を留数を計算することにより求めよ.

(解答)

$f(z) = \dfrac{1}{z^2+4} = \dfrac{1}{(z+2i)(z-2i)}$ なので,$f(z)$ は $z_1 = 2i$ と $z_2 = -2i$ を 1 位の極にもつ.

$\omega \leq 0$ のとき,$f(z)$ の上半平面における極は $z_1 = 2i$ であり,例 7.2 より,

$$\mathrm{Res}(f(z)e^{-i\omega z}, z_1) = \frac{e^{-i\omega z_1}}{2z_1} = \frac{e^{2\omega}}{4i}$$

である.よって,定理 8.6 より

$$F(\omega) = 2\pi i \cdot \frac{e^{2\omega}}{4i} = \frac{\pi}{2} e^{2\omega} \quad (\omega \leq 0)$$

である.また,$\omega > 0$ のとき,$f(z)$ の下半平面における極は $z_2 = -2i$ であり,例 7.2 より

$$\mathrm{Res}(f(z)e^{-i\omega z}, z_2) = \frac{e^{-i\omega z_2}}{2z_2} = \frac{e^{-2\omega}}{-4i}$$

である.よって,定理 8.6 より

$$F(\omega) = -2\pi i \cdot \frac{e^{-2\omega}}{-4i} = \frac{\pi}{2} e^{-2\omega} \quad (\omega > 0)$$

である.以上をまとめると,結局,

$$F(\omega) = \frac{\pi}{2} e^{-2|\omega|}$$

となる.∎

■■■ 演習問題 ■■■■■■■■■■■■■■■■■■■■■■■■■

演習問題 8.7 $f(x) = \dfrac{1}{(x^2+1)(x^2+4)} \left(= \dfrac{1}{x^4+5x^2+4} \right)$ のフーリエ変換を留数を計算することにより求めよ.

演習問題の解答

第1章の解答

演習問題 1.1
 (1) $8-4i$ (2) $-1+i$ (3) $\dfrac{9}{5}-\dfrac{7}{5}i$

演習問題 1.2   省略

演習問題 1.3
 $(\alpha\bar{\beta}-\bar{\alpha}\beta)+\overline{(\alpha\bar{\beta}-\bar{\alpha}\beta)}=\alpha\bar{\beta}-\bar{\alpha}\beta+\bar{\alpha}\beta-\alpha\bar{\beta}=0$ なので，定理 1.2 より $\alpha\bar{\beta}-\bar{\alpha}\beta$ は純虚数である．

【評価基準・注意】

- $\alpha=a+bi,\ \beta=c+di$ とおいて計算し，$\alpha\bar{\beta}-\bar{\alpha}\beta=2(bc-ad)i$ となることを示してもよい．

演習問題 1.4   (1) 間違い   (2) 正しい

【評価基準・注意】

- (1) の反例は，α に対して αi であって $\bar{\alpha}$ ではない．ただし，$\alpha=a+ai$ のときは $\bar{\alpha}=a-ai$ が反例となる．
- $\alpha=a+bi$ の虚部は b であって bi ではないことに注意せよ．したがって，$\alpha=1+i$ として $\mathrm{Re}^2(\alpha)=1$ はいいが，$\mathrm{Im}^2(\alpha)=i^2=-1$ としてはいけない．
- $\mathrm{Im}(\alpha)=\dfrac{\alpha-\bar{\alpha}}{2i}$ を $\mathrm{Im}(\alpha)=\dfrac{\alpha-\bar{\alpha}}{2}$ と勘違いしないようにせよ．このように勘違いしたままだと
$$\mathrm{Re}^2(\alpha)+\mathrm{Im}^2(\alpha)=\left(\frac{\alpha+\bar{\alpha}}{2}\right)^2+\left(\frac{\alpha-\bar{\alpha}}{2}\right)^2=\frac{\alpha^2+\bar{\alpha}^2}{4}$$
となってしまう．第 1.2 節で見るように，$\mathrm{Re}^2(\alpha)+\mathrm{Im}^2(\alpha)=|\alpha|^2=\alpha\bar{\alpha}$ だから，これはおかしい．正しくは，
$$\mathrm{Re}^2(\alpha)+\mathrm{Im}^2(\alpha)=\left(\frac{\alpha+\bar{\alpha}}{2}\right)^2+\left(\frac{\alpha-\bar{\alpha}}{2i}\right)^2=\frac{4\alpha\bar{\alpha}}{4}=|\alpha|^2$$
である．

演習問題 1.5 $|\alpha|=\sqrt{a^2+b^2}\geq\sqrt{a^2}=|\mathrm{Re}(\alpha)|,\ |\alpha|=\sqrt{a^2+b^2}\geq\sqrt{b^2}=|\mathrm{Im}(\alpha)|$

【評価基準・注意】

- 極形式を使っても証明はできるが，効率的ではない．一般に，偏角を扱う場合には，極形式を使った方がよい．
- $a + bi$ の虚部を bi と勘違いしないようにせよ．虚部は b である．間違っても $|\alpha| = \sqrt{a^2 + (bi)^2} = \sqrt{a^2 - b^2}$ などとしないように．
- 絶対値の計算で負（マイナス）が出たらおかしいと思え．
- $|\alpha| = \sqrt{a^2 + b^2}$ を $|\alpha| = |a| + |b|$ と勘違いしないようにせよ．

演習問題 1.6
$$\sqrt{2}\left(\cos\left(-\frac{3}{4}\pi\right) + i\sin\left(-\frac{3}{4}\pi\right)\right)$$

【評価基準・注意】

- $\tan^{-1}\dfrac{-1}{-1}$ を $\tan^{-1} 1$ と書いてしまうと，$\tan^{-1} 1 = \dfrac{\pi}{4}$ と $\tan^{-1}\dfrac{-1}{-1} = -\dfrac{3}{4}\pi$ との区別ができなくなってしまう．図を描いて考えるのが安全である．

演習問題 1.7 省略

【評価基準・注意】

- 複素数の商の定義と加法定理より
$$\begin{aligned}\frac{z_1}{z_2} &= \frac{r_1(\cos\theta_1 + i\sin\theta_1)}{r_2(\cos\theta_2 + i\sin\theta_2)} \\ &= \frac{r_1}{r_2}\cdot\frac{(\cos\theta_1\cos\theta_2 + \sin\theta_1\sin\theta_2) + i(\sin\theta_1\cos\theta_2 - \cos\theta_1\sin\theta_2)}{\cos^2\theta_2 + \sin^2\theta_2} \\ &= \frac{r_1}{r_2}\{\cos(\theta_1 - \theta_2) + i\sin(\theta_1 - \theta_2)\}\end{aligned}$$
であることに注意せよ．これより，$\theta_1 = \theta_2$ ならば $\dfrac{z_1}{z_2} = \dfrac{r_1}{r_2}$ であることが分かる．

- $z_1 = a + bi,\ z_2 = c + di$ として $\tan^{-1}\dfrac{b}{a} = \tan^{-1}\dfrac{d}{c}$ を考えると，$\dfrac{b}{a} = \dfrac{d}{c}$，つまり，$ad - bc = 0$ が分かる．これと複素数の商の定義より，$\dfrac{z_1}{z_2} = \dfrac{(ac + bd) + (bd - ad)i}{c^2 + d^2} = \dfrac{ac + bd}{c^2 + d^2}$ を導いてもよい．しかし，一般に，偏角の性質を利用するときは極形式を考えた方が有利である．

- $z_1 = a + bi,\ z_2 = c + di$ としたとき $\arg z_1 = \arg z_2$ より $a = c,\ b = d$ は導くことはできない．$ad - bc = 0$ が導かれるだけである．例えば，$a = 4,\ b = 2,\ c = 2,\ d = 1$ とすれば $ad - bc = 0$ だが $a \neq c,\ b \neq d$ である．

- $\forall \alpha \in \mathbb{C}$ に対して $\arg\alpha = 0$ ならば α は実軸上にあるので α は実数である．したがって，$\arg\left(\dfrac{z_1}{z_2}\right) = \arg z_1 - \arg z_2 = 0$ ならば $\dfrac{z_1}{z_2}$ は実数である．

演習問題 1.8　(1) 省略　　(2) $\arg w = \arg z$ となる場合

【評価基準・注意】

- (1) に関する注意は次の通りである．
  - $|z| - |w| \leq |z| + |w|$ と $|z+w| \leq |z| + |w|$ からは $|z| - |w| \leq |z+w|$ は導けないことに注意せよ．
  - $|z+w| - (|z| - |w|) \leq |z+w| - |z| + |w| = 2|w|$ を示しても意味がない．
  - $|z+w| \leq |z| + |w|$ から $-|z| - |w| \leq -|z+w|$ は導けるが，これより $|-z| - |w| \leq |-(z+w)|$ として $|z| - |w| \leq |z+w|$ を導くことはできない．なぜなら，$|z| = |-z|$ は成り立つが，$|z| \neq -|z|$ だからである．
  - $|z+w|^2 = z^2 + 2zw + z^2$ としない．$|z+w|^2 = (z+w)(\bar{z}+\bar{w}) = |z|^2 + |w|^2 + w\bar{z} + z\bar{w}$ である．
- $z = w$ ならば $\arg w = \arg z$ だが，その逆は成り立たない．
- (2) において次のようなものは間違いである．
  - $z = \bar{w}$ のとき (反例：$z = i, w = -i$ とすると，$|z+w| = 0, |z| + |w| = 2$)
  - z と w は純虚数 (反例：$z = i, w = -i$)
  - z と w のいずれかが純虚数 (反例：$z = i, w = -i$)
  - $-z = -w$ の場合 ($z = w$ に含まれる)
  - z と w がともに 0 となる場合 ($z = w$ に含まれる)
  - $z + w > 0$ かつ $z \neq 0, w \neq 0$ の場合 (複素数には大小関係がないので $z+w > 0$ という表現自体がおかしい)
  - $z > 0, w > 0$ の場合 (複素数には大小関係はない)
  - $z = 1, w = i$ のとき ($|1+i| = \sqrt{2}, |1| + |i| = 2$ に注意せよ)
  - 実部と虚部が同符号のとき ($w = 1+i, z = 2+i$ とすると，$|z+w| = \sqrt{13} \approx 3.6, |w| + |z| = \sqrt{2} + \sqrt{5} \approx 3.65$)
  - $z = r(\cos\theta + i\sin\theta), w = \rho(\cos\varphi + i\sin\varphi)$ としたとき，r と ρ が同符号で，$0 \leq \theta, \varphi \leq \dfrac{\pi}{2}$ となるとき (反例：$z = \sqrt{2}\left(\cos\dfrac{\pi}{4} + i\sin\dfrac{\pi}{4}\right) = 1+i$, $w = 2(\cos 0 + i\sin 0) = 2$ とすると $|z+w| = \sqrt{9+1} = \sqrt{10} \approx 3.16, |z| + |w| = \sqrt{2} + 2 \approx 3.41$)
  - z の偏角が 0 で，w の偏角が $\dfrac{\pi}{2}$ のとき (反例：$z = 1, w = i$ とすると，$|1+i| = \sqrt{2}, |z| + |w| = 2$)
  - $z + w = 0$ となるとき ($|z+w| = 0$ なので，すぐにおかしいということが分かって欲しい)
  - z と w が整数 (反例：$z = 1, w = -1$)，z と w が実数 (反例：$z = 1, w = -1$) など
  - $w = zi$ のとき ($z = 1+i$ とすると $w = -1+i$ だが，$|z+w| = 2, |z| = \sqrt{2}, |z| = \sqrt{2}$ である．)
  - w と z の符号が一致するとき (反例：$z = 1+i, w = 1+2i$)．そもそも，「w と z の符号が一致」，つまりは「2つの複素数の符号が一致」するということ自体がおかしい．例えば，「$-1+i$ や $2-3i$ の符号は？」と問われたらどのように答えるつもりなのか？
  - $z = a - ai, w = b - bi$ となったとき ($z = -1+i, w = 1-i$ とすると $|z+w| = 0, |z| + |w| = 2\sqrt{2}$)
  - $\mathrm{Re}(w) = \mathrm{Im}(z)$ かつ $\mathrm{Re}(z) = \mathrm{Im}(z)$ となるとき．($z = 2-3i, w = -3+2i$ とすると $|z+w| = \sqrt{2}, |z| = \sqrt{13}, |w| = \sqrt{13}$)

- 偏角を「変角」と書かない．
- (2) で $z = a + bi$, $w = c + di$ としたとき $ad - bc = 0$ だけでは不十分である．$ac + bd \geq 0$ も必要である．例えば，$z = -1 - i, w = 1 + i$ とすると $ad - bd = 0$ だが，$|z+w|=0, |z|=|w|=\sqrt{2}$ である．ちなみに，$ac+bd \geq 0$ は $\mathrm{Re}(z\bar{w}) \geq 0$ と同値である．
- (2) で「z と w が実数で，ともに正になるとき」としているものは一部正解とする．本問の大前提は「2 つの複素数 z と w に対して」ということなので，正解とまではいかない．

演習問題 1.9 $-\dfrac{1}{8} - \dfrac{1}{8}i$

【評価基準・注意】

- $\sqrt{-2}$ を -5 乗すること自体を忘れないようにせよ．また，$(\sqrt{2})^{-5} = \dfrac{1}{4\sqrt{2}}$ となることに注意せよ．$(\sqrt{2})^{-5}$ を $4\sqrt{2}$ としないようにせよ．落ち着いて計算すること．
- $a + bi$ の形になっていないものは，問題の要求に答えていないので減点対象になる．例えば，

$$(1-i)^5 = \left\{\sqrt{2}\left(\cos\left(-\frac{\pi}{4}\right) + i\sin\left(-\frac{\pi}{4}\right)\right)\right\}^5$$
$$= 4\sqrt{2}\left\{\cos\left(-\frac{5}{4}\pi\right) + i\sin\left(-\frac{5}{4}\pi\right)\right\}$$
$$= 4\sqrt{2}\left(-\frac{1}{\sqrt{2}} + \frac{1}{\sqrt{2}}i\right) = 4(-1+i)$$

を計算して $\dfrac{1}{(1-i)^5} = \dfrac{1}{4(-1+i)}$ としているものが対象．

$$\dfrac{1}{4(-1+i)} = \dfrac{i+1}{4(i-1)(i+1)} = \dfrac{i+1}{4(i^2-1)} = -\dfrac{1}{8}(1+i)$$

と最後まで計算すること．

演習問題 1.10 $-512 + 512\sqrt{3}\,i$

【評価基準・注意】

- $\cos\dfrac{20}{3}\pi$ や $\sin\dfrac{20}{3}\pi$ をそのまま残さない．$\sin x$ や $\cos x$ の値が具体的に求められる場合でも，それを求める力がないと判断する．
- 偏角 θ を $\theta = \tan^{-1}\dfrac{\sqrt{3}}{-1}$ を $\theta = \tan^{-1}(-\sqrt{3})$ と書いてしまうと，$\theta = \dfrac{2}{3}\pi$ と $\theta = -\dfrac{\pi}{3}$ との区別ができなくなってしまう．例えば，

$$\cos\frac{2}{3}\pi + i\sin\frac{2}{3}\pi = \cos\frac{18}{3}\pi + i\sin\frac{18}{3}\pi$$
$$= \cos 0 + i\sin 0 = 1$$

第1章の解答

だが，
$$\left(\cos\left(-\frac{\pi}{3}\right)+i\sin\left(-\frac{\pi}{3}\right)\right)^9 = \cos\left(-\frac{9}{3}\pi\right)+i\sin\left(-\frac{9}{3}\pi\right)$$
$$= \cos\pi + i\sin\pi = -1$$

となり，$\left(\cos\frac{2}{3}\pi+i\sin\frac{2}{3}\pi\right)^9 \neq \left(\cos\left(-\frac{\pi}{3}\right)+i\sin\left(-\frac{\pi}{3}\right)\right)^9$ である．したがって，本問の場合でも偏角 θ を $\theta=\frac{2}{3}\pi$ とすべきところを $\theta=-\frac{\pi}{3}$ としているものは 0 点とする．

演習問題 1.11　省略
演習問題 1.12　(1) 直線 $x+y=2$　　(2) 双曲線 $x^2-y^2=1$
【評価基準・注意】

- (2) において，$x^2-y^2=1$ を円や放物線だと勘違いしないようにせよ．
- (2) において，双曲線とすべきところを 2 次曲線や曲線としない．2 次曲線は放物線，双曲線，楕円を含んでいる．もちろん，曲線はこれら以上のものを含んでいる．

演習問題 1.13　3 つの根を w_0, w_1, w_2 とする．$w_0 = \sqrt[6]{2}\left\{\cos\left(-\frac{\pi}{12}\right)+i\sin\left(-\frac{\pi}{12}\right)\right\}$，$w_1 = \sqrt[6]{2}\left(\cos\frac{7}{12}\pi+i\sin\frac{7}{12}\pi\right)$，$w_2 = \frac{1}{\sqrt[3]{2}}(-1-i)$
【評価基準・注意】

- w_1 は w_0 を $\frac{2\pi}{3}$ 回転させたもので，w_2 は w_1 を $\frac{2\pi}{3}$ 回転させたものであることに注意せよ．一般に，n 乗根のとき，w_k を求めるには，w_0 の偏角に順次 $\frac{2\pi}{n}$ を加えていく．
- 偏角を主値にすることは要求していないので，$1-i=\sqrt{2}\left(\cos\frac{7}{4}\pi+i\sin\frac{7}{4}\pi\right)$ として $w_0 = \sqrt[6]{2}\left(\cos\frac{7}{12}\pi+i\sin\frac{7}{12}\pi\right)$，$w_1 = \sqrt[6]{2}\left(\cos\frac{15}{12}\pi+i\sin\frac{15}{12}\pi\right)$，$w_2 = \sqrt[6]{2}\left(\cos\frac{23}{12}\pi+i\sin\frac{23}{12}\pi\right)$ としてもよい．
- 自信がないときは，検算をすること．$w_0^3 = w_1^3 = w_2^3 = 1-i$ となっていないとおかしい．

演習問題 1.14
平方根を w_0, w_1 とすると $w_0 = \frac{1}{\sqrt{2}}(1-i)$，$w_1 = \frac{1}{\sqrt{2}}(-1+i)$

【評価基準・注意】

- $\cos\left(-\dfrac{\pi}{2}\right) + i\sin\left(-\dfrac{\pi}{2}\right)$ を $i\sin\left(-\dfrac{\pi}{2}\right)$ と書いてしまわないようにせよ.
- $-i = \cos\left(\dfrac{3\pi}{2}\right) + i\sin\left(\dfrac{3\pi}{2}\right)$ として考えてもよい.
  ただし,$\dfrac{3\pi}{2}$ を $-\dfrac{3\pi}{2}$ としてはいけない.
- 一般に $\sin$ と $\cos$ を残した状態,例えば,$\cos\left(\dfrac{3}{4}\pi\right) + i\sin\left(\dfrac{3}{4}\pi\right)$ は極形式と見なされる.
- 平方根だから答えはちょうど 2 個ある.1 個しかなかったり,3 個以上あったらおかしいと思え.

演習問題 1.15

(ア)(イ) $i, -i$ (ウ)(エ) $1, -1$ (オ) i (カ) 1 (キ) 0 または $\arg 1$
(ク) $\dfrac{\pi}{2}$ または $\arg i$ (ケ) $-\dfrac{\pi}{2}$ または $\arg(-i)$ (コ) $-i$

【評価基準・注意】

- 指数関数の性質を知っている人は,
$$\dfrac{1}{i} = \dfrac{e^{i0}}{e^{i\frac{\pi}{2}}} = \dfrac{1}{(e^{i\pi})^{\frac{1}{2}}} = \left(\dfrac{e^{i0}}{e^{i\pi}}\right)^{\frac{1}{2}} = (e^{-i\pi})^{\frac{1}{2}} = e^{-i\frac{\pi}{2}} = -i$$
と考えることもできる.
- 穴埋め問題は,前後の関係から答えを推測できるので落ち着いて考えよう.
  - (コ) は $\dfrac{1}{i} = -i$ より,すぐに $-i$ だと分かる.
  - (ア)〜(カ),(コ) に偏角が入るのはおかしいと思え.
  - 選択肢にないものを書いていたらおかしいと思え.
  - (キ)〜(ケ) に虚数が入るのはおかしいと思え.
  - (ア) と (イ),(ウ) と (エ) において,1 と i とか,-1 と $-i$ といった組合せはありえない.(ア) と (イ) には 2 乗したら -1 となる数,(ウ) と (エ) には 2 乗したら 1 となる数しか入らない.
- $\arg 1 - \arg i = 1 - i$ としない.$\arg 1 = 0$ で $\arg i = \dfrac{\pi}{2}$ である.
- $\arg i = \arg(-i)$ としない.$\arg i = \dfrac{\pi}{2}$,$\arg(-i) = -\dfrac{\pi}{2}$ である.
- $\arg(-1)^{\frac{1}{2}} \neq \arg(-i)^{\frac{1}{2}}$ や $\arg 1^{\frac{1}{2}} \neq \arg i^{\frac{1}{2}}$ であることに注意せよ.等号が成り立つと勘違いしないようにせよ.

第 2 章の解答

演習問題 2.1　0
【評価基準・注意】

- $\lim_{x \to 0} \dfrac{\sin x}{x} = 1$ と同じパターンだと勘違いして，$\lim_{n \to \infty} \dfrac{\sin n\pi}{n\pi} \pi = \pi$ としないように．$x \to 0$ と $n \to \infty$ の違いに注意せよ．
- $\{z_n\}$ が収束するための必要十分条件は，実部と虚部の両方が収束することである．したがって，実部と虚部のいずれかの収束を示しただけでは不十分である．
- $\{z_n\}$ の極限を考えるときは，つねに絶対値で考えなくてはならない．例えば，i を残したまま $\lim_{n \to \infty} \dfrac{\sin n\pi}{n} i = \lim_{n \to \infty} \dfrac{\sin n\pi}{ni} i^2 = -\lim_{n \to \infty} \dfrac{\sin n\pi}{ni}$ といった変形を考えるべきではない．

演習問題 2.2　$\dfrac{1}{2} + \dfrac{i}{5}$　【評価基準・注意】

- 収束を示すために $\left| \dfrac{1}{3^n} \left(1 + \dfrac{i}{2^n} \right) \right| < 1$ を示してもよい．その際には，$\left| \dfrac{1}{3^n} \left(1 + \dfrac{i}{2^n} \right) \right|$ を真面目に計算すること．
- 収束の根拠を明確に書いていないものは減点対象とする．実部と虚部が収束することを明記せよ．いずれか一方ではいけない．
- 和を $\dfrac{\frac{1}{3}}{1 - \frac{1}{3}} \left(1 + \dfrac{\frac{1}{2}}{1 - \frac{1}{2}} i \right)$ としない．どの項が等比級数になっているかを考えよ．
- $\dfrac{1}{2} + \dfrac{i}{5}$ とすべきところを $\dfrac{1}{2} + \dfrac{1}{5}$ と勘違いしないこと．

演習問題 2.3　$-i$
【評価基準・注意】

- 収束の理由を書く際に，途中の計算を省略しないこと．ただ単に $\left| \dfrac{1-i}{2} \right| < 1$ と書かれると理解度を判定できない．
- $\sum_{n=1}^{\infty} \left(\dfrac{1-i}{2} \right)^n \neq \sum_{n=1}^{\infty} \left(\dfrac{1}{2} \right)^n + \sum_{n=1}^{\infty} \left(-\dfrac{i}{2} \right)^n$ であることに注意せよ．したがって，本問では実部と虚部に分けて収束・発散を考えるのは得策ではない．
- $\left| \dfrac{1}{2} - \dfrac{1}{2} i \right| = 0$ と勘違いしないようにせよ．
- 収束・発散を考えるときは必ず絶対値を考えること．

演習問題 2.4　$u = \dfrac{x+1}{(x+1)^2 + y^2}$, $v = \dfrac{-y}{(x+1)^2 + y^2}$, 定義域は $\mathbb{C} \setminus \{-1\}$

【評価基準・注意】

- 虚部に i をいれないこと.
- u や v に i が入っていたらおかしいと思え.
- u, v の分母はすべて実数なので「$(x+1)^2 + y^2 = 0 \iff x+1 = 0$ かつ $y = 0$」である.

演習問題 2.5 (1) $u = x^2 - y^2, v = 2xy$ (2) $y = 0$ は直線 $v = 0, u \geq 0$ に写される. $y = 1$ は放物線 $u = \dfrac{1}{4}v^2 - 1$ に写される.

【評価基準・注意】

- $w = (x^2 - y^2) + 2xyi$ の虚部は $2xy$ である. $2xyi$ ではない.
- w 平面では, 変数として u と v 以外のものがあったらおかしい.
- 「放物線」を「曲線」と書いたり「2 次曲線」と書いたりしない. 楕円や双曲線も 2 次曲線である. また,「放物線」を「方物線」と書かない.
- (2) で $w = u + vi$ を考えても $u - v$ 平面 (つまり w 平面) の図は描けない.

演習問題 2.6 (1) -1 (2) 極限値は存在しない (3) 0

【評価基準・注意】

- (1) と (2) はともに z に関して分母と分子の次数が同じである. したがって, 次数だけ考えれば, 共に収束しない可能性が高いと考えればよい. しかし, (1) のように分母と分子がそれぞれ極限値をもち, 全体として不定形でない場合は極限値が存在する. これは, 実数の微分積分で学ぶ内容と同じである.
- (1) に関する注意事項は次の通り.
  - $y = x$ としたり, 実軸や虚軸に平行に近づけて極限値を求めているものは 0 点. 考え方が間違えている. 極限値を求めるときには特定の方向から近づけてはいけない.
  - $y = mx (m \neq 0)$ や $y = mx - 1$ を考えるのは意味がない. これらの直線上には $z = i$ がないので, $z \to i$ を考えることができない.
  - $z = x + yi$ とするとき, $z \to i$ は $(x, y) \to (0, 1)$ と同値である. 決して $(x, y) \to (i, 0)$ と考えないようにせよ. $z = x + yi$ とおいたとき $x, y \in \mathbb{R}$ であることに注意せよ.
  - $\lim\limits_{z \to i} |z + i| = i + 1$ や $\lim\limits_{z \to i} |\bar{z} - i| = -i - 1$ と勘違いしないこと. 絶対値に虚数が登場すること自体がおかしい.
- (2) に関する注意事項は次の通り.
  - $\lim\limits_{z \to 0} \dfrac{1}{1 - mi}$ は z の値には依存しないので, $\lim\limits_{z \to 0} \dfrac{1}{1 - mi} = \dfrac{1}{1 - mi}$ であることに注意せよ. $z \to 0$ のとき $m \to 0$ と勘違いしないようにせよ.
  - $\left| \dfrac{\mathrm{Re}(z)}{|z|} \right| \leq \dfrac{|z|}{|z|} \leq 1$ を導いても収束を示したことにはなっていない.
  - $|z|^2 = z\bar{z}$ であって $z^2 = |z|^2$ ではないことに注意せよ.

演習問題 2.7　0

【評価基準・注意】

- $|x+yi|^2 \neq (x+yi)^2$ であることに注意せよ．
- 極限値を考えるときは常に絶対値を意識せよ．
- 分子は $|z|^2$ なので (x,y) に関して 2 次式，分母は $2z+\bar{z}$ なので (x,y) に関して 1 次式である．したがって，収束・発散は次数の高い分子に依存するので 0 に収束することが予想される．
- 何の説明もなく極限値を 0 としているものは 0 点．
- 収束を示すのに $y=mx$ とおいているものは 0 点．$y=mx$ とおくのは収束しないことを示すためのテクニックである．

演習問題 2.8　省略

【評価基準・注意】

- いきなり $|\mathrm{Re}(f(z))-\mathrm{Re}(f(z_0))| \to 0$ と書いているものは理解度が判定できない．
- 「$|\mathrm{Re}(f(z))| \to 0$」，「$|\mathrm{Re}(f(z))-z| \to 0$」，「$|z-z_0| \to 0$」を示しても何の意味もない．
- $|\mathrm{Re}(f(z))-\mathrm{Re}(f(z_0))| \to 0$ を $|\mathrm{Re}(f(z))-\mathrm{Re}(f(z_0))| = 0$ と書かない．
- $z=a+bi, w=c+di$ とすると
$$\mathrm{Re}(z) \pm \mathrm{Re}(w) = a \pm c = \mathrm{Re}(z \pm w)$$
なので $\mathrm{Re}(f(z))-\mathrm{Re}(f(z_0)) = \mathrm{Re}(f(z)-f(z_0))$ であることに注意せよ．
-
$$\begin{aligned}
|\mathrm{Re}(f(z))-\mathrm{Re}(f(z_0))| &= \left| \frac{f(z)+\overline{f(z)}}{2} - \frac{f(z_0)+\overline{f(z_0)}}{2} \right| \\
&= \left| \frac{1}{2}(f(z)-f(z_0)) + \frac{1}{2}(\overline{f(z)}-\overline{f(z_0)}) \right| \\
&\leq \frac{1}{2}|f(z)-f(z_0)| + \frac{1}{2}|\overline{f(z)}-\overline{f(z_0)}| \\
&= |f(z)-f(z_0)|
\end{aligned}$$

であることに注意せよ．一般には，
$$|\mathrm{Re}(f(z))-\mathrm{Re}(f(z_0))| = |f(z)-f(z_0)|$$
は成り立たない．

第 3 章の解答

演習問題 3.1　$\dfrac{12i(iz-2)^2}{(iz+2)^4}$

演習問題 3.2　(1) $f'(z) = 1 - \dfrac{i}{z^2}$　(2) 微分可能ではない

【評価基準・注意】

- (1) は，実数のときと同様に計算すればよい．
- (2) に関する注意は次の通りである．
  - $f(z) = z - \bar{z} = (x+yi) - (x-yi) = 2yi$ なので $f(z) = u(x,y) + v(x,y)i$ とすると $u(x,y) = 0, v(x,y) = 2y$ であり，$0 = u_x \neq v_y = 2$ なので $f(z)$ はコーシー・リーマンの方程式を満たさない．このことからも $f(z)$ が微分不可能であることが分かる．
  - コーシー・リーマンの方程式を考えるとき $v(x,y) = 2yi$ と勘違いしないようにせよ．
  - 実数の場合と同様に $\lim_{\Delta z \to 0} \dfrac{f(z+\Delta z) - f(z)}{\Delta z}$ を考えるのが基本である．
  - いきなり何の式も示さず「コーシー・リーマンの方程式を満たさないので微分不可能」としているものは 0 点．理解度を判定できない．
  - 過程と結論がおかしいものは原則として 0 点．例えば，「$z + \Delta z$ が実軸に平行に沿って近づくとき $\dfrac{\Delta w}{\Delta z} = 0$, $z + \Delta z$ が虚軸に平行に沿って近づくとき $\dfrac{\Delta w}{\Delta z} = 2$ なので微分可能」，「$u_x \neq v_y$ なのでコーシー・リーマンの方程式より微分可能」などとしているものが対象．
  - 2 つの軸に平行に点を近づけて考えるのは微分不可能を示すためであり，微分可能であることを示すときはすべての方向から近づく場合を考えなくてはならない．

演習問題 3.3 (1) $z = 0$ でのみ微分可能，$f(z)$ の正則点は存在しない．
(2) $f'(z) = -e^{-y}\sin x + ie^{-y}\cos x$

【評価基準・注意】

- (1) に関する注意は次の通りである．
  - いきなり「$f(z)$ の正則点は存在しない」と書かない．理解度を判定できない．理由を正確に述べること．
  - 定義に基づいて微分可能であることを示すには，$z + \Delta z$ が z にどのように近づこうとも $\lim_{\Delta z \to 0} \dfrac{f(z+\Delta z) - f(z)}{\Delta z}$ がただ 1 つに定まることを示さなければならない．特定の 2 方向や 3 方向からの存在を示しても意味がない．
  - $z \neq 0$ のとき，微分不可能であることを示す場合は，特定の 2 方向からの極限を考えてもよい．
  - $f(z)$ の微分可能性について答えること．u と v の微分可能性について答えただけでは，問に答えたことにはなっていない．

演習問題 3.4 (1) $f'(z) = \dfrac{x}{x^2+y^2} - \dfrac{y}{x^2+y^2}i$ (2) $f'(z) = 2(x+y) - 2(x-y)i$

【評価基準・注意】

- 本問のような問題に対しては，$\ln x$ や $\tan^{-1} x$ が定義されているところの正則性を問われていると考えるべきである．したがって，(1) で $x = y = 0$ の場合を考える必要はない．もちろん，考えても減点はしない．

- $f'(z) = u_x + \underline{u_y i}$ としたり，虚数単位を忘れて $f'(z) = u_x + \underline{u_y}$ としないようにせよ．

演習問題 3.5　　$f(z)$ は正則ではない．
【評価基準・注意】

- u_x と v_y は原点では定義できないことに注意せよ．したがって，「原点のみで正則」といったことを書かない．

演習問題 3.6　　$f'(z) = 2e^{-2y}(-\sin 2x + i\cos 2x)$
【評価基準・注意】

- コーシー・リーマンの方程式を明示すること．計算や方程式を示さずに「コーシー・リーマンの方程式より」と書かれても理解度を判定できない．
- $f'(z) = u_x + u_y i$ としている答案が非常に多い．$f(z)$ が微分可能ならば，どの方向から微分しても $f'(z)$ は同じ値になるはずなので，x 方向に微分して $f'(z) = u_x + v_x i$ と考えるのは自然である．
- $f'(z) = u_x + v_x i$ の虚数単位 i を忘れないようせよ．
- $i\cos 2x$ を $\cos 2xi$ と書くと，$\cos(2xi)$ なのか $(\cos 2x)i$ なのか分かりづらい．

演習問題 3.7
- (ア) $f'(z)\Delta z$ 　　(イ) $(a+bi)(h+ki)$
- (ウ) $u_x(x,y)h + u_y(x,y)k$ 　　(エ) $v_x(x,y)h + v_y(x,y)k$
- (オ) $\dfrac{\partial v}{\partial y}$ 　　(カ) $-\dfrac{\partial v}{\partial x}$
- (キ) $u(x+h, y+k) - u(x,y)$ または $u_x(x,y)h + u_y(x,y)k + \varepsilon_1(h,k)$
- (ク) $v(x+h, y+k) - v(x,y)$ または $v_x(x,y)h + v_y(x,y)k + \varepsilon_2(h,k)$
- (ケ) $u_x(x,y) + v_x(x,y)i$ または $v_y(x,y) - u_y(x,y)i$
- (コ) $u_x(x,y) + v_x(x,y)i$ または $v_y(x,y) - u_y(x,y)i$

【評価基準・注意】

- 出題文中に登場していない記号 Δx, Δy などが解答欄に現われていたらおかしいと思え．
- (ア) で $f'(z)$ や $f'(z + \Delta z)\Delta z$ などとしないように注意せよ．
- (イ) では $(a+bi)(h+ki)$ を展開した $(ah - bk) + (ak + bh)i$ を書いてもよい．
- (ウ) と (エ) はそれぞれ $ah - bk$, $bh + ak$ としてもよい．
- $a = \dfrac{\partial u}{\partial x}, b = -\dfrac{\partial u}{\partial y}$ は成り立つが，だからといって (オ) を a, (カ) を $-b$ としてもコーシー・リーマンの方程式を書いたことにはならない．
- $\dfrac{\partial v}{\partial x}$ を $\dfrac{dv}{dx}$ や $v'(x,y)$ と書かない．
- (ケ) を $a + bi$ としないこと．コーシー・リーマンの方程式を使ったことにはならない．出題文を読めば分かるように，ここではコーシー・リーマンの方程式を使うことが前提となっている．

- (コ) は $f'(z)$ としない．$f'(z) = \lim_{\Delta z \to 0} \dfrac{f(z+\Delta z) - f(z)}{\Delta z}$ 自体は微分の定義なので正しいが，出題文では「よって，」に続く内容を求められているので，定義自体を書くのはおかしい．

演習問題 3.8 $z = 0$ では微分不可能
【評価基準・注意】

- 証明すべき結果を使わないこと．例えば，$w = z^{\frac{1}{n}}$ として $\dfrac{dw}{dz} = \dfrac{1}{n} z^{\frac{1}{n}-1}$ を使わないようにせよ．
- $\dfrac{dz}{dw} \neq 0$ のとき微分可能なので，$\dfrac{dz}{dw} = 0$ のときは微分不可能である．
- 本問における微分可能性については，$\dfrac{dz}{dw}$ の値が重要であって，$w = 0$ か否かは関係ない．例えば，$w = z^2$ のとき $w = 0$ だが，w は $z = 0$ で微分可能である．

第 4 章の解答

演習問題 4.1　(1) 0　　(2) 収束半径は 2 である．$z = 2$ において発散する．
【評価基準・注意】

- 収束半径は $0 \leq r \leq \infty$ なので，$r = 0$ だから収束半径がない，という訳ではない．
- (2) において，$z = -2$ のとき $\displaystyle\sum_{n=0}^{\infty} \dfrac{1}{(n+1)2^n}(-2)^n = \sum_{n=0}^{\infty} (-1)^n \dfrac{1}{n+1}$ なので，これは交代級数である．微分積分で学ぶように交代級数は収束するので，$z = -2$ のとき $\displaystyle\sum_{n=0}^{\infty} \dfrac{1}{(n+1)2^n} z^n$ は収束する．

演習問題 4.2　(1) $\dfrac{1}{\sqrt{2}}$　　(2) 省略
【評価基準・注意】

- (2) に関する事項は次の通り．
  - $\displaystyle\lim_{y \to b} \lim_{x \to a} \dfrac{y-b}{x-a}$ といった例も考えられる．
  - なるべく x や n がそれぞれ n や x に依存しない例を作った方がよい．例えば，$\displaystyle\lim_{n \to 0} \lim_{x \to n} x = 0$，$\displaystyle\lim_{x \to n} \lim_{n \to 0} x = n$ といった例は避けた方がよい．
  - 意味の分からないこと，例えば，$\displaystyle\sum_{x \to 1}^{\infty}$ といったことを書かない．

第 4 章の解答

- $\lim_{n\to\infty}\lim_{n\to 0}$ を $\lim_{n\to 0}\lim_{n\to\infty}$ としたり，$\lim_{x\to\infty}\frac{1}{x}\lim_{x\to 0}x$ を $\lim_{x\to 0}\frac{1}{x}\lim_{x\to\infty}x$ などとするのは極限の順序交換とはいわない．
- $\lim_{n\to\infty}\sum_{n=1}^{N}$ を $\sum_{n=1}^{N}\lim_{n\to\infty}$ とするのは極限の順序交換ではない．この式では，極限は 1 つしかない．$\lim_{n\to\infty}\sum_{k=0}^{\infty}$ は極限が 2 つ入っているので極限の順序交換が考えられる．

演習問題 4.3　省略

演習問題 4.4　(1) $ie^{iz}+2ie^{-i2z}$　(2) $\frac{\sqrt{2}}{2}+\frac{\sqrt{2}}{2}i$　(3) $\left(\frac{\pi}{2}+2n\pi\right)i$, n は整数

【評価基準・注意】

- (1) に関する事項は次の通り．
  - $(e^{iz})'\neq ize^{iz}$ に注意せよ．
  - $e^{-2iz}=e^{iz-3iz}=e^{iz}e^{-3iz}$ であって，$e^{-2iz}=e^{iz}e^{-2}$ ではないことに注意せよ．
- (2) に関する事項は次の通り．
  - 収束半径は実数なので，答えが虚数になったらおかしいと思え．例えば，収束半径を $\frac{1}{1+i}$ としない．
  - $\cos\frac{\pi}{4}$ や $\sin\frac{\pi}{4}$ をそのままにしない．
- (3) に関する事項は次の通りである．
  - e^z は実数とは限らないことに注意せよ．また，実数の場合と異なり，e^z には周期性があることにも注意せよ．
  - $z=x+yi$ としても $e^{x+yi}=e^x(\cos y+i\sin y)=i$ より $x=0, y=\frac{\pi}{2}+2n\pi$ が得られる．ただし，$y=\frac{\pi}{2}+2n\pi$ を求めて安心し，$z=\frac{\pi}{2}+2n\pi$ としないようにせよ．また，x と y だけ求めて肝心の z を書き忘れないようにせよ．答案は人に見せるものである．

演習問題 4.5　(1) $\frac{1}{2e^3}(1+\sqrt{3}i)$　(2) 省略

【評価基準・注意】

- (1) に関する事項は次の通り．
  - $\cos\left(\frac{\pi}{3}+3i\right)+i\sin\left(\frac{\pi}{3}+3i\right)$ としない．$\cos\left(\frac{\pi}{3}+3i\right)$ と $\sin\left(\frac{\pi}{3}+3i\right)$ は複素数である．$x+yi$ と質問されたら，x と y は実数にするべきである．

- (2) に関する事項は次の通りである.
  - $z = x+yi$ として, $x = y = 0$ と仮定しないこと. $x = 0$ と仮定するのはよい.
  - $z = x+yi$ としたときは $\text{Re}(z) = x$ である. $e^z = e^x e^{iy} = e^x(\cos y + i\sin y)$ として $\text{Re}(z) = e^x \cos y$ としない.
  - 片方だけ示して「逆は明らか」とか「逆も同様」などとしない. 理解度を判定できない.

演習問題 4.6 (1) $-i\sin(2iz)$ (2) $u(x,y) = \dfrac{1}{2}(e^y + e^{-y})\sin x$, $v(x,y) = \dfrac{1}{2}(e^y - e^{-y})\cos x$

【評価基準・注意】

- (1) に関する事項は次の通りである.
  - 加法定理を習っていない段階では, (1) は $-2i\cos(iz)\sin(iz)$ のままでよい.
  - $\cos(iz) = \cosh z$, $\sin(iz) = i\sinh z$ より $(\cos^2(iz))' = -2i\cos(iz)\sin(iz) = 2\cosh z \sinh z$ としてもよい.
  - $\cos(iz) = \dfrac{e^{i(iz)} + e^{-i(iz)}}{2} = \dfrac{e^z + e^{-z}}{2}$ より $\cos^2(iz) = \dfrac{(e^z + e^{-z})^2}{4}$ として $(\cos^2(iz))' = \dfrac{2}{4}(e^z + e^{-z})(e^z + e^{-z})' = \dfrac{1}{2}(e^z + e^{-z})(e^z - e^{-z}) = \dfrac{1}{2}(e^{2z} - e^{-2z})$ としてもよい. ここで, $-i\sin(2iz) = -i\left(\dfrac{e^{2i^2 z} - e^{-2i^2 z}}{2i}\right) = -\dfrac{1}{2}(e^{-2z} - e^{2z})$ に注意せよ.

- (2) に関する事項は次の通りである.
  - 虚部に i が入っていないか? $w = u + vi$ の虚部は v であって, vi ではない.
  - u と v を $\cosh y = \dfrac{e^y + e^{-y}}{2}$, $\sinh y = \dfrac{e^y - e^{-y}}{2}$ を使って書き直してもよい.

演習問題 4.7 (1) 省略 (2) $\dfrac{1 - e^2}{1 + e^2}$ (3) 省略

【評価基準・注意】

- (1) に関する事項は次の通りである.
  - 証明すべき結果, $\sin\left(z + \dfrac{\pi}{2}\right) = \cos z$ を使ってはいけない.
  - $\sin$ に線形性はないので $\sin\left(z + \dfrac{\pi}{2}\right) \neq \sin z + \sin\dfrac{pi}{2}$ である.
  - $e^{\frac{\pi}{2}i} = i$, $e^{-\frac{\pi}{2}i} = -i$ に注意せよ.
- (3) に関する事項は次の通りである.
  - $\left(\dfrac{\sin z}{\cos z}\right)' \neq \dfrac{(\sin z)'}{(\cos z)'}$ に注意せよ.

> – $\sin z = \dfrac{e^{iz} - e^{-iz}}{2i}, \cos z = \dfrac{e^{iz} + e^{-iz}}{2}$ を用いてもよいが計算は少し複雑になる.

演習問題 4.8　(1) $i \sin 2iz$　　(2) 省略
【評価基準・注意】

> - (1) に関する事項は次の通り.
>   – $2i\cos(iz)$, $2iz\sin(iz)$, $2iz\sin(iz)\cos(iz)$ などとしているものが多い. また, $(\sin iz)' \neq i\cos iz$ である.
> - (2) に関する注意は次の通りである.
>   – $\sin(z+1) = \dfrac{e^{i(z+1)} - e^{-i(z+1)}}{2i}$ とオイラーの公式を使って, 直接的に u と v を求めてもよい.
>   – $\cosh y = \dfrac{1}{2}(e^y + e^{-y})$, $\sinh y = \dfrac{1}{2}(e^y - e^{-y})$ と書いてもよい.
>   – $\cos(iz) = \cosh z$, $\sin(iz) = i\sinh z$ より
> $$\sin(x+1+yi) = \sin(x+1)\cos(yi) + \sin(yi)\cos(x+1)$$
> $$= \sin(x+1)\cosh y + i\sinh y \cos(x+1)$$
> となることを利用してもよい.

演習問題 4.9　(1) $\ln 2 + 2n\pi i \, (n \in \mathbb{Z})$　　(2) $\ln 2 + \pi i$　　(3) $e^{-\frac{\pi}{2}}$
【評価基準・注意】

> - (1) において $\arg 2 \neq \pi$ に注意せよ.
> - (2) に関する事項は次の通りである.
>   – $\ln(-2)$ を考えるのはおかしいと思え. $\ln(-2)$ は存在しない.
>   – $\ln|-2| \neq -\ln 2$ に注意せよ.
>   – 主値を考えているのだから, 答えに $n \in \mathbb{Z}$ が入っていたらおかしいと思え.
> - (3) において $e^{i\frac{\pi}{2}i} \neq e^i e^{-\frac{\pi}{2}i}$ に注意せよ.

演習問題 4.10　(1) $\dfrac{2}{2z+i}$　　(2) $z + 2n\pi i$　　(3) $3 + (7+2n\pi)i$　　(4) $\ln 2 + \left(2n - \dfrac{1}{6}\right)\pi i$　　(5) $\ln 2 + i\left(\dfrac{\pi}{6} + 2n\pi\right)$
【評価基準・注意】

> - 特に断りがない場合, $\log z$ の値を問われたら多価性があるものとして解答するべきである.
> - 説明不足はその程度に応じて減点する.

- (1) において，$(2z+i)' = 2z$ と解答しているものが多かった．落ち着いて考えよう．
- (2) に関する事項は次の通りである．
  - $\ln x$ と $\log z$ を使い分けるようにせよ．記号が変わっただけで混乱しないように．たとえば，$\ln 2 = 2$ としない．
  - 対数関数の定義から直接的に $\log e^z = z + 2n\pi i$ は出てこない．$\log e^z = z$ が導けるだけである．ただし，$e^z = e^{z+2n\pi i}$ を経由すれば $\log e^z = \log e^{z+2n\pi i} = z + 2n\pi i$ が導ける．
  - $z = z \ln e$ は正しいが，$\ln|e^z| = z \ln e$ は成り立たない．したがって，$z \neq \ln|e^z|$ である．もともと，$\ln|e^z|$ は実数で $z \ln e$ が複素数なので，$\ln|e^z| = z \ln e$ が成り立つはずがない．同様に $\ln|e^z| \neq z \ln|e|$ である．
  - z や e^z は複素数なので $\ln z$ や $\ln e^z$ は定義できない．したがって，$z = \ln e^z$ や $\ln e^z = z + 2n\pi i$ ということはあり得ない．
  - $|z|$ は実数で，z は複素数なので $z \neq |z|$ であり $\ln|z| \neq \ln z$ である．上で述べたように $\ln z$ を考えること自体がおかしい．
  - 「$\ln|e^z| + i \arg e^z = z + 2n\pi i$」と書かれると，$z = \ln|e^z|$, $\arg e^z = 2n\pi$ と勘違いしていると判断せざるを得ない．
- (4) に関する事項は次の通りである．
  - もちろん $|\sqrt{3} - i| \neq \sqrt{3} - i$ である．絶対値に虚数が入るのはおかしい．
  - $|\sqrt{3} - i|$ をそのままにしない．$|\sqrt{3} - i| = 2$ と明記すること．
  - $-\dfrac{\pi}{6}$ を $\dfrac{11}{6}\pi$ としても間違いではないが，なるべく主値を使うべきである．
- (5) に関する事項は次の通り．
  - $\sqrt{3} + i = 2\left(\dfrac{\sqrt{3}}{2} + \dfrac{1}{2}i\right) = 2\left\{\cos\left(\dfrac{\pi}{6} + 2n\pi\right) + i\sin\left(\dfrac{\pi}{6} + 2n\pi\right)\right\} = 2e^{\left(\frac{\pi}{6} + 2n\pi\right)i} = e^z$ の指数部分だけをみて $z = \left(\dfrac{\pi}{6} + 2n\pi\right)i$ としているものが多い．$z = \log 2 e^{\left(\frac{\pi}{6} + 2n\pi\right)i} = \log 2 + \left(\dfrac{\pi}{6} + 2n\pi\right)i = \ln 2 + 2n\pi i + \left(\dfrac{\pi}{6} + 2n\pi\right)i = \ln 2 + \left(\dfrac{\pi}{6} + 2(n+1)\pi\right)i$ とすべきである．
  - $z = x + yi$ として $e^{x+yi} = e^x e^{yi} = e^x(\cos y + i\sin y)$ と $\sqrt{3} + i = 2\left\{\cos\left(\dfrac{\pi}{6} + 2n\pi\right) + i\sin\left(\dfrac{\pi}{6} + 2n\pi\right)\right\}$ を利用して $e^x = 2, y = \dfrac{\pi}{6} + 2n\pi$ としてもよい．

演習問題 4.11 (1) $\dfrac{2z}{z^2+2}$ (2) $-1 + ei$

【評価基準・注意】

- (2) に関する注意は次の通りである．
  - $\log(z+1) = \ln|z+1| + i\arg(z+1)$ を使った場合は，$\ln|z+1| = 1$ かつ $\arg(z+1) = \dfrac{\pi}{2}$ となることを利用する．このとき，$\arg(z+1) = \dfrac{\pi}{2}$ より $z+1 = re^{\frac{\pi}{2}i} \Longrightarrow z = -1 + ri$ を得る．また，$\ln|z+1| = 1$ より $r = |z+1| = e$ を得るので，結局，$z = -1 + ei$ となる．

第5章の解答

演習問題 5.1　$2\pi r$

【評価基準・注意】

- 積分区間が定まっているので積分値に変数 t が入っていたらおかしいと思え．
- いきなり「$L = \int_0^{2\pi} \sqrt{r^2\sin^2 t + r^2\cos^2 t}\,dt = \int_0^{2\pi} r\,dt = 2\pi r$」と書かれると理解度を判定できない．答案は他人に見せるものである．
- $y(t) = i(\mathrm{Im}(a) + r\sin t)$ としない．虚部はあくまで実数である．
- a は複素数なので $a = \mathrm{Re}(a) + i\mathrm{Im}(a)$ と考えるべきである．$a = ai$ と考えるべきではない．どこにも純虚数とは書いていない．
- 定義 5.7 を用いると

$$L = \int_C 1|dz| = \int_0^{2\pi} |z'(t)|dt = \int_0^{2\pi} |ire^{it}|dt = \int_0^{2\pi} |ir|dt = 2\pi r$$

と計算できる．

演習問題 5.2　$i\pi r^2$

【評価基準・注意】

- $\int_0^{2\pi} \sin t \cos t\,dt = \frac{1}{2}\int_0^{2\pi} \sin 2t\,dt = -\frac{1}{4}[\cos 2t]_0^{2\pi} = 0$ に注意せよ．
- C 上で $z = \mathrm{Re}(z-a)$ と勘違いしない．

演習問題 5.3　(1) $\dfrac{2}{3}(1-i)$　　(2) $2\pi i$

【評価基準・注意】

- 複素積分の定義通りに t の積分として考えるのが安全である．強引に $\int_C (x+y^2 i)dz = \left[\frac{1}{2}x^2 + \frac{1}{3}y^3 i\right]_{-1}^{1}$ や $\int_C \frac{1}{z}dz = \int_{-1}^{1} \frac{1}{x+yi}dz = [\log(x+yi)]_{-1}^{1}$ みたいなことを考えない．
- 計算結果に変数である，t, x, y, z が入っていたらおかしいと思え．
- 何も考えずに $\int_{-1}^{1} \frac{(-1+ti)'}{-1+ti}dt = [\mathrm{Log}(-1+ti)]_{-1}^{1} = \mathrm{Log}(-1+i) - \mathrm{Log}(-1-i)$ としない．何も考えずにというのは次の意味である．
形式的に

$$\int_{-1}^{1} \frac{(1+ti)'}{1+ti}dt = [\mathrm{Log}(1+ti)]_{-1}^{1} = \mathrm{Log}(1+i) - \mathrm{Log}(1-i),$$

$$\int_{-1}^{1} \frac{(t+i)'}{t+i}dt = [\mathrm{Log}(t+i)]_{-1}^{1} = \mathrm{Log}(1+i) - \mathrm{Log}(-1+i),$$

$$\int_{-1}^{1} \frac{(-1+ti)'}{-1+ti} dt = [\text{Log}(-1+ti)]_{-1}^{1} = \text{Log}(-1+i) - \text{Log}(-1-i),$$

$$\int_{-1}^{1} \frac{(t-i)'}{t-i} dt = [\text{Log}(t-i)]_{-1}^{1} = \text{Log}(1-i) - \text{Log}(-1-i)$$

と計算すると

$$\int_C f(z)dz = \underbrace{\text{Log}(1+i) - \text{Log}(1-i)}_{C_1} \underbrace{-\text{Log}(1+i) + \text{Log}(-1+i)}_{C_2}$$

$$\underbrace{-\text{Log}(-1+i) + \text{Log}(-1-i)}_{C_3} \underbrace{+\text{Log}(1-i) - \text{Log}(-1-i)}_{C_4} = 0$$

となってしまう. $C_3: -1+i \to -1-i$ で $\text{Log}\, z$ が不連続な部分を超えるので, C_3 の部分は上記のような計算ができない.
強いて上記のような計算を行うのであれば, 次のようにすればよい.
$\log z$ の分枝として $f_n(z) = \text{Log}\, z + 2n\pi i$ を選ぶと, $C_3: -1+i \to -1-i$ では対数関数の分枝が $f_n(z)$ から $f_{n+1}(z)$ へ乗り移る. これに注意すると

$$\int_{-1}^{1} \frac{(-1+ti)'}{-1+ti} dt = [\log(-1+ti)]_{-1}^{1} = \log(-1+i) - \log(-1-i)$$
$$= \text{Log}(-1+i) + 2n\pi i - (\text{Log}(-1-i) + 2(n+1)\pi i)$$
$$= \text{Log}(-1+i) - \text{Log}(-1-i) - 2\pi i$$

よって,

$$\int_C f(z)dz$$
$$= \underbrace{\text{Log}(1+i) - \text{Log}(1-i)}_{C_1} \underbrace{-\text{Log}(1+i) + \text{Log}(-1+i)}_{C_2}$$
$$\underbrace{-\text{Log}(-1+i) + \text{Log}(-1-i) + 2n\pi i}_{C_3} \underbrace{+\text{Log}(1-i) - \text{Log}(-1-i)}_{C_4} = 2n\pi i$$

となる.

演習問題 5.4　(1) $2i+1$　(2) $1+\dfrac{2}{3}i$

【評価基準・注意】

- (2) において $\dfrac{dz}{dt}$ を考えるべきところを $\dfrac{d\bar{z}}{dt}$ と考えないようにせよ.

演習問題 5.5　省略
演習問題 5.6　(1) 不定積分をもつ　(2) 不定積分をもたない
　(3) $\dfrac{1}{8}(5e^{-4} - 3e^{4} - 3e^{-2} + e^{2})$

第 5 章の解答

【評価基準・注意】

- (1) に関する事項は次の通りである.
  - ここでは $f'(z) = -\dfrac{2}{z^3}$ を主張するのではなく,原始関数の存在を示さなければならない.
  - $\displaystyle\int_C \dfrac{1}{z^2}dz \neq \dfrac{1}{z}$ である.積分路 C に沿って z で積分した結果に z が入っていること自体がおかしい.
  - 適当な円周 C を選んで $\displaystyle\int_C \dfrac{1}{z^2}dz = 0$ を示しても意味がない.任意の閉曲線 C に対して $\displaystyle\int_C \dfrac{1}{z^2}dz = 0$ を示せば不定積分の存在がいえるが,すべての閉曲線について積分を考えることはできない.
- (2) に関する事項は次の通りである.
  - C を原点を中心とする円周として $\displaystyle\int_C \dfrac{1+z}{z^2}dz = \int_C \dfrac{1}{z^2}dz + \int_C \dfrac{1}{z}dz = 0 + 2\pi i = 2\pi i \neq 0$ を示してもよい.
- (3) に関する事項は次の通りである.
  - $\sin z = \dfrac{e^{iz} - e^{-iz}}{2i}, \cos z = \dfrac{e^{iz} + e^{-iz}}{2}$ に注意せよ.
  - 部分積分を思い出そう.

演習問題 5.7 $\dfrac{1}{\pi}(e^{2\pi i} - 1)$

【評価基準・注意】

- $(e^{\pi z})' = \pi e^{\pi z}$ をいっても,直接的には原始関数の存在を示したことにならない.

演習問題 5.8 (1) 省略 (2) $-\dfrac{4}{3}i - \dfrac{4}{3}$

【評価基準・注意】

- (1) に関する事項は次の通りである.
  - 原始関数を原子関数と書かない.
  - $f(z)$ 自体を変形しても意味がない.変形しただけでは原始関数を求めることはできない.
  - $f(z)$ を微分しても意味がない.
  - 原始関数を具体的に書いていないものは 0 点.
  - $F(z)$ を推測したら,実際に $F'(z)$ を求めて $f(z)$ と一致することを確認せよ.そうすれば,$F(z) = e^{iz}\cos z - ie^{iz}\sin z$ や $F(z) = \log e^z$ とすることはないだろう.
  - 不定積分を $\displaystyle\int_C f(z)dz = F(z)$ と書かない.C が何かを明記すること.

演習問題の解答

- 不定積分の存在を示す問題で, 不定積分に相当する操作を行うのはおかしい.
- 実関数の不定積分と複素関数の不定積分の違いを意識せよ.
- $f(z) = e^{iz}(\cos z + i\sin z) = e^{iz}e^{iz} = e^{2iz}$ を使って $F(z) = \dfrac{1}{2i}e^{2iz}$ としてもよい. このとき, $2i\sin z = e^{iz} - e^{-iz}$ より $e^{2iz} = 2ie^{iz}\sin z + 1$ なので $F(z) = \dfrac{1}{2i}e^{2iz} = \dfrac{1}{2i}(2ie^{iz}\sin z + 1) = e^{iz}\sin z + \dfrac{1}{2i}$ であることに注意せよ.

- (2) に関する事項は次の通りである.
  - 計算結果に変数 z が入っていたらおかしい.

演習問題 5.9 $2\pi i$
【評価基準・注意】

- コーシーの積分公式を使って $f(-2i)$, $f(-i)$ を計算してもよい.

演習問題 5.10 $2\pi i$
演習問題 5.11 (1) 0   (2) 0
【評価基準・注意】

- (1) に関する事項は次の通りである.
  - 実数の場合と異なり, つねに $e^z + 1 \neq 0$ が成り立つわけではない.
  - 「$z = \log(-1)$ は C_1 の外部にある」とだけ書かれると, $z = (2n+1)\pi i$ が分かっているかどうかの判定ができない. $z = \log(-1) = \ln|-1| + \operatorname{Arg}(-1) + 2n\pi i = \pi + 2n\pi i = (2n+1)\pi i$ であることに注意せよ.

- (2) に関する事項は次の通り.
  - 単純に $\dfrac{1}{(2z-1)(z+1)} = \dfrac{1}{2z-1} - \dfrac{1}{z+1}$ としないように. 結果を通分して確認せよ.
  - $f(z) = 1$ とおいても意味がない. もしもコーシーの積分公式を使うつもりならば, $f(z) = \dfrac{1}{2z-1}$ や $f(z) = \dfrac{1}{z+1}$ として考えなければならない.

演習問題 5.12 省略
演習問題 5.13 D_1 は単連結領域, D_2 は単連結領域ではない.
【評価基準・注意】

- 単連結領域とは, 直観的には穴があいていない領域のことである.
- 「図より」だけでは理解度が判定できない.
- 理由がないものは 0 点.
- 領域内のすべての点が閉じている, というのは意味不明である. 閉じているというのは, 閉集合ということ?

- D_2 の理由として「円の中に円があるから」というのは，気持ちは分かるがおかしい．「円の中に穴があるから」とすれば，まだマシである．
- 「領域の点がすべて領域に属しているから」というのは理由になっていない．領域の点が領域に属するのは当たり前である．
- 「内部」と書くべきところを「内面」としない．
- 「D_2 内に D_2 でない点がある」というのは気持ちは分かるが論理としておかしい．D_2 内には D_2 の点しかないはずである．
- 領域だけの議論をしているので，関数の正則性は関係ない．
- 「原点を含むから」，「閉区間を含むから」，「負の実軸が含まれているから（あるいはいないから）」などというのは単連結性の議論には関係ない．
- 開領域か閉領域かは単連結性とは関係ない．

演習問題 5.14　$-\dfrac{4}{3}\pi$

【評価基準・注意】

- コーシーの積分定理と円周上の積分を利用するならば，例えば $z=0, z=3i$ を中心とする円周をそれぞれ Γ_1, Γ_2 とするとき $\displaystyle\int_C f(z)dz = \int_{\Gamma_1} f(z)dz + \int_{\Gamma_2} f(z)dz$ となることを明記して使うべきである．

演習問題 5.15　(1) $-\pi i$　　(2) $-2\pi i$

【評価基準・注意】

- 基本的には被積分関数が $\dfrac{f(z)}{(z-a)^n}$ の形に変形できるときはコーシーの積分公式を，$\dfrac{1}{z-a}$ の形に変形できるときはコーシーの積分定理を使う．
- $\displaystyle\int_C \dfrac{2z-3}{z^2-1}dz$ に直接 $\displaystyle\int_C \dfrac{1}{z-a}dz$ の結果を適用しようとしない．数式の形をよく見よう．
- (1) は $\displaystyle\int_C \dfrac{2z-3}{z^2-1}dz = \dfrac{1}{2}\int_C\left(\dfrac{5}{z+1} - \dfrac{1}{z-1}\right)dz = \dfrac{1}{2}(0 - 2\pi i) = -\pi i$ としてもよい．$z=1$ は C の内部に，$z=-1$ は C の外部にあることに注意せよ．
- (2) はコーシーの積分定理を利用して計算することを想定しているが，$f(z)=\dfrac{1}{z-2}$ とおいてコーシーの積分公式を使ってもよい．このとき，$f(1)=\dfrac{1}{2\pi i}\displaystyle\int_C \dfrac{f(z)}{z-1}dz$ となるので，$\displaystyle\int_C \dfrac{1}{(z-1)(z-2)}dz = 2\pi i f(1) = -2\pi i$ となる．

演習問題 5.16　$\dfrac{\pi e}{3}i$

【評価基準・注意】

- 積分の値に変数 z が入っていたらおかしいと思え.
- $f^{(3)}(1)$ とすべきところを $f^{(3)}(0)$ としないこと. もし, $\int_C \dfrac{e^z}{z^4} dz$ を考えるならば $f^{(3)}(0) = \dfrac{3!}{2\pi i} \displaystyle\int_C \dfrac{e^z}{z^4} dz$ である.

演習問題 5.17 (1) $\dfrac{\pi}{9}(1-\sqrt{3}i)$ (2) $\dfrac{\sqrt{2}}{4}\pi(-1+i)$

演習問題 5.18 省略

演習問題 5.19 省略

演習問題 5.20 (1) 2π (2) $\pi i(e^2-1)$

【評価基準・注意】

- (1) において, π が外部にあると勘違いしないようにせよ. もし, 外部にあればコーシーの積分定理より積分値が 0 になってしまう.

演習問題 5.21 $2\pi i a f(a)$

演習問題 5.22 省略

第6章の解答

演習問題 6.1 $\displaystyle\sum_{n=0}^{\infty} \dfrac{(-1)^n}{(2n+1)!}\left(z+\dfrac{\pi}{2}\right)^{2n+1}$ $\quad\left(\left|z+\dfrac{\pi}{2}\right|<\infty\right)$

【評価基準・注意】

- $\left|z+\dfrac{\pi}{2}\right|<\infty$ は $|z|<\infty$ としてもよい。

演習問題 6.2 $\displaystyle\sum_{n=0}^{\infty}(-1)^n(z+i)^{2n}$ $\quad(|z+i|<1)$

演習問題 6.3 省略

演習問題 6.4 $e\left(\dfrac{1}{(z-1)^2} + \dfrac{1}{z-1} + \dfrac{1}{2!} + \dfrac{1}{3!}(z-1) + \dfrac{1}{4!}(z-1)^2 + \cdots\right)$

【評価基準・注意】

- ローラン展開に $\dfrac{1}{(z-1)^n}$ といった項が入らないのはおかしいと思え。また、$z=1$ を中心とする展開に $(z-1)^n$ といった項がないのはおかしいと思え。

演習問題 6.5 $z=-1$ を中心とするローラン展開は，$\dfrac{2}{z+1}+1+(z+1)+(z+1)^2+\cdots$，$z=0$ を中心とするローラン展開は，$-\dfrac{1}{z}+2(1-z+z^2-z^3+\cdots+(-1)^n z^n+\cdots)$

【評価基準・注意】

- ローラン展開を
$$\dfrac{2-u}{u}(1+u+u^2+u^3+\cdots) = \dfrac{1-z}{z+1}\left(1+z+1+(z+1)^2+\cdots\right)$$
$$= \dfrac{1-z}{z+1}+(1-z)+(1-z)(z+1)+\cdots$$

と書かない。ローラン展開は $\displaystyle\sum_{n=-\infty}^{\infty} a_n(z+1)^n$ の形をしていないといけない。

演習問題 6.6 省略
演習問題 6.7 省略
演習問題 6.8 (1) 除去可能な特異点 (2) 2位の極 (3) 真性特異点
演習問題 6.9 省略
演習問題 6.10 省略

第7章の解答

演習問題 7.1 (1) $-\dfrac{1}{6}$ (2) e^2 (3) $-\dfrac{1}{9}$

【評価基準・注意】

- 定理 7.2 は，極に対してのみしか適用できないことに注意せよ．

演習問題 7.2 (1) $2\pi i$ (2) $-2\pi e$ (3) $\dfrac{e^3-6}{27}\pi i$

【評価基準・注意】

- 留数定理を使うときは，領域内の特異点のみを考えること．

演習問題 7.3 (1) $\dfrac{\pi}{2}$ (2) $\dfrac{\pi}{2}$ (3) $\dfrac{2\pi}{1-a^2}$

【評価基準・注意】

- (1) において，$f(z)=\dfrac{1}{i}\dfrac{2i}{3z^2+10iz-3}$ とおかないようにせよ．

- (2) において，$f(z) = \dfrac{1}{i}\dfrac{2}{(3z+1)(z+3)}$ とおかないようにせよ．
- (3) において，$\dfrac{1}{(z-ai)(az-i)}$ とおかないようにせよ．

演習問題 7.4　(1) $\dfrac{\pi}{\sqrt{2}}$　　(2) $a \neq b$ のとき $\dfrac{\pi}{ab(a+b)}$, $a = b$ のとき $\dfrac{\pi}{2a^3}$

【評価基準・注意】
- 実積分の計算をしているので，結果に虚数単位が入っていたらおかしいと思え．

演習問題 7.5　(1) $\dfrac{\pi}{a}e^{-\lambda a}$　　(2) $\dfrac{\pi}{4e}$　　(3) $\dfrac{\pi}{2e^\lambda}$

演習問題 7.6　省略

第8章の解答

演習問題 8.1　$\dfrac{\pi^2}{3} + 4\displaystyle\sum_{n=1}^{\infty}\dfrac{\cos nx}{n^2}$

演習問題 8.2　(1) $\displaystyle\sum_{n=1}^{\infty}(-1)^{n+1}\dfrac{4}{n\pi}\sin\dfrac{n\pi x}{2}$　　(2) $f(2+0) = -2, f(2-0) = 2$
(3) $s(0)=0$

【評価基準・注意】
- $a_0 = \int_{-2}^{2} x dx = 0$ としたり，$\int_{-2}^{2} x dx = \int_{0}^{4} x dx$ としてはいけない．正しくは，$\int_{-2}^{2} x dx = \int_{0}^{2} x dx + \int_{2}^{4}(x-4)dx$ である．

演習問題 8.3　$\dfrac{8}{\pi}\displaystyle\sum_{n=1}^{\infty}\dfrac{1}{n}\sin\dfrac{n\pi x}{4}$

演習問題 8.4　$\dfrac{\pi}{2} - \displaystyle\sum_{n=1}^{\infty}\dfrac{1}{\pi n^2}(1-(-1)^n)e^{inx} - \displaystyle\sum_{n=1}^{\infty}\dfrac{1}{\pi n^2}(1-(-1)^{-n})e^{-inx}$，実数形
は $\dfrac{\pi}{2} - \dfrac{4}{\pi}\displaystyle\sum_{n=1}^{\infty}\dfrac{1}{(2n-1)^2}\cos(2n-1)x$

【評価基準・注意】
- C_0 の計算には $y = |x|$ が偶関数であることを利用してもよいが，C_n の計算にはこのことを利用できないことに注意．つまり，$\int_{-\pi}^{\pi}|x|dx = 2\int_{0}^{\pi}xdx$ だが，$\int_{-\pi}^{\pi}xe^{-inx}dx \neq 2\int_{0}^{\pi}xe^{-inx}dx$ であることに注意．$y = xe^{-inx}$ は偶関数ではない．
- 実数形を求めるために，ここでは $\cos nx = \dfrac{1}{2}(e^{inx} + e^{-inx})$ を利用しているが，$a_0 = 2C_0$, $a_n = C_n + C_{-n}$, $b_n = i(C_n - C_{-n})$ を利用してもよい．

演習問題 8.5

$$\frac{3}{2}+\sum_{n=1}^{\infty}\left\{\frac{1}{n^2\pi^2}((-1)^n-1)-\frac{1}{in\pi}\right\}e^{\frac{in\pi x}{2}}+\sum_{n=1}^{\infty}\left\{\frac{1}{n^2\pi^2}((-1)^n-1)+\frac{1}{in\pi}\right\}e^{-\frac{in\pi x}{2}},$$

実数形は例 8.5 と同じ

演習問題 8.6 $\quad \dfrac{\sin(\omega-a)T}{\omega-a}+\dfrac{\sin(\omega+a)T}{\omega+a}$

演習問題 8.7 $\quad \dfrac{\pi}{3}\left(e^{-|\omega|}-2e^{-2|\omega|}\right)$

関連図書

[1] 青木 利夫, 樋口 禎一：演習・複素関数論, 培風館, 1982 年.
[2] 青木 利夫, 樋口 禎一：複素関数要論, 培風館, 1976 年.
[3] 青木 和彦他 編著：岩波 数学入門辞典, 岩波書店, 2005 年.
[4] 雨宮 好文 監修, 佐藤 幸男 著：信号処理入門 (改訂 2 版), オーム社, 1999 年.
[5] 今井 功：複素解析と流体力学, 日本評論社, 1989 年.
[6] 大石 進一：フーリエ解析, 岩波書店, 1989 年.
[7] 小川 洋子：博士の愛した数式, 新潮文庫, 2005 年.
[8] 熊原 啓作：複素数と関数, 放送大学教育振興会, 2004 年.
[9] E. クライツィグ 著, 近藤・堀 監訳, 丹生・阿部 訳：複素関数論 (原著第 5 版), 培風館, 1988 年.
[10] 志賀 浩二：複素数 30 講, 朝倉書店, 1989 年.
[11] 高見 穎郎：理工学者が書いた数学の本 複素関数の微積分, 講談社, 1987 年.
[12] 寺田 文行, 田中 純一：演習と応用 関数論, サイエンス社, 2000 年.
[13] 長沼 伸一郎：物理数学の直観的方法 (第 2 版), 通商産業研究社, 2000 年.
[14] 中村 滋：「博士の愛した数式」＝「最も美しい公式」, 平成 16〜18 年度科学研究費補助金研究成果報告書「確かな数学力を向上させる研究」(課題番号：16500559, 研究代表者：飯高 茂), pp.165-172, 2007 年.
[15] 藤家 龍雄, 岸 正倫：関数論演習, サイエンス社, 1988 年.
[16] 船山 良三：身近な数学の歴史, 東洋書店, 1991 年.
[17] 皆本 晃弥：スッキリわかる線形代数演習−誤答例・評価基準つき−, 近代科学社, 2006 年.
[18] 皆本 晃弥：スッキリわかる微分方程式とベクトル解析−誤答例・評価基準つき−, 近代科学社, 2007 年.
[19] 皆本 晃弥：スッキリわかる微分積分演習−誤答例・評価基準つき−, 近代科学社, 2008 年.
[20] 森 正武, 杉原 正顯：複素関数論, 岩波書店, 2003 年.
[21] 矢野 健太郎, 石原 繁：複素解析, 裳華房, 1995 年.
[22] 矢野 健太郎, 石原 繁：応用解析, 裳華房, 1996 年.

索 引

記号・数字

1 価関数   137

N

n 価関数   137
n 乗根   40

W

w 平面   57

Z

z 平面   57

い

位数   247
位相スペクトル   295
一様収束   106, 107
一致の定理   245, 247
一般化されたフーリエ級数   280
因数定理   246

う

上に有界   100

え

円   35
円周   35

お

オイラーの公式   7, 124

か

開円板   35
開集合   60
解析関数   121, 249
解析接続   249
解析的   121
外点   61
外部   157
開領域   63
ガウス平面   19
各点収束   106, 107
可積分関数   279
加法定理   134
関数   56
関数項級数   106

き

基本域   128
基本周期   278
級数   52
境界   61
境界点   61
共役調和関数   91
共役な調和関数   91
共役複素数   17
k 位の極   236
極形式   20
極限値   64
極限の順序交換   105
曲線   154
曲線のなす角   94
虚軸   20
虚数   13
虚数単位   12
虚部   13
距離   34
近傍   60

く

区分的に滑らか	285
区分的に滑らかな曲線	155
区分的に連続	285
グリーンの公式	179

け

原始関数	170

こ

広義一様収束	108
項別積分	166
項別微分可能	112
コーシー・アダマールの公式	101
コーシー核	199
コーシーの積級数	116
コーシーの主値積分	274
コーシーの積分公式	1, 6, 199
コーシーの積分定理	6
コーシーの評価式	212
弧状連結	63
コーシー・リーマンの関係式	81
コーシー・リーマンの方程式	2, 81
孤立特異点	232

さ

最大値の原理	250
三角関数	130
三角不等式	24

し

指数関数	122
実関数	1, 56
実級数	53
実軸	20
実数列	53
実積分	3, 153
実部	13
実フーリエ級数	294
実変数	56
始点	154
周期	278
周期関数	278
周期的拡張	282

収束	48, 52, 64
収束円	99
収束半径	99
従属変数	56
終点	154
重複度	247
主枝	139
主値	23, 139, 148
主要部	226
純虚数	13
上界	100
上極限	101
上限	100
上限ノルム	108
除去可能な特異点	233
初等関数	97
ジョルダン曲線	156
ジョルダン閉曲線	156
ジョルダンの曲線定理	156
ジョルダンの不等式	266
真性特異点	239
振幅スペクトル	295

す

スペクトル解析	296
数列	47

せ

整関数	75
正規直交系	279
整級数	7, 98
整級数展開可能	120
正項級数	54
正則	75
正則関数	1, 75
正の向き	157
積分路	3, 159
絶対可積分関数	299
絶対収束	54
絶対値	21
k 位の零点	238, 247
線積分	177

そ

双曲線関数	135

索 引

た

代数学の基本定理	213
対数関数	137
多価関数	137
縦線集合	178
ダランベールの判定法	103
単一曲線	156
単一閉曲線	156
単純な極	236
単連結	183

ち

調和関数	91
直交関数系	279
直交系	279
直交する	279

て

定義域	56
テイラー級数展開	220
テイラー展開	5, 220

と

等角	94
等角写像	94
導関数	75
特異点	5, 232, 249
独立変数	56
ド・モアブルの公式	27

な

内積	279
内点	60
内部	60, 157
滑らかな曲線	154

の

ノルム	279

は

ハイネ・ボレルの被覆定理	215
発散	48, 49, 52, 66

パワースペクトル	295

ひ

非周期関数	278
微分可能	74
微分係数	74

ふ

複素関数	1, 47, 56
複素関数論	2
複素級数	52
複素数	11, 13
複素数列	47
複素積分	3, 153, 159
複素フーリエ級数	294
複素平面	19
複素変数	56
不定積分	172
第 n 部分和	52
フーリエ解析	296
フーリエ逆変換	298
フーリエ級数	280, 281
フーリエ級数展開	277
フーリエ係数	280, 281
フーリエ正弦 (サイン) 級数	289
フーリエ積分表示	298
フーリエの積分公式	298
フーリエ変換	277, 298
フーリエ余弦 (コサイン) 級数	289
フレネルの積分	271
分岐点	152
分枝	140

へ

閉円板	35
閉曲線	156
平均値の定理	211
閉集合	60
閉包	61
閉領域	63
べき級数	98
ベルヌーイ数	234
偏角	21
偏角の原理	251

ま

マクローリン級数展開 222
マクローリン展開 222

み

道 63, 159

む

向き 154
無限遠点 48, 51
無限級数 52
無限大に発散 66
無限多価関数 137

も

モレラの定理 212

ゆ

有界 63
優級数 110
有理型 239
有理型関数 239
有理関数 98

よ

横線集合 178

ら

ラプラスの方程式 91

り

立体射影 50
リーマン球面 51
リーマンの定理 234
リーマン面 150
留数 254
留数定理 5, 255
リュービルの定理 212
領域 63

れ

連続 68

ろ

ローラン級数 226
ローラン展開 6, 226
無限遠点 ∞ を中心とするローラン展開 244

わ

和 52
ワイエルシュトラスの優級数定理 110
ワイエルシュトラスの定理 241

著者略歴

皆本　晃弥（みなもと　てるや）
1992 年　愛媛大学教育学部中学校課程数学専攻卒業
1994 年　愛媛大学大学院理学研究科数学専攻修了
1997 年　九州大学大学院数理学研究科数理学専攻単位取得退学
2000 年　博士（数理学）（九州大学）
　　　　　九州大学大学院システム情報科学研究科情報理学専攻助手，
　　　　　佐賀大学理工学部知能情報システム学科講師，同准教授を経て，
現　在　佐賀大学教育研究院自然科学域理工学系教授

主要著書

基礎からスッキリわかる線形代数（近代科学社，2019 年）
基礎からスッキリわかる微分積分（近代科学社，2019 年）
スッキリわかる確率統計（近代科学社，2015 年）
スッキリわかる線形代数（近代科学社，2011 年）
スッキリわかる微分積分演習（近代科学社，2008 年）
スッキリわかる複素関数論（近代科学社，2007 年）
スッキリわかる微分方程式とベクトル解析（近代科学社，2007 年）
スッキリわかる線形代数演習（近代科学社，2006 年）
よくわかる数値解析演習（近代科学社，2005 年）
やさしく学べる C 言語入門（サイエンス社，2004 年）
やさしく学べる pLaTeX2e 入門（サイエンス社，2003 年）
シェル&Perl 入門（共著，サイエンス社，2001 年）
UNIX ユーザのためのトラブル解決 Q&A（サイエンス社，2000 年）
GIMP/GNUPLOT/Tgif で学ぶグラフィック処理（共著，サイエンス社，1999 年）
理工系ユーザのための Windows リテラシ（共著，サイエンス社，1999 年）
Linux/FreeBSD/Solaris で学ぶ UNIX（サイエンス社，1999 年）

スッキリわかる複素関数論
──誤答例・評価基準つき──

©2007　Teruya Minamoto

Printed in Japan

2007 年 9 月 30 日	初　版　発　行
2023 年 4 月 30 日	初版第 9 刷発行

著　者　皆本晃弥
発行者　大塚浩昭
発行所　株式会社近代科学社

〒 101-0051　東京都千代田区神田神保町1丁目105番地
https://www.kindaikagaku.co.jp

加藤文明社　　ISBN 978-4-7649-1050-8

定価はカバーに表示してあります。